내신 1등급 문제서

절대등급

절대등급

Time Attack

137

절대등급으로
수학 내신 1등급 도전!

- 1등급을 위한 **최고 수준 문제**
- 실전을 위한 **타임어택 1, 3, 7분컷**
- 기출에서 pick한 **출제율 높은 문제**

이 책의 검토에 참여하신 선생님들께 감사드립니다.

김문석(포항제철고), 김영산(전일고), 김종서(마산중앙고), 김종익(대동고)

남준석(마산가포고), 박성목(창원남고), 배정현(세화고), 서효선(전주사대부고)

손동준(포항제철고), 오종현(전주해성고), 윤성호(클라이매쓰), 이태동(세화고), 장진영(장진영수학)

정재훈(금성고), 채종윤(동암고), 최원욱(육민관고)

이 책의 감수에 도움을 주신 분들께 감사드립니다.

권대혁(창원남산고), 권순만(강서고), 김경열(세화여고), 김대의(서문여고), 김백중(고려고), 김영민(행신고)

김영욱(혜성여고), 김종관(진선여고), 김종성(중산고), 김종우(우신고), 김준기(중산고), 김지현(진명여고), 김헌충(고려고)

김현주(살레시오여고), 김형섭(경산과학고), 나준영(단대부고), 류병렬(대진여고), 박기헌(울산외고)

백동훈(청구고), 손태진(풍문고), 송영식(혜성여고), 송진웅(대동고), 유태혁(세화고), 윤신영(대륜고)

이경란(일산대진고), 이성기(세화여고), 이승열(제일고), 이의원(인천국제고), 이장원(세화고), 이주현(목동고)

이준배(대동고), 임성균(인천과학고), 전윤미(한가람고), 정지현(수도여고), 최동길(대구여고)

이 책을 검토한 선배님들께 감사드립니다.

김은지(서울대), 김형준(서울대), 안소현(서울대), 이우석(서울대), 최윤성(서울대)

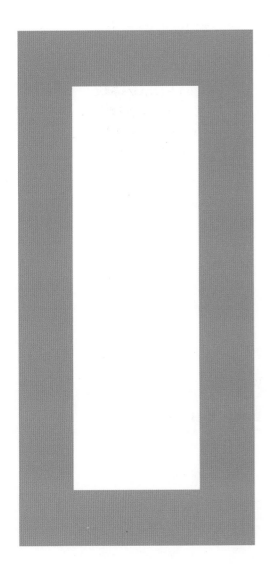

내신 1등급
문제서

절대등급

수학 I

수학은 인간 정신의 영광을 위해 존재한다.

By 카를 야코비

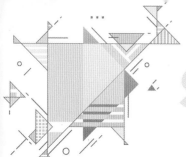

structure 이 책의 **특장점**

절대등급은

전국 500개 최근 학교 시험 문제를 분석하고 내신 1등급이라면 꼭 풀어야 하는 문제들만을 엄선하여 효과적으로 내신 1등급 대비가 가능하게 구성한 상위권 실전 문제집입니다.

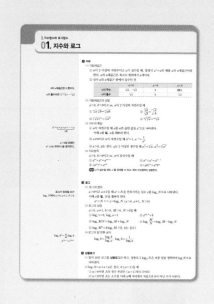
첫째, 타임어택 1, 3, 7분컷!

학교 시험 문제 중에서
출제율이 높은 문제를 기본과 실력으로 나누고
1등급을 결정짓는 변별력 있는 문제를 선별하여
[기본 문제 1분컷], [실력 문제 3분컷],
[최상위 문제 7분컷]의 3단계 난이도로 구성하였습니다.
제한된 시간 안에 문제를 푸는 연습을 하여
실전에 대한 감각을 기르고, 세 단계를 차례로 해결하면서
탄탄하게 실력을 쌓을 수 있습니다.

둘째, 격이 다른 문제!

원리를 해석하면 감각적으로 풀리는 문제,
다양한 영역을 통합적으로 생각해야 하는 문제,
최근 떠오르고 있는 새로운 유형의 문제 등
계산만 복잡한 문제가 아닌 수학적 사고력과
문제해결력을 기를 수 있는 문제들로
구성하였습니다.

셋째, 차별화된 해설!

[전략]을 통해 풀이의 실마리를 제시하였고,
이해하기 쉬운 깔끔한 풀이와
한 문제에 대한 여러 가지 해결 방법,
사고의 폭을 넓혀주는 친절한 Note를
다양하게 제시하여 문제, 문제마다
충분한 점검을 할 수 있습니다.

step A 기본 문제

학교 시험에 꼭 나오는 Best 문제 중 80점 수준의 중 난이도 문제로 구성하여 기본을 확실하게 다지도록 하였습니다.

● code 핵심 원리가 같은 문제끼리 code명으로 묶어 제시하였습니다.

step B 실력 문제

학교 시험에서 출제율이 높은 문제 중 90점 수준의 상 난이도 문제로 구성하였습니다.
1등급이라면 꼭 풀어야 하는 문제들로 실력을 탄탄하게 쌓을 수 있습니다.

step C 최상위 문제

1등급을 넘어 100점을 결정짓는 최상위 수준의 문제를 학교 시험에서 엄선하여 수록하였습니다.
고난이도 문제에 대한 해결 능력을 키워 학교 시험에 완벽하게 대비하세요.

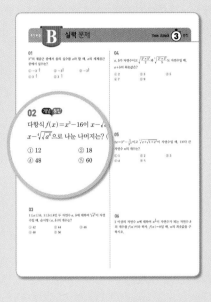

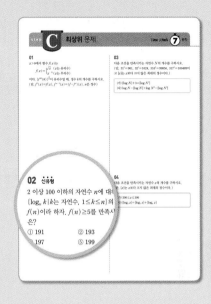

● step B, step C 에는 번뜩 아이디어, 개념 통합, 신유형 문제를 수록하여 다양한 문제를 접할 수 있도록 구성하였습니다.

정답 및 풀이

● [전략] 풀이의 실마리. 문제를 해결하는 핵심 원리를 간단 명료하게 제시하여 해결 과정의 핵심을 알 수 있도록 하였습니다.

● Note 풀이 과정 외에 더 알아두어야 할 내용, 실수하기 쉬운 부분 등에 대해 보충 설명을 추가하여 풀이에 대한 이해력을 높여 줍니다.

● 절대등급 Note 풀이를 통해 도출된 개념, 문제에 적용된 중요 원리, 꼭 알아두어야 할 공식 등을 정리하였습니다. 반드시 확인하여 문제를 푸는 노하우를 익히세요.

● 좀 더 생각하여 다른 원리로 접근하면 풀이가 간단해지는 문제는 노트와 다른 풀이를 통해 번뜩 아이디어를 제시하였습니다.

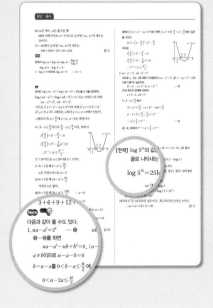

contents

이 책의 **차례**

수학 I

I. 지수함수와 로그함수

01. 지수와 로그

1 지수

(1) 거듭제곱근

① n이 2 이상의 자연수이고 a가 실수일 때, 방정식 $x^n=a$의 해를 a의 n제곱근이라 한다. a의 n제곱근은 복소수 범위에서 n개이다.

② 실수 a의 n제곱근 중에서 실수인 것

0의 n제곱근은 0 뿐이다.

n이 홀수이면 $\sqrt[n]{-a}=-\sqrt[n]{a}$

	$a>0$	$a=0$	$a<0$
n이 짝수	$\sqrt[n]{a}$, $-\sqrt[n]{a}$	0	없다.
n이 홀수	$\sqrt[n]{a}$	0	$\sqrt[n]{a}$

(2) 거듭제곱근의 성질

$a>0$, $b>0$이고 m, n이 2 이상의 자연수일 때

① $\sqrt[n]{a}\sqrt[n]{b}=\sqrt[n]{ab}$

② $\dfrac{\sqrt[n]{a}}{\sqrt[n]{b}}=\sqrt[n]{\dfrac{a}{b}}$

③ $(\sqrt[n]{a})^m=\sqrt[n]{a^m}$

④ $\sqrt[m]{\sqrt[n]{a}}=\sqrt[mn]{a}$

(3) 지수의 확장

$a^n=\underbrace{a\times a\times a\times\cdots\times a}_{n\text{번}}$

① n이 자연수일 때 a를 n번 곱한 값을 a^n으로 나타낸다. 이때 a를 **밑**, n을 **지수**라 한다.

② $a\neq0$이고 n이 자연수일 때 $a^0=1$, $a^{-n}=\dfrac{1}{a^n}$

$a>0$일 때에만 a^x (x는 유리수)을 생각한다.

③ $a>0$, p는 정수, q는 2 이상인 정수일 때 $a^{\frac{1}{q}}=\sqrt[q]{a}$, $a^{\frac{p}{q}}=\sqrt[q]{a^p}$

(4) 지수법칙

$a>0$, $b>0$이고 m, n이 유리수일 때

① $a^m\times a^n=a^{m+n}$

② $a^m\div a^n=a^{m-n}$

③ $(a^m)^n=a^{mn}$

④ $(ab)^m=a^m b^m$

Note x가 실수일 때도 a^x을 정의할 수 있고, 위의 지수법칙이 성립한다.

2 로그

(1) 로그의 정의

로그가 정의될 조건 $\log_a N$에서 $a>0$, $a\neq1$, $N>0$

$a>0$이고 $a\neq1$일 때 $a^x=N$을 만족시키는 실수 x를 $\log_a N$으로 나타낸다. 이때 a를 **밑**, N을 **진수**라 한다.

$$a^x=N \iff x=\log_a N \ (a>0,\ a\neq1,\ N>0)$$

(2) 로그의 성질

$a>0$, $a\neq1$, $b>0$, $M>0$, $N>0$일 때

① $\log_a 1=0$, $\log_a a=1$

② $a^{\log_a b}=b$

③ $\log_a MN=\log_a M+\log_a N$

④ $\log_a \dfrac{M}{N}=\log_a M-\log_a N$

⑤ $\log_a M^k=k\log_a M$ (단, k는 실수)

(3) 로그의 밑 변환 공식

$\log_{a^m} b^n=\dfrac{n}{m}\log_a b$

$a^{\log_b c}=c^{\log_b a}$

$$\log_a b=\frac{\log_c b}{\log_c a},\ \log_a b=\frac{1}{\log_b a}$$

3 상용로그

(1) 밑이 10인 로그를 **상용로그**라 하고, 상용로그 $\log_{10} N$은 보통 밑을 생략하여 $\log N$으로 나타낸다.

(2) $\log A=n+\alpha$ (n은 정수, $0\leq\alpha<1$)일 때

① $n>0$이면 A의 정수 부분은 $(n+1)$자리 수이다.

② $n<0$이면 A는 소수점 아래 n째 자리에서 처음으로 0이 아닌 수가 나온다.

③ 진수의 숫자 배열이 같은 상용로그는 α의 값이 같다.

code 1 거듭제곱근

01

다음 중 옳지 <u>않은</u> 것은?

① 25의 제곱근은 5와 -5이다.

② -27의 세제곱근 중 실수는 한 개이다.

③ 1의 여섯제곱근은 1, -1이다.

④ 32의 다섯제곱근의 개수는 5이다.

⑤ 8의 네제곱근 중 실수는 $\sqrt[4]{8}$, $-\sqrt[4]{8}$이다.

02

2 이상의 자연수 n에 대하여 $\sqrt[3]{-8}$의 n제곱근 중 실수의 개수를 $f(n)$이라 하자. $f(3)+f(4)+f(5)$의 값은?

① 2　　　　② 3　　　　③ 4

④ 5　　　　⑤ 6

code 2 거듭제곱근의 계산

03

$\sqrt[3]{\sqrt[4]{216}}+4\sqrt[4]{6}$을 간단히 하면?

① $4\sqrt[4]{2}$　　　② $4\sqrt[3]{6}$　　　③ $5\sqrt[4]{6}$

④ $5\sqrt[4]{4}$　　　⑤ $5\sqrt[3]{12}$

04

$\sqrt[4]{3}\times\sqrt[4]{27}+\dfrac{\sqrt[3]{2}}{\sqrt[3]{-54}}$의 값은?

① -2　　　② $-\dfrac{5}{3}$　　　③ $\dfrac{5}{3}$

④ $\dfrac{8}{3}$　　　⑤ 3

05

$a>0$일 때, $\sqrt{\dfrac{\sqrt{a}}{\sqrt[6]{a}}}\times\sqrt{\dfrac{\sqrt[3]{a}}{\sqrt[4]{a}}}\times\sqrt[3]{\dfrac{\sqrt[4]{a}}{\sqrt{a}}}$를 간단히 하면?

① $\sqrt[4]{a}$　　　② $\sqrt[8]{a}$　　　③ $\sqrt[12]{a}$

④ $\sqrt[18]{a}$　　　⑤ $\sqrt[20]{a}$

06

세 수 $A=\sqrt{2\sqrt[3]{6}}$, $B=\sqrt[3]{2\sqrt{6}}$, $C=\sqrt[3]{\sqrt{10}}$의 대소 관계로 옳은 것은?

① $A<B<C$　　② $A<C<B$　　③ $C<B<A$

④ $B<C<A$　　⑤ $C<A<B$

07

$(\sqrt{2\sqrt[3]{4}})^3$보다 큰 자연수 중 가장 작은 수는?

① 4　　　　② 6　　　　③ 8

④ 10　　　⑤ 12

code 3 지수법칙

08

$\left(\dfrac{1}{64}\right)^{-\frac{1}{n}}$이 정수일 때, 정수 n값의 합은?

① 6　　　　② 8　　　　③ 9

④ 10　　　⑤ 12

09

$(\sqrt[7]{5^6})^{\frac{1}{3}}$이 어떤 자연수의 n제곱근일 때, 50 이하의 자연수 n의 개수는?

① 4   ② 5   ③ 6

④ 7   ⑤ 8

10

1이 아닌 양수 a에 대하여 $\sqrt[4]{a^3\sqrt{a\sqrt{a}}}=a^{\frac{n}{m}}$일 때, m, n의 값을 구하시오. (단, m과 n은 서로소인 자연수이다.)

11

x, y가 0이 아닌 실수일 때, $(x^{-2}y^4)^{-3} \div (x^3y^{-2})^2$을 간단히 하면?

① y^{-4} ② y^{-5} ③ y^{-6}

④ y^{-7} ⑤ y^{-8}

12

$\sqrt{\dfrac{25^7+5^{10}}{25^4+5^4}}$의 값을 구하시오.

13

$\{(-3)^2\}^{\frac{1}{2}}+(-3)^0$의 값은?

① -3 ② -2 ③ 0

④ 3 ⑤ 4

14

$(\sqrt[4]{9^3})^{\frac{2}{3}} \times \left\{\left(\dfrac{1}{\sqrt{7}}\right)^{-\frac{1}{5}}\right\}^{10}$의 값은?

① $\dfrac{1}{21}$ ② $\dfrac{1}{7}$ ③ 3

④ 7 ⑤ 21

code 4 지수법칙 활용

15

$a^{2x}=\sqrt{3}+1$일 때, $\dfrac{a^{3x}-2a^x}{a^x+a^{-x}}$의 값을 구하시오. (단, $a>0$)

16

$a^{\frac{1}{2}}+a^{-\frac{1}{2}}=3$일 때, $\dfrac{a^{\frac{3}{2}}+a^{-\frac{3}{2}}-2}{a+a^{-1}+1}$의 값은? (단, $a>0$)

① $\dfrac{1}{3}$ ② $\dfrac{1}{2}$ ③ $\dfrac{2}{3}$

④ $\dfrac{3}{2}$ ⑤ 2

17

$x = \dfrac{3^{\frac{1}{4}} - 3^{-\frac{1}{4}}}{2}$일 때, $(\sqrt{x^2+1} - x)^4$의 값은?

① $\dfrac{1}{3}$ ② $\dfrac{1}{\sqrt{3}}$ ③ 1

④ $\sqrt{3}$ ⑤ 3

18

$3^{x+1} - 3^x = a$, $2^{x+1} + 2^x = b$일 때, 12^x을 a, b를 이용하여 나타내면?

① $\dfrac{ab}{6}$ ② $\dfrac{a^2 b}{18}$ ③ $\dfrac{a^2 b}{12}$

④ $\dfrac{ab^2}{18}$ ⑤ $\dfrac{ab^2}{12}$

19

$5^x = 4$, $20^y = 8$일 때, $\dfrac{2}{x} - \dfrac{3}{y}$의 값을 구하시오.

code 5 로그의 정의

20

$\log_{(-x+4)}(12 + 4x - x^2)$이 정의되기 위한 정수 x의 개수는?

① 2 ② 3 ③ 4

④ 5 ⑤ 6

21

모든 실수 x에 대하여 $\log_{|a-1|}(x^2 + ax + a)$가 정의되기 위한 정수 a의 값을 구하시오.

code 6 로그의 성질

22

$\log_3 6 + \log_3 2 - \log_3 4$의 값은?

① 1 ② 2 ③ 3

④ 4 ⑤ 5

23

$(\log_{10} 2)^2 + (\log_{10} 5)^2 + \log_{10} 4 \times \log_{10} 5$의 값은?

① 1 ② 2 ③ 3

④ 4 ⑤ 5

24

$3^{\log_3 \frac{4}{7} + \log_3 7}$의 값은?

① 1 ② 2 ③ 4

④ 5 ⑤ 7

25

$\log_2 7$의 정수 부분을 a, 소수 부분을 b라 할 때, 3^a+2^b의 값은?

① $\dfrac{21}{2}$ ② $\dfrac{43}{4}$ ③ $\dfrac{45}{4}$

④ $\dfrac{49}{4}$ ⑤ $\dfrac{51}{4}$

26

$(\log_2 3+\log_8 27)(\log_3 16+\log_{27} 4)$의 값은?

① $\dfrac{28}{3}$ ② $\dfrac{29}{3}$ ③ 10

④ $\dfrac{31}{3}$ ⑤ $\dfrac{32}{3}$

27

$p=\dfrac{\log_2(\log_3 32)}{\log_2 3}+\dfrac{\log_5\left(\dfrac{1}{\log_3 2}\right)}{\log_5 3}$일 때, 9^p의 값을 구하시오.

28

$\log_2 3=a$, $\log_5 2=b$일 때, $\log_{15} 1000$을 a, b로 나타내면?

① $\dfrac{3(b+1)}{ab+1}$ ② $\dfrac{3b+1}{ab+1}$ ③ $\dfrac{3(a+1)}{ab+1}$

④ $\dfrac{3a+1}{3(b+1)}$ ⑤ $\dfrac{ab+1}{3(b+1)}$

29

$\log 6=a$, $\log 15=b$일 때, $\log 2$를 a, b로 나타내면?

① $\dfrac{2a-2b+1}{3}$ ② $\dfrac{2a-b+1}{3}$ ③ $\dfrac{a+b-1}{3}$

④ $\dfrac{a-b+1}{2}$ ⑤ $\dfrac{a+2b-1}{2}$

code 7 | 로그의 성질 활용

30

이차방정식 $x^2-7x+4=0$의 두 근을 α, β라 할 때, $\dfrac{\log_2 \alpha+\log_2 \beta}{2^\alpha \times 2^\beta}$의 값을 구하시오.

31

이차방정식 $x^2-4x+2=0$의 두 근이 $\log a$, $\log b$일 때, $\log_a b^2+\log_b a^2$의 값을 구하시오.

32

양수 a, b, c는 1이 아니고, $a^3=b^4=c^5$이다. $\log_a b+\log_b c+\log_c a$의 값은?

① $\dfrac{29}{10}$ ② $\dfrac{44}{15}$ ③ 3

④ $\dfrac{91}{30}$ ⑤ $\dfrac{193}{60}$

33

$a^2b^3=1$일 때, $\log_{ab} a^3b^2$의 값을 구하시오.
(단, $ab \neq 1$, $a>0$, $b>0$, $a \neq 1$, $b \neq 1$)

34

$a>b>1$이고 $\log_a b + 3\log_b a = \dfrac{13}{2}$일 때, $\dfrac{a^2+b^8}{a^4+b^4}$의 값은?

① 1
② $\dfrac{3}{2}$
③ 2
④ $\dfrac{5}{2}$
⑤ 3

35

$a>1$, $b>1$일 때, $\log_{a^4} b^3 + \log_{b^3} a^8$의 최솟값은?

① $\sqrt{2}$
② 2
③ $2\sqrt{2}$
④ 4
⑤ 8

---

code 8 상용로그

36

다음 상용로그표를 이용하여 $\log(0.32 \times \sqrt{342})$의 값을 구하시오.

수	0	1	2	3
3.1	.4914	.4928	.4942	.4955
3.2	.5051	.5065	.5079	.5092
3.3	.5185	.5198	.5211	.5224
3.4	.5315	.5328	.5340	.5353
3.5	.5441	.5453	.5465	.5478

37

양수 A에 대하여 $\log A$의 정수 부분과 소수 부분이 두 근인 이차방정식이 $x^2 - x\log_2 5 + k = 0$이다. 2^{k+4}의 값을 구하시오.

38

$0<a<1$일 때, 10^a을 3으로 나눈 몫이 정수이고 나머지가 2가 되는 a의 값의 합은?

① $3\log 2$
② $6\log 2$
③ $1+3\log 2$
④ $1+6\log 2$
⑤ $2+3\log 2$

39

$\log x$의 정수 부분은 2이고 $\log \dfrac{1}{x}$의 소수 부분과 $\log x^2$의 소수 부분이 같을 때, 실수 x값의 곱은?

① 10^2
② $10^{\frac{13}{3}}$
③ 10^5
④ 10^6
⑤ 10^7

40

$\log x$의 정수 부분이 3이고, $\log x$의 소수 부분과 $\log \sqrt{x}$의 소수 부분의 합이 1일 때, $\log \sqrt{x}$의 소수 부분을 구하면?

① $\dfrac{1}{4}$
② $\dfrac{1}{2}$
③ $\dfrac{2}{3}$
④ $\dfrac{3}{4}$
⑤ $\dfrac{2}{5}$

01

3^{10}의 제곱근 중에서 음의 실수를 a라 할 때, a의 세제곱근 중에서 실수는?

① $-3^{-\frac{5}{3}}$ 　　② $-3^{\frac{5}{3}}$ 　　③ $-3^{\frac{3}{5}}$

④ $3^{-\frac{3}{5}}$ 　　⑤ $3^{-\frac{5}{3}}$

02 개념 통합

다항식 $f(x)=x^3-16$이 $x-\sqrt{a}$로 나누어떨어질 때, $f(x)$를 $x-\sqrt[4]{\sqrt{a^6}}$으로 나눈 나머지는? (단, $a>0$)

① 12 　　② 18 　　③ 20

④ 48 　　⑤ 60

03

$1\le a\le 16$, $1\le b\le 8$인 두 자연수 a, b에 대하여 $\sqrt[4]{a^b}$이 자연수일 때, 순서쌍 $(a,\ b)$의 개수는?

① 42 　　② 44 　　③ 46

④ 48 　　⑤ 50

04

a, b가 자연수이고 $\sqrt{\dfrac{2^a\times 5^b}{2}}$과 $\sqrt[3]{\dfrac{2^a\times 5^b}{5}}$도 자연수일 때, $a+b$의 최솟값은?

① 2 　　② 3 　　③ 5

④ 7 　　⑤ 9

05

$2x=3^{10}-\dfrac{1}{3^{10}}$이고 $\sqrt[n]{x+\sqrt{1+x^2}}$이 자연수일 때, 1보다 큰 자연수 n의 개수는?

① 1 　　② 2 　　③ 3

④ 4 　　⑤ 5

06

2 이상의 자연수 n에 대하여 $n^{\frac{4}{k}}$이 자연수가 되는 자연수 k의 개수를 $f(n)$이라 하자. $f(n)=8$일 때, n의 최솟값을 구하시오.

07

a, b, c가 양수이고 $a^6=3$, $b^5=7$, $c^2=11$일 때, $(abc)^n$이 자연수가 되는 자연수 n의 최솟값을 구하시오.

08

$3^{2x}-3^{x+1}+1=0$일 때, $\dfrac{3^{4x}+3^{-4x}-2}{3^{3x}+3^{-3x}-3}$의 값은?

① $\dfrac{1}{3}$　　　② $\dfrac{3}{4}$　　　③ 3

④ $\dfrac{15}{4}$　　　⑤ 5

09

$a^{3x}-a^{-3x}=4$ $(a>0)$일 때, $a^x-a^{-x}=m$이고 $a^{2x}-a^{-2x}=n$이다. mn의 값은?

① 1　　　② $\sqrt{3}$　　　③ $\sqrt{5}$

④ 4　　　⑤ $3\sqrt{2}$

10

세 정수 3^{35}, 4^{28}, 5^{21}의 대소 관계로 옳은 것은?

① $3^{35}<4^{28}<5^{21}$　　　② $3^{35}<5^{21}<4^{28}$

③ $4^{28}<3^{35}<5^{21}$　　　④ $5^{21}<3^{35}<4^{28}$

⑤ $5^{21}<4^{28}<3^{35}$

11

x, y, z가 양수이고 $2^x=3^y=5^z$일 때, $2x$, $3y$, $5z$의 대소 관계는?

① $2x>3y>5z$　　　② $5z>2x>3y$

③ $3y>5z>2x$　　　④ $3y>2x>5z$

⑤ $2x>5z>3y$

12

a, b가 양수이고 $2^a=3^b$, $a+b=\dfrac{4}{3}ab$일 때, $8^a\times3^b$의 값을 구하시오.

13

0이 아닌 실수 a, b, c에 대하여

$$36^a = 64^b = k^c, \quad \frac{6}{a} + \frac{10}{b} = \frac{12}{c}$$

일 때, 양의 정수 k의 값은?

① 96   ② 192   ③ 288

④ 384   ⑤ 576

14

$a+b+c=-1$, $2^a+2^b+2^c=\dfrac{13}{4}$, $4^a+4^b+4^c=\dfrac{81}{16}$일 때, $2^{-a}+2^{-b}+2^{-c}$의 값은?

① $\dfrac{5}{2}$ ② $\dfrac{7}{2}$ ③ $\dfrac{9}{2}$

④ $\dfrac{11}{2}$ ⑤ $\dfrac{13}{2}$

15 신유형

평행사변형을 그림과 같이 평행사변형 네 개로 나누었다. 작은 평행사변형의 넓이가 각각 $3^5 \times 2^a$, 4^a, 9^b, $2^5 \times 3^b$일 때 자연수 a, b의 값을 구하시오.

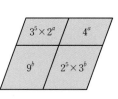

16

$\log_{xy}(16-x^2-y^2)$의 값이 정의되기 위한 정수 x, y의 순서쌍 (x, y)의 개수는?

① 12   ② 13   ③ 14

④ 15   ⑤ 16

17

$\log_m 2 = \dfrac{n}{100}$을 만족시키는 자연수 m, n의 순서쌍 (m, n)의 개수는?

① 6   ② 7   ③ 8

④ 9   ⑤ 10

18

$[x]$는 x를 넘지 않는 최대 정수일 때, 다음 식의 값을 구하시오.

$$[\log_3 1] + [\log_3 2] + [\log_3 3] + [\log_3 4] \\ + \cdots + [\log_3 100]$$

19 신유형

a_n (n은 자연수)은 0 또는 1이다.

$$\log_3 2 = a_1 + \frac{a_2}{2} + \frac{a_3}{2^2} + \frac{a_4}{2^3} + \cdots$$

일 때 a_1, a_2, a_3의 값을 구하시오.

20

$ab > 0$이고 $a^2 - 2ab - 7b^2 = 0$인 두 실수 a, b에 대하여 $\log_2(a^2 + ab - 2b^2) - \log_2(a^2 - ab - 5b^2)$의 값은?

① 0 ② $\frac{1}{2}$ ③ $\frac{2}{3}$

④ 1 ⑤ $\frac{3}{2}$

21

a, b, c가 1이 아닌 양수이고 $2\log_a c - 3\log_b c = 0$일 때, $\log_a b - \log_b a$의 값은?

① $\frac{1}{6}$ ② $\frac{1}{3}$ ③ $\frac{1}{2}$

④ $\frac{2}{3}$ ⑤ $\frac{5}{6}$

22

$a^2 + b^2 = 14ab$인 두 양수 a, b에 대하여

$$\frac{\log a + \log b}{2} = \log \frac{a+b}{p}$$

이다. p의 값을 구하시오.

23

$\log_{25}(a-b) = \log_9 a = \log_{15} b$를 만족시키는 두 양수 a, b에 대하여 $\frac{b}{a}$의 값은?

① $\frac{-1+\sqrt{5}}{3}$ ② $\frac{1+\sqrt{2}}{4}$ ③ $\frac{-1+\sqrt{5}}{2}$

④ $\frac{\sqrt{2}+\sqrt{5}}{5}$ ⑤ $\frac{1+\sqrt{2}}{3}$

24

세 양수 a, b, c가 다음 조건을 만족시킨다.

(가) $\log_2 a + \log_2 b + \log_2 c = 6$
(나) $a^3 = b^4 = c^6$

$\log_2 a \times \log_2 b \times \log_2 c$의 값은?

① $\frac{40}{9}$ ② $\frac{46}{9}$ ③ $\frac{52}{9}$

④ $\frac{58}{9}$ ⑤ $\frac{64}{9}$

25 번뜩 아이디어

a, b, c는 1이 아닌 양수이고
$x=\log_a b$, $y=\log_b c$, $z=\log_c a$일 때,
$$\frac{x}{xy+x+1}+\frac{y}{yz+y+1}+\frac{z}{zx+z+1}$$
의 값은?

① $\dfrac{1}{3}$ ② $\dfrac{1}{2}$ ③ 1

④ 2   ⑤ 3

26

이차방정식 $x^2+px+q=0$의 두 양의 실근을 α, β라 하면
$$\log_2(\alpha+\beta)=\log_2\alpha+\log_2\beta+1$$
이다. p, q가 실수일 때, $q-p$의 최솟값을 구하시오.

27

a, b가 1이 아닌 서로 다른 두 양수이고
$\log_{a^2}\dfrac{b}{2}=\dfrac{1}{2}\log_b a-\log_{a^2}2$일 때, $16a+b$의 최솟값은?

① 2   ② 4   ③ 8

④ 16   ⑤ 32

28

a, b는 정수이고 $1<a<b<a^2<100$일 때, $\log_a b$가 유리수가 되는 b값의 합은?

① 24   ② 40   ③ 56

④ 67   ⑤ 83

29

$x\geq1$일 때 $\log x$의 정수 부분과 소수 부분을 각각 $f(x)$, $g(x)$라 하자. 다음 중 옳은 것을 모두 고르면?

① $f(2000)=4$
② $g(ab)=g(a)$이면 $g(b)>0$이다.
③ $f(ab)=f(a)+f(b)$이면 $g(ab)=g(a)+g(b)$이다.
④ $f(a^3)+g(a^3)=\{f(a)\}^3+\{g(a)\}^3$
⑤ a, b가 한 자리 자연수이면 $g(ab)=0$을 만족시키는 순서쌍 (a,b)의 개수는 3이다.

30

$10<a<b<50$인 두 자연수 a, b에 대하여 $\log_2 a$의 소수 부분과 $\log_2 b$의 소수 부분이 같을 때, 순서쌍 (a,b)의 개수는?

① 15   ② 16   ③ 17

④ 18   ⑤ 19

31

$\log_2 77$의 소수 부분을 a, $\log_5 77$의 소수 부분을 b라 하자. p와 q가 자연수이고 $2^{p+a} \times 5^{q+b}$은 250의 배수일 때, $p+q$의 최솟값은?

① 11　　　　② 12　　　　③ 13
④ 14　　　　⑤ 15

32

N은 100 이하의 자연수이고
$$m \le \log N \le m+1, \quad m+2 \le \log N^3 \le m+3$$
이 성립하는 정수 m이 존재한다. N의 최댓값과 최솟값의 합을 구하시오.

33

양수 x에 대하여 $\log x$의 정수 부분을 $f(x)$라 하자. $f(2n+3)=f(n)+1$을 만족시키는 100 이하의 자연수 n의 개수는?

① 55　　　　② 56　　　　③ 57
④ 58　　　　⑤ 59

34

n은 1000보다 작은 자연수이고
$$[\log n^5]=5[\log n]+2$$
일 때, n의 개수를 구하시오.
(단, $[x]$는 x보다 크지 않은 최대의 정수이고, $\log 2.51=0.4$, $\log 3.98=0.6$으로 계산한다.)

35

3^n이 10자리 자연수일 때, 자연수 n값의 합은?
(단, $\log 3=0.48$로 계산한다.)

① 31　　　　② 33　　　　③ 35
④ 37　　　　⑤ 39

36

$\dfrac{2^{50}}{3^{80}}$은 소수점 아래 n째 자리에서 처음으로 0이 아닌 숫자가 나오고, 처음으로 0이 아닌 숫자 m이 나온다. m, n의 값을 구하시오. (단, 주어진 상용로그표를 사용하시오.)

수	0	1	2	3
1.2	.0792	.0828	.0864	.0899
1.3	.1139	.1173	.1206	.1239
2.0	.3010	.3032	.3054	.3075
3.0	.4771	.4786	.4800	.4814
7.6	.8808	.8814	.8820	.8825
8.8	.9445	.9450	.9455	.9460

01

$x>0$에서 함수 $f(x)$는

$$f(x)=\begin{cases} \sqrt{x} & (x\text{는 유리수}) \\ x^{-12} & (x\text{는 무리수}) \end{cases}$$

이다. $\{f^{62}(8)\}^{\frac{1}{k}}$이 유리수일 때, 정수 k의 개수를 구하시오.
(단, $f^1(x)=f(x)$, $f^{n+1}(x)=(f\circ f^n)(x)$, n은 자연수)

02 신유형

2 이상 100 이하의 자연수 n에 대하여 집합
$\{\log_n k \,|\, k\text{는 자연수},\ 1\le k\le n\}$의 원소 중 유리수의 개수를
$f(n)$이라 하자. $f(n)\ge 5$를 만족시키는 자연수 n값의 합은?

① 191　　　　② 193　　　　③ 195
④ 197　　　　⑤ 199

03

다음 조건을 만족시키는 자연수 N의 개수를 구하시오.
(단, $31^2=961$, $32^2=1024$, $316^2=99856$, $317^2=100489$이고 $[x]$는 x보다 크지 않은 최대의 정수이다.)

(가) $[\log N]+3=[\log N^2]$

(나) $\log N-[\log N]>\log N^2-[\log N^2]$

04

다음 조건을 만족시키는 자연수 x의 개수를 구하시오.
(단, $[x]$는 x보다 크지 않은 최대의 정수이다.)

(가) $200\le x\le 300$

(나) $[\log_2 x]=[\log_3 x]+[\log_4 x]$

05

다음 조건을 만족시키는 $\log_a b$의 값의 개수를 $f(a)$라 하자.

(가) b와 $\log_a b$는 유리수이다.

(나) $2 \leq a \leq 100$이고 $\dfrac{1}{a} \leq b \leq a$

$f(a) \geq 7$일 때, 자연수 a의 개수는?

① 4   ② 5   ③ 6

④ 7   ⑤ 8

06

n이 자연수일 때, $f(n) = \begin{cases} \log_3 n & (n\text{이 홀수}) \\ \log_2 n & (n\text{이 짝수}) \end{cases}$ 이다.

20 이하의 두 자연수 m, n에 대하여

$$f(mn) = f(m) + f(n)$$

을 만족시키는 순서쌍 (m, n)의 개수는?

① 220   ② 230   ③ 240

④ 250   ⑤ 260

07 번뜩 아이디어

다음 조건을 만족시키는 20 이하의 모든 자연수 n값의 합을 구하시오.

$\log_2(na - a^2)$과 $\log_2(nb - b^2)$은 같은 자연수이고, $0 < b - a \leq \dfrac{n}{2}$인 두 실수 a, b가 존재한다.

08

5^{25}은 m자리의 정수이고 5^{25}의 최고자리의 숫자는 n이다. $m + n$의 값은?

(단, $\log 2 = 0.3010$, $\log 3 = 0.4771$로 계산한다.)

① 18   ② 20   ③ 22

④ 24   ⑤ 26

02. 지수함수와 로그함수

1 지수함수

(1) $a>0$, $a\neq1$일 때 함수 $f(x)=a^x$을 밑이 a인 **지수함수**라 한다.

(2) 지수함수 $y=a^x$ $(a>0, a\neq1)$의 성질

$a>1$일 때 a의 값이 커지면 그래프는 y축에 가까워진다. $0<a<1$일 때 a의 값이 작아지면 그래프는 y축에 가까워진다.

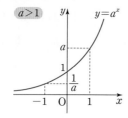 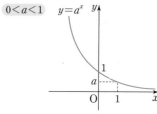

① 정의역은 실수 전체이고, 치역은 $\{y|y>0\}$이다.

② 그래프는 점 $(0, 1)$을 지나고, x축이 점근선이다.

③ $a>1$이면 x의 값이 증가할 때 y의 값도 증가하고,

　$0<a<1$이면 x의 값이 증가할 때 y의 값은 감소한다.

$\left(\dfrac{1}{a}\right)^x=a^{-x}$

④ $y=a^x$과 $y=\left(\dfrac{1}{a}\right)^x$의 그래프는 y축에 대칭이다.

2 로그함수

(1) $a>0$, $a\neq1$일 때 함수 $f(x)=\log_a x$를 밑이 a인 **로그함수**라 한다.

(2) 로그함수 $y=\log_a x$ $(a>0, a\neq1)$의 성질

$a>1$일 때 a의 값이 커지면 그래프는 x축에 가까워진다. $0<a<1$일 때 a의 값이 작아지면 그래프는 x축에 가까워진다.

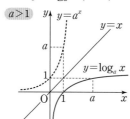 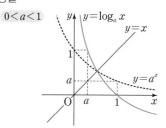

① 정의역은 $\{x|x>0\}$, 치역은 실수 전체이다.

② 그래프는 점 $(1, 0)$을 지나고, y축이 점근선이다.

③ $a>1$이면 x의 값이 증가할 때 y의 값도 증가하고,

　$0<a<1$이면 x의 값이 증가할 때 y의 값은 감소한다.

$\log_{\frac{1}{a}} x=-\log_a x$

④ $y=\log_a x$와 $y=\log_{\frac{1}{a}} x$의 그래프는 x축에 대칭이다.

3 지수함수와 로그함수의 그래프의 관계

두 함수 $y=a^x$과 $y=\log_a x$는 역함수 관계이고, 그래프는 직선 $y=x$에 대칭이다.

$y=a^x$에서 $x=\log_a y$ x와 y를 바꾸면 $y=\log_a x$

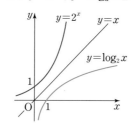 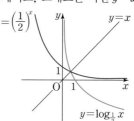

4 지수함수와 로그함수의 최댓값과 최솟값

치환하면 제한된 범위가 생긴다.

(1) 함수의 그래프를 그린다.

(2) a^x이나 $\log_a x$를 치환한다.

(3) 산술평균과 기하평균의 관계를 이용한다.

$\log_x a=\dfrac{1}{\log_a x}$

$a^x+a^{-x}\geq2\sqrt{a^x a^{-x}}=2$ (단, 등호는 $a^x=a^{-x}$일 때 성립)

$\log_a x+\log_x a\geq2\sqrt{\log_a x\times\log_x a}=2$ (단, 등호는 $\log_a x=\log_x a$일 때 성립)

code 1 | 지수함수의 그래프

01

함수 $y=8\times4^x+3$에 대한 다음 설명 중 옳지 <u>않은</u> 것은?

① x의 값이 증가하면 y의 값도 증가한다.
② 정의역은 실수 전체의 집합이고, 치역은 3보다 큰 실수 전체의 집합이다.
③ 그래프는 함수 $y=2^x$의 그래프를 평행이동하면 겹쳐진다.
④ 그래프는 점 $(-1, 5)$를 지난다.
⑤ 그래프의 점근선의 방정식은 $y=3$이다.

02

점근선이 직선 $y=2$인 함수 $y=a^{2x-1}+b$의 그래프를 y축에 대칭이동한 함수 $y=f(x)$의 그래프가 그림과 같이 점 $(1, 10)$을 지난다. $a>0$일 때, a, b의 값을 구하시오.

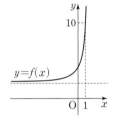

03

함수 $y=a\times3^x$ $(a\neq0)$의 그래프를 원점에 대칭이동한 후, x축 방향으로 2만큼, y축 방향으로 3만큼 평행이동한 그래프가 점 $(1, -6)$을 지난다. a의 값을 구하시오.

code 2 | 로그함수의 그래프

04

함수 $f(x)$, $g(x)$가
$$f(x)=\log_3(2x+1), \quad g(x)=\log_8 x$$
일 때, $(g\circ f)(40)$의 값은?

① $\dfrac{1}{4}$　　　　② $\dfrac{1}{3}$　　　　③ $\dfrac{1}{2}$

④ $\dfrac{2}{3}$　　　　⑤ $\dfrac{3}{4}$

05

함수 $y=\log_2(x+3)$의 그래프는 점 $(a, 6)$을 지난다. 그래프의 점근선이 직선 $x=b$일 때, $a+b$의 값은?

① 52　　　　② 55　　　　③ 58
④ 61　　　　⑤ 64

06

함수 $y=\log_3\left(\dfrac{x}{9}-1\right)$의 그래프는 함수 $y=\log_3 x$의 그래프를 x축 방향으로 m만큼, y축 방향으로 n만큼 평행이동한 것이다. m, n의 값을 구하시오.

07

함수 $y=\log_2 x$의 그래프를 x축 방향으로 m만큼, y축 방향으로 n만큼 평행이동한 그래프가 점 $(5, 4)$를 지나고 점근선이 직선 $x=3$일 때, m, n의 값을 구하시오.

08

$0<a<b<1$일 때, 직선 $y=1$이 $y=\log_a x$의 그래프와 $y=\log_b x$의 그래프와 만나는 점을 각각 P, Q라 하고, 직선 $y=-1$이 $y=\log_a x$의 그래프와 $y=\log_b x$의 그래프와 만나는 점을 각각 R, S라 하자. 네 직선 PS, PR, QS, QR의 기울기를 각각 α, β, γ, δ라 할 때, 다음 중 옳은 것은?

① $\delta<\alpha<\beta<\gamma$　　　　② $\gamma<\alpha<\delta<\beta$
③ $\gamma<\alpha<\beta<\delta$　　　　④ $\gamma<\alpha=\delta<\beta$
⑤ $\alpha=\delta<\beta<\gamma$

code 3 | 역함수

09

함수 $f(x)=2^{-x+a}+1$의 역함수를 $g(x)$라 하자. $g(9)=-2$일 때, $g(17)$의 값을 구하시오.

10

보기의 함수의 그래프를 평행이동 또는 대칭이동하여 함수 $y=3^x$의 그래프와 겹쳐질 수 있는 것만을 있는 대로 고른 것은?

┌ **보기** ─────────────────────────────
│ ㄱ. $y=\left(\dfrac{1}{3}\right)^x$ ㄴ. $y=2\times3^x$
│ ㄷ. $y=\log_3 5x$
└───────────────────────────────────

① ㄱ   ② ㄱ, ㄴ   ③ ㄱ, ㄷ
④ ㄴ, ㄷ   ⑤ ㄱ, ㄴ, ㄷ

11

함수 $f(x)=2^{x-2}$의 역함수의 그래프를 x축 방향으로 -2만큼, y축 방향으로 k만큼 평행이동하면 $y=g(x)$의 그래프가 된다. $y=f(x)$, $y=g(x)$의 그래프가 직선 $y=1$과 만나는 점을 각각 A, B라 할 때, 선분 AB의 중점의 좌표는 $(8, 1)$이다. 실수 k의 값을 구하시오.

12

세 함수 $f(x)$, $g(x)$, $h(x)$는

$$f(x)=ax-4a+1, \quad g(x)=a^{x-1}-3, \quad h(x)=\log_a\dfrac{x+4}{a^2}$$

이다. $y=f(x)$, $y=g(x)$, $y=h(x)$의 그래프가 a의 값에 관계없이 지나는 점을 각각 P, Q, R라 할 때, 삼각형 PQR의 넓이를 구하시오. (단, $a>1$)

13

함수 $f(x)$, $g(x)$는

$$f(x)=\log_4 (x+p)+q, \quad g(x)=\log_{\frac{1}{2}} (x+p)+q$$

이고, $y=f^{-1}(x)$와 $y=g^{-1}(x)$의 그래프가 점 $(1, 4)$에서 만날 때, p, q의 값을 구하시오.

code 4 | 지수·로그함수의 최대, 최소

14

$0\le x\le3$일 때, 함수 $f(x)=\left(\dfrac{1}{2}\right)^{x^2-4x+3}$의 최댓값은?

① $\dfrac{1}{2}$ ② 1   ③ 2
④ 4   ⑤ 8

15

정의역이 $\{x|-1\leq x\leq 2\}$인 함수 $y=9^x-2\times 3^{x+1}$의 최댓값을 M, 최솟값을 m이라 할 때, $M+m$의 값은?

① 10   ② 12   ③ 14
④ 16   ⑤ 18

16

함수 $y=5\times\left(\dfrac{1}{2}\right)^x$의 그래프를 x축 방향으로 a만큼, y축 방향으로 5만큼 평행이동한 후, y축에 대칭이동하면 함수 $y=f(x)$의 그래프와 일치한다. $y=f(x)$의 그래프가 점 $(1, 10)$을 지날 때, $-3\leq x\leq 2$에서 $f(x)$의 최댓값을 구하시오.

17

함수 $y=(\log_3 x)^2-\log_9 x^8+3$의 최솟값을 a, 최소일 때 x의 값을 b라 할 때, $a+b$의 값은?

① 4   ② 5   ③ 6
④ 7   ⑤ 8

18

함수 $f(x)$, $g(x)$는
$$f(x)=\left(\dfrac{1}{2}\right)^{x-2}, \quad g(x)=(x-1)^2+a$$
이다. $0\leq x\leq 3$에서 $(f\circ g)(x)$의 최솟값이 $\dfrac{1}{16}$일 때, $-1\leq x\leq 1$에서 $(g\circ f)(x)$의 최댓값을 구하시오.

---

code 5   지수 · 로그함수와 산술평균, 기하평균

19

$x>0$, $y>0$일 때,
$$\log_3\left(x+\dfrac{1}{y}\right)+\log_3\left(y+\dfrac{4}{x}\right)$$의 최솟값은?

① 1   ② 2   ③ 3
④ 4   ⑤ 5

20

x, y는 양수이고 $\log x$와 $\log y$ 사이의 관계를 나타낸 그래프가 그림과 같은 직선이다. $2x+5y$의 최솟값을 구하시오.

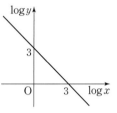

21

함수 $y=\dfrac{2^{x+3}}{2^{2x}-2^x+1}$의 최댓값은?

① 4   ② 5   ③ 6
④ 7   ⑤ 8

22

그림과 같이 두 함수 $y=2^x$, $y=2^{-x}$의 그래프와 직선 $x=k$ $(k\neq0)$의 교점을 각각 A_k, B_k라 하자. 선분 A_kB_k를 $1:2$로 내분하는 점의 y좌표의 값이 최소일 때, k의 값을 구하시오.

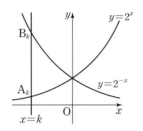

 code 6 지수함수의 그래프 위의 점

23

그림과 같이 함수 $y=2^x$의 그래프 위에 점 A, B가 있다. 점 A, B의 x좌표를 각각 a, b $(a<b)$라 하자. 선분 AB의 중점의 좌표가 $(0, 5)$일 때, $2^{2a}+2^{2b}$의 값은?

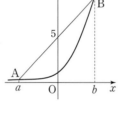

① 94   ② 96

③ 98   ④ 100

⑤ 102

24

그림과 같이 곡선 $y=4^x$ 위에 점 P가 있다. 곡선 $y=2^x$이 선분 OP를 $1:3$으로 내분할 때, 점 P의 x좌표를 구하시오.
(단, O는 원점이다.)

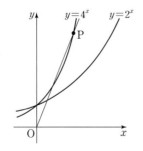

25

그림과 같이 $0<a<b<1$인 두 실수 a, b에 대하여 곡선 $y=a^x$ 위의 점 A, B의 x좌표는 각각 $\dfrac{b}{4}$, a이고, 곡선 $y=b^x$ 위의 점 C, D의 x좌표는 각각 b, 1이다. 선분 AC와 BD가 모두 x축과 평행할 때, a^2+b^2의 값은?

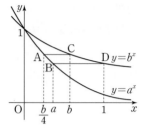

① $\dfrac{7}{16}$ ② $\dfrac{1}{2}$ ③ $\dfrac{9}{16}$

④ $\dfrac{5}{8}$ ⑤ $\dfrac{11}{16}$

26

그림과 같이 두 곡선 $y=2^x-1$, $y=2^{-x}+\dfrac{a}{9}$의 교점을 A라 하자. 점 B$(4, 0)$이고 삼각형 AOB의 넓이가 16일 때, 양수 a의 값을 구하시오. (단, O는 원점이다.)

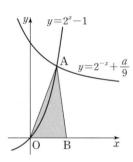

27

그림과 같이 좌표평면 위에 네 점 O$(0, 0)$, A$(4, 0)$, B$(4, 4)$, C$(0, 4)$가 있다. 곡선 $y=4^x$이 선분 OC, BC와 만나는 점을 각각 P, Q라 하고, 곡선 $y=4^{x-3}-1$이 선분 OA, AB와 만나는 점을 각각 R, S라 하자. 두 곡선 $y=4^x$, $y=4^{x-3}-1$과 두 선분 PR, QS로 둘러싸인 부분의 넓이를 구하시오.

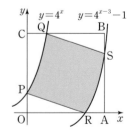

정답 및 풀이 19쪽

28

함수 $f(x)=a^{-x}$, $g(x)=b^x$, $h(x)=a^x$ $(1<a<b)$의 그래프가 그림과 같다. 직선 $y=2$가 세 곡선 $y=f(x)$, $y=g(x)$, $y=h(x)$와 만나는 점을 각각 P, Q, R라 하자.
$\overline{PQ}:\overline{QR}=2:1$이고 $h(2)=2$일 때, $g(4)$의 값은?

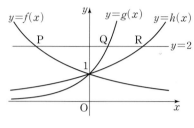

① 16　　　　② $16\sqrt{2}$　　　　③ 32

④ $32\sqrt{2}$　　　⑤ 64

---

code 7 로그함수의 그래프 위의 점

29

좌표평면 위에 네 점 A$(3, -1)$, B$(5, -1)$, C$(5, 2)$, D$(3, 2)$가 있다. 함수 $y=\log_a(x-1)-4$의 그래프가 직사각형 ABCD와 만날 때, a의 최댓값을 M, 최솟값을 N이라 하자. $\left(\dfrac{M}{N}\right)^{12}$의 값을 구하시오.

30

그림과 같이 곡선 $y=\log_3 x$와 기울기가 $\dfrac{1}{2}$인 직선이 만나는 두 점을 A, B라 하고, 두 점 A, B에서 x축에 내린 수선의 발을 각각 C, D라 하자.
$\overline{OC}:\overline{OD}=1:9$일 때, 선분 CD의 길이를 구하시오.
(단, A의 x좌표는 1보다 작고, B의 x좌표는 1보다 크다.)

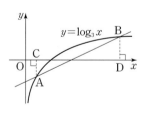

31

그림과 같이 함수 $y=\log_2 x+1$의 그래프 위의 두 점 A, B에서 x축에 내린 수선의 발을 각각 P, Q라 하자. 점 P의 좌표가 $\left(\dfrac{3}{2}, 0\right)$이고 $\overline{AB}=\overline{AQ}$일 때, 삼각형 ABQ의 넓이는?

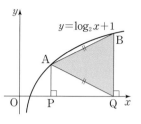

① $2\log_2 3$　　② $\dfrac{5}{2}\log_2 3$　　③ $3\log_2 3$

④ $\dfrac{7}{2}\log_2 3$　　⑤ $4\log_2 3$

32

그림과 같이 곡선 $y=\log_4 2x$가 x축과 만나는 점을 A라 하자. 곡선 위의 두 점 B, C에 대하여 삼각형 ABC의 무게중심이 G$\left(\dfrac{11}{6}, \dfrac{2}{3}\right)$일 때, 직선 BC의 기울기를 구하시오.
(단, 점 B의 x좌표는 점 C의 x좌표보다 작다.)

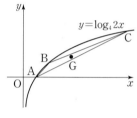

33

그림에서 직사각형 ABCD와 DEFG는 각 변이 x축 또는 y축에 평행하다. 또 A와 G는 곡선 $y=\log_2 x$ 위의 점이고, B와 C는 x축 위의 점이다.

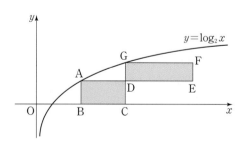

다음 조건을 만족시킬 때, 점 E의 x좌표를 구하시오.

(가) $\overline{AD}:\overline{DE}=2:3$이고, $\overline{DG}=1$이다.
(나) 두 직사각형 ABCD, DEFG의 넓이는 같다.

34

그림과 같이 x좌표가 4인 곡선 $y=\log_3 x$ 위의 점 A에서 y축에 내린 수선이 직선 $y=x$와 만나는 점을 P라 하고, y좌표가 3인 곡선 $y=2^x$ 위의 점 B에서 x축에 내린 수선이 직선 $y=x$와 만나는 점을 Q라 하자. $\overline{OP}\times\overline{OQ}$의 값을 구하시오. (단, O는 원점이다.)

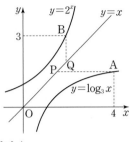

code 8 역함수 그래프의 활용

35

그림과 같이 곡선 $y=a^x$과 곡선 $y=\log_a x$가 두 점 P, Q에서 만날 때, 점 P에서 x축, y축에 내린 수선의 발을 각각 A, B라 하자. 또, 점 Q를 지나고 x축과 평행한 직선이 직선 AP와 만나는 점을 D, 점 Q를 지나고 y축과 평행한 직선이 직선 BP와 만나는 점을 C라 하자. 사각형 OAPB와 PCQD가 합동일 때, a의 값을 구하시오. (단, O는 원점이다.)

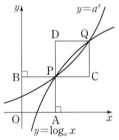

36

함수 $f(x)=2^{x-2}+1$과 $g(x)=\log_2(x-1)+2$에 대하여 그림과 같이 $y=f(x)$와 $y=g(x)$의 그래프가 점 A$(2, f(2))$, B$(3, f(3))$에서 만난다. $y=f(x)$와 $y=g(x)$의 그래프로 둘러싸인 부분의 넓이를 S_1, $y=f(x)$의 그래프와 직선 $x=2$, $x=3$, x축으로 둘러싸인 부분의 넓이를 S_2라 할 때, S_1+2S_2의 값을 구하시오.

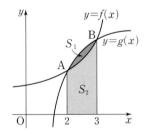

37

함수 $y=a^x-b$와 함수 $y=\log_a(x+b)$의 그래프가 만나는 두 점의 x좌표가 0과 5일 때, $a^{10}+b^{10}$의 값을 구하시오. (단, $a>1$)

code 9 지수·로그함수의 활용

38

내부 온도가 a °C인 공간에 물체 A가 있다. 가열된 A의 온도 b °C를 측정한 후 t초가 지나는 순간의 A의 온도 $f(t)$ °C는 다음과 같다고 한다.

$$f(t)=a+(b-a)2^{Kt} \text{ (단, } K\text{는 상수)}$$

내부 온도가 15 °C인 공간에 있는 가열된 A의 온도 60 °C를 측정한 후 60초가 지나는 순간의 온도는 45 °C이었다. A의 온도 60 °C를 측정한 후 120초를 지나는 순간의 온도는? (단, 공간의 내부 온도 변화는 고려하지 않는다.)

① 34 °C ② 35 °C ③ 36 °C
④ 37 °C ⑤ 38 °C

39

소리의 세기가 I W/m²인 음원으로부터 r m만큼 떨어진 지점에서 측정된 소리의 상대적 세기 P dB은

$$P=10\left(12+\log\frac{I}{r^2}\right)$$

이다. 어떤 음원으로부터 1 m만큼 떨어진 지점에서 측정된 소리의 상대적 세기가 80 dB일 때, 같은 음원으로부터 10 m만큼 떨어진 지점에서 측정된 소리의 상대적 세기가 a dB이다. a의 값은?

① 50 ② 55 ③ 60
④ 65 ⑤ 70

01 개념 통합

집합 $G=\{(x,\,y)\,|\,y=6^x,\ x$는 실수$\}$일 때, **보기**에서 옳은 것만을 있는 대로 고른 것은?

┌ **보기** ─────────────────────
│ ㄱ. $(a,\,2^b)\in G$이면 $b=a\log_2 6$이다.
│ ㄴ. $(a,\,b)\in G$이면 $\left(-a,\,\dfrac{1}{b}\right)\in G$이다.
│ ㄷ. $(a,\,b)\in G$이고 $(c,\,d)\in G$이면
│ $(a+c,\,b+d)\in G$이다.
└──────────────────────────

① ㄱ   ② ㄱ, ㄴ   ③ ㄱ, ㄷ
④ ㄴ, ㄷ   ⑤ ㄱ, ㄴ, ㄷ

02

좌표평면에서 평행이동 또는 대칭이동하여 그래프가 함수 $y=2^x$의 그래프와 겹쳐질 수 있는 함수인 것만을 **보기**에서 있는 대로 고른 것은?

┌ **보기** ─────────────────────
│ ㄱ. $y=4\times\left(\dfrac{1}{2}\right)^x+3$ ㄴ. $y=\log_4(x^2-2x+1)$
│ ㄷ. $y=\log_{\frac{1}{2}}(12-4x)$
└──────────────────────────

① ㄱ   ② ㄷ   ③ ㄱ, ㄴ
④ ㄱ, ㄷ   ⑤ ㄱ, ㄴ, ㄷ

03

함수 $f(x)=a\times 2^x$, $g(x)=\log_2(x+1)$일 때, **보기**에서 옳은 것만을 있는 대로 고른 것은? (단, $a>0$)

┌ **보기** ─────────────────────
│ ㄱ. $g(x_1)<g(x_2)$이면 $g(f(x_1))<g(f(x_2))$이다.
│ ㄴ. $y=f(x)$의 그래프를 직선 $y=x$에 대칭이동한 후 평행
│   이동하면 $y=g(x)$의 그래프와 겹쳐질 수 있다.
│ ㄷ. $y=f(x)$의 그래프와 $y=g(x)$의 그래프는 만나지 않는다.
└──────────────────────────

① ㄱ   ② ㄴ   ③ ㄷ
④ ㄱ, ㄴ   ⑤ ㄱ, ㄴ, ㄷ

04

그림은 함수 $y=\left(\dfrac{1}{2}\right)^x$, $y=\log_2 x$의 그래프와 직선 $y=x$를 나타낸 것이다. **보기**에서 옳은 것만을 있는 대로 고른 것은? (단, 점선은 모두 좌표축에 평행하다.)

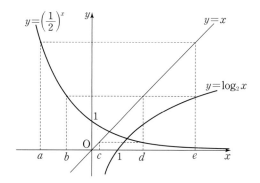

┌ **보기** ─────────────────────
│ ㄱ. $\left(\dfrac{1}{2}\right)^d=c$ ㄴ. $a+d=0$ ㄷ. $ce=1$
└──────────────────────────

① ㄱ   ② ㄱ, ㄴ   ③ ㄴ, ㄷ
④ ㄱ, ㄷ   ⑤ ㄱ, ㄴ, ㄷ

05

함수 $f(x)$의 역함수를 $g(x)$라 할 때, $f(\log_2 x-1)$의 역함수를 $g(x)$로 나타내면?

① $\log_2 g(x)-1$ ② $\{g(x)+1\}^2$
③ $\{g(x)\}^2-1$ ④ $2^{g(x)-1}$
⑤ $2^{g(x)+1}$

06

함수 $y=3^x-3^{-x}$의 역함수는 $y=\log_3\left(\dfrac{x+\sqrt{x^2+b}}{a}\right)$이다. $a+b$의 값은?

① 3   ② 4   ③ 5
④ 6   ⑤ 7

07

함수 $f(x)=\begin{cases} \dfrac{71}{5}-\dfrac{19}{15}x & (x<12) \\ 1-2\log_3(x-9) & (x\geq12) \end{cases}$ 의 역함수를

$g(x)$라 할 때, $(g\circ g\circ g\circ g\circ g)(x)=-3$을 만족시키는 x의 값을 구하시오.

08

함수 $f(x)=\log_{\frac{1}{2}}\left(\dfrac{x+1}{2x}\right)$의 역함수를 $g(x)$라 할 때, **보기**에서 옳은 것만을 있는 대로 고른 것은?

(단, $x>0$ 또는 $x<-1$)

┌ **보기** ┐
> ㄱ. $f\left(\dfrac{1}{15}\right)=\dfrac{1}{3}$ ㄴ. $g(x)=\dfrac{2^x}{2-2^x}$
>
> ㄷ. $g(x)+g(2-x)=-1$
└─────┘

① ㄴ   ② ㄷ   ③ ㄱ, ㄴ

④ ㄴ, ㄷ   ⑤ ㄱ, ㄴ, ㄷ

09

양의 실수 x에 대하여
$$f(x)+2f\left(\frac{1}{x}\right)=\log_3 x^3$$
이 성립할 때, **보기**에서 옳은 것만을 있는 대로 고른 것은?

┌ **보기** ┐
> ㄱ. $f(1)=0$ ㄴ. $f(x)+f\left(\dfrac{1}{x}\right)=0$
>
> ㄷ. 임의의 실수 m에 대하여 $f(x^m)=mf(x)$이다.
└─────┘

① ㄱ   ② ㄱ, ㄴ   ③ ㄱ, ㄷ

④ ㄴ, ㄷ   ⑤ ㄱ, ㄴ, ㄷ

10

함수 $y=(2^{x-2}+2^{-x})^2+(2^x+2^{-x+2})+k$의 최솟값이 6일 때, k의 값은?

① 1   ② 3   ③ 5

④ 8   ⑤ 10

11

$x>1$일 때, 함수
$$f(x)=(\log_2 x)^2+(\log_x 2)^2-2(\log_2 x+\log_x 2)-1$$
의 최솟값은?

① -5 ② -3 ③ -1

④ 1   ⑤ 3

12

$\dfrac{1}{3}\leq x\leq 3$에서 정의된 함수 $f(x)=9x^{-2+\log_3 x}$의 최댓값과 최솟값을 구하시오.

13

함수 $f(x)$, $g(x)$는
$$f(x)=-x^2+2x+1,\quad g(x)=a^x\ (a>0,\ a\neq1)$$
이다. $-1\leq x\leq2$에서 $f(g(x))$, $g(f(x))$의 최댓값이 같을 때, a값의 합은?

① $\dfrac{\sqrt{2}}{2}$ ② $\dfrac{2\sqrt{2}}{3}$ ③ $\sqrt{2}$

④ $\dfrac{4\sqrt{2}}{3}$ ⑤ $\dfrac{3\sqrt{2}}{2}$

14 개념 통합

양수 x, y가
$$(\log_2 x)^2 + (\log_2 y)^2 = \log_2 x^4 + \log_2 y^2$$
을 만족시킬 때, $x^2 y$의 최댓값을 m, 최솟값을 n이라 하자. $\log_2 mn$의 값은?

① -2^{10} ② -10 ③ 1

④ 10   ⑤ 2^{10}

15

그림과 같이 두 점 $A(2, 3)$, $B(4, 1)$을 이은 선분 위를 움직이는 점 P를 지나고 x축에 평행한 직선이 곡선 $y = \log_2 x - 1$과 만나는 점을 H, 점 P를 지나고 y축에 평행한 직선이 곡선 $y = 2^x - 1$과 만나는 점을 K라 하자. $\overline{PH} + \overline{PK}$의 최솟값을 구하시오.

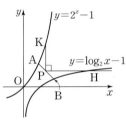

16

함수 $f(x) = 3^{-x}$에 대하여
$$a_1 = f(2)$$
$$a_{n+1} = f(a_n) \ (n = 1, 2, 3)$$
일 때, a_2, a_3, a_4의 대소 관계는?

① $a_2 < a_3 < a_4$
② $a_2 < a_4 < a_3$
③ $a_3 < a_2 < a_4$
④ $a_3 < a_4 < a_2$
⑤ $a_4 < a_3 < a_2$

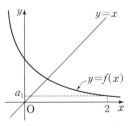

17

함수 $f(x) = 2^x - 1$과 $g(x) = \left(\dfrac{a+1}{3}\right)^x$의 그래프가 한 점에서 만날 때, 자연수 a값의 합은?

① 6   ② 10   ③ 15

④ 21   ⑤ 28

18

1이 아닌 양수 a, b $(a > b)$에 대하여 함수 $f(x) = a^x$, $g(x) = b^x$이라 하자. 양수 n에 대하여 **보기**에서 옳은 것만을 있는 대로 고른 것은?

• 보기 •

ㄱ. $f(n) > g(n)$
ㄴ. $f(n) < g(-n)$이면 $a > 1$이다.
ㄷ. $f(n) = g(-n)$이면 $f\left(\dfrac{1}{n}\right) = g\left(-\dfrac{1}{n}\right)$이다.

① ㄱ   ② ㄴ   ③ ㄱ, ㄷ

④ ㄴ, ㄷ   ⑤ ㄱ, ㄴ, ㄷ

19

함수 $f(x) = a^{bx-1}$, $g(x) = a^{1-bx}$이 다음 조건을 만족시킨다.

(가) $y = f(x)$와 $y = g(x)$의 그래프는 직선 $x = 2$에 대칭이다.

(나) $f(4) + g(4) = \dfrac{5}{2}$

$0 < a < 1$일 때, $a + b$의 값을 구하시오.

20

그림과 같이 곡선 $y=3^x$ 과 $y=a^x\,(0<a<1)$의 교점을 P, 직선 $y=3$이 곡선 $y=3^x$, $y=a^x$과 만나는 점을 각각 Q, R라 하자.

$\angle\mathrm{RPQ}=90\degree$일 때, $\left(\dfrac{1}{a}\right)^{16}$ 의 값을 구하시오.

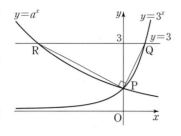

21

그림과 같이 함수 $y=3\times2^x$ 의 그래프가 y축과 만나는 점을 A, 함수 $y=4^x$의 그래프와 만나는 점을 B라 하자. 점 A를 지나고 x축에 평행하게 그은 직선이 함수 $y=2^x$의 그래프와 만나는 점을 C, 점 B를 지나고 x축에 평행하게 그은 직선이 함수 $y=2^x$의 그래프와 만나는 점을 D라 할 때, 사각형 ACDB의 넓이는?

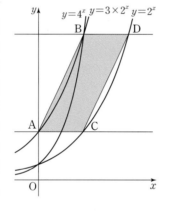

① $3\log_2 3$ ② $4\log_2 3$ ③ $5\log_2 3$
④ $6\log_2 3$ ⑤ $7\log_2 3$

22

함수 $f(x)=\left(\dfrac{1}{2}\right)^{x-5}-64$일 때, $y=|f(x)|$의 그래프와 직선 $y=k$가 제1사분면에서 만난다. 자연수 k의 개수는?

① 32 ② 31 ③ 30
④ 29 ⑤ 28

23

그림과 같이 함수 $y=\log_2 x$의 그래프 위의 한 점 $\mathrm{A_1}$에서 y축에 평행한 직선을 그어 직선 $y=x$와 만나는 점을 $\mathrm{B_1}$이라 하고, 점 $\mathrm{B_1}$에서 x축에 평행한 직선을 그어 이 그래프와 만나는 점을 $\mathrm{A_2}$라 하자. 이와 같은 과정을 반복하여 점 $\mathrm{A_2}$로부터 점 $\mathrm{B_2}$와 점 $\mathrm{A_3}$을, 점 $\mathrm{A_3}$으로부터 점 $\mathrm{B_3}$과 점 $\mathrm{A_4}$를 얻는다. 네 점 $\mathrm{A_1}$, $\mathrm{A_2}$, $\mathrm{A_3}$, $\mathrm{A_4}$의 x좌표를 차례로 a, b, c, d라 하자. 네 점 $(c,\,0)$, $(d,\,0)$, $(d,\,\log_2 d)$, $(c,\,\log_2 c)$를 꼭짓점으로 하는 사각형의 넓이를 함수 $f(x)=2^x$을 이용하여 a, b로 나타낸 것은?

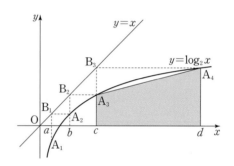

① $\dfrac{1}{2}\{f(b)+f(a)\}\{(f\circ f)(b)-(f\circ f)(a)\}$

② $\dfrac{1}{2}\{f(b)-f(a)\}\{(f\circ f)(b)+(f\circ f)(a)\}$

③ $\{f(b)+f(a)\}\{(f\circ f)(b)+(f\circ f)(a)\}$

④ $\{f(b)+f(a)\}\{(f\circ f)(b)-(f\circ f)(a)\}$

⑤ $\{f(b)-f(a)\}\{(f\circ f)(b)+(f\circ f)(a)\}$

24

그림과 같이 x축 위의 한 점 A를 지나는 직선이 곡선 $y=\log_2 x^3$과 서로 다른 두 점 B, C에서 만난다. 두 점 B, C에서 x축에 내린 수선의 발을 각각 D, E라 하고, 선분 BD, CE가 곡선 $y=\log_2 x$와 만나는 점을 각각 F, G라 하자.

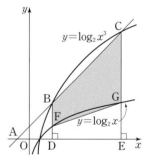

$\overline{\mathrm{AB}}:\overline{\mathrm{BC}}=1:2$이고, 삼각형 ADB의 넓이가 $\dfrac{9}{2}$일 때, 사각형 BFGC의 넓이를 구하시오.
(단, 점 A의 x좌표는 0보다 작다.)

25

그림과 같이 곡선 $y=\log_2 x+1$, $y=\log_2 x$, $y=\log_2 (x-4^n)$ 이 직선 $y=n$ $(n>0)$과 만나는 점을 각각 A_n, B_n, C_n이라 하자. 삼각형 A_nOB_n, B_nOC_n의 넓이를 각각 S_n, T_n이라 할 때, $T_n=64S_n$을 만족시키는 n의 값을 구하시오. (단, O는 원점이다.)

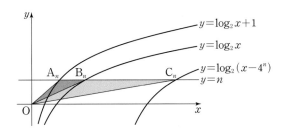

26

$a>1$일 때, 그림과 같이 곡선 $y=\log_a x$와 원 $\left(x-\dfrac{5}{4}\right)^2+y^2=\dfrac{13}{16}$의 두 교점을 P, Q라 하자. 선분 PQ가 원의 지름일 때, a의 값을 구하시오.

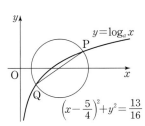

27

그림과 같이 함수 $y=\log_2 x$의 그래프와 직선 $y=mx$의 두 교점을 A, B라 하고, 함수 $y=2^x$의 그래프와 직선 $y=nx$의 두 교점을 C, D라 하자. 사각형 ABDC는 등변사다리꼴이고, 삼각형 OBD의 넓이는 삼각형 OAC의 넓이의 4배일 때, $m+n$의 값은? (단, O는 원점이다.)

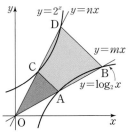

① 2   ② $\dfrac{5}{2}$ ③ 3

④ $\dfrac{10}{3}$ ⑤ 4

28 신유형

n이 자연수일 때, 다음 조건을 만족시키는 정사각형의 개수를 a_n이라 하자.

> (가) 한 변의 길이가 n이고 네 꼭짓점의 x좌표와 y좌표가 자연수이다.
> (나) 정사각형은 두 곡선 $y=\log_2 x$, $y=\log_{16} x$와 각각 두 점에서 만난다.

a_3, a_4의 값을 구하시오.

29

지면으로부터 높이가 H_1 m일 때 풍속이 V_1 m/s이고, 지면으로부터 높이가 H_2 m일 때 풍속이 V_2 m/s이면 대기 안정도 계수 k는 다음을 만족시킨다.

$$V_2=V_1\times\left(\frac{H_2}{H_1}\right)^{\frac{2}{2-k}} \text{ (단, } H_1<H_2)$$

A 지역에서 지면으로부터 높이가 12 m와 36 m일 때, 풍속이 각각 2 m/s와 8 m/s이고, B 지역에서 지면으로부터 높이가 10 m와 90 m일 때, 풍속이 각각 a m/s와 b m/s이면 두 지역의 대기 안정도 계수 k가 같았다. $\dfrac{b}{a}$의 값은?

① 10   ② 13   ③ 16

④ 19   ⑤ 22

30

어느 도시의 인구가 P_0명에서 P명이 될 때까지 걸리는 시간 T(년)는 다음 식을 만족시킨다고 한다.

$$T=C\log\frac{P(K-P_0)}{P_0(K-P)}$$

(단, C는 상수, K는 최대 인구 수용 능력이다.)

이 도시의 최대 인구 수용 능력이 30만 명이고, 인구가 6만 명에서 10만 명이 될 때까지 10년이 걸렸다고 한다. 이 도시의 인구가 처음으로 15만 명 이상이 되는 것은 인구가 6만 명일 때부터 몇 년 후인가?

① 18년 후   ② 20년 후   ③ 22년 후

④ 24년 후   ⑤ 26년 후

01

제1사분면에서 직선 $y=2x$ 위의 한 점 P를 지나고 y축에 평행한 직선이 곡선 $y=4^x$과 만나는 점을 A라 하고, 점 P를 지나고 x축에 평행한 직선이 곡선 $y=\log_2 x$와 만나는 점을 B라 하자. 삼각형 OPA, APB, OBP의 넓이를 각각 S_1, S_2, S_3이라 하면 $S_1 : S_2 : S_3 = 3 : k : 7$이다. k의 값은? (단, O는 원점이다.)

① 17 ② 18 ③ 19
④ 20 ⑤ 21

02

함수 $y=\log_2 |5x|$와 함수 $y=\log_2 (x+2)$의 그래프가 만나는 두 점을 각각 A, B라 하자. 또, 2보다 큰 자연수 m에 대하여 함수 $y=\log_2 |5x|$와 함수 $y=\log_2 (x+m)$의 그래프가 만나는 두 점을 각각 C(p, q), D(r, s)라 하자. **보기**에서 옳은 것만을 있는 대로 고른 것은?
(단, 점 A의 x좌표는 점 B의 x좌표보다 작고 $p<r$이다.)

> **보기**
> ㄱ. $p<-\dfrac{1}{3}$, $r>\dfrac{1}{2}$
> ㄴ. 직선 AB의 기울기와 직선 CD의 기울기는 같다.
> ㄷ. 점 B의 y좌표와 점 C의 y좌표가 같을 때, 삼각형 CAB의 넓이와 삼각형 CBD의 넓이는 같다.

① ㄱ ② ㄴ ③ ㄱ, ㄴ
④ ㄱ, ㄷ ⑤ ㄱ, ㄴ, ㄷ

03

함수 $f(x)=|9^x-3|$, $g(x)=2^{x+n}$에 대하여 $y=f(x)$와 $y=g(x)$의 그래프가 만나는 두 점의 x좌표를 a, b $(a<b)$라 할 때, $a<0$, $0<b<2$를 만족시키는 자연수 n값의 합을 구하시오.

04

1보다 큰 실수 a에 대하여 함수 $f(x)=a^{2x}$, $g(x)=a^{x+1}-2$이고, 함수 $h(x)=|f(x)-g(x)|$이다. $y=h(x)$의 그래프에 대한 설명으로 옳은 것만을 **보기**에서 있는 대로 고른 것은?

> **보기**
> ㄱ. $a=2\sqrt{2}$일 때 $y=h(x)$의 그래프는 x축과 한 점에서 만난다.
> ㄴ. $a=4$일 때 $x_1<x_2<\dfrac{1}{2}$이면 $h(x_1)>h(x_2)$이다.
> ㄷ. $y=h(x)$의 그래프와 직선 $y=1$이 오직 한 점에서 만나는 a의 값이 존재한다.

① ㄱ ② ㄱ, ㄴ ③ ㄱ, ㄷ
④ ㄴ, ㄷ ⑤ ㄱ, ㄴ, ㄷ

05 번뜩 아이디어

함수 $f(x)=2^x$의 그래프 위의 두 점 P$(a,\ 2^a)$, Q$(b,\ 2^b)$ $(a<0,\ b>0)$에 대하여 **보기**에서 옳은 것만을 있는 대로 고른 것은?

─ • 보기 •─────────────────

ㄱ. $b(2^a-1)>a(2^b-1)$

ㄴ. 모든 a에 대하여 $\dfrac{2^{a+b}}{ab}=-1$을 만족시키는 b가 존재한다.

ㄷ. 모든 b에 대하여 $\dfrac{2^{a+b}}{ab}=-1$을 만족시키는 a가 존재한다.

───────────────────────

① ㄱ   ② ㄴ   ③ ㄱ, ㄴ

④ ㄱ, ㄷ   ⑤ ㄴ, ㄷ

06

그림과 같이 곡선 $y=\log_2 (x+1)$과 직선 $x=n$ 및 x축으로 둘러싸인 도형을 A_n, 곡선 $y=2^x+3$과 직선 $y=n$ 및 y축으로 둘러싸인 도형을 B_n이라 하자. 두 도형 A_n, B_n에 포함된 점

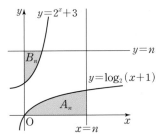

중 x좌표와 y좌표가 정수인 점의 개수를 각각 $f(n)$, $g(n)$이라 할 때, $16\le f(n)-g(n)\le 20$을 만족시키는 자연수 n의 개수를 구하시오.

(단, $n>4$이고, 두 도형 A_n, B_n은 경계를 포함한다.)

07

좌표평면에서 곡선 $y=4^x$, $y=a^{-x+4}$ $(a>1)$과 직선 $y=1$로 둘러싸인 도형의 내부와 경계에 포함되고 x좌표와 y좌표가 모두 정수인 점의 개수가 20 이상 40 이하일 때, 자연수 a의 개수를 구하시오.

08

다음 조건을 만족시키는 자연수 a, b의 순서쌍 $(a,\ b)$의 개수를 구하시오.

─────────────────────────

(가) $1\le a\le 81$, $1\le b\le 10$

(나) 곡선 $y=\log_2 x$가 원 $(x-a)^2+(y-b)^2=1$과 만난다.

(다) 곡선 $y=\log_3 x$가 원 $(x-a)^2+(y-b)^2=1$과 만나지 않는다.

─────────────────────────

03. 지수함수와 로그함수의 활용

지수방정식, 로그방정식의 해는 실수만 생각한다.

1 지수방정식

(1) $a^{f(x)}=a^{g(x)}$ 꼴의 방정식

① $a>0$, $a\neq1$일 때 $y=a^x$은 일대일함수이므로

$a^{x_1}=a^{x_2}$이면 $x_1=x_2$

따라서 방정식 $a^{f(x)}=a^{g(x)}$의 해는 방정식 $f(x)=g(x)$의 해이다.

② $a=1$이면 성립한다.

$a=1$일 때는 따로 생각한다.

(2) 밑이 다른 경우

$a^{f(x)}=b^{g(x)}$ 꼴의 방정식은 양변에 로그를 잡고,

방정식 $f(x)\log a=g(x)\log b$를 푼다.

모든 실수 x에 대하여 $a^x>0$이므로 $t>0$임에 주의한다.

(3) a^x 꼴이 반복되는 지수방정식은 $a^x=t$로 치환하고, t의 값부터 구한다.

2 로그방정식

(1) $\log_a f(x)=\log_a g(x)$ 꼴의 방정식

$a>0$, $a\neq1$일 때 $y=\log_a x$는 일대일함수이므로

$\log_a x_1=\log_a x_2$이면 $x_1=x_2$

따라서 방정식 $\log_a f(x)=\log_a g(x)$의 해는 방정식 $f(x)=g(x)$의 해이다.

이때 $f(x)>0$, $g(x)>0$임에 주의한다.

로그방정식에서는 구한 해가 밑, 진수 조건을 만족시키는지 확인하는 것이 편하다.

Note 로그방정식 ⇨ 구한 해가 밑, 진수 조건을 만족시키는지 확인한다.

(2) 밑이 다른 경우 밑 변환 공식을 써서 밑을 통일한다.

(3) $\log_a x$ 꼴이 반복되는 로그방정식은 $\log_a x=t$로 치환하고, t의 값부터 구한다.

3 지수부등식

(1) $a^{f(x)}>a^{g(x)}$ 꼴의 부등식

① $a>1$이면 x가 증가할 때 $y=a^x$은 증가하므로 부등식 $f(x)>g(x)$를 푼다.

② $0<a<1$이면 x가 증가할 때 $y=a^x$은 감소하므로 부등식 $f(x)<g(x)$를 푼다.

Note 지수부등식 ⇨ $a>1$일 때와 $0<a<1$일 때로 나눈다.

(2) 밑이 다른 경우 양변에 로그를 잡고 로그부등식을 푼다.

(3) a^x 꼴이 반복되는 지수부등식은 $a^x=t$로 치환하고, t값의 범위부터 구한다.

4 로그부등식

(1) $\log_a f(x)>\log_a g(x)$ 꼴의 부등식

① $a>1$이면 x가 증가할 때 $y=\log_a x$는 증가하므로 부등식 $f(x)>g(x)$를 푼다.

② $0<a<1$이면 x가 증가할 때 $y=\log_a x$는 감소하므로 부등식 $f(x)<g(x)$를 푼다.

이때 $f(x)>0$, $g(x)>0$, $a>0$, $a\neq1$임에 주의한다.

Note 로그부등식 ⇨ 밑, 진수 조건을 먼저 찾는다.

로그부등식에서는 진수와 밑 조건부터 먼저 찾고, 해의 범위를 구한다.

(2) 밑이 다른 경우 밑 변환 공식을 써서 밑을 통일한다.

(3) $\log_a x$ 꼴이 반복되는 로그부등식은 $\log_a x=t$로 치환하고, t값의 범위부터 구한다.

Note 지수부등식과 로그부등식에서 밑에 따라 부등호의 방향이 바뀔 수 있다.

(1) $a^{x_1}<a^{x_2}$이면   (2) $\log a^{x_1}<\log a^{x_2}$이면

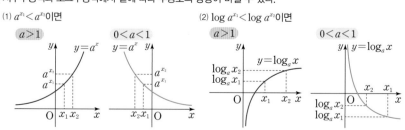

code 1 **지수방정식**

01

방정식 $\left(\dfrac{1}{3}\right)^{x^2-3x}=\left(\dfrac{1}{27}\right)^{x-1}$의 두 근을 α, β라 할 때, $\alpha^2+\beta^2$의 값을 구하시오.

02

$x>0$일 때, 방정식 $x^{x^2}=x^{2x+8}$의 해의 합은?

① 1   ② 2   ③ 3

④ 4   ⑤ 5

03

방정식 $2^x=3^{2x-1}$의 해는?

① $\dfrac{\log 3}{\log 3-\log 2}$ ② $\dfrac{\log 2}{\log 3-\log 2}$

③ $\dfrac{\log 3}{2\log 3-\log 2}$ ④ $\dfrac{\log 2}{2\log 3-\log 2}$

⑤ $\dfrac{\log 3}{\log 3-2\log 2}$

04

방정식 $4^{x+1}-3\times2^{x+2}-40=0$의 근을 α라 할 때, 4^α의 값을 구하시오.

05

방정식 $25^x-7\times5^{x+1}+k=0$의 두 근의 합이 2일 때, 상수 k의 값을 구하시오.

06

x에 대한 방정식 $4^x-2^{x+3}+a=0$이 서로 다른 두 실근을 가질 때, 정수 a의 개수는?

① 13   ② 14   ③ 15

④ 16   ⑤ 17

code 2 **로그방정식**

07

방정식 $\log_{\frac{1}{4}}(x-1)-1=\log_{\frac{1}{2}}(x-4)$의 근은?

① 6   ② 7   ③ 8

④ 9   ⑤ 10

08

방정식 $\left(\log_3\dfrac{9}{x}\right)\left(\log_3\dfrac{x}{3}\right)+6=0$의 두 근의 곱은?

① $\dfrac{1}{27}$ ② $\dfrac{1}{9}$ ③ 3

④ 9   ⑤ 27

09

방정식 $x^{\log_2 x}=8x^2$의 실근의 곱은?

① -4 ② -3 ③ 1

④ 3   ⑤ 4

code 3 연립방정식

10

연립방정식 $\begin{cases} 2^x - 3^{y-1} = 5 \\ 2^{x+1} - 3^y = -17 \end{cases}$ 의 해가 $x=a$, $y=b$일 때, ab의 값은?

① 9   ② 16   ③ 20

④ 25   ⑤ 27

11

연립방정식 $\begin{cases} 3^x = 9^y \\ (\log_2 8x)(\log_2 4y) = -1 \end{cases}$ 의 해를 $x=a$, $y=b$라 할 때, $\dfrac{1}{ab}$의 값은?

① 32   ② 16   ③ 4

④ $\dfrac{1}{4}$ ⑤ $\dfrac{1}{32}$

12

$1 < a < b$인 두 실수 a, b에 대하여

$$\frac{3a}{\log_a b} = \frac{b}{2\log_b a} = \frac{3a+b}{3}$$

일 때, $\log_a b$의 값을 구하시오.

code 4 그래프와 방정식

13

x에 대한 방정식 $|2^x - 2| = k$의 두 실근을 α, β라 하자. $\alpha\beta < 0$일 때, k값의 범위는?

① $0 \le k < \dfrac{1}{2}$ ② $0 < k < 1$ ③ $0 < k < 2$

④ $\dfrac{1}{2} < k \le 1$ ⑤ $1 < k < 2$

14

그림과 같이 직선 $x = a$ $(a>0)$가 두 함수 $y = 3^x$, $y = \left(\dfrac{1}{3}\right)^x$의 그래프와 만나는 점을 각각 A, B라 하자. 선분 AB의 중점의 y좌표가 $\sqrt{5}$일 때, 선분 AB의 길이를 구하시오.

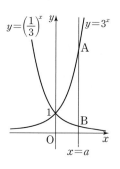

15

그림과 같이 함수 $y = 2^x$의 그래프 위의 점 $A(k, 2^k)$을 지나고 x축, y축과 각각 평행한 직선이 함수 $y = \left(\dfrac{1}{2}\right)^x$의 그래프와 만나는 점을 각각 B, C라 하고, $y = 2^x$의 그래프와 y축이 만나는 점을 D라 하자. 삼각형 ABD, 삼각형 ADC의 넓이의 비가 $3:2$일 때, k의 값은? (단, $k > 0$)

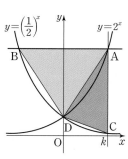

① $\log_2 3$ ② 2   ③ $\log_2 5$

④ $\log_2 6$ ⑤ $\log_2 7$

16

함수 $f(x) = 2^{-x} + 6$, $g(x) = 2^x$에 대하여 그림과 같이 $y = f(x)$, $y = g(x)$의 그래프와 직선 $y = k$가 만나는 점을 각각 A, B라 하자. y축이 선분 AB를 $1:2$로 내분할 때, k의 값을 구하시오.

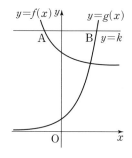

code 5 **지수부등식**

17

부등식 $\left(\dfrac{1}{\sqrt{3}}\right)^{2x+6} \leq 27^{2-x}$을 만족시키는 자연수 x값의 합은?

① 6   ② 10   ③ 15

④ 21   ⑤ 28

18

부등식 $3^{1+x}+3^{1-x} \leq 10$을 만족시키는 정수 x의 개수는?

① 1   ② 2   ③ 3

④ 4   ⑤ 5

19

두 집합
$$A=\{x\,|\,x^2-(a+b)x+ab<0\}$$
$$B=\{x\,|\,2^{2x+2}-9\times 2^x+2<0\}$$
에 대하여 $A \subset B$일 때, $b-a$의 최댓값을 구하시오.
(단, $a<b$)

code 6 **로그부등식**

20

부등식 $1+\log_{\frac{1}{2}} x^2 > \log_{\frac{1}{2}} (5x-8)$의 해가 $\alpha<x<\beta$일 때, $\alpha\beta$의 값을 구하시오.

21

부등식 $0<\log_4\{\log_3(\log_2 x)\} \leq \dfrac{1}{2}$을 만족시키는 정수 x의 개수를 구하시오.

22

그림은 일차함수 $y=f(x)$와 이차함수 $y=g(x)$의 그래프이다. 부등식 $\log_2 f(x)>\log_2 g(x)$의 해가 이차부등식 $x^2+ax+b<0$의 해와 같을 때, 실수 a, b의 값을 구하시오.

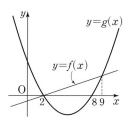

23

부등식 $\log_3(x^2+x-6)<\log_3(2-x)$의 해가 $\alpha<x<\beta$일 때, $\alpha^2+\beta^2$의 값을 구하시오.

24

연립부등식 $\begin{cases}\left(\dfrac{1}{9}\right)^{3x+8}<3^{-x^2} \\ \log_2|x-1|\leq 2\end{cases}$ 를 만족시키는 정수 x의 개수는?

① 6   ② 7   ③ 8

④ 9   ⑤ 10

code 7 **부등식이 성립할 조건**

25

부등식 $x^2-2(3^a+1)x+10(3^a+1) \geq 0$이 모든 실수 x에 대하여 성립할 때, 실수 a의 최댓값은?

① 1   ② 2   ③ 3

④ 4   ⑤ 5

26

모든 실수 x에 대하여 부등식 $9^x+3^{x+1}-3>k$가 성립할 때, 정수 k의 최댓값을 구하시오.

27

부등식 $\left(\log_2 \dfrac{x}{a}\right)\left(\log_2 \dfrac{x^2}{a}\right)+2\geq 0$이 모든 양의 실수 x에 대하여 성립할 때, 실수 a값의 범위를 구하시오.

code 8 | **지수 · 로그함수와 수의 대소 관계**

28

$0<a<b<1$일 때, 세 수
$$A=\log_a b, \ B=\log_b (a+1), \ C=\log_{a+1} (b+1)$$
의 대소 관계는?

① $A<B<C$ ② $A<C<B$ ③ $B<A<C$
④ $B<C<A$ ⑤ $C<B<A$

29

함수 $f(x)=\log_2 x$, $g(x)=\log_{\frac{1}{2}} x$에 대하여 **보기**에서 옳은 것만을 있는 대로 고른 것은?

・**보기**・
ㄱ. $f(|g(x)|)=f(|f(x)|)$
ㄴ. $1<a<b$이면 $f(|g(a)|)<f(|g(b)|)$
ㄷ. $1<a<b$이면 $g(f(a))>g(f(b))$

① ㄱ   ② ㄱ, ㄴ   ③ ㄱ, ㄷ
④ ㄴ, ㄷ   ⑤ ㄱ, ㄴ, ㄷ

30

n이 자연수일 때, **보기**에서 옳은 것만을 있는 대로 고른 것은?

・**보기**・
ㄱ. $\log_2 (n+3)>\log_2 (n+2)$
ㄴ. $\log_2 (n+2)>\log_3 (n+2)$
ㄷ. $\log_2 (n+2)>\log_3 (n+3)$

① ㄱ   ② ㄱ, ㄴ   ③ ㄱ, ㄷ
④ ㄴ, ㄷ   ⑤ ㄱ, ㄴ, ㄷ

code 9 | **지수 · 로그함수의 활용**

31

체중이 각각 75 kg, 80 kg인 갑과 을이 1개월짜리 다이어트 프로그램에 참가하여 동시에 다이어트를 시작하였다. 갑의 체중은 매일 전날에 비해 0.3 % 감소하였고, 을의 체중은 매일 전날에 비해 0.5 % 감소하였다. 을의 체중이 처음으로 갑의 체중 이하가 되는 때는 다이어트 시작일로부터 며칠 후인가? (단, $\log 2=0.301$, $\log 3=0.477$, $\log 9.95=0.998$, $\log 9.97=0.999$로 계산한다.)

① 15일 후   ② 18일 후   ③ 22일 후
④ 25일 후   ⑤ 28일 후

32

철수가 인터넷 중고 쇼핑몰을 통해 카메라 가격을 알아보았다. 카메라 가격은 전월 대비 매월 일정한 비율로 하락하여 현재 가격이 5개월 전보다 20 % 하락하였다. 매월 이와 같은 비율로 카메라의 가격이 하락한다고 할 때, 현재 100만 원인 카메라의 가격이 50만 원 이하가 되려면 최소한 몇 개월이 지나야 하는가? (단, $\log 2=0.3010$으로 계산한다.)

① 16개월   ② 17개월   ③ 18개월
④ 19개월   ⑤ 20개월

01

함수 $f(x)=2^x-16\times 2^{-x}$의 역함수를 $g(x)$라 할 때, $g(6)$의 값은?

① $\dfrac{1}{3}$　　　② $\dfrac{1}{2}$　　　③ 1

④ 2　　　⑤ 3

02

다음 방정식을 푸시오.

(1) $2^{\log x}x^{\log 2}-(2^{\log x}+5x^{\log 2})+8=0$

(2) $15^{\log_5 x}\times x^{\log_5 3x}=1$

03

지수방정식 $10^x+2^{2x+1}=25^x$의 해는?

① $\log_{\frac{2}{5}}2$　　　② $\log_{\frac{2}{5}}5$　　　③ $\log_{\frac{5}{2}}2$

④ $\log_5 2$　　　⑤ $\log_2 5$

04

방정식
$$(\log_2 x-1)^3+(\log_3 x-1)^3=(\log_2 x+\log_3 x-2)^3$$
의 실근의 개수는?

① 0　　　② 1　　　③ 2

④ 3　　　⑤ 4

05

x에 대한 방정식 $3^{2x}-k\times 3^{x+1}+3k+15=0$의 두 실근의 비가 $1:2$일 때, 실수 k의 값은?

① 4　　　② 6　　　③ 8

④ 10　　　⑤ 12

06

다음 연립방정식을 푸시오.

(1) $\begin{cases} 2^x-2\times 4^{-y}=7 \\ \log_2 (x-2)-\log_2 y=1 \end{cases}$

(2) $\begin{cases} \log_2 x+\log_3 y=2 \\ (\log_3 x)(\log_4 y)=-\dfrac{3}{2} \end{cases}$

07

$\log_{25}(a-b)=\log_9 a=\log_{15} b$를 만족시키는 양수 a, b에 대하여 $\dfrac{b}{a}$의 값은?

① $\dfrac{\sqrt{5}-1}{3}$ ② $\dfrac{\sqrt{5}-1}{2}$ ③ $\dfrac{\sqrt{2}+\sqrt{5}}{5}$

④ $\dfrac{\sqrt{2}+1}{4}$ ⑤ $\dfrac{\sqrt{2}+1}{3}$

08

방정식 $\log_2 x^2+\log_2 y^2=\log_{\sqrt{2}}(x+y+3)$을 만족시키는 양의 정수 x, y의 값을 구하시오.

09

x에 대한 방정식
$$(\log_3 x)^2-|\log_3 x^3|-\log_3 x=k$$
가 서로 다른 네 실근을 가질 때, 네 실근의 곱은?

① 3   ② 9   ③ 27
④ 81   ⑤ 243

10 신유형

x에 대한 방정식 $4^x+k\times 2^{x+1}+k^2-9=0$이 양의 실근과 음의 실근을 각각 한 개씩 가질 때, 실수 k값의 범위는?

① $-5<k<-4$ ② $-4<k<-3$
③ $-3<k<-2$ ④ $-2<k<-1$
⑤ $-1<k<0$

11

방정식 $4^x+4^{-x}+a(2^x-2^{-x})+7=0$이 실근을 가질 때, 양수 a의 최솟값은?

① 2   ② 4   ③ 6
④ 8   ⑤ 10

12

x에 대한 부등식
$$2^{2x+1}-(2n+1)\times 2^x+n\leq 0$$
을 만족시키는 정수 x가 7개일 때, 자연수 n의 최댓값을 구하시오.

정답 및 풀이 36쪽

13

$x>0$일 때, 다음 부등식을 푸시오.

(1) $\left(x+\dfrac{1}{2}\right)^{x^2+2x}>\left(x+\dfrac{1}{2}\right)^{8(x+2)}$

(2) $\log_x\left(2x^2-5x+2\right)\leq\log_x\left(5x+2\right)$

14 개념 통합

이차함수 $y=f(x)$의 그래프와 일차함수 $y=g(x)$의 그래프가 그림과 같을 때, 부등식

$$\left(\dfrac{1}{2}\right)^{f(x)g(x)}\geq\left(\dfrac{1}{8}\right)^{g(x)}$$

을 만족시키는 자연수 x값의 합은?

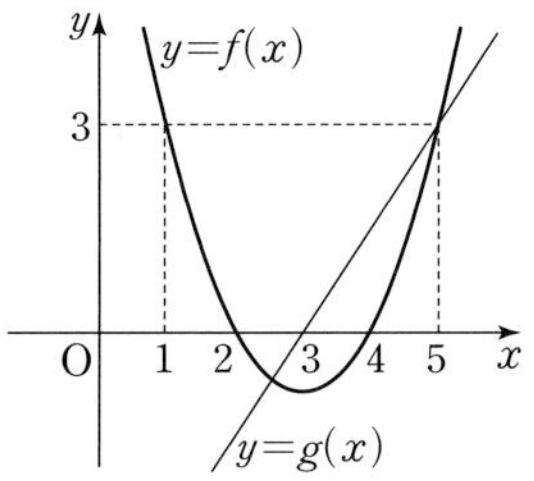

① 7   ② 9   ③ 11

④ 13   ⑤ 15

15

집합

$$A=\{x\,|\,2^{2x}-2^{x+1}-8<0\},$$
$$B=\{x\,|\,(\log_2 x)^2-a\log_2 x+b\leq 0\}$$

이고 $A\cap B=\varnothing$, $A\cup B=\{x\,|\,x\leq 16\}$일 때, a, b의 값을 구하시오.

16

모든 양수 x에 대하여 부등식 $x^{\log_2 x}\geq a^2 x^2$이 성립할 때, 실수 a의 최댓값은?

① $\dfrac{1}{2}$ ② $\dfrac{\sqrt{2}}{2}$ ③ 1

④ $\sqrt{2}$ ⑤ 2

17

$\left(\log_2\dfrac{x}{a}\right)\left(\log_2\dfrac{b}{x}\right)=1$을 만족시키는 양수 x가 있을 때, 10보다 작은 두 자연수 a, b의 순서쌍 (a, b)의 개수를 구하시오.

18

m, n이 자연수일 때, 부등식

$$\left|\log_3\dfrac{m}{15}\right|+\log_3\dfrac{n}{3}\leq 0$$

을 만족시키는 순서쌍 (m, n)의 개수는?

① 52   ② 53   ③ 54

④ 55   ⑤ 56

정답 및 풀이 38쪽

19

함수 $y=2^x$의 그래프를 x축 방향으로 k만큼, 함수 $y=\log_2 x$의 그래프를 y축 방향으로 k만큼 평행이동하였더니 두 그래프가 두 점에서 만났다. 두 점 사이의 거리가 $2\sqrt{2}$일 때, k의 값은?

① $\frac{2}{3}+\log_2 3$ ② $\frac{1}{3}+\log_2 3$ ③ $\frac{2}{3}-\log_2 3$

④ $-\frac{1}{3}+\log_2 3$ ⑤ $-\frac{2}{3}+\log_2 3$

20 번뜩 아이디어

두 함수 $y=2^x$, $y=-\left(\frac{1}{2}\right)^x+k$의 그래프가 서로 다른 두 점 A, B에서 만난다. 선분 AB의 중점의 좌표가 $\left(0, \frac{5}{4}\right)$일 때, k의 값은?

① $\frac{1}{2}$ ② 1   ③ $\frac{3}{2}$

④ 2   ⑤ $\frac{5}{2}$

21

직선 l이 y축, 곡선 $y=\log_2 (x+2)$, 곡선 $y=\log_4 x$, x축과 만나는 점을 각각 A, B, C, D라 하자. B, C가 제1사분면 위의 점이고 $\overline{AB}:\overline{BC}:\overline{CD}=1:2:2$일 때, 점 D의 x좌표를 구하시오.

22

함수 $f(x)=2^x$에 대하여 곡선 $y=f(x)$ 위에 두 점 A, B를 잡고, 두 점의 x좌표를 각각 a, b $(0<a<b)$라 할 때, **보기**에서 옳은 것만을 있는 대로 고른 것은?

• 보기 •

ㄱ. $\dfrac{f(a)}{f(b)}<\dfrac{b}{a}$ ㄴ. $f\left(\dfrac{a+b}{2}\right)>\dfrac{f(a)+f(b)}{2}$

ㄷ. $\dfrac{f(a)-1}{a}<\dfrac{f(b)-1}{b}$

① ㄱ   ② ㄴ   ③ ㄱ, ㄷ

④ ㄴ, ㄷ   ⑤ ㄱ, ㄴ, ㄷ

23

$0<a<b$이고 $f(x)=2^x-1$일 때, **보기**에서 옳은 것만을 있는 대로 고른 것은?

• 보기 •

ㄱ. $0<a<1$이면 $f(a)<a$이다.

ㄴ. $b-a<2^b-2^a$ ㄷ. $b(2^a-1)<a(2^b-1)$

① ㄱ   ② ㄷ   ③ ㄱ, ㄴ

④ ㄱ, ㄷ   ⑤ ㄱ, ㄴ, ㄷ

24

함수 $y=a^x$, $y=(2a)^x$은 x의 값이 증가할 때, y의 값이 감소한다. $y=a^x$, $y=(2a)^x$의 그래프가 제1사분면에서 직선 $y=2-x$와 만나는 점을 각각 $P(x_1, y_1)$, $Q(x_2, y_2)$라 할 때, **보기**에서 옳은 것만을 있는 대로 고른 것은?

• 보기 •

ㄱ. $0<a<\dfrac{1}{2}$ ㄴ. $x_1<x_2$

ㄷ. $\dfrac{x_2 y_1-x_1 y_2}{x_2-x_1}>1$

① ㄱ   ② ㄱ, ㄴ   ③ ㄱ, ㄷ

④ ㄴ, ㄷ   ⑤ ㄱ, ㄴ, ㄷ

01

x에 대한 방정식 $|\log x| = ax + b$의 세 실근의 비가 $1 : 2 : 3$일 때, 세 실근의 합은?

① $\dfrac{3\sqrt{3}}{2}$ ② $3\sqrt{3}$ ③ $\dfrac{9\sqrt{3}}{2}$

④ $6\sqrt{3}$ ⑤ $\dfrac{15\sqrt{3}}{2}$

02

$a > 1$이고 부등식 $a^{x-m} < \log_a x + m$의 해가 $1 < x < 3$일 때, $a + m$의 값은?

① $\sqrt{2} - 1$ ② $\sqrt{2}$ ③ $\sqrt{3} - 1$

④ $\sqrt{3}$ ⑤ $\sqrt{3} + 1$

03 개념 통합

다음과 같이 정의된 함수 $f(x)$가 있다.

$$f(x) = \begin{cases} 2x & (0 \le x < 10) \\ -2x + 40 & (10 \le x < 20) \end{cases}$$
$$f(x + 20) = f(x)$$

부등식 $\log_{\frac{1}{2}} f(x) < \log_{\frac{1}{2}} f(f(x))$를 만족시키는 0 이상 100 이하인 정수 x의 개수를 구하시오.

04

함수 $y = |2^x - 1|$, $y = m(x + 3)$의 그래프가 만나는 두 점 P, Q에서 x축에 내린 수선의 발을 각각 P_1, Q_1이라 하고, $y = m(x + 3)$이 x축과 만나는 점을 A라 하자. $\triangle AP_1P$와 $\triangle AQ_1Q$의 넓이의 비가 $1 : 4$일 때, m의 값을 구하시오.

05

지수함수 $y=a^x$과 $y=a^{2x}$의 그래프는 직선 $y=x$와 각각 두 점에서 만난다. $y=a^x$, $y=a^{2x}$의 그래프와 직선 $x=k$의 교점을 각각 P, Q라 하고 직선 $y=x$와 직선 $x=k$의 교점을 R라 하자. $k=2$이면 점 Q와 R가 일치할 때, **보기**에서 옳은 것만을 있는 대로 고른 것은? (단, $a>1$)

· 보기 ·

ㄱ. $k=4$이면 점 Q와 R가 일치한다.
ㄴ. $\overline{PQ}=12$이면 $\overline{QR}=8$이다.
ㄷ. $\overline{PQ}=\dfrac{1}{8}$을 만족시키는 k의 값은 2개이다.

① ㄱ   ② ㄱ, ㄴ   ③ ㄱ, ㄷ
④ ㄴ, ㄷ   ⑤ ㄱ, ㄴ, ㄷ

06

그림과 같이 곡선 $y=\log_a x$가 두 점 (b, d), (c, b)를 지나고 직선 $y=x$와 점 (p, p)에서 만날 때, **보기**에서 옳은 것만을 있는 대로 고른 것은?
(단, $0<a<1$, $0<b<p<c<1$)

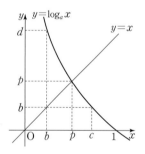

· 보기 ·

ㄱ. $p=\dfrac{1}{2}$이면 $a=\dfrac{1}{4}$이다.   ㄴ. $a^{b+d}=bc$
ㄷ. $\dfrac{p-b}{p-a^c}<\dfrac{c-b}{c-a^c}$

① ㄱ   ② ㄷ   ③ ㄱ, ㄴ
④ ㄴ, ㄷ   ⑤ ㄱ, ㄴ, ㄷ

07   신유형

n이 2 이상인 자연수일 때, 직선 $y=-x+n$과 곡선 $y=|\log_2 x|$가 만나는 두 점의 x좌표를 각각 a_n, b_n $(a_n<b_n)$이라 하자. **보기**에서 옳은 것만을 있는 대로 고른 것은?

· 보기 ·

ㄱ. $a_2<\dfrac{1}{4}$ ㄴ. $0<\dfrac{a_{n+1}}{a_n}<1$
ㄷ. $1-\dfrac{\log_2 n}{n}<\dfrac{b_n}{n}<1$

① ㄱ   ② ㄴ   ③ ㄱ, ㄴ
④ ㄴ, ㄷ   ⑤ ㄱ, ㄴ, ㄷ

08

직선 $y=x-2$가 함수 $y=\log_{\frac{1}{2}} x$의 그래프와 만나는 점을 (x_1, y_1), 직선 $y=x+2$가 함수 $y=\log_3 (-x)$의 그래프와 만나는 점을 (x_2, y_2)라 할 때, **보기**에서 옳은 것만을 있는 대로 고른 것은?

· 보기 ·

ㄱ. $x_1>y_2$ ㄴ. $x_1+x_2=y_1+y_2$
ㄷ. $x_1 y_1<x_2 y_2$

① ㄱ   ② ㄷ   ③ ㄱ, ㄴ
④ ㄴ, ㄷ   ⑤ ㄱ, ㄴ, ㄷ

II. 삼각함수

04. 삼각함수의 정의

x라디안은 반지름의 길이가 r인 원에서 호의 길이가 rx일 때 중심각의 크기이다.

1 호도법

(1) 호의 길이를 반지름의 길이로 나누어 중심각의 크기를 나타내는 방법을 **호도법**이라 하고 단위는 **라디안**으로 나타낸다.

(2) x(라디안)은 반지름의 길이가 1인 원에서 길이가 x인 호의 중심각의 크기이다.

(3) 반지름의 길이가 1인 원의 둘레의 길이가 2π이므로 360°는 2π에 해당한다. 또 호의 길이는 중심각의 크기에 정비례하므로 a°에 해당하는 x(라디안)은
$$360^\circ : 2\pi = a^\circ : x$$

(4) 반지름의 길이가 r, 중심각의 크기가 θ인 부채꼴의 호의 길이를 l, 넓이를 S라 하면
$$l = r\theta, \quad S = \frac{1}{2}r^2\theta = \frac{1}{2}rl$$

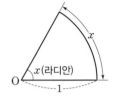

2 일반각

(1) $\angle$XOP의 크기는 반직선 OP가 고정된 반직선 OX의 위치에서 점 O를 중심으로 회전한 양이라 생각할 수 있다. 이때 반직선 OX를 **시초선**, 반직선 OP를 **동경**이라 한다.

(2) 시초선 OX와 동경 OP가 나타내는 한 각의 크기를 a° (또는 a라디안)라 할 때, 동경 OP가 나타내는 일반각은
$$360^\circ \times n + a^\circ \text{ 또는 } 2n\pi + a \ (n\text{은 정수})$$

$\tan\theta$에서 $x \neq 0$이다.

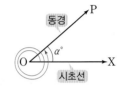

3 삼각함수

(1) 좌표평면에서 반지름의 길이가 r인 원과 각 θ를 나타내는 동경이 만나는 점을 $P(x, y)$라 하면
$$\sin\theta = \frac{y}{r}, \ \cos\theta = \frac{x}{r}, \ \tan\theta = \frac{y}{x}$$
이때 $\sin\theta$, $\cos\theta$, $\tan\theta$는 각각 θ에 대한 함수로 생각할 수 있고 **사인함수**, **코사인함수**, **탄젠트함수**라 한다. 이 함수들을 통틀어 **삼각함수**라 한다.

삼각함수의 부호가 양수인 것만 나타내면 다음과 같다.

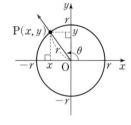

(2) 특히 $r = 1$이면 $\sin\theta = y$, $\cos\theta = x$, $\tan\theta = \dfrac{y}{x}$

(3) 삼각함수 사이의 관계
$$\sin^2\theta + \cos^2\theta = 1, \quad \tan\theta = \frac{\sin\theta}{\cos\theta}$$

부호를 결정하는 방법: θ를 예각으로 생각하여 $n\pi \pm \theta$ 또는 $\dfrac{n}{2}\pi \pm \theta$가 나타내는 동경이 해당하는 사분면에서의 처음 삼각함수의 부호로 정한다.

4 $n\pi \pm \theta \ (n\text{은 정수})$의 삼각함수

(1) $\sin(2n\pi + \theta) = \sin\theta$, $\quad \cos(2n\pi + \theta) = \cos\theta$, $\quad \tan(2n\pi + \theta) = \tan\theta$

(2) $\sin(-\theta) = -\sin\theta$, $\quad \cos(-\theta) = \cos\theta$, $\quad \tan(-\theta) = -\tan\theta$

(3) $\sin(\pi + \theta) = -\sin\theta$, $\quad \cos(\pi + \theta) = -\cos\theta$, $\quad \tan(\pi + \theta) = \tan\theta$

(4) $\sin(\pi - \theta) = \sin\theta$, $\quad \cos(\pi - \theta) = -\cos\theta$, $\quad \tan(\pi - \theta) = -\tan\theta$

Note $\sin$, $\cos$, $\tan$는 바뀌지 않는다. 부호 변화만 주의한다.

5 $\dfrac{n}{2}\pi \pm \theta \ (n\text{은 홀수})$의 삼각함수

(1) $\sin\left(\dfrac{\pi}{2} + \theta\right) = \cos\theta$, $\cos\left(\dfrac{\pi}{2} + \theta\right) = -\sin\theta$, $\tan\left(\dfrac{\pi}{2} + \theta\right) = -\dfrac{1}{\tan\theta}$

(2) $\sin\left(\dfrac{\pi}{2} - \theta\right) = \cos\theta$, $\cos\left(\dfrac{\pi}{2} - \theta\right) = \sin\theta$, $\tan\left(\dfrac{\pi}{2} - \theta\right) = \dfrac{1}{\tan\theta}$

Note $\sin$은 $\cos$으로, $\cos$은 $\sin$으로, $\tan$는 $\dfrac{1}{\tan}$로 바뀐다. 부호 변화도 주의한다.

code 1 부채꼴

01

중심각의 크기가 $\frac{3}{2}\pi$인 부채꼴의 넓이가 $\frac{4}{3}\pi$일 때, 호의 길이는?

① π ② 2π ③ 3π
④ 4π ⑤ 5π

02

반지름의 길이가 5 cm인 부채꼴의 둘레의 길이가 그 원의 둘레의 길이와 같을 때, 부채꼴의 중심각의 크기는?

① $2\pi-2$ ② $3\pi-3$ ③ $4\pi-4$
④ $\pi-2$ ⑤ $4\pi-1$

03

넓이가 20인 부채꼴 중에서 둘레의 길이의 최솟값은?

① $2\sqrt{5}$ ② $4\sqrt{5}$ ③ $6\sqrt{5}$
④ $8\sqrt{5}$ ⑤ $10\sqrt{5}$

04

그림과 같이 반지름의 길이가 4이고, 중심각의 크기가 60°인 부채꼴에 내접하는 원이 있다. 색칠한 부분의 넓이를 구하시오.

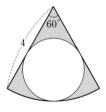

05

반지름의 길이가 10, 중심각의 크기가 $\frac{6}{5}\pi$인 부채꼴로 직원뿔을 만들 때, 부피를 구하시오.

code 2 일반각

06

1125°의 동경이 나타내는 양의 각 중 최소인 것을 호도법으로 나타내면?

① $\frac{\pi}{6}$ ② $\frac{\pi}{4}$ ③ $\frac{\pi}{3}$
④ $\frac{\pi}{2}$ ⑤ $\frac{3}{2}\pi$

07

다음 중 제2사분면의 각이 <u>아닌</u> 것은?

① $120°$ ② $-250°$ ③ $\frac{3}{4}\pi$
④ $-\frac{4}{3}\pi$ ⑤ $\frac{7}{6}\pi$

08

각 θ가 제4사분면의 각일 때, $\frac{\theta}{3}$는 제몇 사분면의 각인가?

① 제1사분면 또는 제3사분면
② 제2사분면 또는 제3사분면
③ 제2사분면 또는 제4사분면
④ 제1사분면 또는 제2사분면 또는 제3사분면
⑤ 제2사분면 또는 제3사분면 또는 제4사분면

09

$\dfrac{\sqrt{\sin\theta}}{\sqrt{\cos\theta}}=-\sqrt{\tan\theta}$ 일 때, $\dfrac{\theta}{3}$ 는 제몇 사분면의 각인가?

① 제2사분면
② 제2사분면 또는 제4사분면
③ 제1사분면 또는 제2사분면 또는 제3사분면
④ 제1사분면 또는 제2사분면 또는 제4사분면
⑤ 제2사분면 또는 제3사분면 또는 제4사분면

10

$0<\theta<\pi$ 이고 $\dfrac{1}{2}\theta$ 와 3θ 의 동경이 일치할 때, θ 의 값은?

① $\dfrac{4}{5}\pi$　　② $\dfrac{3}{4}\pi$　　③ $\dfrac{\pi}{2}$

④ $\dfrac{2}{5}\pi$　　⑤ $\dfrac{\pi}{5}$

11

각 θ 를 나타내는 동경과 각 7θ 를 나타내는 동경이 x축에 대칭일 때, θ 의 값을 구하시오. $\left(\text{단},\ \pi<\theta<\dfrac{3}{2}\pi\right)$

code 3 삼각함수의 정의

12

좌표평면에서 원점 O와 점 P$(3,-4)$에 대하여 동경 OP가 나타내는 각의 크기를 θ 라 할 때, $\sin\theta+\cos\theta+\tan\theta$ 의 값은?

① $\dfrac{23}{15}$　　② $\dfrac{17}{15}$　　③ $\dfrac{1}{15}$

④ $-\dfrac{17}{15}$　　⑤ $-\dfrac{23}{15}$

13

$\sin\theta=\dfrac{12}{13}$ 일 때, $\tan\theta$ 의 값은? $\left(\text{단},\ \dfrac{\pi}{2}<\theta<\pi\right)$

① $-\dfrac{12}{5}$　　② $-\dfrac{5}{12}$　　③ $-\dfrac{5}{13}$

④ $\dfrac{5}{12}$　　⑤ $\dfrac{12}{5}$

14

$\tan\theta=\dfrac{1}{4}$ 일 때, $\sin\theta\cos\theta$ 의 값은?

① $-\dfrac{1}{17}$　　② $-\dfrac{2}{17}$　　③ $-\dfrac{6}{17}$

④ $\dfrac{4}{17}$　　⑤ $\dfrac{8}{17}$

code 4 일반각의 삼각함수

15

$\sqrt{2+3\tan\dfrac{5}{6}\pi}\times\sqrt{1-\cos\dfrac{5}{6}\pi}$ 의 값은?

① $\dfrac{1}{2}$　　② $\dfrac{\sqrt{2}}{2}$　　③ $\dfrac{\sqrt{3}}{3}$

④ $\dfrac{\sqrt{3}}{2}$　　⑤ 1

16

$\sin\left(-\dfrac{\pi}{3}\right)+\cos\dfrac{13}{6}\pi+\tan\left(-\dfrac{13}{4}\pi\right)$ 의 값은?

① $-\sqrt{3}$　　② -1　　③ $\sqrt{3}-1$

④ 1　　⑤ $\sqrt{3}$

code 5 삼각함수 사이의 관계

17

θ가 제1사분면의 각일 때,

$$\sqrt{\cos^2\theta}\sqrt{1+\tan^2\theta}+\sqrt{1-\cos^2\theta}\sqrt{1+\frac{1}{\tan^2\theta}}$$

의 값을 구하시오.

18

θ가 제2사분면의 각일 때,

$-|\sin\theta|+|\tan\theta|+\sqrt{(\sin\theta-\cos\theta)^2}-\sqrt{(\cos\theta+\tan\theta)^2}$

을 간단히 하면?

① 0　　　　　② $2\sin\theta$　　　　③ $2\cos\theta$

④ $2\tan\theta$　　　⑤ $2\sin\theta+\cos\theta$

19

$\sin A=\frac{1}{2}$, $\cos B=\frac{1}{3}$일 때, $\cos^2 A+\sin^2 B$의 값은?

① $\frac{13}{36}$　　　　② $\frac{29}{18}$　　　　③ $\frac{59}{36}$

④ $\frac{5}{3}$　　　　⑤ $\frac{15}{8}$

20

$\sin\theta-\cos\theta=-\frac{1}{2}$일 때, $\tan\theta+\frac{1}{\tan\theta}$의 값을 구하시오.

21

$\sin x+\cos x=\frac{1}{2}$일 때, $\sin^3 x+\cos^3 x$의 값은?

① $\frac{11}{16}$　　　　② $\frac{11}{14}$　　　　③ $\frac{14}{11}$

④ $\frac{16}{11}$　　　　⑤ $\frac{23}{14}$

22

이차방정식 $5x^2+x-a=0$의 두 근을 $\sin\theta$, $\cos\theta$라 할 때, a의 값은?

① $\frac{12}{5}$　　　　② $\frac{13}{5}$　　　　③ $\frac{14}{5}$

④ 3　　　　⑤ $\frac{16}{5}$

code 6 삼각함수의 성질

23

다음 식의 값을 구하시오.

$$\sin^2(2\pi-\theta)+\cos^2(2\pi-\theta)$$
$$+\tan\theta\cos(-\theta)+\sin(2\pi-\theta)$$

24

$$\frac{\sin(\pi-\theta)\tan^2(2\pi-\theta)}{\cos\left(\frac{3}{2}\pi+\theta\right)}+\frac{\sin\left(\frac{3}{2}\pi-\theta\right)}{\sin\left(\frac{\pi}{2}+\theta\right)\cos^2(-\theta)}$$의

값은?

① -2　　　　② -1　　　　③ 0

④ 1　　　　⑤ 2

25

$\sin\theta=\dfrac{1}{2}$일 때,

$$\dfrac{\cos\left(\dfrac{\pi}{2}-\theta\right)}{1+\cos(\pi-\theta)}-\dfrac{\cos\left(\dfrac{\pi}{2}+\theta\right)}{1+\cos(2\pi-\theta)}$$

의 값은?

① $\dfrac{1}{2}$ ② 1   ③ 2

④ 4   ⑤ 8

26

$\sin\theta+\cos\theta=\dfrac{1}{2}$일 때,

$$\left(1+\dfrac{1}{\cos\theta}\right)\left(\cos\theta+\dfrac{1}{\tan\theta}\right)(\sin\theta-\tan\theta)\left(1-\dfrac{1}{\sin\theta}\right)$$

의 값은?

① $-\dfrac{8}{3}$ ② $-\dfrac{1}{2}$ ③ $-\dfrac{3}{8}$

④ $\dfrac{1}{2}$ ⑤ 1

code 7   **특수한 삼각함수의 값**

27

$\sin 18°=a$일 때, 다음 중 $\tan 198°$를 나타낸 것은?

① $\dfrac{1}{a}$ ② $-\dfrac{1}{a}$ ③ $\sqrt{1-a^2}$

④ $\dfrac{a}{\sqrt{1-a^2}}$ ⑤ $-\dfrac{a}{\sqrt{1-a^2}}$

28

다음 식의 값을 구하시오.

$$\cos 1°+\cos 2°+\cos 3°+\cdots+\cos 179°+\cos 180°$$

29

$\sin^2 3°+\sin^2 6°+\sin^2 9°+\cdots+\sin^2 87°+\sin^2 90°$의 값은?

① 13   ② 14   ③ $\dfrac{29}{2}$

④ 15   ⑤ $\dfrac{31}{2}$

30

$\theta=\dfrac{\pi}{8}$일 때,

$$\sin\theta+\sin 2\theta+\sin 3\theta+\cdots+\sin 16\theta$$

의 값은?

① -2 ② -1 ③ 0

④ 1   ⑤ 2

31

다음 식의 값을 구하면?

$$\log_{10}(\tan 1°)+\log_{10}(\tan 2°)+\log_{10}(\tan 3°)+\cdots$$
$$+\log_{10}(\tan 89°)$$

① $-\dfrac{1}{2}\log_{10} 2$ ② -1 ③ 0

④ 1   ⑤ 2

32

그림과 같이 선분 AB가 지름인 반원의 호를 10등분한 점을 P_1, P_2, $\cdots$, P_8, P_9라 하자. $\angle ABP_n=\theta_n$이라 할 때, $\cos^2\theta_1+\cos^2\theta_2+\cdots+\cos^2\theta_9$의 값을 구하시오. (단, $n=1, 2, 3, \cdots, 9$)

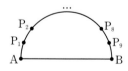

01

그림과 같이 지름이 선분 AB이고 중심이 O인 반원 위에 $\overset{\frown}{AC}=\overline{AB}$인 점 C를 잡았다. 부채꼴 OAC의 넓이가 9일 때, 반원의 반지름의 길이를 구하시오.

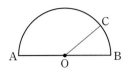

02

그림과 같이 중심각의 크기가 같은 두 부채꼴 OAB, OA′B′이 있다. $\overline{OA'}=\overline{AA'}$, $\overline{OB'}=\overline{BB'}$이고 색칠한 도형의 둘레의 길이가 48이다. 색칠한 도형 넓이의 최댓값은 a이고, 이때 중심각의 크기는 b이다. ab의 값은?

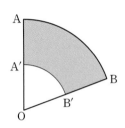

① 60　　　② 72　　　③ 84
④ 96　　　⑤ 108

03 개념 통합

길이가 $2\sqrt{3}$인 선분 AB가 있다. 점 P가 $\angle APB=60°$를 만족시키며 움직일 때, P가 그리는 도형의 둘레의 길이는?

① 4π　　　② $\dfrac{13}{3}\pi$　　　③ $\dfrac{14}{3}\pi$

④ 5π　　　⑤ $\dfrac{16}{3}\pi$

04

두 원 A, B의 반지름의 길이는 각각 12, 3이고, 두 원의 중심 A, B 사이의 거리가 18이다. 그림과 같이 두 원에 벨트를 걸 때, 벨트의 길이를 구하시오.
(단, 벨트는 팽팽하게 걸려 있다.)

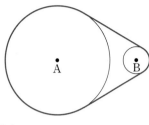

05

그림에서 선분 PA와 선분 PB는 원 O의 접선이다. $\angle AOB=2\theta$이고 색칠한 두 부분의 넓이가 같을 때, $\dfrac{\tan\theta}{\theta}$의 값을 구하시오.
(단, $0<2\theta<\pi$)

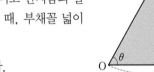

06

그림과 같은 부채꼴에서 중심각의 크기 θ는 40 % 늘이고 반지름의 길이 r는 10 % 줄일 때, 부채꼴 넓이의 변화는?

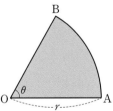

① 1.1 % 늘어난다.
② 1.1 % 줄어든다.
③ 11.1 % 늘어난다.
④ 11.1 % 줄어든다.
⑤ 13.4 % 늘어난다.

07

그림을 이용하여 $\tan 75°$의 값을 구하시오.
(단, $\angle ABC=15°$, $\angle ACD=30°$)

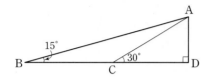

08

부등식 $\sin(-\theta)\cos(-\theta)>0$을 만족시키는 θ가 속하는 사분면은?

① 제1사분면 또는 제2사분면
② 제1사분면 또는 제3사분면
③ 제2사분면 또는 제3사분면
④ 제2사분면 또는 제4사분면
⑤ 제3사분면 또는 제4사분면

09

각 θ와 9θ를 나타내는 동경이 반대 방향으로 일직선을 이룰 때, $\cos\left(\theta+\dfrac{\pi}{8}\right)$의 값의 곱은? $\left(단, \dfrac{\pi}{2}<\theta<\pi\right)$

① $-\dfrac{\sqrt{3}}{4}$ 　　② $-\dfrac{\sqrt{2}}{2}$ 　　③ 0

④ $\dfrac{\sqrt{3}}{4}$ 　　⑤ $\dfrac{\sqrt{2}}{2}$

10

θ가 제1사분면의 각이고
$$\frac{\cos\theta}{1+\sin\theta}+\frac{1+\sin\theta}{\cos\theta}=4$$
일 때, $\sin\theta+\cos\theta$의 값은?

① $\dfrac{\sqrt{2}}{2}$ 　　② $\dfrac{\sqrt{3}}{2}$ 　　③ $\dfrac{\sqrt{2}+1}{2}$

④ $\dfrac{\sqrt{3}+1}{2}$ 　　⑤ $\dfrac{\sqrt{3}+2}{2}$

11

$\sin\theta+\cos\theta=\sin\theta\cos\theta$일 때, $\sin\theta\cos\theta$의 값을 구하시오.

12

θ가 제2사분면의 각이고 $\sin\theta+\cos\theta=\dfrac{1}{3}$일 때, $\sin^2\theta-\cos^2\theta$의 값은?

① $\dfrac{\sqrt{17}}{9}$ 　　② $-\dfrac{\sqrt{17}}{9}$ 　　③ $\dfrac{\sqrt{17}}{3}$

④ $-\dfrac{\sqrt{17}}{3}$ 　　⑤ $\sqrt{17}$

● 정답 및 풀이 48쪽

13

$\dfrac{1}{\sin\theta}-\dfrac{1}{\cos\theta}=\sqrt{2}$일 때, $\cos^3\theta-\sin^3\theta$의 값은?

① $-\dfrac{\sqrt{5}}{2}$ ② $-\dfrac{\sqrt{3}}{2}$ ③ $\dfrac{\sqrt{2}}{2}$

④ $\dfrac{\sqrt{3}}{2}$ ⑤ $\dfrac{\sqrt{5}}{2}$

14 번뜩 아이디어

점 $P(3, 4)$를 원점 O를 중심으로 $90°$만큼 시계 반대 방향으로 회전한 점을 P_1, 원점에 대칭이동한 점을 P_2, x축에 대칭이동한 점을 P_3이라 하자. 동경 OP_1, OP_2, OP_3이 나타내는 각의 크기를 각각 θ_1, θ_2, θ_3이라 할 때, $\cos\theta_1+\sin\theta_2+\tan\theta_3$의 값은?

① $-\dfrac{44}{15}$ ② $-\dfrac{23}{15}$ ③ $-\dfrac{4}{3}$

④ $-\dfrac{1}{4}$ ⑤ 1

15

그림과 같이 직사각형 ABCD가 중심이 원점이고 반지름의 길이가 1인 원에 내접한다. x축과 선분 OA가 이루는 각의 크기를 θ라 할 때, 다음 중 $\cos(\pi-\theta)$와 같은 것은? $\left(\text{단, }0<\theta<\dfrac{\pi}{4}\right)$

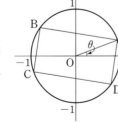

① A의 x좌표   ② B의 y좌표   ③ C의 x좌표
④ C의 y좌표   ⑤ D의 x좌표

16

원점 O를 중심으로 하고 반지름의 길이가 6인 반원 위에 그림과 같이 중심이 $(0, 7)$인 원 C가 외접하며 미끄러지지 않고 한 바퀴 굴러간 원 C'의 중심의 좌표를 구하시오.

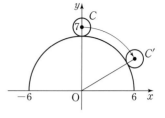

17

$\dfrac{\pi}{2}\le\theta\le\dfrac{3}{2}\pi$이고 $\dfrac{\cos\theta-\sin\theta}{\cos\theta+\sin\theta}=2+\sqrt{3}$일 때, $\cos\theta$의 값을 구하시오.

18

$\tan^2 70°+(1-\tan^4 70°)\sin^2 160°$를 간단히 하면?

① $-\tan^2 70°$ ② -1 ③ 0
④ 1 ⑤ $\tan^2 70°$

● 정답 및 풀이 50쪽

19

$0<\theta<\pi$이고 $2\sin\theta-1=\cos\theta$일 때, $\tan\theta$의 값은?

① $\dfrac{1}{2}$ ② $\dfrac{3}{5}$ ③ $\dfrac{3}{4}$

④ $\dfrac{4}{3}$ ⑤ $\dfrac{5}{3}$

20

직선 $x-3y-3=0$이 x축의 양의 방향과 이루는 각의 크기를 θ라 할 때,

$$\cos(\pi+\theta)+\sin\left(\frac{\pi}{2}-\theta\right)+\tan(-\theta)$$

의 값은?

① -3 ② $-\dfrac{1}{3}$ ③ 0

④ $\dfrac{1}{3}$ ⑤ 3

21 번뜩 아이디어

$\tan\theta=\sqrt{\dfrac{1-a}{a}}\ (0<a<1)$일 때,

$$\frac{\sin^2\theta}{a-\sin\left(\frac{\pi}{2}+\theta\right)}+\frac{\sin^2\theta}{a-\sin\left(\frac{3}{2}\pi+\theta\right)}$$

의 값을 구하시오.

22

삼각형 ABC에서 $\cos\dfrac{C}{2}=\dfrac{1}{3}$일 때,

$$\sin\frac{A+B+\pi}{2}+\cos\frac{A+B-\pi}{2}$$

의 값을 구하시오.

23

$$f(\theta)=\sin\theta+\sin 2\theta+\sin 3\theta+\cdots+\sin 100\theta$$
$$g(\theta)=\cos\theta+\cos 2\theta+\cos 3\theta+\cdots+\cos 100\theta$$

라 할 때, $f\left(\dfrac{\pi}{50}\right)+g\left(\dfrac{\pi}{50}\right)$의 값은?

① -200 ② -100 ③ 0

④ 100 ⑤ 200

24

다음 식의 값을 구하면?

$$\left(\frac{1}{\tan^2 1°}+\frac{1}{\tan^2 5°}+\cdots+\frac{1}{\tan^2 85°}+\frac{1}{\tan^2 89°}\right)$$
$$-\left(\frac{1}{\sin^2 1°}+\frac{1}{\sin^2 5°}+\cdots+\frac{1}{\sin^2 85°}+\frac{1}{\sin^2 89°}\right)$$

① -23 ② -22 ③ 0

④ 22 ⑤ 23

code **1** **사인함수의 그래프**

01

함수 $y=\sin x+1$에 대한 설명 중 옳지 <u>않은</u> 것은?

① 최댓값은 2이다.

② 최솟값은 0이다.

③ 주기는 2π이다.

④ 그래프는 y축에 대칭이다.

⑤ 그래프는 $y=\sin x$의 그래프를 y축 방향으로 1만큼 평행 이동한 것이다.

02

함수 $f(x)=a\sin bx+c$ $(a>0, b>0)$의 최댓값은 4, 최솟값은 -2이다. 모든 실수 x에 대하여 $f(x+p)=f(x)$를 만족시키는 양수 p의 최솟값이 π일 때, abc의 값은?

① 6   ② 8   ③ 10

④ 12   ⑤ 14

03

$y=a\sin(x+b\pi)+c$의 그래프가 그림과 같을 때, abc의 값은?

$\left(\text{단, } a>0, -\dfrac{1}{2}<b<\dfrac{1}{2}\right)$

① 3   ② 1   ③ $-\dfrac{1}{3}$

④ -1 ⑤ -3

04

함수 $f(x)=\sin(ax+b)$의 주기가 8이고 $f(3)=1$일 때, $f(0)$의 값은? $\left(\text{단, } a>0, -\dfrac{\pi}{2}<b<0\right)$

① $-\dfrac{\sqrt{3}}{2}$ ② $-\dfrac{\sqrt{2}}{2}$ ③ $-\dfrac{1}{2}$

④ $\dfrac{1}{2}$ ⑤ $\dfrac{\sqrt{2}}{2}$

05

그림과 같이 $0\le x\le\pi$에서 $y=\sin 2x$의 그래프가 직선 $y=\dfrac{3}{5}$과 두 점 A, B에서 만나고, 직선 $y=-\dfrac{3}{5}$과 두 점 C, D에서 만난다. A, B, C, D의 x좌표를 각각 α, β, γ, δ라 할 때, $\alpha+2\beta+2\gamma+\delta$의 값을 구하시오.

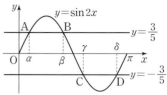

code **2** **코사인함수의 그래프**

06

함수 $f(x)=2\cos\left(3x-\dfrac{\pi}{3}\right)+1$에 대한 설명으로 옳은 것만을 **보기**에서 있는 대로 고른 것은?

• 보기 •

ㄱ. $-1\le f(x)\le 3$이다.

ㄴ. 모든 x에 대하여 $f\left(x+\dfrac{\pi}{3}\right)=f(x)$이다.

ㄷ. $y=f(x)$의 그래프는 직선 $x=\dfrac{\pi}{9}$에 대칭이다.

① ㄱ   ② ㄴ   ③ ㄱ, ㄴ

④ ㄱ, ㄷ   ⑤ ㄱ, ㄴ, ㄷ

07

함수 $f(x)=a\cos bx+c$ $(a>0, b>0)$의 그래프가 그림과 같을 때, $f\left(\dfrac{2}{3}\pi\right)$의 값을 구하시오.

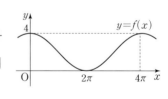

08

함수 $f(x)=\cos x$ $(0\le x\le\pi)$일 때, $f^{-1}\left(-\dfrac{1}{2}\right)$의 값은?

① $\dfrac{\pi}{6}$ ② $\dfrac{\pi}{3}$ ③ $\dfrac{\pi}{2}$

④ $\dfrac{2}{3}\pi$ ⑤ $\dfrac{5}{6}\pi$

09

두 함수 $y=a\sin x$와 $y=\dfrac{1}{2}\cos bx$의 그래프가 그림과 같을 때, 양수 a, b의 값을 구하시오.

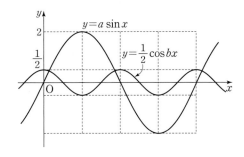

10

$0\le x\le\dfrac{\pi}{2}$에서 정의된 두 함수

$$f(x)=\sin x, \ g(x)=\cos x$$

에 대하여 $f(a)=g(b)=\dfrac{2}{3}$일 때, $a+b$의 값은?

① $\dfrac{\pi}{6}$ ② $\dfrac{\pi}{3}$ ③ $\dfrac{\pi}{2}$

④ $\dfrac{2}{3}\pi$ ⑤ π

code 3 **탄젠트함수의 그래프**

11

함수 $y=\tan\left(2x+\dfrac{\pi}{2}\right)$ 그래프의 점근선의 방정식을 구하시오. (단, $0\le x\le\pi$)

12

정의역의 모든 실수 x에 대하여 $f(x)=f(x+\pi)$를 만족시키는 함수를 모두 고르면?

① $f(x)=\sin x$ ② $f(x)=\tan 2x$

③ $f(x)=\cos 2x$ ④ $f(x)=\sin 5x$

⑤ $f(x)=\cos\dfrac{x}{2}$

code 4 **최대와 최소**

13

함수 $y=|2\sin x+1|-1$의 최댓값과 최솟값의 합은?

① 1   ② 2   ③ 3

④ 4   ⑤ 5

14

함수 $y=-2\cos^2 x+3\sin x+1 \ (0\le x\le 2\pi)$의 최댓값을 M, 최솟값을 m이라 할 때, $M-m$의 값은?

① 2   ② $\dfrac{17}{8}$ ③ $\dfrac{25}{8}$

④ 5   ⑤ $\dfrac{49}{8}$

15

$0\le x\le\pi$에서 정의된 함수

$$f(x)=\sin^2\left(x+\dfrac{\pi}{2}\right)-3\sin^2 x+4\cos(x+\pi)+5$$

의 최댓값과 최솟값의 합은?

① 3   ② 6   ③ 8

④ 11   ⑤ 12

16

함수 $y=\dfrac{-\cos x+a}{\cos x+3}$의 최솟값이 $\dfrac{1}{4}$일 때, a의 값은? (단, $a>-3$)

① -2 ② -1 ③ 0

④ 1   ⑤ 2

17

$0<x<\pi$에서 정의된 함수 $f(x)=\dfrac{16\sin^2 x+9}{2\sin x}$는 $x=\alpha$일 때, 최솟값을 갖는다. 다음 중 옳은 것은?

① $0<\alpha<\dfrac{\pi}{6}$ ② $\dfrac{\pi}{6}<\alpha<\dfrac{\pi}{4}$ ③ $\dfrac{\pi}{4}<\alpha<\dfrac{\pi}{3}$

④ $\dfrac{\pi}{3}<\alpha<\dfrac{\pi}{2}$ ⑤ $\dfrac{5}{6}\pi<\alpha<\pi$

---

code 5 **방정식**

18

x에 대한 방정식 $a\sin 5x+b\cos x=1$의 해의 집합을 S라 하자. $\dfrac{\pi}{6}\in S$, $\dfrac{\pi}{3}\in S$일 때, $a+b$의 값은?

① $-\sqrt{3}$ ② -1 ③ 1

④ $\sqrt{3}$ ⑤ 2

19

$0\leq x<\pi$에서 방정식 $2\sin 2x+\sqrt{3}=0$을 푸시오.

20

$0\leq x\leq 2\pi$에서 방정식 $2\sin\left(\dfrac{1}{2}x+\dfrac{\pi}{6}\right)-1=0$의 근의 합은?

① $\dfrac{2}{3}\pi$ ② π ③ $\dfrac{4}{3}\pi$

④ $\dfrac{3}{2}\pi$ ⑤ 2π

21

$-\pi\leq x\leq\pi$에서 방정식 $\sqrt{3}\tan x-1=0$의 근의 합은?

① 2π ② π ③ $\dfrac{1}{2}\pi$

④ $-\dfrac{2}{3}\pi$ ⑤ $-\pi$

22

$0\leq x\leq\pi$에서 방정식 $(\sin x+\cos x)^2=\sqrt{3}\sin x+1$의 근의 합은?

① $\dfrac{7}{6}\pi$ ② $\dfrac{4}{3}\pi$ ③ $\dfrac{3}{2}\pi$

④ $\dfrac{5}{3}\pi$ ⑤ $\dfrac{11}{6}\pi$

23

$0<\theta<2\pi$에서 $\cos^2\theta=\sin\theta(1+\sin\theta)$를 만족시키는 θ의 개수는?

① 1 ② 2 ③ 3

④ 4 ⑤ 5

24

$0\leq x<2\pi$에서 방정식 $\sin(\pi\cos x)=0$의 해를 모두 구하시오.

code 6 근의 개수

25

$0 \leq x < 2\pi$에서 방정식 $\left|\cos x + \dfrac{1}{4}\right| = k$가 서로 다른 3개의 실근을 가질 때, 실수 k의 값을 구하시오.

26

방정식 $\sin \pi x = \dfrac{3}{10}x$의 근의 개수는?

① 3   ② 4   ③ 5
④ 6   ⑤ 7

27

$0 \leq x < 2\pi$에서 방정식 $\sin^2 x - \sin x = 1 - k$가 실근을 가질 때, k의 최댓값과 최솟값의 합은?

① $-\dfrac{5}{4}$ ② $-\dfrac{1}{4}$ ③ 0
④ $\dfrac{1}{4}$ ⑤ $\dfrac{9}{4}$

code 7 부등식

28

$0 \leq x < 2\pi$에서 부등식 $\sin x \leq -\dfrac{1}{\sqrt{2}}$을 만족시키는 x값의 범위를 구하시오.

29

$0 \leq x < 2\pi$에서 부등식 $2\cos\left(x + \dfrac{\pi}{6}\right) \leq -\sqrt{3}$을 만족시키는 x값의 범위가 $a \leq x \leq b$일 때, $b - a$의 값은?

① $\dfrac{\pi}{3}$ ② $\dfrac{2}{3}\pi$ ③ π
④ $\dfrac{4}{3}\pi$ ⑤ $\dfrac{5}{3}\pi$

30

$0 \leq x < \pi$에서 부등식 $2\sin^2 x - 3\cos x > 3$의 해를 구하시오.

31

모든 실수 x에 대하여 부등식
$$x^2 - 2x\cos \theta + 2\cos \theta > 0$$
이 항상 성립한다. $-\pi \leq \theta \leq \pi$일 때, θ값의 범위를 구하시오.

32

모든 실수 x에 대하여 부등식
$$\cos^2 x - 4\cos x - a + 6 \geq 0$$
이 성립할 때, 상수 a값의 범위는?

① $a \leq 2$ ② $a \leq 3$ ③ $-1 \leq a \leq 2$
④ $a \geq 0$ ⑤ $a \geq 2$

01

다음 중 두 함수의 그래프가 일치하는 것은?

① $y=\sin x$, $y=-\sin(-x)$
② $y=\cos(-x)$, $y=-\cos x$
③ $y=\tan x$, $y=\tan|x|$
④ $y=|\sin x|$, $y=\sin|x|$
⑤ $y=|\cos x|$, $y=\cos|x|$

02

함수 $f(x)=\cos kx$가 모든 실수 x에 대하여 $f\left(x+\dfrac{\pi}{3}\right)=-f(x)$를 만족시킬 때, 양수 k의 최솟값은?

① 1   ② 2   ③ 3
④ 6   ⑤ 9

03

함수 $y=f(x)$는 다음 조건을 만족시킨다.

(가) $f(x)=\begin{cases} \sin x & (0 \le x < 1) \\ \sin(2-x) & (1 \le x < 2) \end{cases}$

(나) 모든 실수 x에 대하여 $f(x+2)=f(x)$

이때 $f\left(2000-\dfrac{\pi}{6}\right)$의 값은?

① $-\dfrac{\sqrt{3}}{2}$ ② $-\dfrac{1}{2}$ ③ 0
④ $\dfrac{1}{2}$ ⑤ $\dfrac{\sqrt{3}}{2}$

04 신유형

함수 $f(x)=\cos(\sin x)$에 대한 설명 중 옳은 것만을 **보기**에서 있는 대로 고른 것은?

┌ **• 보기 •** ┐
ㄱ. 그래프는 y축에 대칭이다.
ㄴ. 주기함수이다.
ㄷ. 치역은 $\{y\,|\,\cos 1 \le y \le 1\}$
└────────┘

① ㄱ   ② ㄴ   ③ ㄴ, ㄷ
④ ㄱ, ㄷ   ⑤ ㄱ, ㄴ, ㄷ

05

함수 $y=a\cos(bx+c)+d$의 그래프가 그림과 같을 때, $abcd$의 값은?
(단, $a>0$, $b>0$, $-\pi<c<\pi$)

① $\dfrac{\pi}{2}$ ② π
③ $\dfrac{3}{2}\pi$ ④ 2π
⑤ $\dfrac{5}{2}\pi$

06

함수 $f(x)=\sin kx$의 그래프가 직선 $y=\dfrac{3}{4}$과 $0 \le x \le \dfrac{5\pi}{2k}$에서 만나는 점의 x좌표 합을 S라 할 때, $f(S)$의 값은?
(단, k는 양의 실수이다.)

① -1 ② $-\dfrac{7}{8}$ ③ $-\dfrac{3}{4}$
④ 0 ⑤ $\dfrac{3}{4}$

07

그림과 같이 곡선 $y=\sin x$와 x축으로 둘러싸인 도형에 내접하는 정사각형 ABCD가 있다. 꼭짓점 A의 x좌표를 α라 할 때, 다음 중 옳은 것은?

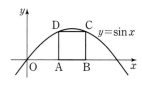

① $\sin \alpha = \pi - 2\alpha$ ② $\sin \alpha = \pi - \alpha$

③ $\cos \alpha = \pi - 2\alpha$ ④ $\cos \alpha = \pi - \alpha$

⑤ $\sin \alpha = \pi + \alpha$

08

그림과 같이 $y=a\cos bx$의 그래프의 일부분과 x축에 평행한 직선 l이 만나는 점의 x좌표가 1, 5이다. 직선 l, $x=1$, $x=5$와 x축으로 둘러싸인 도형의 넓이가 20일 때, a의 값을 구하시오.
(단, $b>0$)

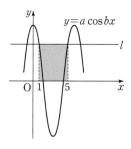

09

그림과 같이 $y=\tan x$ 그래프의 일부와 x축 및 직선 $y=\tan a$로 둘러싸인 부분의 넓이가 3π일 때, $\cos^2 a$의 값은?

① $\dfrac{1}{10}$ ② $\dfrac{1}{9}$

③ $\dfrac{1}{8}$ ④ $\dfrac{1}{7}$

⑤ $\dfrac{1}{6}$

10

$\pi < \alpha < 2\pi$, $\pi < \beta < 2\pi$인 서로 다른 두 각 α, β에 대하여 $\sin \alpha = \cos \beta$일 때, **보기**에서 옳은 것만을 있는 대로 고른 것은?

> **보기**
> ㄱ. $\cos^2 \alpha + \cos^2 \beta = 1$
> ㄴ. $\sin (\alpha + \beta) = 1$
> ㄷ. $\cos (\alpha + \beta)\cos (\alpha - \beta) = 0$

① ㄱ   ② ㄴ   ③ ㄱ, ㄴ

④ ㄱ, ㄷ   ⑤ ㄱ, ㄴ, ㄷ

11 개념 통합

그림은 함수 $y=\sin x$와 $y=x$의 그래프이다. $0 < \alpha < \dfrac{\pi}{2} < \beta < \pi$일 때, **보기**에서 옳은 것만을 있는 대로 고른 것은?

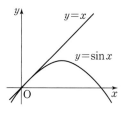

> **보기**
> ㄱ. $\alpha \sin \beta < \beta \sin \alpha$
> ㄴ. $\sin \alpha - \alpha < \sin \beta - \beta$
> ㄷ. $2\alpha \sin \alpha < \pi$

① ㄱ   ② ㄴ   ③ ㄷ

④ ㄱ, ㄷ   ⑤ ㄱ, ㄴ, ㄷ

12

함수 $y=\sin x$ $\left(0 \le x \le \dfrac{\pi}{2}\right)$의 역함수를 $y=g(x)$라 할 때, 다음 중 $\cos^2 g(x)$와 같은 것은?

① $\sin (\cos x)$ ② $\cos (\sin x)$ ③ $\sqrt{1-x^2}$

④ $\sqrt{1+x^2}$ ⑤ $1-x^2$

13

함수 $f(x)=a\sin x+2$, $g(x)=x^2+6x+3$이다.
$0<a<5$이고 $(g\circ f)(x)$의 최솟값이 -2일 때, $(g\circ f)(x)$의 최댓값은?

① 54   ② 56   ③ 58

④ 60   ⑤ 64

14 개념 통합

$0\le x\le 2\pi$에서 함수 $y=\cos^2 x+2k\sin x-1+4k$의 최댓값이 -4일 때 k의 값과 최대일 때 x의 값을 구하시오.

15

$-\dfrac{\pi}{4}\le x\le\dfrac{\pi}{6}$일 때, $y=\dfrac{\cos x+\sin x}{\cos x-\sin x}$의 최댓값과 최솟값을 구하시오.

16

함수 $f(x)=\dfrac{9}{4-2\sin x}-\sin x$의 최솟값이 $a+b\sqrt{2}$일 때, 유리수 a, b에 대하여 $a+b$의 값은?

① 0   ② 1   ③ 2

④ 3   ⑤ 4

17

하루 중 해수면의 높이가 가장 높아졌을 때를 만조, 가장 낮아졌을 때를 간조라 하고, 만조와 간조 때의 해수면 높이의 차를 조차라 한다. 어느 날 A 지점에서 시각 x(시)와 해수면의 높이 y(m) 사이에는 다음이 성립한다고 한다.

	시각
만조	04시 30분
	17시 00분
간조	10시 45분
	23시 15분

$$y=a\cos b\pi(x-c)+4.5 \ (단,\ 0\le x<24)$$

이 날 A 지점의 조차가 $8\ \text{m}$이고, 만조와 간조 시각이 표와 같다. $a+100b+10c$의 값은? (단, $a>0$, $b>0$, $0<c<6$)

① 35   ② 45   ③ 55

④ 65   ⑤ 75

18

$-\pi\le x\le\pi$에서 방정식
$$6\sin^2 x+\sqrt{3}\sin x\cos x+7\cos^2 x=6$$
을 푸시오.

19

$0 \le x < 2\pi$에서 방정식 $\sin x + \cos x = 1$의 근의 합은?

① $\dfrac{5}{2}\pi$ ② 2π ③ $\dfrac{3}{2}\pi$

④ π ⑤ $\dfrac{\pi}{2}$

20

방정식 $\sin x = \dfrac{4}{\pi}x - 2$와 $\cos x = \dfrac{4}{\pi}x - 1$의 실근을 각각 α, β라 할 때, 다음 중 옳지 <u>않은</u> 것은?

① $\alpha > \dfrac{\pi}{2}$ ② $\beta < \dfrac{\pi}{2}$ ③ $\alpha < \dfrac{3}{4}\pi$

④ $\beta > \dfrac{\pi}{4}$ ⑤ $\alpha + \beta < \dfrac{3}{4}\pi$

21

$0 \le x \le 2\pi$일 때, 방정식 $\cos(|\cos 2x|) = \dfrac{\sqrt{3}}{2}$의 근의 개수를 구하시오.

22

함수 $f(x) = x^2 + 4x\cos\theta + \sin^2\theta$의 그래프가 x축에 접할 때, θ의 개수는? (단, $0 < \theta \le 2\pi$)

① 0   ② 1   ③ 2

④ 3   ⑤ 4

23

방정식 $\sin x - |\sin x| = ax - 2$가 서로 다른 세 실근을 가질 때, 양수 a값의 범위는?

① $\dfrac{2}{7\pi} < a < \dfrac{2}{5\pi}$ ② $\dfrac{1}{4\pi} < a < \dfrac{1}{3\pi}$

③ $\dfrac{1}{3\pi} < a < \dfrac{1}{2\pi}$ ④ $\dfrac{1}{2\pi} < a < \dfrac{1}{\pi}$

⑤ $\dfrac{2}{3\pi} < a < \dfrac{1}{\pi}$

24

$0 \le x \le \pi$에서 방정식 $|k\cos^2 x - k\cos x| - 2 = 0$이 서로 다른 세 실근을 가질 때, 실수 k값의 범위를 구하시오.

25 개념 통합

좌표평면에서 원 $x^2+y^2=1$ 위의 두 점 P, Q가 점 $(1, 0)$에서 동시에 출발하여 시계 반대 방향으로 원 위를 매초 $\frac{2}{3}\pi$, $\frac{4}{3}\pi$의 속력으로 각각 움직인다. 출발 후 100초가 될 때까지 두 점 P, Q의 y좌표가 같아지는 횟수는?

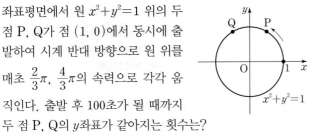

① 132 ② 133 ③ 134
④ 135 ⑤ 136

26

$-\frac{\pi}{2}<x<\frac{\pi}{2}$에서 부등식
$$\sin^2 x+(\sqrt{3}-1)\sin x\cos x-\sqrt{3}\cos^2 x\leq 0$$
의 해가 $\alpha\leq x\leq\beta$일 때, $\alpha+\beta$의 값은?

① $-\frac{\pi}{12}$ ② $-\frac{\pi}{6}$ ③ 0
④ $\frac{\pi}{6}$ ⑤ $\frac{\pi}{12}$

27

$-\pi<x<\pi$에서 부등식
$$|\cos x|>\sqrt{3}\sin x+2\cos x$$
를 푸시오.

28

부등식 $3\sin\frac{\pi}{2}x>|x-3|$의 해가 $\alpha<x<\beta$, $\gamma<x<\delta$일 때, $\alpha+\beta+\gamma+\delta$의 값을 구하시오.

29

$0\leq x\leq 2\pi$에서 방정식 $\cos^2 x-\frac{a}{2}\cos x-\frac{1}{2}=0$의 해가 존재하고 해가 모두 $\frac{\pi}{2}<x<\frac{3}{2}\pi$를 만족시킬 때, 실수 a값의 범위는?

① $-2<a\leq-1$ ② $-1<a\leq 0$
③ $0<a\leq\frac{1}{2}$ ④ $\frac{1}{2}<a\leq 1$
⑤ $a>1$

30 개념 통합

x에 대한 방정식 $x^2+2(\cos\theta+1)x+\cos^2\theta=0$은 두 실근을 갖고, 두 실근의 차는 $2\sqrt{2}$ 이하이다. $0\leq\theta\leq 2\pi$일 때 θ값의 범위를 구하시오.

01

$0 \leq x \leq \pi$에서 방정식 $\left[\cos x + \dfrac{1}{2}\right] = x - k$의 정수해가 있을 때, k값의 합은? (단, $[x]$는 x보다 크지 않은 최대 정수이다.)

① 1   ② 2   ③ 5
④ 7   ⑤ 8

02

$0 \leq \theta \leq \dfrac{\pi}{4}$에서 방정식 $\cos\theta + a\sin\theta = a$의 해가 있을 때, 양수 a값의 범위를 구하시오.

03

a, b는 양수이고 $\alpha + \beta + \gamma = \pi$이다.
$a^2 + b^2 = 3ab\cos\gamma$일 때, $9\sin^2(\pi + \alpha + \beta) + 9\cos\gamma$의 최댓값을 구하시오.

04

함수 $y = \dfrac{2\sin x - 1}{2\cos x + 3}$의 최댓값을 M, 최솟값을 m이라 할 때, $M + m$의 값을 구하시오.

05 개념 통합

좌표평면 위의 점 $(1, 0)$에서 접하는 두 원
$$x^2 + y^2 = 1, \quad (x+2)^2 + y^2 = 9$$
가 있다. 원 $x^2 + y^2 = 1$ 위의 점 $(\cos\theta, \sin\theta)$ $(0 < \theta < \pi)$에서 그은 접선이 원 $(x+2)^2 + y^2 = 9$와 만나는 점의 x좌표를 각각 α, β $(\alpha < \beta)$라 할 때, $f(\theta) = \alpha + \beta$라 하자. $f(\theta)$의 최솟값은?

① $-\dfrac{17}{4}$ ② $-\dfrac{9}{4}$ ③ $-\dfrac{1}{4}$
④ $\dfrac{1}{4}$ ⑤ $\dfrac{3}{4}$

06. 삼각함수의 활용

삼각형 ABC에서
∠A, ∠B, ∠C의 크기를
각각 A, B, C,
∠A, ∠B, ∠C의 대변의 길이를
각각 a, b, c로 나타낸다.

1 사인법칙

(1) 삼각형 ABC의 외접원의 반지름의 길이를 R라 하면

$$\frac{a}{\sin A} = \frac{b}{\sin B} = \frac{c}{\sin C} = 2R$$

(2) 각의 크기를 알 때 변의 길이는

$$a = 2R\sin A, \quad b = 2R\sin B, \quad c = 2R\sin C$$

(3) 변의 길이와 외접원의 반지름의 길이를 알 때 각의 크기는

$$\sin A = \frac{a}{2R}, \quad \sin B = \frac{b}{2R}, \quad \sin C = \frac{c}{2R}$$

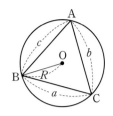

2 코사인법칙

(1) 삼각형 ABC에서 두 변의 길이와 끼인각의 크기를 알 때

$$a^2 = b^2 + c^2 - 2bc\cos A$$

(2) 세 변의 길이를 알 때

$$\cos A = \frac{b^2 + c^2 - a^2}{2bc}$$

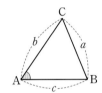

$\sin(\pi - A) = \sin A$이므로
$\frac{1}{2}bc\sin(\pi - A) = \frac{1}{2}bc\sin A$

3 삼각형의 넓이

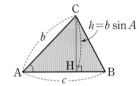 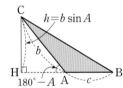 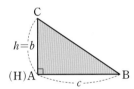

(1) 삼각형 ABC에서 두 변의 길이와 끼인각의 크기를 알 때 삼각형의 넓이 S는

$$S = \frac{1}{2}bc\sin A$$

(2) 삼각형에서 세 변의 길이를 알 때에는 코사인법칙을 이용하여 $\cos$ 값부터 구한다.

Note 헤론의 공식

세 변의 길이가 각각 a, b, c인 삼각형의 넓이 S는

$$S = \sqrt{s(s-a)(s-b)(s-c)} \ \left(단, \ s = \frac{a+b+c}{2}\right)$$

위 평행사변형의 넓이는
$ab\sin\theta$

4 사각형의 넓이

(1) 두 대각선의 길이가 a, b이고 끼인각의 크기가 θ인 사각형의
넓이 S는

$$S = \frac{1}{2}ab\sin\theta$$

(2) 대각선을 긋고 두 삼각형의 넓이의 합을 구한다.

Note 원주각의 성질

(1) 한 호에 대한 원주각의 크기는 모두 같다.

(2) 반원에 대한 원주각의 크기는 $90°$이다.

(3) 원에 내접하는 사각형에서 마주보는 두 내각의 크기의 합은 $180°$이다.

code 1 사인법칙

01

그림과 같이 원에 내접하는 삼각형 ABC가 있다. $\overline{BC}=5$, $A=\dfrac{2}{3}\pi$일 때, 원의 반지름의 길이는?

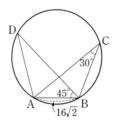

① 2
② $\dfrac{3\sqrt{2}}{2}$

③ 3
④ $\dfrac{4\sqrt{3}}{3}$

⑤ $\dfrac{5\sqrt{3}}{3}$

02

삼각형 ABC에서 $A:B:C=3:4:5$이고 $a=2$일 때, b의 값은?

① $\sqrt{6}$
② $2\sqrt{2}$
③ 3
④ $2\sqrt{3}$
⑤ $3\sqrt{2}$

03

그림과 같이 한 원에 내접하는 삼각형 ABC, ABD가 있다. $\overline{AB}=16\sqrt{2}$, $\angle ABD=45°$, $\angle BCA=30°$일 때, 변 AD의 길이를 구하시오.

04

반지름의 길이가 1인 원에 내접하는 삼각형 ABC에서 $4\sin(B+C)\sin A=1$일 때, a의 값은?

① 1
② 2
③ 3
④ 1 또는 2
⑤ 2 또는 3

05

삼각형 ABC의 꼭짓점 A, B, C에서 변 BC, CA, AB 또는 변의 연장선 위에 내린 수선의 길이의 비가 $2:3:4$일 때, $\sin A:\sin B:\sin C$는?

① $1:2:3$
② $2:3:4$
③ $4:3:2$
④ $6:3:4$
⑤ $6:4:3$

06

두 원 C_1, C_2가 그림과 같이 두 점 A, B에서 만난다. 현 AB의 길이는 12이고, 현 AB에 대한 원주각의 크기는 각각 60°, 30°이다. 두 원 C_1, C_2의 반지름의 길이를 구하시오.

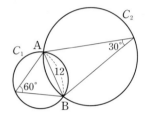

code 2 코사인법칙

07

삼각형 ABC의 두 변 AB, AC의 길이가 각각 $\sqrt{7}$, 1이고, $C=120°$일 때, 변 BC의 길이는?

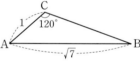

① 1
② $\dfrac{\sqrt{5}}{2}$
③ $\sqrt{2}$
④ $\sqrt{3}$
⑤ 2

08

그림과 같이 반지름의 길이가 다른 반원 두 개를 이어 붙인 모양의 수로가 있다. 외부의 한 점 P에서 수로의 양 끝 A, B에 이르는 거리가 각각 100, 200이고 끼인각의 크기가 120°일 때, 수로의 길이를 구하시오. (단, 수로의 폭은 무시한다.)

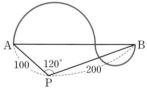

09

그림과 같이 평행사변형 ABCD의 두 대각선의 길이가 각각 6, 10이고, 두 대각선이 이루는 각의 크기가 60°일 때, $\overline{AB}^2 + \overline{AD}^2$의 값을 구하시오.

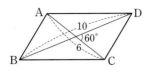

10

원에 내접하는 사각형 ABCD에서
$$\angle A = 60°,$$
$$\overline{AB} = 8\sqrt{3},\ \overline{AD} = 5\sqrt{3}$$
이다. 점 C는 호 BD의 이등분점일 때, $\overline{BC}$의 길이는?

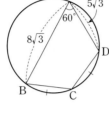

① 6   ② $4\sqrt{3}$

③ 7   ④ 8

⑤ $7\sqrt{3}$

 code 3 **코사인법칙과 각**

11

그림과 같이 한 변의 길이가 4인 정사각형 ABCD에서 $\overline{DN} = \overline{CM} = 3$이고 $\angle MAN = \theta$일 때, $\cos\theta$의 값은?

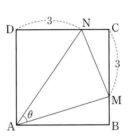

① $\dfrac{4\sqrt{17}}{17}$ ② $\dfrac{16\sqrt{17}}{85}$

③ $\dfrac{18\sqrt{17}}{85}$ ④ $\dfrac{3\sqrt{17}}{17}$

⑤ $\dfrac{18\sqrt{17}}{119}$

12

반지름의 길이가 각각 3, 4, 5인 세 원 O_1, O_2, O_3가 그림과 같이 둘씩 서로 외접하고 있다. $\angle O_2 O_1 O_3 = \theta$일 때, $\cos\theta$의 값을 구하시오.

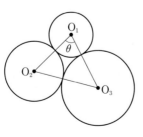

13

그림과 같이 정삼각형 ABC의 변 AC를 삼등분하는 점을 각각 D, E라 하자. $\angle DBE = x$일 때, $\sin x$의 값을 구하시오.

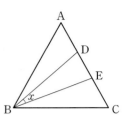

code 4 **사인법칙과 코사인법칙**

14

$\overline{AB} = 2$, $\overline{BC} = 3$, $\overline{CA} = 4$인 삼각형 ABC가 있다. 이 삼각형의 외접원의 반지름의 길이는?

① $\dfrac{2\sqrt{14}}{5}$ ② $\dfrac{8\sqrt{14}}{15}$ ③ $\dfrac{4\sqrt{14}}{15}$

④ $\dfrac{2\sqrt{15}}{5}$ ⑤ $\dfrac{8\sqrt{15}}{15}$

15

그림과 같이 서로 다른 세 점 A, B, C를 지나는 원이 있다. $\angle ABC = 120°$, $\overline{AB} = 2$, $\overline{BC} = 1$일 때, 원의 반지름의 길이는?

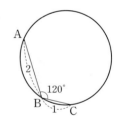

① $\dfrac{\sqrt{8}}{3}$ ② $\dfrac{\sqrt{11}}{3}$

③ $\dfrac{\sqrt{19}}{3}$ ④ $\dfrac{\sqrt{21}}{3}$

⑤ $\dfrac{\sqrt{22}}{3}$

16

삼각형 ABC에서 $\sin A : \sin B : \sin C = 3 : 5 : 7$일 때, 삼각형의 최대각의 크기는?

① $\dfrac{\pi}{2}$ ② $\dfrac{2}{3}\pi$ ③ $\dfrac{3}{4}\pi$

④ $\dfrac{4}{5}\pi$ ⑤ $\dfrac{5}{6}\pi$

code **5** 삼각형의 활용

17

그림은 평행한 두 강변 사이의 거리를 알기 위하여 측량한 것이다. 강의 폭은?

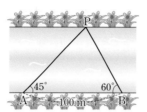

① $50(\sqrt{6}-\sqrt{2})$ m
② $50(\sqrt{6}-\sqrt{3})$ m
③ $50(3-\sqrt{3})$ m
④ $100(\sqrt{3}-1)$ m
⑤ $100(\sqrt{3}-\sqrt{2})$ m

18

그림에서 A, B는 직선 도로 위의 지점이다. 나무와 도로 사이의 최소 거리를 구하시오.

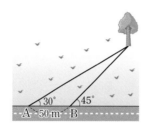

19

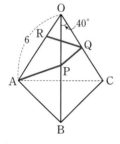

그림과 같이 밑면이 정삼각형 ABC이고 $\overline{OA}=\overline{OB}=\overline{OC}=6$, $\angle AOB=\angle BOC=\angle COA=40°$인 사면체가 있다. 점 A를 출발하여 모서리 OB, OC 위의 점 P, Q를 지나고, 모서리 OA를 $1:2$로 내분하는 점 R에 이르는 최단 거리는?

① $\sqrt{51}$
② $2\sqrt{13}$
③ $\sqrt{53}$
④ $3\sqrt{6}$
⑤ $\sqrt{55}$

20

x에 대한 이차방정식
$$x^2\sin A-2x(\sin A+\sin B)+2(\sin A+\sin B)=0$$
이 중근을 가질 때, $\triangle ABC$는 어떤 삼각형인가?

① $a=b$인 이등변삼각형
② $b=c$인 이등변삼각형
③ $A=90°$인 직각삼각형
④ $B=90°$인 직각삼각형
⑤ 직각이등변삼각형

code **6** 삼각형의 넓이

21

그림과 같이 삼각형의 한 변의 길이는 20 % 늘이고, 다른 한 변의 길이는 30 % 줄여서 새로운 삼각형을 만든다. 다음 중 새로운 삼각형의 넓이에 대한 설명으로 옳은 것은?

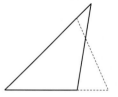

① 12 % 줄어든다.
② 14 % 줄어든다.
③ 15 % 줄어든다.
④ 16 % 줄어든다.
⑤ 항상 일정하다.

22

삼각형 ABC에서
$$\overline{AB}=6, \overline{CA}=8, \cos(B+C)=\frac{1}{3}$$
일 때, 삼각형 ABC의 넓이는?

① $14\sqrt{2}$
② $16\sqrt{2}$
③ $18\sqrt{2}$
④ $16\sqrt{3}$
⑤ $18\sqrt{3}$

23

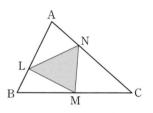

그림과 같이 넓이가 18인 삼각형 ABC가 있다. 점 L, M, N은 변 AB, BC, CA 위의 점이고 $\overline{AL}=2\overline{BL}$, $\overline{BM}=\overline{CM}$, $\overline{CN}=2\overline{AN}$일 때, 삼각형 LMN의 넓이를 구하시오.

24

그림에서 세 사각형 A, B, C는 한 변의 길이가 각각 5, 3, 4인 정사각형이다. 색칠한 삼각형의 넓이는?

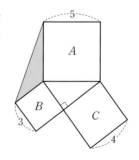

① 4
② 5
③ 6
④ 7
⑤ 8

25

그림과 같이
$\overline{AD}=3$, $\overline{AB}=1$, $\overline{DH}=2$
인 직육면체 ABCD−EFGH
에서 삼각형 BGD의 넓이는?

① $\dfrac{5}{2}$ 　　② 3

③ $\dfrac{7}{2}$ 　　④ 4

⑤ $\dfrac{9}{2}$

code 7 사각형의 넓이

29

$\overline{AB}=6$, $\overline{BC}=9$,
∠DAB=135°인 평행사변형
ABCD의 넓이는?

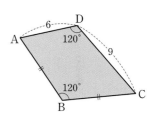

① $13\sqrt{2}$ 　　② $20\sqrt{2}$

③ $27\sqrt{2}$ 　　④ $30\sqrt{2}$

⑤ $32\sqrt{2}$

26

삼각형 ABC의 외접원의 반지름의
길이는 1이다. 그림과 같이 꼭짓점
A, B, C가 외접원 둘레의 길이를
3 : 4 : 5로 나눌 때, 삼각형 ABC의
넓이를 구하시오.

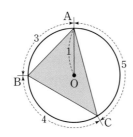

30

그림과 같은 사각형 ABCD에서
∠B = ∠D = 120°, $\overline{AD}=6$,
$\overline{CD}=9$, $\overline{AB}=\overline{BC}$이다. 사각
형 ABCD의 넓이를 구하시오.

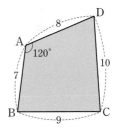

27

한 변의 길이가 $\sqrt{2}$인 정팔각형의 넓이는?

① $4(1-\sqrt{2})$ 　　② $4(1+\sqrt{2})$ 　　③ $8(1-\sqrt{2})$

④ $8(1+\sqrt{2})$ 　　⑤ $16(1-\sqrt{2})$

31

그림과 같은 사각형 ABCD에서
다음을 구하시오.

(1) sin C의 값
(2) □ABCD의 넓이

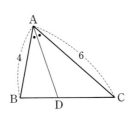

28

$\overline{AB}=4$, $\overline{AC}=6$, ∠A=60°인 삼
각형 ABC가 있다. ∠A의 이등분
선이 변 BC와 만나는 점을 D라 할
때, 선분 AD의 길이를 구하시오.

32

등변사다리꼴에서 두 대각선이 이루는 예각의 크기가 30°이
고 넓이가 10일 때, 대각선의 길이는?

① 5 　　② $2\sqrt{5}$ 　　③ 10

④ $2\sqrt{10}$ 　　⑤ 20

01

그림과 같이 점 B에서 원에 접하는 직선과 선분 AC의 연장선이 만나는 점을 D라 하자. $\angle CBD=30°$, $\angle CDB=15°$, $\overline{BC}=10$일 때, 선분 AB의 길이는?

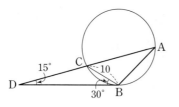

① $5\sqrt{2}$
② $10\sqrt{2}$
③ $10\sqrt{3}$
④ $20\sqrt{2}$
⑤ $20\sqrt{3}$

02

그림과 같이 원점을 지나는 두 직선 $y=\sqrt{3}x$, $y=\dfrac{\sqrt{3}}{3}x$가 있다. 두 직선 위에 $\overline{AB}=1$이 되도록 두 점 A, B를 잡을 때, 선분 OA 길이의 최댓값은?
(단, O는 원점이고, A, B는 제1사분면 위의 점이다.)

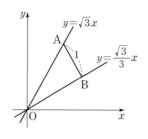

① $\dfrac{\sqrt{3}}{3}$
② 1
③ $\sqrt{2}$
④ $\sqrt{3}$
⑤ 2

03

그림과 같이 반지름의 길이가 2인 원에 내접하는 삼각형 ABC에서 $A=45°$, $B=60°$일 때, $\overline{AB}$의 길이를 구하시오.

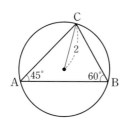

04

반지름의 길이가 10인 원 O의 중심에서 거리가 5인 곳에 점 A가 있다. 원 O 위의 점 P에 대하여 $\angle OPA=\theta$라 할 때, $\sin\theta$의 최댓값은?

① $\dfrac{\sqrt{3}}{3}$
② $\dfrac{1}{2}$
③ $\dfrac{\sqrt{2}}{2}$
④ $\dfrac{\sqrt{3}}{2}$
⑤ 1

05 개념 통합

그림과 같이 $\overline{AB}=10$, $\overline{BC}=6$, $\overline{CA}=8$, $C=90°$인 직각삼각형 ABC가 있다. 삼각형 내부의 점 P에서 변 AB와 변 AC에 내린 수선의 발을 각각 Q, R라 하자. $\overline{AP}=6$일 때, 선분 QR의 길이는?

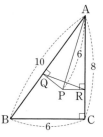

① $\dfrac{14}{5}$
② 3
③ $\dfrac{16}{5}$
④ $\dfrac{17}{5}$
⑤ $\dfrac{18}{5}$

06

그림과 같이 삼각형 ABC에서 변 BC 위에 점 D가 있다. $\overline{AD}=2\sqrt{2}$, $\overline{BD}=2$, $\overline{CD}=1$, $\angle ADC=45°$일 때, 삼각형 ABC의 외접원의 반지름의 길이는?

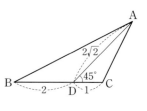

① 1
② $\sqrt{5}$
③ 2
④ $\dfrac{5}{2}$
⑤ 3

정답 및 풀이 67쪽

07

그림과 같이 $\overline{AB}=10$, $\overline{BC}=9$, $\overline{CA}=8$인 삼각형 ABC가 있다. ∠A의 이등분선이 선분 BC와 만나는 점을 D라 할 때, 선분 AD의 길이는?

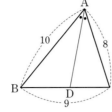

① $\sqrt{58}$ ② $\sqrt{59}$

③ $2\sqrt{15}$ ④ $\sqrt{61}$

⑤ $\sqrt{62}$

08 번뜩 아이디어

사각형 ABCD에서 변 AB와 변 CD는 평행하고 $\overline{BC}=2$, $\overline{AB}=\overline{AC}=\overline{AD}=3$일 때, 대각선 BD의 길이는?

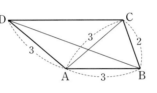

① 5   ② $4\sqrt{2}$ ③ 6

④ $5\sqrt{2}$ ⑤ 8

09

$\overline{AB}=\overline{AC}=5$, $\overline{BC}=6$인 이등변삼각형 ABC가 있다. $\overline{CA}$를 $2:3$으로 내분하는 점을 D라 하고, $\angle CBD=\alpha$, $\angle DBA=\beta$라 할 때, $\dfrac{\sin \beta}{\sin \alpha}$의 값은?

① $\dfrac{3}{2}$ ② $\dfrac{2}{3}$ ③ $\dfrac{6}{5}$

④ $\dfrac{5}{6}$ ⑤ $\dfrac{9}{5}$

10

그림과 같은 사각형 ABCD가 있다. $\overline{AB}=10$, $\overline{BC}=6$, $\angle ABC=120°$, $\overline{AD}=\overline{BD}=\overline{CD}$일 때, 선분 AD의 길이는?

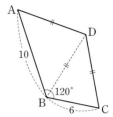

① $\dfrac{13\sqrt{3}}{3}$ ② $\dfrac{14\sqrt{3}}{3}$

③ $5\sqrt{3}$ ④ $\dfrac{16\sqrt{3}}{3}$

⑤ $6\sqrt{3}$

11

그림과 같이 세 변의 길이가 5, 6, 7인 삼각형에서 넓이가 최대인 원을 오려내려고 한다. 원의 반지름의 길이는?

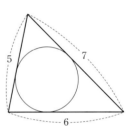

① $\dfrac{2\sqrt{5}}{3}$ ② $\dfrac{2\sqrt{6}}{3}$

③ $\dfrac{2\sqrt{7}}{3}$ ④ $\sqrt{5}$

⑤ $\sqrt{6}$

12

다음 조건을 만족시키는 △ABC는 어떤 삼각형인지 구하시오.

(1) $a\cos A+b\cos B=c\cos C$

(2) $(b-c)\cos^2 A=b\cos^2 B-c\cos^2 C$

13

길이 3 m인 막대기를 지면에 수직이 되도록 세웠더니 태양 광선에 의한 그림자의 길이가 $\sqrt{3}$ m였다. 이 막대기를 그림 자 쪽으로 45° 기울였을 때, 그림자의 길이는?
(단, 막대기와 그림자의 두께는 무시한다.)

① $(\sqrt{6}+\sqrt{2})$ m   ② $(\sqrt{6}+3\sqrt{2})$ m

③ $\dfrac{1}{2}(\sqrt{6}+\sqrt{2})$ m   ④ $\dfrac{1}{6}(\sqrt{5}+3\sqrt{2})$ m

⑤ $\dfrac{1}{2}(\sqrt{6}+3\sqrt{2})$ m

14

그림과 같이 A 지점으로부터 북동쪽으로 60° 방향인 C 지점 에서 위를 향하여 수직으로 로 켓을 쏘아 올렸다. 로켓의 높이 를 측정하기 위하여 A 지점에 서 로켓 P를 올려본각의 크기 가 60°였고, 동시에 A 지점에 서 서쪽으로 5 km 떨어진 B 지 점에서 올려본각의 크기는 45°였다. $\overline{CP}$의 길이는?

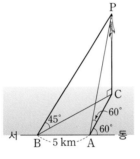

① 5 km   ② $5\sqrt{3}$ km   ③ $6\sqrt{3}$ km

④ $8\sqrt{3}$ km   ⑤ 10 km

15

그림과 같이 갑은 A 지점에서 출발하여 B 지점을 향하여 일 정한 속력으로 가고, 을은 C 지점에서 출발하여 갑의 두 배 의 속력으로 A 지점을 향하여

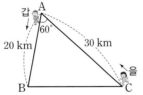

간다. 갑의 위치와 을의 위치를 잇는 선분이 변 BC와 평행한 순간 두 사람 사이의 거리를 구하시오.
(단, $\angle BAC=60°$, $\overline{AB}=20$ km, $\overline{AC}=30$ km)

16 개념통합

그림과 같이 반지름의 길이가 10, 중심각의 크기가 60°인 부채꼴 OAB가 있다. 호 AB 위에 한 점 P가 고정되어 있고 두 점 Q, R가 각각 변 OA, OB 위를 움직일 때, $\overline{PQ}+\overline{QR}+\overline{RP}$의 최솟값은?

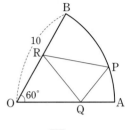

① $10\sqrt{2}$ ② $10\sqrt{3}$ ③ $6\sqrt{10}$

④ $10\sqrt{6}$ ⑤ $6\sqrt{7}$

17

그림과 같이 밑면의 반지름의 길이가 2, 모선의 길이가 6, 꼭짓점이 O인 원 뿔에서 밑면의 지름 양 끝을 A, B라 하고 $\overline{OA}$의 중점을 A′이라 하자. 점 P 가 점 B에서부터 원뿔의 옆면을 따라 점 A′까지 움직일 때, 최단 거리는?

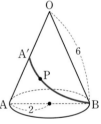

① $\sqrt{3}$ ② $2\sqrt{3}$ ③ $3\sqrt{3}$

④ $4\sqrt{3}$ ⑤ $5\sqrt{3}$

18

건물의 높이를 구하기 위하여 지면에 거리가 100 m인 두 지점 A, B를 정하고, 건물 위의 한 지점 C에서 지면에 내린 수선의 발을 D라 하자. $\angle CAB=45°$, $\angle CBA=75°$, $\angle CBD=60°$일 때, 건물의 높이 CD를 구하시오.

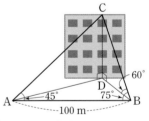

19

그림과 같이 $\overline{AB}=\overline{AC}=8$인 이등변삼각형 ABC가 있다. 변 BC 위의 점 P에서 변 AB, AC에 내린 수선의 발을 각각 D, E라 하고, $\overline{PD}=x$, $\overline{PE}=y$라 하자. 삼각형 ABC의 넓이가 삼각형 PDE 넓이의 4배일 때, xy의 값을 구하시오.

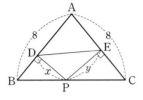

20 개념 통합

그림과 같이 삼각형 ABC가 반지름이 1인 원 O에 내접한다.
$\overparen{AB} : \overparen{BC} : \overparen{CDA}=1 : 1 : 6$일 때, 삼각형 ABC의 넓이를 구하시오.

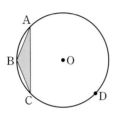

21

그림과 같이 밑면의 반지름의 길이가 r이고 높이가 1인 원기둥에 물이 들어 있다. 원기둥을 수평으로 뉘었을 때 수면과 밑면이 만나서 이루는 현에 대한 중심각의 크기를 θ라 하자. 원기둥을 세웠을 때 수면의 높이 h를 θ로 나타내면?

$\left(단, 0<h<\dfrac{1}{2}\right)$

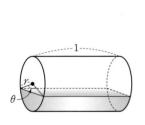 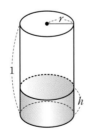

① $h=\dfrac{1}{2\pi}\theta$ 　　② $h=\dfrac{1}{2\pi}\sin\theta$

③ $h=\theta-\sin\theta$ 　　④ $h=\dfrac{1}{2\pi}(\theta+\sin\theta)$

⑤ $h=\dfrac{1}{2\pi}(\theta-\sin\theta)$

22

그림과 같이 세 변의 길이가 각각 4, 6, $2\sqrt{7}$인 삼각형 ABC가 있다. 점 D는 변 AB 위에 있고, $\overline{AD}=\overline{CD}$일 때, 삼각형 DBC의 넓이를 구하시오.

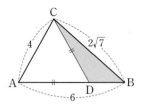

23

$C=90°$인 직각삼각형 ABC의 변 AB, BC 위에 점 P, Q가 있다. 삼각형 ABC의 넓이는 삼각형 PBQ의 넓이의 2배이고, 삼각형 ABC의 둘레의 길이가 선분 BP와 BQ의 길이의 합의 2배이다. 선분 PQ의 길이는?

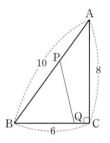

① 4 　　② $4\sqrt{2}$

③ 6 　　④ $4\sqrt{3}$

⑤ $3\sqrt{6}$

24

그림과 같이 $\overline{AB}=6$, $\overline{BC}=4$, $\overline{CA}=5$인 삼각형 ABC의 내부의 한 점 P에서 세 변 BC, CA, AB에 내린 수선의 발을 각각 D, E, F라 하자. $\overline{PD}=\sqrt{7}$, $\overline{PE}=\dfrac{\sqrt{7}}{2}$일 때, 삼각형 EFP의 넓이를 구하시오.

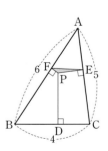

25

넓이가 9이고 $B=30°$인 삼각형 ABC에서 $\overline{AC}$가 최소일 때, $\overline{AB}+\overline{BC}$의 값은?

① 6   ② 8   ③ 10

④ 12   ⑤ 14

26

그림과 같은 사각형 ABCD
의 넓이는?

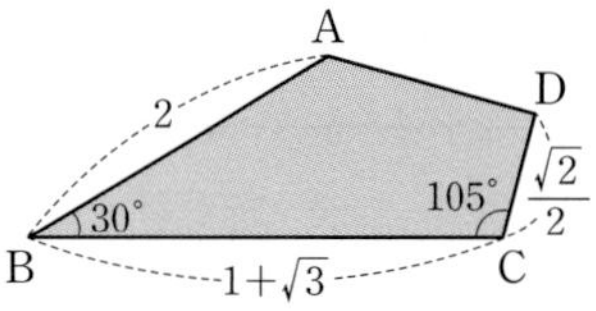

① $\dfrac{1+\sqrt{3}}{2}$ ② $\dfrac{3+2\sqrt{3}}{4}$

③ $\dfrac{2+3\sqrt{3}}{4}$ ④ $\dfrac{3+2\sqrt{3}}{8}$

⑤ $\dfrac{4+7\sqrt{3}}{8}$

27 개념 통합

사각형 ABCD의 두 대각선 AC,
BD의 교점을 E라 하자.
$\overline{AB}\,/\!/\,\overline{DC}$, $\sin(\angle BAE)=\dfrac{3}{8}$,
$\overline{AB}=5$, $\overline{DC}=3$, $\overline{CE}=2$일 때,
사각형 ABCD의 넓이는?

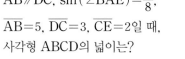

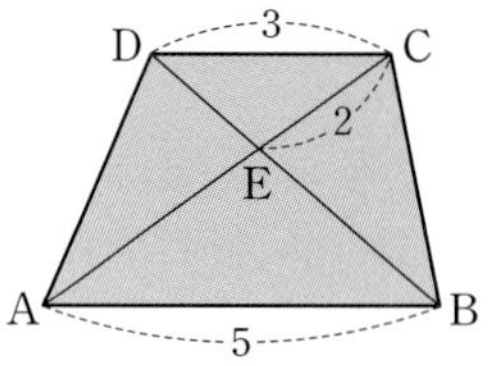

① 5   ② 6   ③ 7

④ 8   ⑤ 9

28

사각형 ABCD가 원에 내접한다. $\overline{AB}=1$, $\overline{BC}=2$, $\overline{CD}=3$, $\overline{DA}=4$일 때, 사각형 ABCD의 넓이를 구하시오.

29

그림과 같이 이웃하는 두 변
의 길이가 3, 5인 평행사변형
ABCD가 있다. 두 대각선이
이루는 각의 크기가 60°일 때,
평행사변형 ABCD의 넓이를 구하시오.

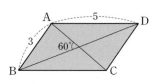

30

사각형 ABCD에서 두 대각선이 이루는 예각의 크기가 60°
이고, 사각형 ABCD의 각 변의 중점을 연결하여 만든 사각
형 A′B′C′D′의 둘레의 길이가 12일 때, 사각형 ABCD 넓
이의 최댓값은?

① $8\sqrt{2}$ ② $8\sqrt{3}$ ③ $9\sqrt{2}$

④ $9\sqrt{3}$ ⑤ 18

31

세 변의 길이가 8, $2+x$, $10-x$인 삼각형의 넓이의 최댓값은?

① $4\sqrt{5}$ ② $8\sqrt{5}$ ③ 4

④ 8   ⑤ 12

01 개념 통합

삼각형 ABC에서 $\overline{AB}=7$, $\overline{AC}=7$, $\overline{BC}=2$일 때, 내심과 외심 사이의 거리는?

① $2\sqrt{3}$

② $\dfrac{35\sqrt{3}}{12}$

③ $\dfrac{35\sqrt{3}}{24}$

④ $\dfrac{35\sqrt{3}}{48}$

⑤ $\sqrt{3}$

02

그림과 같이 반지름의 길이가 5인 원 O에 내접하는 삼각형 ABC에 대하여 $a=6$일 때, bc의 최댓값은?

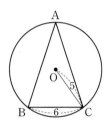

① 36

② 56

③ 64

④ 72

⑤ 90

03

사각형 AQBP는 지름이 선분 AB인 원 O에 내접한다.
$\overline{AP}=4$, $\overline{BP}=2$이고 $\overline{QA}=\overline{QB}$일 때, 선분 PQ의 길이는?

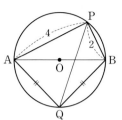

① $3\sqrt{2}$

② $\dfrac{10\sqrt{2}}{3}$

③ $\sqrt{14}$

④ $\dfrac{4\sqrt{10}}{3}$

⑤ 4

04

사각형 ABCD는 반지름의 길이가 2인 원에 내접하는 사각형이고 $2\overline{AB}=\overline{BC}$, $\overline{CD}=2\overline{DA}$이다. $\sin A$가 최대일 때, 삼각형 ABD의 넓이를 구하시오.

05

삼각형 ABC의 무게중심을 G라 할 때, $\overline{GA}=6$, $\overline{GB}=8$, $\overline{GC}=4$이다. 삼각형 ABC의 넓이는?

① $9\sqrt{15}$ ② $2\sqrt{65}$ ③ $4\sqrt{15}$

④ 9 ⑤ 8

06

그림과 같은 원뿔 모양의 산이 있다. A지점을 출발하여 산을 한 바퀴 돌아 B지점으로 가는 관광 열차의 궤도를 최단 거리로 놓으면 열차의 궤도는 오르막길에서 내리막길로 바뀐다. 내리막길의 길이는?

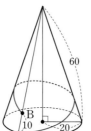

① $\dfrac{200}{\sqrt{19}}$ ② $\dfrac{300}{\sqrt{30}}$

③ $\dfrac{300}{\sqrt{91}}$ ④ $\dfrac{400}{\sqrt{91}}$

⑤ $\dfrac{500}{\sqrt{91}}$

07

그림과 같이 직육면체 모양의 건물이 있다. 지면 위의 일직선 위에 있는 세 점 A, B, C에서 건물의 꼭대기 D를 올려본각의 크기는 각각 30°, 45°, 60°이다. $\overline{AB}=5$ m, $\overline{BC}=10$ m일 때, 이 건물의 높이는?

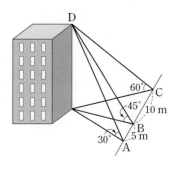

① $4\sqrt{2}$ m   ② $4\sqrt{3}$ m   ③ $3\sqrt{5}$ m

④ $4\sqrt{5}$ m   ⑤ $5\sqrt{3}$ m

08 신유형

그림과 같은 직사각형 모양의 극장에서 무대를 잘 볼 수 있는 좌석을 구분하려고 한다. 중앙 무대의 폭이 6이고 무대 좌우 양 끝 점 A, B와 객석 내의 한 점 X가 이루는 각을 $\angle AXB=\theta$라 하자. 이 각 θ의 크기가 15° 이상 30° 이하가 되는 영역에는 일등석을 놓으려고 한다. 일등석 부분의 넓이는?

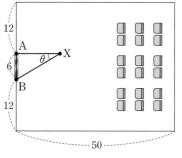

① $3\pi(12+11\sqrt{3})+18$ ② $3\pi(24-11\sqrt{3})+18$

③ $10(24-11\sqrt{3})+18$ ④ $9(14+11\sqrt{3})$

⑤ $9(26-11\sqrt{3})$

Ⅲ. 수열

07. 등차수열과 등비수열

1 등차수열

수열은 정의역이
자연수 전체의 집합인
함수이다.

(1) 나열된 수의 열을 **수열**이라 하고, 수열의 n번째 항을 **일반항**이라 한다.
또 일반항이 a_n인 수열을 $\{a_n\}$으로 나타낸다.

(2) 첫째항에 차례로 일정한 수를 더하여 만든 수열을 **등차수열**이라 하고,
더하는 일정한 수를 **공차**라 한다.

공차가 0이면 모든 항은
첫째항과 같다.

(3) 수열 $\{a_n\}$이 공차가 d인 등차수열이면
① $a_{n+1}=a_n+d$ 또는 $a_{n+1}-a_n=d$
② $a_n=a_1+(n-1)d$

(4) 첫째항이 a, 공차가 d인 등차수열의 제1항부터 제n항까지 합을 S_n이라 하면
$$S_n=\frac{n(a+a_n)}{2} \text{ 또는 } S_n=\frac{n\{2a+(n-1)d\}}{2}$$

(5) a, b, c가 이 순서대로 등차수열이면 $b=\dfrac{a+c}{2}$이다.
이때 b를 a와 c의 **등차중항**이라 한다.

2 등비수열

공비가 1이면
모든 항은 첫째항과 같다.
공비가 0이면 둘째항부터 0이고,
첫째항이 0이면 모든 항은 0이다.

(1) 첫째항에 차례로 일정한 수를 곱하여 만든 수열을 **등비수열**이라 하고,
곱하는 일정한 수를 **공비**라 한다.

(2) 수열 $\{a_n\}$이 공비가 r인 등비수열이면
① $a_{n+1}=ra_n$ 또는 $a_{n+1}\div a_n=r$
② $a_n=a_1r^{n-1}$

$r<1$이면 $S_n=\dfrac{a(1-r^n)}{1-r}$
$r>1$이면 $S_n=\dfrac{a(r^n-1)}{r-1}$
을 이용하는 것이 편하다.

(3) 첫째항이 a, 공비가 r인 등비수열의 제1항부터 제n항까지 합을 S_n이라 하면
$r\neq1$일 때 $S_n=\dfrac{a(1-r^n)}{1-r}$ 또는 $S_n=\dfrac{a(r^n-1)}{r-1}$
$r=1$일 때 $S_n=na$

(4) a, b, c가 이 순서대로 등비수열이면 $b^2=ac$ (곧, $b=\pm\sqrt{ac}$)
이때 b를 a와 c의 **등비중항**이라 한다.

3 수열의 합과 일반항 사이의 관계

수열의 합 S_n과
일반항 a_n 사이의 관계는
모든 수열에서 성립한다.

수열 $\{a_n\}$에서 제1항부터 제n항까지의 합을 S_n이라 하면
$$\begin{cases} a_n=S_n-S_{n-1}\,(n\geq2) & \cdots\ \text{❶} \\ a_1=S_1 \end{cases}$$

Note 특히 ❶에 $n=1$을 대입한 값과 a_1은 다를 수도 있다는 것에 주의한다.

4 단리법과 복리법

원금과 이자를 합한 금액을
원리합계라 한다.

(1) 단리법은 원금에만 이자가 붙는 방법이고,
복리법은 원금과 이자에 모두 이자가 붙는 방법이다.

(2) 원금이 a원이고 연이율이 r일 때, 원리합계(원)는 다음과 같다.

	단리법	복리법
1년 후	$a+ar=a(1+r)$	$a+ar=a(1+r)$
2년 후	$a(1+r)+ar=a(1+2r)$	$a(1+r)+a(1+r)r=a(1+r)^2$
3년 후	$a(1+2r)+ar=a(1+3r)$	$a(1+r)^2+a(1+r)^2r=a(1+r)^3$
⋮	⋮	⋮
n년 후	$a(1+nr)$	$a(1+r)^n$
	공차가 ar인 등차수열	공비가 $(1+r)$인 등비수열

code 1 **등차수열**

01

등차수열 $\{a_n\}$의 첫째항과 공차가 같고 $a_2+a_4=24$일 때, a_5의 값을 구하시오.

02

등차수열 $\{a_n\}$에 대하여
$$a_3+a_5=36, \quad a_2a_4=180$$
일 때, $a_n<100$을 만족시키는 n의 최댓값을 구하시오.

03

등차수열 $\{a_n\}$의 공차는 양수이다.
$$a_6+a_8=0, \quad |a_6|=|a_7|+3$$
일 때, a_2의 값은?

① -15 ② -13 ③ -11
④ -9 ⑤ -7

04

등차수열 $\{a_n\}$, $\{b_n\}$의 공차가 각각 -2, 3일 때, 등차수열 $\{3a_n+5b_n\}$의 공차는?

① 4   ② 6   ③ 8
④ 9   ⑤ 15

05

수열 $\{a_n\}$은 첫째항이 20이고 공차가 -3인 등차수열이다. $a_na_{n+1}<0$을 만족시키는 n의 값은?

① 5   ② 6   ③ 7
④ 8   ⑤ 9

06

첫째항이 3이고 공차가 d인 등차수열 $\{a_n\}$에 대하여 $a_n=3d$를 만족시키는 n이 존재할 때, 자연수 d값의 합은?

① 3   ② 4   ③ 5
④ 6   ⑤ 7

code 2 **등차수열을 이루는 수**

07

이차방정식 $x^2-2x+k=0$의 두 근을 α, β라 하면 α, β, $\alpha+\beta$가 이 순서대로 등차수열을 이룬다. k의 값은?

① $\dfrac{2}{9}$ ② $\dfrac{1}{3}$ ③ $\dfrac{4}{9}$
④ $\dfrac{2}{3}$ ⑤ $\dfrac{8}{9}$

08

삼차방정식 $x^3+3x^2-6x-k=0$의 세 근이 등차수열을 이룰 때, k의 값을 구하시오.

code 3 등차수열의 합

09

등차수열 $\{a_n\}$의 공차가 3이고 $|a_4|=|a_8|$일 때, $a_1+a_2+a_3+\cdots+a_{20}$의 값은?

① 135   ② 250   ③ 270
④ 500   ⑤ 540

10

수열 $\{a_n\}$은 $a_5=22$, $a_{10}=42$인 등차수열이다.
$a_1+a_2+a_3+\cdots+a_k=286$일 때, k의 값을 구하시오.

11

3과 15 사이에 n개의 수를 넣어 만든 등차수열
3, a_1, a_2, $\cdots$, a_n, 15의 합이 81일 때, n의 값은?

① 5   ② 6   ③ 7
④ 8   ⑤ 9

12

공차가 2인 등차수열 $\{a_n\}$에서
$$a_1+a_2+a_3+\cdots+a_{100}=2002$$
일 때, 짝수 번째 항들의 합 $a_2+a_4+a_6+\cdots+a_{100}$의 값은?

① 1026   ② 1050   ③ 1051
④ 2027   ⑤ 2051

13

등차수열 $\{a_n\}$에서 $a_1=6$, $a_{10}=-12$일 때,
$|a_1|+|a_2|+|a_3|+\cdots+|a_{20}|$의 값은?

① 280   ② 284   ③ 288
④ 292   ⑤ 296

14

수열 $\{a_n\}$, $\{b_n\}$이
$$a_n=2n-11, \quad b_n=\frac{1}{2}n+1 \ (n=1, 2, 3, \cdots)$$
로 정의되어 있다. 두 수열 $\{a_n\}$, $\{b_n\}$의 첫째항부터 제m항까지의 합이 같을 때, m의 값을 구하시오.

code 4 등차수열 합의 최대·최소

15

등차수열 $\{a_n\}$에서 $a_3=26$, $a_9=8$이다. 첫째항부터 제n항까지의 합이 최대일 때, n의 값은?

① 11   ② 12   ③ 13
④ 14   ⑤ 15

16

등차수열 $\{a_n\}$의 첫째항부터 제5항까지의 합이 45, 첫째항부터 제10항까지의 합이 -10이다. 수열 $\{a_n\}$의 첫째항부터 제n항까지의 합을 S_n이라 할 때, S_n의 최댓값을 구하시오.

code 5 | 등비수열

17

등비수열 $\{a_n\}$은 첫째항이 양수이고

$$a_1 = 4a_3, \quad a_2 + a_3 = -12$$

이다. a_5의 값은?

① 3   ② 4   ③ 5

④ 6   ⑤ 7

18

$\{a_n\}$이 등비수열이고 $\dfrac{a_3}{a_2} - \dfrac{a_6}{a_4} = \dfrac{1}{4}$일 때, $\dfrac{a_5}{a_9}$의 값을 구하시오.

19

$\{a_n\}$이 등비수열이다. $a_7 = 12$, $\dfrac{a_6 a_{10}}{a_5} = 36$일 때, a_{15}의 값은?

① 27   ② 36   ③ $27\sqrt{3}$

④ $36\sqrt{3}$ ⑤ 108

20

수열 $\{a_n\}$에서 $a_1 = 2$이고

$$\log_2 a_{n+1} = 1 + \log_2 a_n \ (n = 1, 2, 3, \cdots)$$

이 성립한다. $a_1 \times a_2 \times a_3 \times \cdots \times a_{10} = 2^k$일 때, 실수 k의 값은?

① 39   ② 43   ③ 47

④ 51   ⑤ 55

code 6 | 등비수열을 이루는 수

21

세 수 $\log_2 4$, $\log_2 8$, $\log_2 x$가 이 순서대로 등비수열을 이룰 때, x의 값은?

① 16   ② $16\sqrt{2}$ ③ 32

④ $32\sqrt{2}$ ⑤ 64

22

다항식 $x^2 - ax + 2a$를 $x-1$, $x-2$, $x-3$으로 나눈 나머지를 각각 p, q, r라 하자. p, q, r가 이 순서대로 등비수열을 이룰 때, 실수 a값의 합은?

① 6   ② 7   ③ 8

④ 9   ⑤ 10

23

자연수 a, b, n에 대하여 세 수 a^n, $2^4 \times 3^6$, b^n이 이 순서대로 등비수열을 이룰 때, ab의 최솟값을 구하시오.

24

공차가 6인 등차수열 $\{a_n\}$에 대하여 세 항 a_2, a_k, a_8은 이 순서대로 등차수열을 이루고, 세 항 a_1, a_2, a_k는 이 순서대로 등비수열을 이룬다. $k + a_1$의 값은?

① 7   ② 8   ③ 9

④ 10   ⑤ 11

25

$\{a_n\}$은 등차수열이고, $a_4-a_6=6$이다. 세 수 a_7, a_5, a_9가 이 순서대로 등비수열을 이룰 때, $a_n>0$을 만족시키는 자연수 n의 최댓값은?

① 5　　　　　② 6　　　　　③ 7
④ 8　　　　　⑤ 9

---

code 7 | **등비수열의 합**

26

첫째항이 a, 공비가 2인 등비수열의 첫째항부터 제6항까지의 합이 21일 때, a의 값은?

① $\dfrac{1}{5}$　　　② $\dfrac{1}{4}$　　　③ $\dfrac{1}{3}$

④ $\dfrac{1}{2}$　　　⑤ 1

27

다항식 $x^8+x^7+\cdots+x^2+x+1$을 $x+2$로 나눈 나머지는?

① 168　　　② 169　　　③ 170
④ 171　　　⑤ 172

28

수열 $\{a_n\}$의 일반항이 $a_n=2^n+(-1)^n$일 때, $a_1+a_2+a_3+\cdots+a_{19}$의 값은?

① $2^{20}-3$　　　② $2^{20}-1$　　　③ 2^{20}
④ $2^{20}+1$　　　⑤ $2^{20}+3$

29

수열 $\dfrac{2}{3}$, $\dfrac{2}{9}$, $\dfrac{2}{27}$, $\dfrac{2}{81}$, $\cdots$의 첫째항부터 제n항까지의 합을 S_n이라 할 때, $|S_n-1|<0.01$을 만족시키는 자연수 n의 최솟값은?

① 4　　　　　② 5　　　　　③ 6
④ 7　　　　　⑤ 8

30

첫째항부터 제n항까지의 합이 48, 첫째항부터 제$2n$항까지의 합이 60인 등비수열의 첫째항부터 제$3n$항까지의 합은?

① 63　　　　② 70　　　　③ 72
④ 76　　　　⑤ 80

31

$\{a_n\}$은 첫째항이 1인 등비수열이다.
$$a_2+a_4+\cdots+a_{2k}=-170$$
$$a_1+a_3+\cdots+a_{2k-1}=85$$
일 때, 자연수 k의 값은?

① 4　　　　　② 5　　　　　③ 6
④ 7　　　　　⑤ 8

32

$\{a_n\}$은 등비수열이고
$$a_1+a_2+a_3+\cdots+a_{10}=12$$
$$\frac{1}{a_1}+\frac{1}{a_2}+\frac{1}{a_3}+\cdots+\frac{1}{a_{10}}=3$$
일 때, $a_1\times a_2\times a_3\times\cdots\times a_{10}$의 값은?

① 2^9　　　　② 2^{10}　　　③ 2^{11}
④ 3×2^{10}　　　⑤ 3×2^{11}

code 8 등비수열의 활용 - 원리합계

33

연이율이 10 %이고 1년마다 복리로 매년 말에 5만 원씩 20년 동안 적립할 때, 20년 말까지 적립금의 원리합계는?
(단, $1.1^{20}=6.7$로 계산한다.)

① 100만 원   ② 158만 원   ③ 258만 원
④ 285만 원   ⑤ 300만 원

34

이달 초에 360만 원짜리 가전제품을 구입하고 이달 말부터 매월 말에 일정한 금액을 12번에 걸쳐 지불하려고 한다. 월이율 0.5 %의 복리로 계산할 때, 매월 말에 지불해야 할 금액은? (단, $1.005^{12}=1.06$으로 계산한다.)

① 159000원   ② 189000원   ③ 276000원
④ 318000원   ⑤ 636000원

code 9 수열의 합과 일반항 사이의 관계

35

수열 $\{a_n\}$의 첫째항부터 제n항까지의 합 S_n이 $S_n=n+2^n$일 때, a_6의 값은?

① 31   ② 33   ③ 35
④ 37   ⑤ 39

36

수열 $\{a_n\}$의 첫째항부터 제n항까지의 합 S_n이 다항식 x^2+x-3을 $x-2n$으로 나눈 나머지일 때, a_1+a_4의 값은?

① 3   ② 6   ③ 30
④ 33   ⑤ 36

37

등비수열 $\{a_n\}$의 첫째항부터 제n항까지의 합이 $-27 \times 6^{n-2}+k$일 때, k의 값은?

① $-\dfrac{1}{4}$ ② 0   ③ $\dfrac{3}{4}$
④ $\dfrac{9}{4}$ ⑤ $\dfrac{15}{4}$

code 10 등차·등비수열과 도형

38

그림과 같이 두 직선 $y=x$, $y=a(x-1)$ $(a>1)$의 교점에서 오른쪽 방향으로 y축에 평행한 선분 14개를 같은 간격으로 그었다. 가장 짧은 선분의 길이는 3이고 가장 긴 선분의 길이는 42일 때, 선분 14개의 길이의 합을 구하시오.
(단, 각 선분의 양 끝점은 두 직선 위에 있다.)

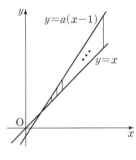

39

하나의 검은색 정삼각형에 대하여 그림과 같이 각 변의 중점을 연결하고 그중 가운데 삼각형을 제거하는 시행을 한다.

⟨0단계⟩   ⟨1단계⟩   ⟨2단계⟩

⟨n단계⟩에서 검은색 삼각형들의 넓이의 합을 a_n이라 할 때, $a_1+a_2+a_3+ \cdots +a_{10}$의 값은?
(단, ⟨0단계⟩ 검은색 삼각형의 넓이는 1이다.)

① $3-\dfrac{3^{10}}{2^{20}}$ ② $3-\dfrac{3^{11}}{2^{20}}$ ③ $3-\dfrac{3^{12}}{2^{20}}$
④ $4-\dfrac{3^{10}}{2^{20}}$ ⑤ $4-\dfrac{3^{11}}{2^{20}}$

01

수열 $\{a_n\}$, $\{b_n\}$의 일반항은 다음과 같다.

$$a_n=2n+1, \quad b_n=3n+3 \ (n=1, 2, 3, \cdots)$$

$\{a_n\}$, $\{b_n\}$에서 공통인 항을 작은 것부터 순서대로 나열한 수열을 $\{c_n\}$이라 할 때, c_{30}의 값을 구하시오.

02

1부터 99까지의 홀수 중 서로 다른 10개를 택하여 그들의 합을 S라 하자. 이러한 S의 값 중 서로 다른 것을 작은 수부터 차례로 a_1, a_2, a_3, $\cdots$ 이라 할 때, a_{100}의 값은?

① 268   ② 278   ③ 288

④ 298   ⑤ 308

03 신유형

첫째항이 1이고 공차가 d $(0<d<1)$인 등차수열 중 다음 조건을 만족시키는 것의 개수는?

> (가) 제2항부터 제9항까지의 모든 항은 정수가 아니다.
> (나) 제10항은 정수이다.

① 5   ② 6   ③ 7

④ 8   ⑤ 9

04

서로 다른 세 실수 a, b, c가 이 순서대로 등차수열을 이루고, 삼차방정식 $3ax^3-9bx^2+11cx-18a=0$의 세 근이 a, b, c일 때, $a^2+b^2+c^2$의 값을 구하시오.

05 개념 통합

a, b, c는 1이 아닌 양수이고 x, y, z는 다음 조건을 만족시킨다.

> (가) x, y, z는 이 순서대로 등차수열을 이룬다.
> (나) $a^{\frac{1}{x}}=b^{\frac{1}{y}}=c^{\frac{1}{z}}$

이때 $\dfrac{a+9c}{b}$의 최솟값은?

① $\dfrac{1}{3}$ ② 1   ③ 2

④ 3   ⑤ 6

06

a_1, a_2, a_3, $\cdots$, a_n은 이 순서대로 등차수열을 이루고 다음 조건을 만족시킨다.

> (가) 처음 4개 항의 합은 26이다.
> (나) 마지막 4개 항의 합은 134이다.
> (다) $a_1+a_2+a_3+\cdots+a_n=260$

이때 n의 값을 구하시오.

07

첫째항이 a인 등차수열 $\{a_k\}$가 모든 자연수 m, n에 대하여
$a_m + a_n = a_{m+n}$을 만족시킨다.
$a_2 + a_4 + a_6 + \cdots + a_{18} + a_{20} = p \times a$라 할 때, 상수 p의 값은?
(단, $a \neq 0$인 실수이다.)

① 108
② 110
③ 112
④ 114
⑤ 116

08

$\{a_n\}$은 첫째항이 30이고 공차가 $-d$인 등차수열이다.
$$a_m + a_{m+1} + a_{m+2} + \cdots + a_{m+k} = 0$$
을 만족시키는 자연수 m, k가 존재할 때, 자연수 d의 개수는?

① 11
② 12
③ 13
④ 14
⑤ 15

09

수열 $\{a_n\}$은 첫째항이 양수인 등비수열이고
$$a_5 + a_7 + a_9 = 64, \quad \frac{1}{a_5} + \frac{1}{a_7} + \frac{1}{a_9} = \frac{1}{4}$$
이다. 이때 $a_4 a_7 a_{10}$의 값은?

① 2^4
② 2^6
③ 2^8
④ 2^{10}
⑤ 2^{12}

10 번뜩 아이디어

수열 $\{a_n\}$의 첫째항부터 제n항까지의 합을 S_n이라 하자. 수열 $\{S_{2n-1}\}$은 공차가 2인 등차수열이고, 수열 $\{S_{2n}\}$은 공차가 4인 등차수열이다. $a_4 = 1$일 때, a_{20}의 값을 구하시오.

11

두 양수 a, b가 다음 조건을 만족시킨다.

> (가) 세 수 $\log a$, $\log 3b$, $\log 2$는 이 순서대로 등차수열을 이룬다.
> (나) 세 수 2, 2^{2a}, 2^{3b}은 이 순서대로 등비수열을 이룬다.

이때 a, b의 값을 구하시오.

12

x가 양의 실수이고 $x - [x]$, $[x]$, x가 이 순서대로 등비수열을 이룰 때, $x - [x]$의 값은?
(단, $[x]$는 x보다 크지 않은 최대의 정수이다.)

① $\dfrac{-1+\sqrt{2}}{2}$
② $\dfrac{-1+\sqrt{3}}{2}$
③ $\dfrac{1}{2}$
④ $\dfrac{-1+\sqrt{5}}{2}$
⑤ $\dfrac{-1+\sqrt{6}}{2}$

13

$(\log_2 x)^4 - 90(\log_2 x)^2 + a = 0$의 서로 다른 네 근을 α, β, γ, δ라 하자. α, β, γ, δ $(\alpha < \beta < \gamma < \delta)$가 이 순서대로 등비수열을 이룰 때, $\beta + \gamma$의 값은?

① $\dfrac{63}{8}$ ② 8 ③ $\dfrac{65}{8}$

④ $\dfrac{33}{4}$ ⑤ $\dfrac{67}{8}$

14

그림과 같이 한 변의 길이가 4인 정삼각형 ABC와 한 변의 길이가 r인 정삼각형 DEF를 겹쳐서 점 E가 변 BC 위에 오도록 정삼각형 GEC를 만들고, $\overline{EG} = \overline{GH}$인 점 H를 $\overline{DG}$ 위에 잡는다.

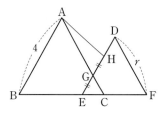

△GEC, △AGH, △DEF에서 각각의 넓이가 이 순서대로 공비가 r인 등비수열을 이룰 때, r의 값을 구하시오.

15

$\angle B = 90°$, $\overline{AC} = 6\sqrt{2}$인 직각이등변삼각형 ABC의 내부의 한 점 P에서 세 변 AB, BC, CA에 내린 수선의 발을 각각 D, E, F라 하자. $\overline{PD}$, $\overline{PF}$, $\overline{PE}$가 이 순서대로 등비수열을 이룰 때, 점 P가 나타내는 도형의 길이는?

① π ② 2π ③ 3π

④ $\dfrac{13}{4}\pi$ ⑤ 12π

16

수열 $\{a_n\}$, $\{b_n\}$이 다음 조건을 만족시킨다.

> (가) $a_1 = b_1 = 4$
> (나) 수열 $\{a_n\}$은 공차가 d인 등차수열이고,
>   수열 $\{b_n\}$은 공비가 d인 등비수열이다.

수열 $\{b_n\}$의 모든 항이 수열 $\{a_n\}$의 항일 때, 1보다 큰 자연수 d의 값을 모두 구하시오.

17 개념 통합

다항식 $x^{10} - x^9 + x^8 - x^7 + \cdots + x^2 - x + 2$를 $x - 1$로 나눈 몫을 $f(x)$라 할 때, $f(x)$를 $x - 3$으로 나눈 나머지는?

① $\dfrac{3}{8}(3^{10} - 1)$ ② $\dfrac{3}{8}(3^{10} + 1)$ ③ $\dfrac{3}{4}(3^{10} - 1)$

④ $\dfrac{3}{4}(3^{10} + 1)$ ⑤ $3^{10} - 1$

18

등비수열 $\{a_n\}$의 공비는 2의 세제곱근 중 실수이다. $a_4 + a_5 + a_6 = 6$일 때, 첫째항부터 제21항까지의 합은?

① 127 ② 128 ③ 243

④ 381 ⑤ 384

19 개념 통합

모든 항이 양수인 등비수열 $\{a_n\}$에 대하여 수열 $\{b_n\}$을
$$b_n=\log_3 a_n \ (n=1, 2, 3, \cdots)$$
으로 정의한다.

(가) $b_1+b_3+b_5+ \cdots +b_{15}+b_{17}=-27$
(나) $b_2+b_4+b_6+ \cdots +b_{16}+b_{18}=-36$

$\{b_n\}$이 위의 조건을 만족시킬 때, a_{11}의 값은?

① $\dfrac{1}{3^3}$ ② $\dfrac{1}{3^4}$ ③ $\dfrac{1}{3^5}$

④ $\dfrac{1}{3^6}$ ⑤ $\dfrac{1}{3^7}$

20

신입사원 남준이는 자동차를 사기 위해 매월 초에 100만 원씩 2년간 저금하기로 하였다. 2년째 말에 저금한 돈을 모두 찾아서 자동차를 샀더니 자동차를 사고 200만 원이 남았다. 자동차의 가격은 얼마인가?
(단, 월이율은 2 % 복리이며, $1.02^{24}=1.6$으로 계산한다.)

① 2860만 원 ② 2960만 원 ③ 3060만 원
④ 3160만 원 ⑤ 3260만 원

21

어떤 사람이 2001년 1월 1일에 100만 원을 적립하고, 그 후 매년 1월 1일마다 전년도 적립금보다 2 %를 늘려 증액하여 적립하기로 하였다. 연이율은 2 %이고 1년마다 복리로 계산할 때, 2020년 마지막 날 적립금의 원리합계는?
(단, $1.02^{20}=1.49$로 계산한다.)

① 2450만 원 ② 2499만 원 ③ 2950만 원
④ 2980만 원 ⑤ 3180만 원

22

수지는 20 km 마라톤에 도전하였다. 처음 10 km 구간은 20 km/h의 속력으로 일정하게 달렸으나, 이후 체력이 떨어져 1 km를 달리는 데 걸리는 시간이 바로 전 1 km를 달리는 데 걸리는 시간보다 10 %씩 증가하였다. 수지가 전 구간을 완주하는 데 걸린 시간을 구하시오.
(단, $1.1^{10}=3$으로 계산한다.)

23

그림과 같이 $\overline{AC}=15$, $\overline{BC}=20$, $\angle C=90°$인 직각삼각형 ABC가 있다. 변 AB를 25등분하는 점 P_1, P_2, $\cdots$, P_{24}를 지나고 변 AB에 수직인 직선을

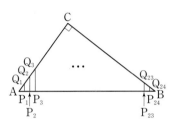

그어 변 AC 또는 변 CB와 만나는 점을 각각 Q_1, Q_2, $\cdots$, Q_{24}라 할 때, $\overline{P_1Q_1}+\overline{P_2Q_2}+\overline{P_3Q_3}+ \cdots +\overline{P_{24}Q_{24}}$의 값을 구하시오.

24

그림과 같이 직선 $y=\dfrac{1}{2}x$ 위의 점 $B(a_n, b_n)$과 세 점 $A(a_n, 0)$, $C(a_{n+1}, b_n)$, $D(a_{n+1}, 0)$으로 만든 정사각형의 넓이를 T_n이라 하자.

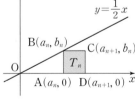

$a_1=1$일 때,
$T_1+T_2+T_3+ \cdots +T_{10}$의 값은?

① $1-\left(\dfrac{1}{2}\right)^{10}$ ② $\dfrac{1}{2}\left\{\left(\dfrac{3}{2}\right)^{10}-1\right\}$

③ $\dfrac{1}{5}\left\{\left(\dfrac{4}{3}\right)^{10}-1\right\}$ ④ $\dfrac{1}{5}\left\{\left(\dfrac{9}{4}\right)^{10}-1\right\}$

⑤ $\dfrac{2}{5}\left\{\left(\dfrac{9}{2}\right)^{10}-1\right\}$

01

등차수열 $\{a_n\}$, $\{b_n\}$의 첫째항부터 제n항까지의 합을 각각 A_n, B_n이라 하자.

$$A_n : B_n = (3n+6) : (7n+2)$$

일 때, $a_7 : b_7$은?

① $5:17$ ② $15:31$ ③ $17:9$

④ $31:15$ ⑤ $49:50$

02

첫째항이 60인 등차수열 $\{a_n\}$에 대하여

$$T_n = |a_1 + a_2 + a_3 + \cdots + a_n|$$

이라 하자. $T_{19} < T_{20}$이고 $T_{20} = T_{21}$일 때, $T_n > T_{n+1}$을 만족시키는 n의 최솟값과 최댓값의 합을 구하시오.

03

모래시계 A, B, C에 들어 있는 모래의 양은 각각 3^a, 9^b, 27^c이고 매 초당 모래가 위에서 아래로 일정하게 떨어지는 양은 각각 a, b, c이다. a, b, c는 이 순서대로 등비수열을 이루고, 3^a, 9^b, 27^c도 이 순서대로 등비수열을 이루며, 두 수열의 공비는 같다. 모래시계 A, B, C로 잴 수 있는 시간(초)을 각각 t_A, t_B, t_C라 할 때, $t_A + t_B + t_C$의 값을 구하시오. (단, 모래가 다 떨어진 후 뒤집지 않는다.)

04 신유형

삼차방정식 $x^3 + px^2 + qx + 8 = 0$은 서로 다른 세 실근을 갖고, 세 실근을 적당히 나열하면 등비수열을 이룬다. 또 세 실근을 크기 순서대로 나열하면 등차수열을 이룬다. 실수 p, q의 값을 구하시오.

08. 수열의 합과 수학적 귀납법

1 ∑의 정의

합을 ∑를 이용하여 나타내면 일반항을 같이 표현할 수 있다.

(1) 수열 $\{a_n\}$에서 제1항에서 제n항까지 합은 기호 ∑(시그마)를 이용하여 다음과 같이 나타낸다.

$$\sum_{k=1}^{n} a_k = a_1 + a_2 + a_3 + \cdots + a_n$$

곱은 성립하지 않는다. 곧,
$$\sum_{k=1}^{n}(a_k b_k) \neq \left(\sum_{k=1}^{n} a_k\right)\left(\sum_{k=1}^{n} b_k\right)$$

$$\begin{array}{c} \overset{n \leftarrow k\text{가 } n\text{까지}}{\underset{k=m}{\sum}} a_k \\ \underset{k\text{가 } m\text{부터}}{} \\ a_k\text{를 모두 더한다.} \end{array}$$

(2) ∑의 성질

① $\displaystyle\sum_{k=1}^{n}(a_k \pm b_k) = \sum_{k=1}^{n} a_k \pm \sum_{k=1}^{n} b_k$

② $\displaystyle\sum_{k=1}^{n} ca_k = c\sum_{k=1}^{n} a_k$, $\displaystyle\sum_{k=1}^{n} c = cn$ (단, c는 상수)

(3) ∑의 계산

① $\displaystyle\sum_{k=1}^{n} k = \frac{n(n+1)}{2}$ ② $\displaystyle\sum_{k=1}^{n} k^2 = \frac{n(n+1)(2n+1)}{6}$ ③ $\displaystyle\sum_{k=1}^{n} k^3 = \left\{\frac{n(n+1)}{2}\right\}^2$

2 수열의 합의 계산

(1) 일반항 a_k를 구한 다음 $\displaystyle\sum_{k=1}^{n} a_k$에서 $\displaystyle\sum_{k=1}^{n} k$, $\displaystyle\sum_{k=1}^{n} k^2$, $\displaystyle\sum_{k=1}^{n} k^3$을 이용하여 계산한다.

앞에 남는 항과 뒤에 남는 항의 개수가 같다.

(2) 분수 꼴인 수열의 합은 a_k를
$$\frac{1}{AB} = \frac{1}{B-A}\left(\frac{1}{A} - \frac{1}{B}\right) \text{ (단, } A \neq B\text{)}$$
을 이용하여 정리한 다음, 처음 몇 항을 나열하여 소거되는 규칙을 찾는다.

(3) 분모에 근호가 있는 수열의 합은 a_k를 유리화한 다음, 처음 몇 항을 나열하여 소거되는 규칙을 찾는다.

(4) 몇 항씩 묶어 규칙이 있는 군으로 나눈 수열을 **군수열**이라 한다.
군수열은 규칙을 찾아 군으로 묶고, n군의 첫째항과 n군까지 항의 개수부터 구한다.

3 수열의 귀납적 정의

귀납적 정의가 주어진 경우 $n=1, 2, 3, 4, \cdots$를 대입하면 $a_1, a_2, a_3, a_4, \cdots$를 구할 수 있다.

(1) 처음 몇 개 항과 이웃하는 몇 개 항 사이의 관계식으로 수열을 정의하는 것을 수열의 **귀납적 정의**라 한다.

(2) 등차수열, 등비수열의 귀납적 정의

① a_1, $a_{n+1} = a_n + d$ ⇨ 첫째항이 a_1, 공차가 d인 등차수열

② a_1, $a_{n+1} = ra_n$ ⇨ 첫째항이 a_1, 공비가 r인 등비수열

다음은 ③, ④와 같은 식이다.
③ $a_{n+2} - a_{n+1} = a_{n+1} - a_n$
④ $\dfrac{a_{n+2}}{a_{n+1}} = \dfrac{a_{n+1}}{a_n}$

③ a_1, a_2, $2a_{n+1} = a_n + a_{n+2}$ ⇨ 첫째항이 a_1, 공차가 $a_2 - a_1$인 등차수열

④ a_1, a_2, $a_{n+1}^2 = a_n a_{n+2}$ ⇨ 첫째항이 a_1, 공비가 $a_2 \div a_1$인 등비수열

(3) $a_{n+1} - a_n = f(n)$ 꼴
n에 1, 2, 3, $\cdots$, $n-1$을 대입하고 변변 더하면 a_n을 구할 수 있다.

(4) $a_{n+1} \div a_n = f(n)$ 꼴
n에 1, 2, 3, $\cdots$, $n-1$을 대입하고 변변 곱하면 a_n을 구할 수 있다.

4 수학적 귀납법

$p(1)$이 참이면 $p(2)$가 참,
$p(2)$가 참이면 $p(3)$이 참,
$p(3)$이 참이면 $p(4)$가 참,
⋮
따라서 모든 자연수 n에 대하여 명제 $p(n)$이 참이다.

(1) 자연수 n에 대한 명제 $p(n)$에 대하여

① $p(1)$이 참이다.

② $p(k)$가 참이면 $p(k+1)$이 참이다.

위의 두 가지를 보이면 $p(n)$이 참이라 할 수 있다.

이와 같은 증명법을 **수학적 귀납법**이라 한다.

(2) 자연수에 대한 성질을 증명할 때에는 수학적 귀납법이 편하다.

(3) $p(k)$가 성립한다고 가정하고 $p(k+1)$이 성립함을 증명한다.

code 1 $\sum$의 성질

01

함수 $f(x)$에서 $f(2)=-2$, $f(20)=20$일 때,

$\sum_{k=1}^{18} f(k+2) - \sum_{k=3}^{20} f(k-1)$의 값은?

① 30   ② 28   ③ 26

④ 24   ⑤ 22

02

수열 $\{a_n\}$, $\{b_n\}$에 대하여

$$\sum_{k=1}^{12} (a_k+b_k)^2 = 200, \quad \sum_{k=1}^{12} a_k b_k = 40$$

일 때, $\sum_{k=1}^{12} (a_k^2 + b_k^2 - 10)$의 값은?

① 0   ② 10   ③ 20

④ 30   ⑤ 40

03

$\sum_{k=1}^{10} \dfrac{k^3}{k^2-k+1} + \sum_{k=2}^{10} \dfrac{1}{k^2-k+1}$의 값은?

① 62   ② 64   ③ 66

④ 68   ⑤ 70

04

수열 $\{a_n\}$에 대하여

$$\sum_{k=1}^{10} (a_k+1)^2 = 28, \quad \sum_{k=1}^{10} a_k(a_k+1) = 16$$

일 때, $\sum_{k=1}^{10} a_k^2$의 값을 구하시오.

code 2 자연수의 거듭제곱의 합

05

$\sum_{i=1}^{10} \left(\sum_{j=1}^{i} \dfrac{j}{i} \right)$의 값은?

① $\dfrac{65}{2}$ ② 33   ③ $\dfrac{67}{2}$

④ 34   ⑤ $\dfrac{69}{2}$

06

이차방정식 $x^2-x-3=0$의 두 근을 α, β라 할 때,

$\sum_{k=1}^{10} (k-\alpha)(k-\beta)$의 값은?

① 330   ② 320   ③ 310

④ 300   ⑤ 290

07

x에 대한 이차방정식 $x^2-nx+n+1=0$의 두 근을 α_n, β_n이라 할 때, $\sum_{k=1}^{n} (\alpha_k^2 + \beta_k^2)$의 값은?

① $\dfrac{n}{6}(2n^2-3n-17)$ ② $\dfrac{n}{6}(2n^2-3n+17)$

③ $\dfrac{n}{6}(2n^2+3n-17)$ ④ $\dfrac{n}{6}(2n^2+3n+17)$

⑤ $\dfrac{n}{3}(n-2)(n-4)$

08

$f(a) = \sum_{k=1}^{6} (k-a)^2$이라 하면 $f(a)$는 $a=p$에서 최솟값 q를 갖는다. p, q의 값을 구하시오.

code 3 분수 꼴인 수열의 합

09

$\sum\limits_{k=1}^{n} \dfrac{16}{k(k+1)} = 15$일 때, n의 값은?

① 13   ② 14   ③ 15
④ 16   ⑤ 17

10

수열 $\{a_n\}$의 첫째항부터 제n항까지의 합이 $S_n = n^2$일 때, $\sum\limits_{k=1}^{100} \dfrac{1}{a_k a_{k+1}}$의 값을 구하시오.

11

$\sum\limits_{k=1}^{48} \dfrac{1}{\sqrt{k} + \sqrt{k+2}}$의 값은?

① $1 + \sqrt{2}$ ② $3 - 2\sqrt{2}$ ③ $3 + 2\sqrt{2}$
④ $6 - 4\sqrt{2}$ ⑤ $6 + 4\sqrt{2}$

code 4 a_n을 구하는 문제

12

수열 $\{a_n\}$은 다음과 같이 3으로 나누어떨어지지 않는 자연수를 작은 수부터 차례로 나열한 것이다.

$$\{a_n\} : 1, 2, 4, 5, 7, 8, \cdots$$

이때 $\sum\limits_{k=1}^{30} a_k$의 값은?

① 675   ② 685   ③ 695
④ 705   ⑤ 715

13

자연수 n에 대하여 x에 대한 이차부등식
$$x^2 - 5 \times 2^{n-1} x + 4^n \leq 0$$
을 만족시키는 정수해의 개수를 a_n이라 할 때, $\sum\limits_{n=1}^{7} a_n$의 값은?

① 70   ② 134   ③ 196
④ 388   ⑤ 772

14

수열 $\{a_n\}$의 각 항은 0, 1, 2 중 하나이다.
$\sum\limits_{k=1}^{20} a_k = 21$, $\sum\limits_{k=1}^{20} a_k^2 = 37$일 때, $\sum\limits_{k=1}^{20} a_k^3$의 값을 구하시오.

15

2 이상의 자연수 n에 대하여 $2n+1$의 n제곱근 중 실수인 것의 개수를 $f(n)$이라 하자. $\sum\limits_{k=2}^{m} f(k) = 92$일 때, m의 값은?

① 31   ② 32   ③ 61
④ 62   ⑤ 91

code 5 군수열

16

다음 수열에서 $\dfrac{5}{9}$는 제몇 항인가?

$$1, \ \frac{1}{2}, \ \frac{2}{1}, \ \frac{1}{3}, \ \frac{2}{2}, \ \frac{3}{1}, \ \frac{1}{4}, \ \frac{2}{3}, \ \frac{3}{2}, \ \frac{4}{1}, \ \cdots$$

① 제83항   ② 제87항   ③ 제92항
④ 제96항   ⑤ 제101항

17

다음과 같이 각 항이 짝수인 수열이 있다.

    2, 2, 4, 2, 4, 6, 2, 4, 6, 8, $\cdots$

제 p 항에서 20이 처음으로 나올 때, 첫째항부터 제 p 항까지의 합은?

① 420   ② 440   ③ 460

④ 480   ⑤ 500

---

code 6 도형에서 $\sum$ 의 계산

18

그림과 같이 좌표평면에서 직선 $x=k$ 가 곡선 $y=2^x+4$ 와 만나는 점을 A_k 라 하고, 직선 $x=k+1$ 이 직선 $y=x$ 와 만나는 점을 B_{k+1} 이라 하자. 각 변은 x 축 또는 y 축에 평행하고 대각선이 선분 A_kB_{k+1} 인 직사각형의 넓이를 S_k 라 할 때, $\sum\limits_{k=1}^{8} S_k$ 의 값은?

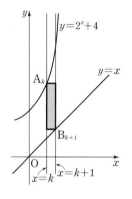

① 494   ② 496

③ 498   ④ 500

⑤ 502

19

그림과 같이 $x=2$ 부터 $x=4$ 까지 일정한 간격으로 y 축에 평행한 직선을 n 개 긋고, 두 곡선 $y=x^2$, $y=(x-2)^2$ 으로 잘려진 선분의 길이를 각각 l_1, l_2, $\cdots$, l_n 이라 할 때, $\sum\limits_{k=1}^{n} l_k$ 의 값을 구하시오. (단, $n>1$)

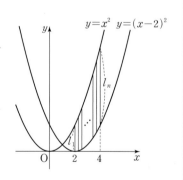

20

그림과 같이 직선 $x=n$ 이 곡선 $y=\sqrt{2x-1}$ 및 x 축과 만나는 점을 각각 A_n, B_n 이라 할 때, 사각형 $A_nB_nB_{n+1}A_{n+1}$ 의 넓이를 S_n 이라 하자. $\sum\limits_{n=1}^{40} \dfrac{1}{S_n}$ 의 값을 구하시오.

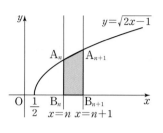

---

code 7 $a_n=S_n-S_{n-1}$ 을 이용하는 문제

21

$\sum\limits_{k=1}^{n} a_k=2n^2-3n+1$ 일 때, $\sum\limits_{k=1}^{10} a_{2k}$ 의 값은?

① 390   ② 400   ③ 410

④ 420   ⑤ 430

22

수열 $\{a_n\}$ 에 대하여 $\sum\limits_{k=1}^{n} \dfrac{a_k}{k+1}=n^2+n$ 일 때, $\sum\limits_{n=1}^{20} \dfrac{1}{a_n}$ 의 값을 구하시오.

23

첫째항이 2, 공차가 4인 등차수열 $\{a_n\}$ 과 수열 $\{b_n\}$ 에 대하여

$$\sum\limits_{k=1}^{n} a_kb_k=4n^3+3n^2-n$$

일 때, b_5 의 값을 구하시오.

code 8 수열의 귀납적 정의

24

수열 $\{a_n\}$은 $a_1=2$이고, 모든 자연수 n에 대하여

$$a_{n+1}=\begin{cases} a_n-1 & (a_n\text{이 짝수인 경우}) \\ a_n+n & (a_n\text{이 홀수인 경우}) \end{cases}$$

이다. a_7의 값은?

① 7   ② 9   ③ 11

④ 13   ⑤ 15

25

수열 $\{a_n\}$을

$$\begin{cases} a_1=1 \\ a_{n+1}=a_n+(-1)^n\times n \ (n=1, 2, 3, \cdots) \end{cases}$$

으로 정의할 때, $a_{20}+a_{21}$의 값은?

① -9 ② -2 ③ 2

④ 9   ⑤ 11

26

수열 $\{a_n\}$에서

$$\begin{cases} a_2=3a_1 \\ a_{n+2}-2a_{n+1}+a_n=0 \ (n=1, 2, 3, \cdots) \end{cases}$$

이다. $a_{10}=76$일 때, a_5의 값은?

① 3   ② 6   ③ 16

④ 26   ⑤ 36

27

수열 $\{a_n\}$에서

$$\begin{cases} a_1=3 \\ \log_3 a_{n+1}=1+\log_3 a_n \ (n=1, 2, 3, \cdots) \end{cases}$$

이다. $a_1\times a_2\times a_3\times\cdots\times a_7=3^k$일 때, k의 값은?

① 28   ② 29   ③ 30

④ 31   ⑤ 32

28

수열 $\{a_n\}$을

$$\begin{cases} a_1=1 \\ a_n=\left(1-\dfrac{1}{n^2}\right)a_{n-1} \ (n=2, 3, 4, \cdots) \end{cases}$$

로 정의하자. $a_k=\dfrac{19}{36}$일 때, k의 값은?

① 17   ② 18   ③ 19

④ 20   ⑤ 21

29

수열 $\{a_n\}$을

$$a_1=2, \ a_{n+1}=a_n+n+1 \ (n=1, 2, 3, \cdots)$$

로 정의하자. $a_k=56$일 때, k의 값은?

① 9   ② 10   ③ 11

④ 12   ⑤ 13

30

첫째항이 2인 수열 $\{a_n\}$이 다음 조건을 만족시킨다.

> (가) 모든 자연수 n에 대하여 $a_{n+7}=a_n$이다.
> (나) 6 이하의 자연수 n에 대하여 $a_{n+1}=2a_n-1$이다.

a_{60}의 값은?

① 2   ② 3   ③ 5

④ 9   ⑤ 17

31

모든 항이 양수인 수열 $\{a_n\}$이 다음 조건을 만족시킬 때, a_{10}의 값을 구하시오.

> (가) $a_1=2$
> (나) 이차방정식 $x^2-2\sqrt{a_n}x+a_{n+1}-3=0$이 중근을 갖는다.

code **9** 수학적 귀납법

32

다음은 모든 자연수 n에 대하여 $3^{2n+2}+8n-9$가 16의 배수임을 수학적 귀납법으로 증명한 것이다.

(i) $n=1$일 때

$$3^{2\times1+2}+8\times1-9=\boxed{\text{(가)}}$$

이므로 16의 배수이다.

(ii) $n=k$일 때 $3^{2k+2}+8k-9$가 16의 배수라 가정하면

$$3^{2k+2}+8k-9=16l \ (l\text{은 자연수})$$

로 놓을 수 있다.

$$3^{2(k+1)+2}+8(\boxed{\text{(나)}})-9=3^{2k+4}+\boxed{\text{(다)}}$$
$$=16(9l+\boxed{\text{(라)}})$$

이므로 $n=\boxed{\text{(나)}}$일 때도 $3^{2n+2}+8n-9$는

16의 배수이다.

(i), (ii)에 의하여 모든 자연수 n에 대하여

$3^{2n+2}+8n-9$는 16의 배수이다.

위의 과정에서 (가)에 알맞은 수를 a, (나), (다), (라)에 알맞은 식을 각각 $f(k)$, $g(k)$, $h(k)$라 할 때, $a+f(1)+g(2)+h(3)$의 값은?

① 88   ② 89   ③ 90

④ 91   ⑤ 92

33

모든 자연수 n에 대하여 등식

$$1\times2+2\times3+\cdots+n(n+1)=\frac{n(n+1)(n+2)}{3}$$

이 성립함을 수학적 귀납법으로 증명하시오.

34

다음은 3 이상의 자연수 n에 대하여 부등식

$$n^{n+1}>(n+1)^n \qquad \cdots (*)$$

이 성립함을 수학적 귀납법으로 증명한 것이다.

(i) $n=3$일 때

(좌변)$=3^4=81$, (우변)$=4^3=64$

이므로 ($*$)이 성립한다.

(ii) $n=k \ (k\geq3)$일 때 ($*$)이 성립한다고 가정하면

$$k^{k+1}>(k+1)^k$$

이때

$$(k+1)^{k+2}=\frac{(k+1)^{k+2}}{k^{k+1}}\times\boxed{\text{(가)}}$$
$$>\frac{(k+1)^{k+2}}{k^{k+1}}\times(k+1)^k$$
$$=(\boxed{\text{(나)}})^{k+1}$$
$$>(k+2)^{k+1}$$

따라서 $n=k+1$일 때도 ($*$)이 성립한다.

(i), (ii)에 의하여 3 이상의 자연수 n에 대하여 부등식 ($*$)

이 성립한다.

위의 과정에서 (가), (나)에 알맞은 것은?

	(가)	(나)
①	k^{k-1}	$k+1+\dfrac{1}{k}$
②	k^{k-1}	$k+2+\dfrac{1}{k}$
③	k^{k+1}	$k+1+\dfrac{1}{k}$
④	k^{k+1}	$k+2+\dfrac{1}{k}$
⑤	k^{k+2}	$k+2+\dfrac{1}{k}$

01

n각형의 대각선 개수를 a_n $(n \geq 4)$이라 할 때, $\displaystyle\sum_{k=4}^{10} a_k$의 값은?

① 86   ② 98   ③ 112
④ 124   ⑤ 140

02 개념 통합

1000의 모든 양의 약수를 a_1, a_2, a_3, $\cdots$, a_{16}이라 할 때, $\displaystyle\sum_{k=1}^{16} \log a_k$의 값은?

① 16   ② 20   ③ 24
④ 28   ⑤ 32

03

x_1, x_2, x_3, $\cdots$, x_{30}은 -1, 1, 2의 값 중 어느 하나를 갖는다.

$$\sum_{i=1}^{30}(x_i + |x_i|) = 50, \quad \sum_{i=1}^{30}(x_i - 1)(x_i + 1) = 15$$

일 때, $6\displaystyle\sum_{i=1}^{30} x_i$의 값은?

① 15   ② 50   ③ 75
④ 90   ⑤ 100

04

자연수 n에 대한 식
$$1 \times (n-1) + 2^2 \times (n-2) + \cdots + (n-2)^2 \times 2 + (n-1)^2 \times 1$$
을 간단히 하면?

① $n(n+1)^2(n+2)$ ② $\dfrac{n^2(n-1)(n+1)}{12}$

③ $\dfrac{n^2(n-1)(n+1)}{3}$ ④ $\dfrac{n(n+1)^2(n+2)}{6}$

⑤ $\dfrac{n(n+1)^2(n+2)}{12}$

05

$\displaystyle\sum_{k=1}^{10} \sqrt{k(k+1)(k+2)(k+3)+1}$의 값을 구하시오.

06

자연수 n에 대하여 다항식 x^{2n}을 $x^2 - 9$로 나눈 나머지를 $a_n x + b_n$이라 할 때, $\displaystyle\sum_{k=1}^{10} b_k$의 값은?

① $\dfrac{9^{10}-1}{4}$ ② $\dfrac{9^{10}-1}{8}$ ③ $\dfrac{9(9^{10}-1)}{2}$

④ $\dfrac{9(9^{10}-1)}{4}$ ⑤ $\dfrac{9(9^{10}-1)}{8}$

07

수열 $\{a_n\}$이 $\sqrt{3^{a_n} \times \sqrt[5]{9^n}} = 3^5$을 만족시킬 때, $\sum\limits_{k=1}^{n} a_k$의 최댓값을 구하시오.

08 개념 통합

자연수 n에 대하여

$$\log_{(x-n)} (-x^2 + n^2 x - x + n^2)$$

이 정의되도록 하는 정수 x의 개수를 a_n이라 할 때, $\sum\limits_{n=1}^{10} a_n$의 값은?

① 310   ② 312   ③ 320
④ 322   ⑤ 330

09

이차함수 $f(x) = x^2 - \dfrac{50}{n(n+1)} x$가 $x = a_n$에서 최소일 때, $\sum\limits_{k=1}^{24} a_k$의 값을 구하시오.

10

첫째항이 1이고 공비가 r $(r > 1)$인 등비수열 $\{a_n\}$에 대하여 함수 $f(x) = \sum\limits_{n=1}^{17} |x - a_n|$은 $x = 16$에서 최솟값 m을 갖는다. rm의 값은?

① $15(30 + 31\sqrt{2})$ ② $15(31 + 30\sqrt{2})$
③ $15(31 - 15\sqrt{2})$ ④ $30(31 - 15\sqrt{2})$
⑤ $30(31 + 15\sqrt{2})$

11

자연수 n에 대하여

$$k \le \log_3 n < k+1 \ (k\text{는 정수})$$

일 때, $f(n) = k$로 정의하자.

예를 들어 $f(3) = 1$이다. $\sum\limits_{m=1}^{100} f(m)$의 값은?

① 282   ② 284   ③ 286
④ 288   ⑤ 290

12

x에 대한 방정식 $x^{2n} - 50x^n + 100 = 0$의 실근의 곱을 $f(n)$이라 할 때, $\sum\limits_{n=1}^{100} \dfrac{1}{\log f(n)}$의 값은?

① $\dfrac{1225}{2}$ ② 1225 ③ $\dfrac{3775}{2}$
④ 1887 ⑤ 3775

→ 정답 및 풀이 92쪽

13

$\dfrac{1}{2\sqrt{1}+\sqrt{2}}+\dfrac{1}{3\sqrt{2}+2\sqrt{3}}+\cdots+\dfrac{1}{121\sqrt{120}+120\sqrt{121}}$ 의 값은?

① $\dfrac{9}{10}$ ② $\dfrac{10}{11}$ ③ $\dfrac{11}{10}$

④ $\dfrac{12}{11}$ ⑤ $\dfrac{6}{5}$

14

수열 $\{a_n\}$에서

$$a_n=\frac{1}{2^{-3n}+1}+\frac{1}{2^{-3n+1}+1}+\cdots+\frac{1}{2^{-1}+1}+\frac{1}{2^0+1}$$
$$+\frac{1}{2^1+1}+\cdots+\frac{1}{2^{3n-1}+1}+\frac{1}{2^{3n}+1}$$

일 때, $\displaystyle\sum_{n=1}^{10} a_n$의 값을 구하시오.

15

$\displaystyle\sum_{n=1}^{10}\dfrac{4n+2}{n^2(n+1)^2}=\dfrac{q}{p}$일 때, $p+q$의 값은?
(단, p, q는 서로소인 자연수)

① 21   ② 31   ③ 241

④ 361   ⑤ 482

16 신유형

수열 $\{a_n\}$을

$$a_1=1,\ a_2=2,\ a_{n+2}=a_{n+1}a_n$$

으로 정의할 때, $\displaystyle\sum_{k=1}^{10}\dfrac{\log_2 a_k}{(\log_2 a_{k+1})(\log_2 a_{k+2})}$의 값은?

① $\dfrac{85}{89}$ ② $\dfrac{86}{89}$ ③ $\dfrac{87}{89}$

④ $\dfrac{88}{89}$ ⑤ 1

17

함수 $y=f(x)$의 그래프는 그림과 같고, $f(3)=f(15)$이다. 또 수열 $\{a_n\}$은 $f(n)=\displaystyle\sum_{k=1}^{n} a_k$를 만족시킨다.

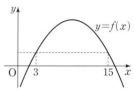

$a_m+a_{m+1}+\cdots+a_{15}<0$일 때, 15보다 작은 자연수 m의 최솟값을 구하시오.

18

원 $x^2+y^2=n^2$과 곡선 $y=\dfrac{k}{x}$ $(k>0)$가 네 점에서 만난다. 이 네 점이 꼭짓점인 직사각형을 만들 때, 긴 변의 길이가 짧은 변의 길이의 2배가 되는 k의 값을 $f(n)$이라 하자.

$\displaystyle\sum_{n=1}^{12} f(n)$의 값을 구하시오.

19

자연수 n에 대하여 원 $x^2+y^2=16n^2$과 직선 $3x+4y=16n$ 이 만나는 두 점을 각각 P_n, Q_n이라 할 때, $\sum\limits_{n=1}^{9}\overline{P_nQ_n}$의 값은?

① 216　　　　② 226　　　　③ 236

④ 246　　　　⑤ 256

20

자연수 n에 대하여 좌표평면 위에 두 점 $P_n(n,\ 2n)$, $Q_n(2n,\ 2n)$이 있다. 선분 P_nQ_n과 곡선 $y=\dfrac{1}{k}x^2$이 만나는 자연수 k의 개수를 a_n이라 할 때, $\sum\limits_{n=1}^{15}a_n$의 값을 구하시오.

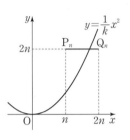

21

1부터 연속된 자연수를 나열하여 각 자릿수로 다음과 같은 수열을 만들었다.

　　1, 2, 3, 4, 5, 6, 7, 8, 9, 1, 0, 1, 1, 1, 2, 1, 3, 1, 4, …

제n항부터 연속된 네 개의 항이 차례로 2, 0, 1, 0일 때, 자연수 n의 최솟값은?

① 2960　　　　② 2964　　　　③ 2968

④ 2972　　　　⑤ 2976

22

다음 표와 같이 수를 규칙적으로 계속 나열할 때, 85가 나타나는 횟수를 구하시오.

1	1	1	1	1	1	1	1	1	⋯
1	2	3	4	5	6	7	8	9	⋯
1	3	5	7	9	11	13	15	17	⋯
1	4	7	10	13	16	19	22	25	⋯
1	5	9	13	17	21	25	29	33	⋯
1	6	11	16	21	26	31	36	41	⋯
1	7	13	19	25	31	37	43	49	⋯
1	8	15	22	29	36	43	50	57	⋯
⋮	⋮	⋮	⋮	⋮	⋮	⋮	⋮	⋮	⋱

23

정삼각형에서 각 변의 중점을 연결하면 작은 정삼각형이 4개 생긴다. 이때 가운데 정삼각형 하나를 잘라내면 정삼각형이 3개 남는다. 남은 정삼각형 3개에서 같은 과정을 반복하면 정삼각형이 9개 남고, 다시 남은 정삼각형에서 같은 과정을 반복하면 정삼각형이 27개 남는다.

[첫 번째]

[두 번째]

[세 번째]
　⋯

두 정삼각형이 공유하는 꼭짓점은 한 개로 셀 때, n번째 도형에서 남은 정삼각형들의 꼭짓점의 개수를 a_n이라 하자. a_6의 값은?

① 1086　　　　② 1089　　　　③ 1092

④ 1095　　　　⑤ 1098

24

좌표평면 위에 다음 조건을 만족시키도록 점 P_1, P_2, P_3, $\cdots$ 을 정할 때, $a_{13}+a_{14}$의 값은?

(가) 점 P_1의 좌표는 $(1, 1)$이다.
(나) 점 P_n의 좌표는 $(a_n, a_n{}^2)$이다.
(다) 직선 P_nP_{n+1}의 기울기는 $3n$이다.

① 31   ② 33   ③ 35
④ 37   ⑤ 39

25

수열 $\{a_n\}$을
$$\begin{cases} a_1=2 \\ a_{2n}=1+a_n, \ a_{2n+1}=\dfrac{1}{a_{2n}} \end{cases}$$
로 정의하자. $a_k=\dfrac{1}{6}$일 때, k의 값은?

① 9   ② 16   ③ 17
④ 32   ⑤ 33

26

수열 $\{a_n\}$은 $a_1=2$이고, 모든 자연수 n에 대하여
$$a_{n+1}=\begin{cases} \dfrac{a_n}{2-3a_n} & (n\text{이 홀수인 경우}) \\ 1+a_n & (n\text{이 짝수인 경우}) \end{cases}$$
이다. $\displaystyle\sum_{n=1}^{40} a_n$의 값은?

① 30   ② 35   ③ 40
④ 45   ⑤ 50

27

다음 조건을 만족시키는 수열 $\{a_n\}$에 대하여 $\displaystyle\sum_{k=1}^{4p} a_k=1008$일 때, p의 값은?

(가) $a_n=2n-1$ $(n=1, 2, 3, 4)$
(나) $a_{k+4}=2a_k$ $(k=1, 2, 3, \cdots)$

① 2   ② 3   ③ 4
④ 5   ⑤ 6

28

수열 $\{a_n\}$의 일반항은 $a_n=3+(-1)^n$이다. 좌표평면 위의 점 P_n을
$$P_n\left(a_n\cos\frac{2n\pi}{3}, \ a_n\sin\frac{2n\pi}{3}\right)$$
라 할 때, 다음 중 P_{2020}과 같은 점은?

① P_1 ② P_2 ③ P_3
④ P_4 ⑤ P_5

29 번뜩 아이디어

수열 $\{a_n\}$을
$$a_1=4, \ a_{n+1}=3(a_1+a_2+a_3+\cdots+a_n) \ (n=1, 2, 3, \cdots)$$
으로 정의할 때, a_5의 값은?

① 3×4^4 ② 4^5 ③ 3×5^4
④ 5×4^4 ⑤ 4×5^4

30

첫째항이 1인 수열 $\{a_n\}$이 모든 자연수 n에 대하여
$a_{n+1}=\dfrac{a_n}{2a_n+1}$을 만족시킬 때, a_5의 값은?

① $\dfrac{1}{6}$ ② $\dfrac{1}{7}$ ③ $\dfrac{1}{8}$

④ $\dfrac{1}{9}$ ⑤ $\dfrac{1}{10}$

31

수열 $\{a_n\}$의 첫째항부터 제n항까지의 합을 S_n이라 하자.
$a_1<a_2<a_3<\cdots<a_n<\cdots$이고,
$$a_1=1,\ a_2=3$$
$$(S_{n+1}-S_{n-1})^2=4a_na_{n+1}+4\ (n=2,\ 3,\ 4,\ \cdots)$$
일 때, a_{20}의 값은?

① 39 ② 43 ③ 47

④ 51 ⑤ 55

32 신유형

수열 $\{a_n\}$, $\{b_n\}$이 모든 자연수 n에 대하여 다음을 만족시킨다.

> (가) $a_{2n-1}=a_{2n}=3n$
> (나) $b_n=(-1)^n\times a_n+2$

$80<\sum\limits_{k=1}^{m} b_k<90$을 만족시키는 m값의 합을 구하시오.

33 번뜩 아이디어

수열 $\{a_n\}$이
$$na_1+(n-1)a_2+(n-2)a_3+\cdots+2a_{n-1}+a_n$$
$$=n(n+1)(n+2)$$
를 만족시킬 때, $\sum\limits_{k=1}^{10} a_k$의 값을 구하시오.

34

$\{a_n\}$은 공차가 0이 아닌 등차수열이다. 수열 $\{b_n\}$은
$b_1=a_1$이고, 2 이상의 자연수 n에 대하여
$$b_n=\begin{cases} b_{n-1}+a_n & (n\text{이 3의 배수가 아닌 경우}) \\ b_{n-1}-a_n & (n\text{이 3의 배수인 경우}) \end{cases}$$
이다. $b_{10}=a_{10}$일 때, $\dfrac{b_8}{b_{10}}$의 값을 구하시오.

35

수열 $\{a_n\}$에 대하여 $S_n=\sum\limits_{k=1}^{n} a_k$라 할 때,
$$2S_n=3a_n-4n+3\ (n\geq1)$$
이다. 다음은 일반항 a_n을 구하는 과정이다.

> $$2S_n=3a_n-4n+3 \qquad \cdots ❶$$
> 에서 $n=1$일 때 $2S_1=3a_1-1$이므로 $a_1=1$이다.
> $$2S_{n+1}=3a_{n+1}-4(n+1)+3 \qquad \cdots ❷$$
> ❷에서 ❶을 뺀 식으로부터 $a_{n+1}=3a_n+\boxed{\text{(가)}}$
> 수열 $\{a_n+2\}$가 등비수열이므로 $a_n=\boxed{\text{(나)}}\ (n\geq1)$

위의 과정에서 (가)에 알맞은 수를 p, (나)에 알맞은 식을 $f(n)$이라 할 때, $p+f(5)$의 값은?

① 225 ② 230 ③ 235

④ 240 ⑤ 245

36

다음은 모든 자연수 n에 대하여 등식

$$1 \times (2n-1) + 2 \times (2n-3) + 3 \times (2n-5) + \cdots$$
$$+ (n-1) \times 3 + n \times 1 = \frac{n(n+1)(2n+1)}{6}$$

이 성립함을 수학적 귀납법으로 증명한 것이다.

(i) $n=1$일 때
  (좌변)$=1$, (우변)$=1$이므로 주어진 등식이 성립한다.

(ii) $n=k$일 때 성립한다고 가정하면

$$1 \times (2k-1) + 2 \times (2k-3) + 3 \times (2k-5) + \cdots$$
$$+ (k-1) \times 3 + k \times 1 = \frac{k(k+1)(2k+1)}{6}$$

이때

$$1 \times (2k+1) + 2 \times (2k-1) + 3 \times (2k-3) + \cdots$$
$$+ k \times 3 + (k+1) \times 1$$
$$= 1 \times (2k-1) + 2 \times (2k-3) + 3 \times (2k-5) + \cdots$$
$$+ (k-1) \times 3 + k \times 1 + 2(1+2+3+\cdots+k) + \boxed{(가)}$$
$$= \frac{k(k+1)(2k+1)}{6} + \boxed{(나)} = \boxed{(다)}$$

이므로 $n=k+1$일 때도 성립한다.

따라서 모든 자연수 n에 대하여 주어진 등식이 성립한다.

위의 과정에서 (가), (나), (다)에 알맞은 식을 각각 $f(k)$, $g(k)$, $h(k)$라 할 때, $f(2)+g(3)+h(4)$의 값을 구하시오.

37

모든 자연수 n에 대하여 등식

$$\sum_{i=1}^{2n-1} \{i + (n-1)^2\} = (n-1)^3 + n^3$$

이 성립함을 수학적 귀납법으로 증명하시오.

38

다음은 $n \geq 2$인 모든 자연수 n에 대하여 부등식

$$\sum_{i=1}^{n} \left(\frac{1}{2i-1} - \frac{1}{2i} \right) < \frac{1}{4}\left(3 - \frac{1}{n} \right) \qquad \cdots (*)$$

이 성립함을 수학적 귀납법으로 증명한 것이다.

(i) $n=2$일 때

$$(좌변) = \left(1 - \frac{1}{2} \right) + \left(\frac{1}{3} - \frac{1}{4} \right) = \frac{7}{12},$$

$$(우변) = \frac{1}{4}\left(3 - \frac{1}{2} \right) = \frac{5}{8}$$

이므로 $(*)$이 성립한다.

(ii) $n=k$ ($k \geq 2$인 자연수)일 때 $(*)$이 성립한다고 가정하면

$$\sum_{i=1}^{k} \left(\frac{1}{2i-1} - \frac{1}{2i} \right) < \frac{1}{4}\left(3 - \frac{1}{k} \right)$$

위 부등식의 양변에 $\boxed{(가)}$ 을 더하면

$$\sum_{i=1}^{k+1} \left(\frac{1}{2i-1} - \frac{1}{2i} \right) < \frac{1}{4}\left(3 - \frac{1}{k} \right) + \boxed{(가)}$$

한편

$$\frac{1}{4}\left(3 - \frac{1}{k} \right) + \boxed{(가)} 에서 2(2k+1) > 4k이므로$$

$$\frac{1}{4}\left(3 - \frac{1}{k} \right) + \boxed{(가)} < \frac{1}{4}\left(3 - \frac{1}{k} \right) + \boxed{(나)}$$

$$= \frac{3}{4} - \frac{1}{4(k+1)}$$

$$= \frac{1}{4}\left(3 - \frac{1}{k+1} \right)$$

따라서 $n=k+1$일 때도 $(*)$이 성립한다.

(i), (ii)에 의하여 부등식 $(*)$은 $n \geq 2$인 모든 자연수 n에 대하여 성립한다.

위의 과정에서 (가), (나)에 알맞은 것은?

	(가)	(나)
①	$\dfrac{1}{2(2k+1)(k+1)}$	$\dfrac{1}{2k(k+1)}$
②	$\dfrac{1}{2(2k+1)(k+1)}$	$\dfrac{1}{4k(k+1)}$
③	$\dfrac{1}{2k(2k-1)}$	$\dfrac{1}{2k(k+1)}$
④	$\dfrac{1}{2k(2k-1)}$	$\dfrac{1}{4k(k+1)}$
⑤	$\dfrac{1}{2k(2k-1)}$	$\dfrac{1}{k(k+1)}$

01

수열 $\{a_n\}$, $\{b_n\}$에 대하여

$$b_k = \begin{cases} k^2 + \dfrac{k}{2} - \dfrac{2}{15} & (k\text{가 짝수}) \\[2mm] k^2 + \dfrac{k+1}{2} - \dfrac{11}{15} & (k\text{가 홀수}) \end{cases}$$

이라 할 때, b_k에 가장 가까운 정수를 a_k라 하자.

이때 $\left[\sum\limits_{k=1}^{2030} (a_k - b_k) \right]$의 값은?

(단, $[x]$는 x를 넘지 않는 최대 정수이다.)

① -136　　　② -135　　　③ -134
④ 135　　　⑤ 136

02

어느 항도 0이 아닌 등차수열 $\{a_n\}$에서

$$\sum_{k=1}^{2n} \left\{ (-1)^{k+1} \frac{a_{k+1} + a_k}{a_k a_{k+1}} \right\} = \frac{3n}{6n+2}$$

일 때, a_{16}의 값은?

① 39　　　② 41　　　③ 43
④ 45　　　⑤ 47

03 신유형

$\{a_n\}$은 첫째항이 자연수이고 공차가 음의 정수인 등차수열이고, $\{b_n\}$은 첫째항이 자연수이고 공비가 음의 정수인 등비수열이다. $\{a_n\}$, $\{b_n\}$이 다음 조건을 만족시킬 때, $a_7 + b_7$의 값을 구하시오.

(가) $\sum\limits_{n=1}^{5} (a_n + b_n) = 27$

(나) $\sum\limits_{n=1}^{5} (a_n + |b_n|) = 67$

(다) $\sum\limits_{n=1}^{5} (|a_n| + |b_n|) = 81$

04

수열 $\{a_n\}$에서 $a_n = \dfrac{8n}{2n-15}$일 때, $\sum\limits_{n=1}^{m} a_n \leq 73$을 만족시키는 자연수 m의 최댓값을 구하시오.

05

$0 \le x \le 2$에서 $f(x) = |x-1|$이고, 모든 실수 x에 대하여 $f(x) = f(x+2)$, $g(x) = x + f(x)$이다. 자연수 n에 대하여 다음 조건을 만족시키는 자연수 a, b의 순서쌍 (a, b)의 개수를 a_n이라 할 때, $\sum_{n=1}^{15} a_n$의 값을 구하시오.

> (가) $n \le a \le n+2$
> (나) $0 < b \le g(a)$

06

자연수 1, 2, 3, 4, …를 그림과 같이 나선 모양으로 차례로 적을 때, 1000과 이웃한 8개의 수 중에서 가장 작은 수는?

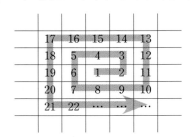

① 868   ② 872   ③ 876
④ 880   ⑤ 884

07

수열 $\{a_n\}$은 다음 조건을 만족시킨다.

> (가) $\{a_n\}$은 모든 항이 자연수이다.
> (나) $a_1 = 2$
> (다) $\dfrac{k}{n+3} \le a_n \le \dfrac{k}{n}$를 만족시키는 자연수 k의 개수는 a_{n+2}이다.

$\sum_{k=1}^{5} a_k = 44$일 때, a_6의 값을 구하시오.

08

좌표평면 위의 점 P_n의 좌표를 $(n, an-a)$라 하자. 두 점 Q_n, Q_{n+1}에 대하여 점 P_n이 삼각형 $Q_n Q_{n+1} Q_{n+2}$의 무게중심이 되도록 점 Q_{n+2}를 정한다. 두 점 Q_1, Q_2의 좌표가 각각 $(0, 0)$, $(1, -1)$이고 점 Q_{10}의 좌표가 $(9, 90)$이다. 점 Q_{13}의 좌표를 구하시오. (단, $a > 1$)

Memo

Memo

Memo

절대등급

절대등급으로
수학 내신 1등급에
도전하세요.

절대등급

동아출판

수학 I

동아출판

내신 1등급 문제서

절대등급 수학 I

모바일 빠른 정답

QR코드를 찍으면 **정답**을
쉽고 빠르게 확인할 수 있습니다.

절대등급 수학 I

I. 지수함수와 로그함수

01. 지수와 로그

step A 기본 문제   7~11쪽

01 ③   **02** ①   **03** ③   **04** ④   **05** ②
06 ③   **07** ②   **08** ⑤   **09** ④
10 $m=8$, $n=3$ **11** ⑤   **12** 125   **13** ⑤
14 ⑤   **15** $4-2\sqrt{3}$ **16** ⑤   **17** ①   **18** ④
19 -2 **20** ③   **21** 3   **22** ①   **23** ①
24 ③   **25** ②   **26** ①   **27** 25   **28** ①
29 ④   **30** $\frac{1}{64}$ **31** 12   **32** ⑤   **33** 5
34 ①   **35** ③   **36** 0.7721   **37** 25   **38** ③
39 ⑤   **40** ③

step B 실력 문제   12~17쪽

01 ②   **02** ④   **03** ④   **04** ④   **05** ③
06 64   **07** 30   **08** ③   **09** ③   **10** ④
11 ②   **12** 216   **13** ②   **14** ④
15 $a=5$, $b=5$ **16** ③   **17** ④   **18** 284
19 $a_1=0$, $a_2=1$, $a_3=0$ **20** ⑤   **21** ⑤   **22** 4
23 ③   **24** ⑤   **25** ②   **26** 3   **27** ②
28 ⑤   **29** ③, ⑤   **30** ②   **31** ②   **32** 26
33 ③   **34** 162   **35** ⑤   **36** $m=7$, $n=24$

step C 최상위 문제   18~19쪽

01 92   **02** ②   **03** 683   **04** 43   **05** ③
06 ①   **07** 78   **08** ②

02. 지수함수와 로그함수

step A 기본 문제   21~26쪽

01 ③   **02** $a=\frac{1}{2}$, $b=2$ **03** 3   **04** ④
05 ③   **06** $m=9$, $n=-2$ **07** $m=3$, $n=3$
08 ②   **09** -3 **10** ⑤   **11** -5 **12** 6
13 $p=-3$, $q=1$ **14** ③   **15** ⑤   **16** 15
17 ⑤   **18** 51   **19** ②   **20** 200   **21** ⑤

22 $-\frac{1}{2}$ **23** ③   **24** $\frac{8}{7}$ **25** ③   **26** 71
27 10   **28** ⑤   **29** 64   **30** 4   **31** ③
32 $\frac{1}{3}$ **33** $7\sqrt{2}$ **34** 4   **35** $\sqrt{2}$ **36** 5
37 37   **38** ②   **39** ③

step B 실력 문제   27~31쪽

01 ②   **02** ④   **03** ④   **04** ⑤   **05** ⑤
06 ④   **07** 18   **08** ④   **09** ⑤   **10** ①
11 ②   **12** 최댓값 : 243, 최솟값 : 3   **13** ⑤
14 ④   **15** 10   **16** ④   **17** ②   **18** ③
19 1   **20** 81   **21** ④   **22** ②   **23** ①
24 24   **25** 5   **26** 4   **27** ②
28 $a_3=2$, $a_4=19$ **29** ③   **30** ②

step C 최상위 문제   32~33쪽

01 ⑤   **02** ④   **03** 9   **04** ③   **05** ④
06 21   **07** 15   **08** 142

03. 지수함수와 로그함수의 활용

step A 기본 문제   35~38쪽

01 30   **02** ⑤   **03** ③   **04** 25   **05** 25
06 ③   **07** ⑤   **08** ⑤   **09** ⑤   **10** ③
11 ①   **12** 2   **13** ⑤   **14** 4   **15** ①
16 9   **17** ②   **18** ③   **19** 3   **20** 16
21 504   **22** $a=-17$, $b=72$ **23** 25   **24** ①
25 ②   **26** -3 **27** $\frac{1}{16} \le a \le 16$ **28** ③
29 ⑤   **30** ⑤   **31** ⑤   **32** ①

step B 실력 문제   39~42쪽

01 ⑤   **02** (1) $x=10$ 또는 $x=100$ (2) $x=1$ 또는 $x=\frac{1}{45}$
03 ③   **04** ④   **05** ①
06 (1) $x=3$, $y=\frac{1}{2}$ (2) $x=\frac{1}{2}$, $y=27$ 또는 $x=8$, $y=\frac{1}{3}$
07 ②   **08** $\begin{cases} x=2 \\ y=5 \end{cases}$ 또는 $\begin{cases} x=5 \\ y=2 \end{cases}$ 또는 $\begin{cases} x=3 \\ y=3 \end{cases}$ **09** ②
10 ②   **11** ③   **12** 63
13 (1) $0<x<\frac{1}{2}$ 또는 $x>8$ (2) $2<x\le 5$ **14** ④
15 $a=5$, $b=4$ **16** ②   **17** 16   **18** ④
19 ④   **20** ⑤   **21** 5   **22** ③   **23** ④
24 ③

26 $\dfrac{3+\sqrt{3}}{4}$ 27 ② 28 $\dfrac{12\sqrt{3}}{5}$ 29 ③ 30 $\dfrac{111\sqrt{3}}{4}$

31 (1) $\dfrac{4\sqrt{14}}{15}$ (2) $14\sqrt{3}+12\sqrt{14}$ 32 ④

step B 실력 문제 72~76쪽

01 ② 02 ⑤ 03 $\sqrt{6}+\sqrt{2}$ 04 ② 05 ⑤
06 ④ 07 ③ 08 ② 09 ⑤ 10 ②
11 ②
12 (1) A 또는 B가 90°인 직각삼각형
   (2) $b=c$인 이등변삼각형 또는 $A=120$°인 삼각형
13 ⑤ 14 ② 15 $\dfrac{30\sqrt{7}}{7}$ km 16 ②

17 ③ 18 $50\sqrt{2}$ m 19 16 20 $\dfrac{\sqrt{2}-1}{2}$ 21 ⑤

22 $2\sqrt{3}$ 23 ④ 24 $\dfrac{7\sqrt{7}}{96}$ 25 ④ 26 ③

27 ④ 28 $2\sqrt{6}$ 29 $8\sqrt{3}$ 30 ④ 31 ②

step C 최상위 문제 77~78쪽

01 ③ 02 ⑤ 03 ① 04 $\dfrac{32}{25}$ 05 ①
06 ④ 07 ③ 08 ①

III. 수열

07. 등차수열과 등비수열

step A 기본 문제 81~85쪽

01 20 02 24 03 ① 04 ④ 05 ③
06 ② 07 ⑤ 08 8 09 ③ 10 11
11 ② 12 ③ 13 ② 14 15 15 ①
16 45 17 ① 18 16 19 ⑤ 20 ⑤
21 ② 22 ③ 23 108 24 ② 25 ②
26 ③ 27 ④ 28 ① 29 ② 30 ①
31 ① 32 ② 33 ④ 34 ④ 35 ②
36 ④ 37 ③ 38 315 39 ②

step B 실력 문제 86~89쪽

01 183 02 ④ 03 ② 04 14 05 ⑤
06 13 07 ② 08 ② 09 ⑤ 10 17
11 $a=\dfrac{1}{2}$, $b=\dfrac{1}{3}$ 12 ④ 13 ③ 14 3
15 ③ 16 2, 4 17 ① 18 ④ 19 ③
20 ① 21 ④ 22 1.6시간 23 150 24 ④

step C 최상위 문제 90쪽

01 ② 02 61 03 27 04 $p=-3$, $q=-6$

08. 수열의 합과 수학적 귀납법

step A 기본 문제 92~96쪽

01 ⑤ 02 ① 03 ② 04 14 05 ①
06 ④ 07 ① 08 $p=\dfrac{7}{2}$, $q=\dfrac{35}{2}$ 09 ③
10 $\dfrac{100}{201}$ 11 ③ 12 ① 13 ④ 14 69
15 ④ 16 ① 17 ② 18 ③ 19 $8n$
20 8 21 ① 22 $\dfrac{10}{21}$ 23 15 24 ②
25 ③ 26 ⑤ 27 ① 28 ② 29 ②
30 ④ 31 29 32 ③ 33 풀이 참조
34 ④

step B 실력 문제 97~103쪽

01 ③ 02 ③ 03 ④ 04 ② 05 560
06 ⑤ 07 120 08 ② 09 24 10 ①
11 ② 12 ③ 13 ② 14 170 15 ④
16 ④ 17 5 18 195 19 ① 20 191
21 ④ 22 12 23 ④ 24 ⑤ 25 ③
26 ④ 27 ⑤ 28 ④ 29 ① 30 ④
31 ① 32 1643 33 330 34 $\dfrac{6}{7}$ 35 ⑤
36 74 37 풀이 참조 38 ②

step C 최상위 문제 104~105쪽

01 ① 02 ⑤ 03 117 04 16 05 427
06 ③ 07 31 08 $Q_{13}(12, 120)$

I. 지수함수와 로그함수

01. 지수와 로그

01 ③	02 ①	03 ③	04 ④	05 ②
06 ③	07 ②	08 ⑤	09 ④	
10 $m=8$, $n=3$		11 ⑤	12 125	13 ⑤
14 ⑤	15 $4-2\sqrt{3}$	16 ⑤	17 ①	18 ④
19 -2	20 ③	21 3	22 ①	23 ①
24 ③	25 ②	26 ①	27 25	28 ①
29 ④	30 $\dfrac{1}{64}$	31 12	32 ⑤	33 5
34 ①	35 ③	36 0.7721	37 25	38 ③
39 ⑤	40 ③			

01

② -27의 세제곱근 중 실수는 -3뿐이다. (참)

③ 1의 여섯제곱근은 6개이고 그중 실수는 1과 -1이다. (거짓)

답 ③

Note

실수 a의 n제곱근 중 실수인 것(n은 2 이상의 정수)

	$a>0$	$a=0$	$a<0$
n이 홀수	$\sqrt[n]{a}$	0	$\sqrt[n]{a}$
n이 짝수	$\sqrt[n]{a}$, $-\sqrt[n]{a}$	0	없다.

02

$\sqrt[3]{-8}=-2$는 음수이므로 -2의 네제곱근 중 실수는 없다.

-2의 세제곱근 중 실수는 1개, 다섯제곱근 중 실수는 1개이다.

$$\therefore f(3)+f(4)+f(5)=1+0+1=2$$

답 ①

03

$$\sqrt[3]{\sqrt[4]{216}}+4\sqrt[4]{6}=\sqrt[3]{\sqrt[4]{6^3}}+4\sqrt[4]{6}$$
$$=\sqrt[4]{\sqrt[3]{6^3}}+4\sqrt[4]{6}$$
$$=\sqrt[4]{6}+4\sqrt[4]{6}=5\sqrt[4]{6}$$

답 ③

04

$$\sqrt[4]{3}\times\sqrt[4]{27}+\frac{\sqrt[3]{2}}{\sqrt[3]{-54}}=\sqrt[4]{3\times27}+\frac{\sqrt[3]{2}}{-\sqrt[3]{54}}$$
$$=\sqrt[4]{3^4}-\sqrt[3]{\frac{2}{54}}$$
$$=3-\sqrt[3]{\left(\frac{1}{3}\right)^3}$$
$$=3-\frac{1}{3}=\frac{8}{3}$$

답 ④

05

$$\sqrt{\frac{\sqrt{a}}{\sqrt[6]{a}}}\times\sqrt{\frac{\sqrt[3]{a}}{\sqrt[4]{a}}}\times\sqrt[3]{\frac{\sqrt[4]{a}}{\sqrt{a}}}=\frac{\sqrt[4]{a}}{\sqrt[12]{a}}\times\frac{\sqrt[6]{a}}{\sqrt[8]{a}}\times\frac{\sqrt[12]{a}}{\sqrt[6]{a}}$$
$$=\frac{\sqrt[4]{a}}{\sqrt[8]{a}}=\frac{\sqrt[8]{a^2}}{\sqrt[8]{a}}$$
$$=\sqrt[8]{a}$$

답 ②

다른 풀이

지수로 고치면

$$(a^{\frac{1}{2}-\frac{1}{6}})^{\frac{1}{2}}\times(a^{\frac{1}{3}-\frac{1}{4}})^{\frac{1}{2}}\times(a^{\frac{1}{4}-\frac{1}{2}})^{\frac{1}{3}}$$
$$=a^{\frac{1}{6}}\times a^{\frac{1}{24}}\times a^{-\frac{1}{12}}$$
$$=a^{\frac{1}{6}+\frac{1}{24}-\frac{1}{12}}$$
$$=a^{\frac{1}{8}}=\sqrt[8]{a}$$

06

$$A=\sqrt{\sqrt[3]{2^3}\times\sqrt[3]{6}}=\sqrt{\sqrt[3]{2^3\times6}}=\sqrt[6]{2^3\times6}=\sqrt[6]{48}$$
$$B=\sqrt[3]{\sqrt{2^2}\times\sqrt{6}}=\sqrt[3]{\sqrt{2^2\times6}}=\sqrt[6]{2^2\times6}=\sqrt[6]{24}$$
$$C=\sqrt[6]{10}$$
$$\therefore C<B<A$$

답 ③

다른 풀이

$$A^6=(2\sqrt[3]{6})^3=2^3\times6=48$$
$$B^6=(2\sqrt{6})^2=2^2\times6=24$$
$$C^6=(\sqrt{10})^2=10$$

$C^6<B^6<A^6$이므로 $C<B<A$

07

$$(\sqrt{2\sqrt[3]{4}})^3=(\sqrt{\sqrt[3]{2^3}\times\sqrt[3]{2^2}})^3=(\sqrt{\sqrt[3]{2^5}})^3$$
$$=\sqrt{(\sqrt[3]{2^5})^3}=\sqrt{2^5}$$
$$=\sqrt{32}$$

그런데 $5<\sqrt{32}<6$이므로 $(\sqrt{2\sqrt[3]{4}})^3$보다 큰 자연수 중 가장 작은 수는 6이다.

답 ②

다른 풀이

$$(\sqrt{2\sqrt[3]{4}})^3=(2^{\frac{1}{2}}\times4^{\frac{1}{6}})^3=(2^{\frac{5}{6}})^3=2^{\frac{5}{2}}=\sqrt{32}$$

그런데 $5<\sqrt{32}<6$이므로 $(\sqrt{2\sqrt[3]{4}})^3$보다 큰 자연수 중 가장 작은 수는 6이다.

08

$\left(\dfrac{1}{64}\right)^{-\frac{1}{n}}=(2^{-6})^{-\frac{1}{n}}=2^{\frac{6}{n}}$이 정수이므로 $\dfrac{6}{n}$은 양의 정수이다.

따라서 정수 n은 1, 2, 3, 6이고 합은 12이다.

답 ⑤

09

$(\sqrt[7]{5^6})^{\frac{1}{3}}=(5^{\frac{6}{7}})^{\frac{1}{3}}=5^{\frac{2}{7}}$이 어떤 자연수 x의 n제곱근이면

$$5^{\frac{2}{7}}=\sqrt[n]{x},\ (5^{\frac{2}{7}})^n=x,\ 5^{\frac{2}{7}n}=x$$

x가 자연수이므로 n은 7의 배수이다.

n은 50 이하이므로 7개이다.

답 ④

10

$$\sqrt[3]{a\sqrt{a}}=(a\times a^{\frac{1}{2}})^{\frac{1}{3}}=(a^{\frac{3}{2}})^{\frac{1}{3}}=a^{\frac{1}{2}}$$

이므로

$$\sqrt[4]{a^3\sqrt[3]{a\sqrt{a}}}=(a\times a^{\frac{1}{2}})^{\frac{1}{4}}=(a^{\frac{3}{2}})^{\frac{1}{4}}=a^{\frac{3}{8}}$$

$$\therefore m=8,\ n=3 \hspace{3cm} \boxed{\text{답}}\ m=8,\ n=3$$

다른 풀이

$$1.\ \sqrt[4]{a^3\sqrt[3]{a\sqrt{a}}}=\sqrt[4]{a}\times\sqrt[12]{a}\times\sqrt[24]{a}=a^{\frac{1}{4}}\times a^{\frac{1}{12}}\times a^{\frac{1}{24}}$$
$$=a^{\frac{1}{4}+\frac{1}{12}+\frac{1}{24}}=a^{\frac{3}{8}}$$

$$2.\ \sqrt[4]{a^3\sqrt[3]{a\sqrt{a}}}=a^{\frac{1}{4}}\times a^{\frac{1}{3}\times\frac{1}{4}}\times a^{\frac{1}{2}\times\frac{1}{3}\times\frac{1}{4}}=a^{\frac{1}{4}+\frac{1}{12}+\frac{1}{24}}=a^{\frac{3}{8}}$$

11

$$(x^{-2}y^4)^{-3}\div(x^3y^{-2})^2=x^6y^{-12}\div x^6y^{-4}=y^{-8} \hspace{1cm} \boxed{\text{답}}\ ⑤$$

12

$$\sqrt{\frac{25^7+5^{10}}{25^4+5^4}}=\sqrt{\frac{5^{14}+5^{10}}{5^8+5^4}}=\sqrt{\frac{5^{10}(5^4+1)}{5^4(5^4+1)}}$$
$$=5^3=125 \hspace{2cm} \boxed{\text{답}}\ 125$$

13

$$\{(-3)^2\}^{\frac{1}{2}}+(-3)^0=(3^2)^{\frac{1}{2}}+1=3+1=4 \hspace{1cm} \boxed{\text{답}}\ ⑤$$

Note

$\{(-3)^2\}^{\frac{1}{2}}=(-3)^{2\times\frac{1}{2}}=-3$으로 계산하면 안 된다.

지수가 유리수인 경우 $a>0$일 때 $(a^m)^n=a^{mn}$이 성립한다.

14

$$(\sqrt[4]{9^3})^{\frac{2}{3}}\times\left\{\left(\frac{1}{\sqrt{7}}\right)^{-\frac{1}{5}}\right\}^{10}=\{(3^6)^{\frac{1}{4}}\}^{\frac{2}{3}}\times\{(7^{-\frac{1}{2}})^{-\frac{1}{5}}\}^{10}$$
$$=3\times7=21 \hspace{2cm} \boxed{\text{답}}\ ⑤$$

15

$\dfrac{a^{3x}-2a^x}{a^x+a^{-x}}$의 분모, 분자에 a^x을 곱하면 $\dfrac{a^{4x}-2a^{2x}}{a^{2x}+a^0}$

$a^{4x}=(a^{2x})^2=(\sqrt{3}+1)^2=4+2\sqrt{3}$이므로

$$\frac{a^{4x}-2a^{2x}}{a^{2x}+a^0}=\frac{4+2\sqrt{3}-2(\sqrt{3}+1)}{\sqrt{3}+1+1}$$
$$=\frac{2}{2+\sqrt{3}}=\frac{2(2-\sqrt{3})}{2^2-3}$$
$$=4-2\sqrt{3} \hspace{2cm} \boxed{\text{답}}\ 4-2\sqrt{3}$$

16

$$a^{\frac{1}{2}}+a^{-\frac{1}{2}}=3 \hspace{2cm} \cdots ❶$$

❶의 양변을 제곱하면

$$a+2a^{\frac{1}{2}}a^{-\frac{1}{2}}+a^{-1}=9 \hspace{1cm} \therefore a+a^{-1}=7$$

또 ❶의 양변을 세제곱하면

$$a^{\frac{3}{2}}+3a^{\frac{1}{2}}a^{-\frac{1}{2}}(a^{\frac{1}{2}}+a^{-\frac{1}{2}})+a^{-\frac{3}{2}}=27$$
$$a^{\frac{3}{2}}+3\times1\times3+a^{-\frac{3}{2}}=27 \hspace{0.5cm} \therefore a^{\frac{3}{2}}+a^{-\frac{3}{2}}=18$$
$$\therefore \frac{a^{\frac{3}{2}}+a^{-\frac{3}{2}}-2}{a+a^{-1}+1}=\frac{18-2}{7+1}=2 \hspace{1cm} \boxed{\text{답}}\ ⑤$$

17

$x=\dfrac{3^{\frac{1}{4}}-3^{-\frac{1}{4}}}{2}$의 양변을 제곱하면

$$x^2=\frac{3^{\frac{1}{2}}-2\times3^{\frac{1}{4}}\times3^{-\frac{1}{4}}+3^{-\frac{1}{2}}}{4}=\frac{3^{\frac{1}{2}}-2+3^{-\frac{1}{2}}}{4}$$

$$x^2+1=\frac{3^{\frac{1}{2}}+2+3^{-\frac{1}{2}}}{4}=\left(\frac{3^{\frac{1}{4}}+3^{-\frac{1}{4}}}{2}\right)^2$$

$$\sqrt{x^2+1}-x=\frac{3^{\frac{1}{4}}+3^{-\frac{1}{4}}}{2}-\frac{3^{\frac{1}{4}}-3^{-\frac{1}{4}}}{2}=3^{-\frac{1}{4}}$$

$$\therefore (\sqrt{x^2+1}-x)^4=(3^{-\frac{1}{4}})^4=3^{-1}=\frac{1}{3} \hspace{1cm} \boxed{\text{답}}\ ①$$

18

$3^{x+1}-3^x=a$에서 $3^x(3-1)=a$ $\therefore 3^x=\dfrac{a}{2}$

$2^{x+1}+2^x=b$에서 $2^x(2+1)=b$ $\therefore 2^x=\dfrac{b}{3}$

$$\therefore 12^x=2^{2x}\times3^x=\left(\frac{b}{3}\right)^2\times\frac{a}{2}=\frac{ab^2}{18} \hspace{1cm} \boxed{\text{답}}\ ④$$

19

$5^x=2^2$이므로 $5=2^{\frac{2}{x}}$ $\cdots ❶$

$20^y=2^3$이므로 $20=2^{\frac{3}{y}}$ $\cdots ❷$

❶÷❷를 하면

$$\frac{5}{20}=2^{\frac{2}{x}-\frac{3}{y}},\ 2^{-2}=2^{\frac{2}{x}-\frac{3}{y}}$$

$$\therefore \frac{2}{x}-\frac{3}{y}=-2 \hspace{2cm} \boxed{\text{답}}\ -2$$

다른 풀이

$5^x=4$에서 $x=\log_5 4=2\log_5 2$

$20^y=8$에서 $y=\log_{20}8=3\log_{20}2$

$$\therefore \frac{2}{x}-\frac{3}{y}=\frac{1}{\log_5 2}-\frac{1}{\log_{20}2}=\log_2 5-\log_2 20$$
$$=\log_2\frac{5}{20}=\log_2 2^{-2}=-2$$

20

(i) $-x+4>0$이고 $-x+4\neq1$이므로

   $x<4$이고 $x\neq3$

(ii) $12+4x-x^2>0$이므로

   $(x+2)(x-6)<0$ $\therefore -2<x<6$

(i), (ii)에서 정수 x는 -1, 0, 1, 2이므로 4개이다. $\boxed{\text{답}}\ ③$

21

(i) $|a-1|>0$, $|a-1|\neq1$이므로

   $a\neq1$, $a\neq0$, $a\neq2$

(ii) 모든 실수 x에 대하여 $x^2+ax+a>0$이므로

   이차방정식 $x^2+ax+a=0$의 판별식을 D라 하면

   $D=a^2-4a<0$ $\therefore 0<a<4$

(i), (ii)에서 정수 a는 3이다. $\boxed{\text{답}}\ 3$

22

$$\log_3 6 + \log_3 2 - \log_3 4 = \log_3 \frac{6 \times 2}{4} = \log_3 3 = 1$$

답 ①

23

$$(\log_{10} 2)^2 + (\log_{10} 5)^2 + \log_{10} 4 \times \log_{10} 5$$
$$= (\log_{10} 2)^2 + (\log_{10} 5)^2 + 2\log_{10} 2 \times \log_{10} 5$$
$$= (\log_{10} 2 + \log_{10} 5)^2$$
$$= (\log_{10} 10)^2 = 1$$

답 ①

24

$\log_3 \dfrac{4}{7} + \log_3 7 = \log_3 \left(\dfrac{4}{7} \times 7 \right) = \log_3 4$이므로

$$3^{\log_3 \frac{4}{7} + \log_3 7} = 3^{\log_3 4} = 4$$

답 ③

Note

$\log_a b = x$이면 $a^x = b$이므로 $a^{\log_a b} = b$

25

$\log_2 4 = \log_2 2^2 = 2$, $\log_2 8 = \log_2 2^3 = 3$이므로

$$2 < \log_2 7 < 3$$

$\therefore a = 2$, $b = \log_2 7 - 2$

$\therefore 3^a + 2^b = 3^2 + 2^{\log_2 7 - 2}$

$$= 3^2 + \frac{2^{\log_2 7}}{2^2}$$

$$= 3^2 + \frac{7}{2^2} = \frac{43}{4}$$

답 ②

26

$$(\log_2 3 + \log_8 27)(\log_3 16 + \log_{27} 4)$$
$$= \left(\log_2 3 + \frac{\log_2 27}{\log_2 8} \right) \left(\log_3 2^4 + \frac{\log_3 4}{\log_3 27} \right)$$
$$= \left(\log_2 3 + \frac{3\log_2 3}{3} \right) \left(4\log_3 2 + \frac{2\log_3 2}{3} \right)$$
$$= 2\log_2 3 \times \frac{14}{3} \log_3 2$$
$$= \frac{28}{3} \times \log_2 3 \times \frac{1}{\log_2 3} = \frac{28}{3}$$

답 ①

Note

$\log_{a^m} b^n = \dfrac{\log b^n}{\log a^m} = \dfrac{n\log b}{m\log a} = \dfrac{n}{m} \log_a b$

임을 이용하여 다음과 같이 풀 수도 있다.

$$(\log_2 3 + \log_8 27)(\log_3 16 + \log_{27} 4)$$
$$= (\log_2 3 + \log_{2^3} 3^3)(\log_3 2^4 + \log_{3^3} 2^2)$$
$$= (\log_2 3 + \log_2 3)\left(4\log_3 2 + \frac{2}{3}\log_3 2 \right)$$
$$= 2\log_2 3 \times \frac{14}{3} \log_3 2$$
$$= \frac{28}{3} \times \log_2 3 \times \frac{1}{\log_2 3} = \frac{28}{3}$$

27

$$p = \frac{\log_2 (\log_3 32)}{\log_2 3} + \frac{\log_5 \left(\dfrac{1}{\log_3 2} \right)}{\log_5 3}$$
$$= \log_3 (\log_3 32) + \log_3 \left(\frac{1}{\log_3 2} \right)$$
$$= \log_3 \left(\frac{\log_3 32}{\log_3 2} \right)$$
$$= \log_3 (\log_2 32)$$
$$= \log_3 5$$

$\therefore 9^p = 9^{\log_3 5} = 5^{\log_3 9} = 5^2 = 25$

답 25

Note

$a^{\log_b c} = c^{\log_b a}$

28

$\log_2 3 = a$, $\log_2 5 = \dfrac{1}{b}$이므로

$$\log_{15} 1000 = \log_{15} 10^3 = 3\log_{15} 10$$
$$= \frac{3\log_2 10}{\log_2 15}$$
$$= \frac{3(\log_2 2 + \log_2 5)}{\log_2 3 + \log_2 5}$$
$$= \frac{3\left(1 + \dfrac{1}{b} \right)}{a + \dfrac{1}{b}}$$
$$= \frac{3(b+1)}{ab+1}$$

답 ①

29

$\log 6 = a$이므로

$$\log 2 + \log 3 = a \qquad \cdots ❶$$

$$\log 15 = \log 3 + \log 5 = \log 3 + \log \frac{10}{2}$$
$$= \log 3 + 1 - \log 2$$

이므로 $\log 15 = b$에서

$$\log 3 - \log 2 + 1 = b \qquad \cdots ❷$$

❶−❷를 하면 $2\log 2 - 1 = a - b$

$\therefore \log 2 = \dfrac{a-b+1}{2}$

답 ④

30

근과 계수의 관계에서 $\alpha + \beta = 7$, $\alpha\beta = 4$이므로

$$\frac{\log_2 \alpha + \log_2 \beta}{2^\alpha \times 2^\beta} = \frac{\log_2 \alpha\beta}{2^{\alpha+\beta}} = \frac{\log_2 4}{2^7}$$
$$= \frac{2}{2^7} = \frac{1}{2^6} = \frac{1}{64}$$

답 $\dfrac{1}{64}$

31

$$\log_a b^2 + \log_b a^2 = 2\log_a b + 2\log_b a$$
$$= 2\left(\frac{\log b}{\log a} + \frac{\log a}{\log b} \right)$$
$$= 2 \times \frac{(\log b)^2 + (\log a)^2}{\log a \times \log b}$$

근과 계수의 관계에서

$\log a + \log b = 4$, $\log a \times \log b = 2$

이므로

$$(\log a)^2 + (\log b)^2 = (\log a + \log b)^2 - 2\log a \times \log b$$
$$= 4^2 - 2 \times 2 = 12$$

$$\therefore \log_a b^2 + \log_b a^2 = 2 \times \frac{12}{2} = 12$$

답 12

32

$a^3 = b^4 = c^5$에서 $b = a^{\frac{3}{4}}$, $c = b^{\frac{4}{5}}$, $a = c^{\frac{5}{3}}$이므로

$$\log_a b = \log_a a^{\frac{3}{4}} = \frac{3}{4}, \quad \log_b c = \log_b b^{\frac{4}{5}} = \frac{4}{5}$$

$$\log_c a = \log_c c^{\frac{5}{3}} = \frac{5}{3}$$

$$\therefore \log_a b + \log_b c + \log_c a = \frac{3}{4} + \frac{4}{5} + \frac{5}{3} = \frac{193}{60}$$

답 ⑤

다른풀이

$a^3 = b^4 = c^5 = k$라 하면 $a = k^{\frac{1}{3}}$, $b = k^{\frac{1}{4}}$, $c = k^{\frac{1}{5}}$이므로

$$\log_a b + \log_b c + \log_c a = \log_{k^{\frac{1}{3}}} k^{\frac{1}{4}} + \log_{k^{\frac{1}{4}}} k^{\frac{1}{5}} + \log_{k^{\frac{1}{5}}} k^{\frac{1}{3}}$$

$$= \frac{3}{4} + \frac{4}{5} + \frac{5}{3} = \frac{193}{60}$$

33

$a^2 b^3 = 1$에서 $\log a^2 b^3 = 0$

$2\log a + 3\log b = 0$, $\log b = -\frac{2}{3}\log a$

$$\therefore \log_{ab} a^3 b^2 = \frac{\log a^3 b^2}{\log ab} = \frac{3\log a + 2\log b}{\log a + \log b}$$

$$= \frac{3\log a - \frac{4}{3}\log a}{\log a - \frac{2}{3}\log a} = \frac{\frac{5}{3}\log a}{\frac{1}{3}\log a} = 5$$

답 5

다른풀이

$a^2 b^3 = 1$에서 $a^2 = b^{-3}$, $a = b^{-\frac{3}{2}}$이므로

$ab = b^{-\frac{3}{2}} b = b^{-\frac{1}{2}}$, $a^3 b^2 = b^{-\frac{9}{2}} b^2 = b^{-\frac{5}{2}}$

$$\therefore \log_{ab} a^3 b^2 = \frac{\log a^3 b^2}{\log ab} = \frac{\log b^{-\frac{5}{2}}}{\log b^{-\frac{1}{2}}} = \frac{-\frac{5}{2}\log b}{-\frac{1}{2}\log b} = 5$$

34

$\log_a b = t$라 하면 $\log_b a = \frac{1}{t}$

또 $a > b > 1$이므로 $0 < t < 1$

이때 $\log_a b + 3\log_b a = \frac{13}{2}$에서 $t + \frac{3}{t} = \frac{13}{2}$

$2t^2 - 13t + 6 = 0$, $(t-6)(2t-1) = 0$

$0 < t < 1$이므로 $t = \frac{1}{2}$

곧, $\log_a b = \frac{1}{2}$이므로 $b = a^{\frac{1}{2}}$, $b^2 = a$

$$\therefore \frac{a^2 + b^8}{a^4 + b^4} = \frac{a^2 + a^4}{a^4 + a^2} = 1$$

답 ①

35

$$\log_{a^4} b^3 + \log_{b^3} a^8 = \frac{\log b^3}{\log a^4} + \frac{\log a^8}{\log b^3}$$

$$= \frac{3\log b}{4\log a} + \frac{8\log a}{3\log b}$$

$\log a > 0$, $\log b > 0$에서 $\frac{3\log b}{4\log a} > 0$, $\frac{8\log a}{3\log b} > 0$이므로

$$\frac{3\log b}{4\log a} + \frac{8\log a}{3\log b} \geq 2\sqrt{\frac{3\log b}{4\log a} \times \frac{8\log a}{3\log b}} = 2\sqrt{2}$$

$$\left(\text{단, 등호는 } \frac{3\log b}{4\log a} = \frac{8\log a}{3\log b} \text{일 때 성립}\right)$$

따라서 최솟값은 $2\sqrt{2}$이다.

답 ③

36

$$\log(0.32 \times \sqrt{342})$$
$$= \log\left\{3.2 \times 10^{-1} \times (3.42 \times 100)^{\frac{1}{2}}\right\}$$
$$= \log 3.2 + \log 10^{-1} + \frac{1}{2}(\log 3.42 + \log 10^2)$$
$$= 0.5051 - 1 + \frac{1}{2}(0.5340 + 2) = 0.7721$$

답 0.7721

37

$\log A$의 정수 부분을 n, 소수 부분을 α라 하자.

n, α가 $x^2 - x\log_2 5 + k = 0$의 두 근이므로

$$\log_2 5 = n + \alpha, \quad k = n\alpha$$

$2^2 < 5 < 2^3$이므로 $2 < \log_2 5 < 3$

$$\therefore n = 2, \quad \alpha = \log_2 5 - 2$$

이때 $k = n\alpha = 2(\log_2 5 - 2) = \log_2 5^2 - 4$

$$\therefore 2^{k+4} = 2^{\log_2 5^2} = 5^2 = 25$$

답 25

38

$0 < a < 1$이므로 $1 < 10^a < 10$

따라서 10^a을 3으로 나눈 나머지가 2인 수는 $10^a = 2, 5, 8$

$$\therefore a = \log 2, \log 5, \log 8$$

a값의 합은

$$\log 2 + \log 5 + \log 8 = \log(2 \times 5 \times 8)$$
$$= 1 + 3\log 2$$

답 ③

39

$\log x$의 정수 부분이 2이므로 $2 \leq \log x < 3$ ··· ❶

$\log x^2$과 $\log \frac{1}{x}$의 소수 부분이 같으므로

$$\log x^2 - \log \frac{1}{x} = 2\log x + \log x = 3\log x$$

는 정수이다.

❶에서 $6 \leq 3\log x < 9$이므로

$$3\log x = 6 \text{ 또는 } 3\log x = 7 \text{ 또는 } 3\log x = 8$$

$$\log x = 2 \text{ 또는 } \log x = \frac{7}{3} \text{ 또는 } \log x = \frac{8}{3}$$

$$\therefore x = 10^2 \text{ 또는 } x = 10^{\frac{7}{3}} \text{ 또는 } x = 10^{\frac{8}{3}}$$

따라서 x값의 곱은 $10^{2+\frac{7}{3}+\frac{8}{3}} = 10^7$

답 ⑤

40

$\log x$의 정수 부분이 3이므로 $3 \le \log x < 4$ $\cdots$ ❶

$\log x$의 소수 부분과 $\log \sqrt{x}$의 소수 부분의 합이 1이므로

$$\log x + \log \sqrt{x} = \log x + \frac{1}{2}\log x = \frac{3}{2}\log x$$

는 정수이다.

❶에서 $\dfrac{9}{2} \le \dfrac{3}{2}\log x < 6$이므로

$$\frac{3}{2}\log x = 5, \ \log x = \frac{10}{3}$$

이때 $\log \sqrt{x} = \dfrac{1}{2}\log x = \dfrac{5}{3} = 1 + \dfrac{2}{3}$이므로 소수 부분은 $\dfrac{2}{3}$이다.

답 ③

---

step **B** 실력 문제				12~17쪽
01 ②	**02** ④	**03** ④	**04** ④	**05** ③
06 64	**07** 30	**08** ③	**09** ③	**10** ④
11 ②	**12** 216	**13** ②	**14** ④	
15 $a=5, b=5$	**16** ③	**17** ④	**18** 284	
19 $a_1=0, a_2=1, a_3=0$	**20** ⑤	**21** ⑤	**22** 4	
23 ③	**24** ②	**25** ②	**26** 3	**27** ③
28 ⑤	**29** ③, ⑤	**30** ②	**31** ②	**32** 26
33 ③	**34** 162	**35** ⑤	**36** $m=7, n=24$	

01

[전략] 양수 x의 제곱근은 $\sqrt{x}$, $-\sqrt{x}$

y의 세제곱근 중 실수는 $\sqrt[3]{y}$

$a = -\sqrt{3^{10}} = -3^5$이므로 a의 세제곱근 중 실수는

$$\sqrt[3]{a} = \sqrt[3]{-3^5} = -\sqrt[3]{3^5} = -3^{\frac{5}{3}}$$

답 ②

02

[전략] 다항식 $f(x)$를 $x-a$로 나눈 나머지는 $f(a)$이다.

또 $f(a)=0$이면 $f(x)$는 $x-a$로 나누어떨어진다.

$f(x)$가 $x-\sqrt{a}$로 나누어떨어지므로

$$f(\sqrt{a})=0, \ (\sqrt{a})^3 - 16 = 0$$
$$a^{\frac{3}{2}} = 2^4, \ a = 2^{\frac{8}{3}}, \ a^6 = 2^{16}$$

이때 $\sqrt[4]{\sqrt{a^6}} = \sqrt[8]{2^{16}} = 2^2$이므로

$f(x)$를 $x - \sqrt[4]{\sqrt{a^6}}$으로 나눈 나머지는

$$f(2^2) = 2^6 - 16 = 48$$

답 ④

03

[전략] $\sqrt[4]{a^b} = a^{\frac{b}{4}}$이므로 a가 제곱수, 네제곱수일 때로 나눈다.

또는 b가 2의 배수, 4의 배수일 때로 나눈다.

$$\sqrt[4]{a^b} = a^{\frac{b}{4}}$$

(ⅰ) $a=1$일 때, $a^{\frac{b}{4}}=1$이므로 항상 자연수이다.

따라서 (a, b)의 개수는 8

(ⅱ) $a=2^4$일 때, $a^{\frac{b}{4}}=2^b$이므로 항상 자연수이다.

따라서 (a, b)의 개수는 8

(ⅲ) $a=2^2$ 또는 $a=3^2$일 때, $a^{\frac{b}{4}}=2^{\frac{b}{2}}$ 또는 $a^{\frac{b}{4}}=3^{\frac{b}{2}}$이므로 b가 2의 배수이다.

따라서 (a, b)의 개수는 $2 \times 4 = 8$

(ⅳ) 나머지 경우 $\dfrac{b}{4}$가 자연수이어야 하므로 b는 4의 배수이다.

따라서 (a, b)의 개수는 $12 \times 2 = 24$

(ⅰ)~(ⅳ)에서 (a, b)의 개수는 48

답 ④

다른 풀이

$$\sqrt[4]{a^b} = a^{\frac{b}{4}}$$

(ⅰ) b가 4의 배수일 때 $\dfrac{b}{4}$가 자연수이므로 $a^{\frac{b}{4}}$은 자연수이다.

따라서 (a, b)의 개수는 $16 \times 2 = 32$

(ⅱ) b가 4의 배수가 아닌 2의 배수일 때

$a=(a')^2$ 꼴이면 $a^{\frac{b}{4}}=(a')^{\frac{b}{2}}$이고 $\dfrac{b}{2}$가 자연수이므로

$a^{\frac{b}{4}}$은 자연수이다.

a는 $1^2, 2^2, 3^2, 4^2$이고 b는 2 또는 6이므로

(a, b)의 개수는 $4 \times 2 = 8$

(ⅲ) b가 홀수일 때 $a=(a')^4$ 꼴이면 a는 1 또는 2^4이므로

(a, b)의 개수는 $2 \times 4 = 8$

(ⅰ), (ⅱ), (ⅲ)에서 (a, b)의 개수는 48

04

[전략] 거듭제곱으로 고치고 각각이 자연수가 될 조건부터 찾는다.

$\sqrt{\dfrac{2^a \times 5^b}{2}} = 2^{\frac{a-1}{2}} \times 5^{\frac{b}{2}}$이 자연수이므로 $\dfrac{a-1}{2}$, $\dfrac{b}{2}$가 0 또는 자연수이다.

$\sqrt[3]{\dfrac{2^a \times 5^b}{5}} = 2^{\frac{a}{3}} \times 5^{\frac{b-1}{3}}$이 자연수이므로 $\dfrac{a}{3}$, $\dfrac{b-1}{3}$이 0 또는 자연수이다.

a의 최솟값은 3, b의 최솟값은 4이므로 $a+b$의 최솟값은 7이다.

답 ④

05

[전략] $x = \dfrac{1}{2}\left(a - \dfrac{1}{a}\right)$이면 $1+x^2 = \left\{\dfrac{1}{2}\left(a + \dfrac{1}{a}\right)\right\}^2$이다.

자주 나오는 꼴이므로 기억한다.

$3^{10} = a$라 하면 $x = \dfrac{a - a^{-1}}{2}$이므로

$$1 + x^2 = 1 + \frac{a^2 - 2 + a^{-2}}{4} = \frac{a^2 + 2 + a^{-2}}{4}$$
$$= \left(\frac{a + a^{-1}}{2}\right)^2$$
$$x + \sqrt{1+x^2} = \frac{a - a^{-1}}{2} + \frac{a + a^{-1}}{2} = a$$
$$\therefore \sqrt[n]{x + \sqrt{1+x^2}} = \sqrt[n]{a} = \sqrt[n]{3^{10}} = 3^{\frac{10}{n}}$$

$3^{\frac{10}{n}}$이 자연수이면 n은 1이 아닌 10의 약수이므로 2, 5, 10의 3개이다.

답 ③

06

[전략] n이 제곱수가 아니면 $k=1, 2, 4$일 때만 $n^{\frac{4}{k}}$이 자연수이므로 $f(n)=3$이다. 따라서 n을 p제곱수라 하고 $f(n)$을 생각한다.

$n=m^p$ (m, p는 자연수) 꼴로 나타낼 수 있는 가장 큰 p를 생각하자.

$n^{\frac{4}{k}}=m^{\frac{4p}{k}}$이 자연수이면 $\frac{4p}{k}$가 자연수이고, k는 $4p$의 약수이다.

$f(n)=8$이면 $4p$의 약수가 8개이다. 따라서 n이 최소이면 m, p가 최소이므로

$$m=2, \quad 4p=2^3\times3$$

따라서 n의 최솟값은 $m^p=2^6=64$이다. **답** 64

07

[전략] a, b, c를 각각 3, 7, 11의 거듭제곱으로 나타내고 $(abc)^n$을 정리한다.

$a^6=3$, $b^5=7$, $c^2=11$이므로

$$a=3^{\frac{1}{6}}, \ b=7^{\frac{1}{5}}, \ c=11^{\frac{1}{2}}$$

$$\therefore (abc)^n=(3^{\frac{1}{6}}\times7^{\frac{1}{5}}\times11^{\frac{1}{2}})^n$$
$$=3^{\frac{n}{6}}\times7^{\frac{n}{5}}\times11^{\frac{n}{2}}$$

따라서 $(abc)^n$이 자연수이면 n은 6, 5, 2의 공배수이고 n의 최솟값은 최소공배수 30이다. **답** 30

08

[전략] $3^{2x}-3^{x+1}+1=0$의 양변을 3^x으로 나누고 정리하면 $3^x+3^{-x}=3$이다. 이 식의 제곱, 세제곱, …을 생각한다.

$3^{2x}-3^{x+1}+1=0$의 양변을 3^x으로 나누면

$$3^x-3+3^{-x}=0, \ 3^x+3^{-x}=3 \quad \cdots ❶$$

❶의 양변을 제곱하면

$$3^{2x}+2+3^{-2x}=9, \ 3^{2x}+3^{-2x}=7$$

이 식의 양변을 제곱하면

$$3^{4x}+2+3^{-4x}=49, \ 3^{4x}+3^{-4x}=47$$

또 ❶의 양변을 세제곱하면

$$3^{3x}+3\times3^x\times3^{-x}(3^x+3^{-x})+3^{-3x}=27$$
$$3^{3x}+9+3^{-3x}=27, \ 3^{3x}+3^{-3x}=18$$

$$\therefore \frac{3^{4x}+3^{-4x}-2}{3^{3x}+3^{-3x}-3}=\frac{47-2}{18-3}=3$$ **답** ③

Note

$3^{3x}+3^{-3x}=(3^x+3^{-x})(3^{2x}-1+3^{-2x})=18$

09

[전략] $a^{3x}-a^{-3x}=4$를 변형하는 것보다는 $a^x-a^{-x}=m$을 세제곱하여 정리하는 것이 간단하다.

$a^x-a^{-x}=m$의 양변을 세제곱하면

$$a^{3x}-3a^xa^{-x}(a^x-a^{-x})-a^{-3x}=m^3$$

$a^{3x}-a^{-3x}=4$이므로 $4-3m=m^3$

$$(m-1)(m^2+m+4)=0$$

m은 실수이므로 $m=1$

이때 $a^x-a^{-x}=1$이므로

$$(a^x+a^{-x})^2=(a^x-a^{-x})^2+4=5$$

$a^x>0$이므로 $a^x+a^{-x}=\sqrt{5}$

$$\therefore n=a^{2x}-a^{-2x}=(a^x-a^{-x})(a^x+a^{-x})$$
$$=1\times\sqrt{5}=\sqrt{5}$$

$$\therefore mn=\sqrt{5}$$ **답** ③

10

[전략] 35, 28, 21의 최대공약수가 7임을 이용하여 a^7 꼴로 변형한다.

$$3^{35}=(3^5)^7, \ 4^{28}=(4^4)^7, \ 5^{21}=(5^3)^7$$

$3^5=243$, $4^4=256$, $5^3=125$이므로

$$(4^4)^7>(3^5)^7>(5^3)^7$$ **답** ④

11

[전략] $2^x=3^y=5^z$의 각 변을 적당히 거듭제곱하여 $2x$, $3y$, $5z$ 꼴이 나오게 한다.

$2^x=3^y=5^z$에서 $2^{30x}=3^{30y}=5^{30z}$

$$(2^{15})^{2x}=(3^{10})^{3y}=(5^6)^{5z} \quad \cdots ❶$$

$(2^3)^5<(3^2)^5$, $(5^2)^3<(2^5)^3$이므로 $5^6<2^{15}<3^{10}$

따라서 ❶이 성립하면 $5z>2x>3y$ **답** ②

다른 풀이

(i) $2^{2x-3y}=\dfrac{(2^x)^2}{2^{3y}}=\dfrac{(3^y)^2}{2^{3y}}=\dfrac{(3^2)^y}{(2^3)^y}=\left(\dfrac{9}{8}\right)^y>1$

$$\therefore 2x>3y$$

(ii) $2^{2x-5z}=\dfrac{(2^x)^2}{2^{5z}}=\dfrac{(5^z)^2}{2^{5z}}=\dfrac{(5^2)^z}{(2^5)^z}=\left(\dfrac{25}{32}\right)^z<1$

$$\therefore 2x<5z$$

(i), (ii)에서 $5z>2x>3y$

12

[전략] $2^{\frac{a}{b}}=3$이므로 $a+b=\frac{4}{3}ab$의 양변을 b로 나누고 $\frac{a}{b}$를 이용한다.

$2^a=3^b$에서 $2^{\frac{a}{b}}=3$ $\quad \cdots ❶$

$a+b=\dfrac{4}{3}ab$의 양변을 b로 나누면

$$\frac{a}{b}+1=\frac{4}{3}a, \ \frac{a}{b}=\frac{4}{3}a-1$$

❶에 대입하면

$$2^{\frac{4}{3}a-1}=3, \ 2^{\frac{4}{3}a}\div2=3, \ (2^a)^{\frac{4}{3}}=6, \ 2^a=6^{\frac{3}{4}}$$

$$\therefore 8^a\times3^b=2^{3a}\times2^a=2^{4a}=(6^{\frac{3}{4}})^4=6^3=216$$ **답** 216

다른 풀이

$2^a=3^b$에서 양변에 2^b을 곱하면

$$2^a\times2^b=3^b\times2^b, \ 2^{a+b}=6^b$$

$a+b=\dfrac{4}{3}ab$이므로 $2^{\frac{4}{3}ab}=6^b$

$$2^{\frac{4}{3}a}=6, \ 2^a=6^{\frac{3}{4}}$$

$$\therefore 8^a\times3^b=(2^a)^3\times2^a=(2^a)^4=(6^{\frac{3}{4}})^4=6^3=216$$

13

[전략] $36^a=64^b=k^c=t$로 놓고 $\dfrac{1}{a}, \dfrac{1}{b}, \dfrac{1}{c}$을 이용할 수 있는 꼴로 정리한다.

$36^a=64^b=k^c=t$라 하면

$$36=t^{\frac{1}{a}}, \ 64=t^{\frac{1}{b}}, \ k=t^{\frac{1}{c}}$$

$\dfrac{6}{a}+\dfrac{10}{b}=\dfrac{12}{c}$이므로

$$t^{\frac{6}{a}+\frac{10}{b}}=t^{\frac{12}{c}}, \ (t^{\frac{1}{a}})^6(t^{\frac{1}{b}})^{10}=(t^{\frac{1}{c}})^{12}$$

$$36^6\times 64^{10}=k^{12}$$

$$k^{12}=6^{12}\times 2^{60}=6^{12}\times(2^5)^{12}=(6\times 2^5)^{12}$$

$$\therefore k=6\times 2^5=192$$

답 ②

다른 풀이

$36^a=64^b=k^c=t$라 하면

$$a=\log_{36}t, \ b=\log_{64}t, \ c=\log_{k}t$$

$$\dfrac{1}{a}=\log_{t}36, \ \dfrac{1}{b}=\log_{t}64, \ \dfrac{1}{c}=\log_{t}k$$

$\dfrac{6}{a}+\dfrac{10}{b}=\dfrac{12}{c}$이므로

$$6\log_t 36+10\log_t 64=12\log_t k$$

$$12\log_t 6+60\log_t 2=12\log_t k$$

$$\log_t 6+5\log_t 2=\log_t k$$

$$\log_t (6\times 2^5)=\log_t k$$

$$\therefore k=6\times 2^5=192$$

14

[전략] $2^a\times 2^b\times 2^c=2^{a+b+c}$이므로 $2^a=x, \ 2^b=y, \ 2^c=z$로 치환하면 식을 쉽게 정리할 수 있다.

$2^a\times 2^b\times 2^c=2^{a+b+c}=2^{-1}=\dfrac{1}{2}$이므로

$2^a=x, \ 2^b=y, \ 2^c=z$라 하면

$$xyz=\dfrac{1}{2}$$

$2^a+2^b+2^c=\dfrac{13}{4}$에서 $x+y+z=\dfrac{13}{4}$ ⋯ ❶

$4^a+4^b+4^c=\dfrac{81}{16}$에서 $x^2+y^2+z^2=\dfrac{81}{16}$

❶의 양변을 제곱하면

$$x^2+y^2+z^2+2(xy+yz+zx)=\dfrac{169}{16}$$

$$\dfrac{81}{16}+2(xy+yz+zx)=\dfrac{169}{16}$$

$$xy+yz+zx=\dfrac{11}{4}$$

$$\therefore 2^{-a}+2^{-b}+2^{-c}=\dfrac{1}{x}+\dfrac{1}{y}+\dfrac{1}{z}$$

$$=\dfrac{xy+yz+zx}{xyz}$$

$$=\dfrac{\dfrac{11}{4}}{\dfrac{1}{2}}=\dfrac{11}{2}$$

답 ④

15

[전략] 높이가 같은 두 평행사변형의 넓이의 비는 밑변의 길이의 비와 같다.

오른쪽 그림에서 작은 사각형의 넓이를 P, Q, R, S라 하면

$$P : Q=\overline{AC} : \overline{CB},$$

$$R : S=\overline{AC} : \overline{CB},$$

$$\therefore P : Q=R : S, \ PS=QR$$

문제에서 $3^5\times 2^a\times 2^5\times 3^b=4^a\times 9^b$

$$3^5\times 2^a\times 2^5\times 3^b=2^{2a}\times 3^{2b}, \ 3^5\times 2^5=2^a\times 3^b$$

a, b는 자연수이므로 $a=5, b=5$

답 $a=5, b=5$

16

[전략] $16-x^2-y^2>0$이므로 가능한 x, y의 절댓값은 4보다 작다. 따라서 $x=3, 2, \cdots, -2, -3$일 때로 나눈다.

밑의 조건에서 $xy>0$이고 $xy\neq 1$

따라서 $x\neq 0, \ y\neq 0$이고 x와 y의 부호는 같다.

진수 조건에서 $16-x^2-y^2>0, \ x^2+y^2<16$

(ⅰ) $x=3$일 때 $y=1, 2$

(ⅱ) $x=2$일 때 $y=1, 2, 3$

(ⅲ) $x=1$일 때 $xy\neq 1$이므로 $y=2, 3$

$x=-1, -2, -3$인 경우도 마찬가지이므로 순서쌍의 개수는

$$2\times(2+3+2)=14$$

답 ③

17

[전략] 로그의 정의를 이용하여 m, n의 관계식을 구한다.

$\log_m 2=\dfrac{n}{100}$에서 $2=m^{\frac{n}{100}}, \ 2^{\frac{100}{n}}=m$

m, n이 자연수이므로 n은 100의 약수이다.

$100=2^2\times 5^2$이므로 가능한 n은 $3\times 3=9$(개)이고 n이 정해지면 m은 따라서 정해진다.

따라서 순서쌍 (m, n)의 개수는 9이다.

답 ④

18

[전략] $3^n\leq a<3^{n+1}$일 때 $[\log_3 a]=n$이다.

$1\leq a<3$일 때,

$$0\leq \log_3 a<1, \ [\log_3 a]=0$$

$3\leq a<3^2$일 때,

$$1\leq \log_3 a<2, \ [\log_3 a]=1$$

$3^2\leq a<3^3$일 때,

$$2\leq \log_3 a<3, \ [\log_3 a]=2$$

$3^3\leq a<3^4$일 때,

$$3\leq \log_3 a<4, \ [\log_3 a]=3$$

$3^5>100$이므로 $3^4\leq a\leq 100$일 때,

$$4\leq \log_3 a<5, \ [\log_3 a]=4$$

$$\therefore \text{(주어진 식)}$$

$$=(3-1)\times 0+(3^2-3)\times 1+(3^3-3^2)\times 2$$

$$+(3^4-3^3)\times 3+(100-3^4+1)\times 4$$

$$=284$$

답 284

19

[전략] a_1을 먼저 구하고, 주어진 식에 2를 곱해나가면 a_2, a_3의 값을 차례로 구할 수 있다.

$$\log_3 2 = a_1 + \frac{a_2}{2} + \frac{a_3}{2^2} + \frac{a_4}{2^3} + \cdots \qquad \cdots \text{❶}$$

$0 < \log_3 2 < 1$이므로 $a_1 = 0$

❶×2를 하면 $\log_3 2^2 = a_2 + \frac{a_3}{2} + \frac{a_4}{2^2} + \cdots \qquad \cdots \text{❷}$

$3 < 2^2 < 3^2$에서 $1 < \log_3 2^2 < 2$이므로 $a_2 = 1$

❷×2를 하면 $\log_3 2^4 = 2 + a_3 + \frac{a_4}{2} + \cdots$

$3^2 < 2^4 < 3^3$에서 $2 < \log_3 2^4 < 3$이므로 $a_3 = 0$

답 $a_1 = 0$, $a_2 = 1$, $a_3 = 0$

20

[전략] $a^2 - 2ab - 7b^2 = 0$의 양변을 b^2으로 나누면 $\frac{a}{b}$의 값을 구할 수 있다.

$a^2 - 2ab - 7b^2 = 0$의 양변을 b^2으로 나누면

$$\left(\frac{a}{b}\right)^2 - 2 \times \frac{a}{b} - 7 = 0$$

$\frac{a}{b} > 0$이므로 $\frac{a}{b} = 1 + 2\sqrt{2}$

$$\therefore \log_2(a^2 + ab - 2b^2) - \log_2(a^2 - ab - 5b^2)$$
$$= \log_2 \frac{a^2 + ab - 2b^2}{a^2 - ab - 5b^2}$$
$$= \log_2 \frac{\left(\frac{a}{b}\right)^2 + \frac{a}{b} - 2}{\left(\frac{a}{b}\right)^2 - \frac{a}{b} - 5}$$
$$= \log_2 \frac{(1 + 2\sqrt{2})^2 + 1 + 2\sqrt{2} - 2}{(1 + 2\sqrt{2})^2 - 1 - 2\sqrt{2} - 5}$$
$$= \log_2 \frac{8 + 6\sqrt{2}}{3 + 2\sqrt{2}}$$
$$= \log_2 \frac{(8 + 6\sqrt{2})(3 - 2\sqrt{2})}{(3 + 2\sqrt{2})(3 - 2\sqrt{2})}$$
$$= \log_2 2\sqrt{2} = \frac{3}{2}$$

답 ⑤

21

[전략] $2\log_a c - 3\log_b c = 0$에서 밑이 c인 로그로 변형한 다음, c 없이 로그를 표현하는 방법을 생각한다.

$2\log_a c - 3\log_b c = 0$에서

$$\frac{2}{\log_c a} - \frac{3}{\log_c b} = 0$$

$$\frac{\log_c b}{\log_c a} = \frac{3}{2}, \ \log_a b = \frac{3}{2}$$

이때 $\log_b a = \frac{2}{3}$이므로

$$\log_a b - \log_b a = \frac{3}{2} - \frac{2}{3} = \frac{5}{6}$$

답 ⑤

22

[전략] $\frac{\log a + \log b}{2} = \log \frac{a + b}{p}$ 를 정리하고 a, b에 대한 식을 구한다.

$\log a + \log b = 2\log \frac{a + b}{p}$이므로

$$\log ab = \log \left(\frac{a + b}{p}\right)^2$$

$$ab = \left(\frac{a + b}{p}\right)^2, \ ab = \frac{a^2 + b^2 + 2ab}{p^2}$$

$$ab = \frac{14ab + 2ab}{p^2}, \ ab = \frac{16ab}{p^2}$$

$$\therefore p^2 = 16$$

$\frac{a + b}{p} > 0$이므로 $p > 0$이다.

$$\therefore p = 4$$

답 4

23

[전략] $\log_{25}(a - b) = \log_9 a = \log_{15} b = k$로 놓고 $a - b$, a, b를 k로 나타내면 a, b에 대한 식을 구할 수 있다.

$\log_{25}(a - b) = \log_9 a = \log_{15} b = k$라 하면

$$a - b = 25^k = 5^{2k} \qquad \cdots \text{❶}$$
$$a = 9^k = 3^{2k} \qquad \cdots \text{❷}$$
$$b = 15^k = 3^k \times 5^k \qquad \cdots \text{❸}$$

❶×❷=❸²이므로

$$(a - b)a = b^2, \ b^2 + ab - a^2 = 0$$

양변을 a^2으로 나누면

$$\left(\frac{b}{a}\right)^2 + \left(\frac{b}{a}\right) - 1 = 0$$

$\frac{b}{a} > 0$이므로 $\frac{b}{a} = \frac{-1 + \sqrt{5}}{2}$

답 ③

24

[전략] $a^3 = b^4 = c^6 = k$로 놓고 a, b, c를 k로 나타낸 후 (가)를 이용한다.

(가)에서 $\log_2 abc = 6$

$$\therefore abc = 2^6 \qquad \cdots \text{❶}$$

(나)에서 $a^3 = b^4 = c^6 = k$라 하면

$$a = k^{\frac{1}{3}}, \ b = k^{\frac{1}{4}}, \ c = k^{\frac{1}{6}}$$

❶에 대입하면

$$k^{\frac{1}{3} + \frac{1}{4} + \frac{1}{6}} = 2^6, \ k^{\frac{3}{4}} = 2^6$$

$$\therefore k = (2^6)^{\frac{4}{3}} = 2^8$$

이때 $a = 2^{\frac{8}{3}}$, $b = 2^2$, $c = 2^{\frac{4}{3}}$이므로

$$\log_2 a \times \log_2 b \times \log_2 c = \frac{8}{3} \times 2 \times \frac{4}{3} = \frac{64}{9}$$

답 ⑤

25

[전략] x, y, z에 대입하고 식을 정리한다.

이때 밑과 진수가 순환하는 꼴임을 이용한다.

$\log_a b \times \log_b a = 1$, $\log_a b \times \log_b c = \log_a c$

$$xy = \log_a b \times \log_b c = \frac{\log b}{\log a} \times \frac{\log c}{\log b} = \frac{\log c}{\log a} = \log_a c$$

$$yz = \log_b c \times \log_c a = \log_b a$$

$$zx = \log_c a \times \log_a b = \log_c b$$

이므로

$$\frac{x}{xy+x+1} + \frac{y}{yz+y+1} + \frac{z}{zx+z+1}$$

$$= \frac{\log_a b}{\log_a c + \log_a b + \log_a a} + \frac{\log_b c}{\log_b a + \log_b c + \log_b b}$$

$$+ \frac{\log_c a}{\log_c b + \log_c a + \log_c c}$$

$$= \frac{\log_a b}{\log_a abc} + \frac{\log_b c}{\log_b abc} + \frac{\log_c a}{\log_c abc}$$

$$= \log_{abc} b + \log_{abc} c + \log_{abc} a$$

$$= \log_{abc} abc = 1$$　　　　　답 ③

다른풀이

$$\log_a b \times \log_b c \times \log_c a = \frac{\log b}{\log a} \times \frac{\log c}{\log b} \times \frac{\log a}{\log c} = 1$$

이므로 $xyz = 1$, $z = \dfrac{1}{xy}$

$$\therefore \frac{x}{xy+x+1} + \frac{y}{yz+y+1} + \frac{z}{zx+z+1}$$

$$= \frac{x}{xy+x+1} + \frac{y}{y\times\frac{1}{xy}+y+1} + \frac{\frac{1}{xy}}{\frac{1}{xy}\times x + \frac{1}{xy} + 1}$$

$$= \frac{x}{xy+x+1} + \frac{xy}{1+xy+x} + \frac{1}{x+1+xy}$$

$$= \frac{x+xy+1}{xy+x+1} = 1$$

26

[전략] 두 양의 실근을 가지므로 p, q의 범위를 확인해야 한다.

$D \geq 0$, $\alpha + \beta > 0$, $\alpha\beta > 0$

$\log_2 (\alpha+\beta) = \log_2 \alpha + \log_2 \beta + 1$에서

$$\log_2 (\alpha+\beta) = \log_2 2\alpha\beta$$

$$\therefore \alpha+\beta = 2\alpha\beta \quad \cdots ❶$$

α, β가 $x^2 + px + q = 0$의 두 근이므로

$$\alpha+\beta = -p, \ \alpha\beta = q$$

❶에 대입하면 $-p = 2q$

이때 이차방정식은 $x^2 - 2qx + q = 0$이다.

이 방정식의 두 근이 양수이므로

(i) $\dfrac{D}{4} = q^2 - q \geq 0$　　$\therefore q \leq 0$ 또는 $q \geq 1$

(ii) $\alpha+\beta = 2q > 0$, $\alpha\beta = q > 0$

(i), (ii)에서 $q \geq 1$

따라서 $q - p = 3q$의 최솟값은 $q = 1$일 때 3이다.　　답 3

27

[전략] $\log_{a^2} b = \dfrac{1}{2} \log_a b$, $\log_b a = \dfrac{1}{\log_a b}$임을 이용하여

밑이 a인 로그로 통일하고 정리한다.

조건식에서

$$\log_{a^2} \frac{b}{2} + \log_{a^2} 2 = \frac{1}{2} \log_b a$$

$$\log_{a^2} b = \frac{1}{2} \log_b a, \ \frac{1}{2} \log_a b = \frac{1}{2} \log_b a$$

$$\log_a b = \frac{1}{\log_a b}, \ (\log_a b)^2 = 1$$

$\log_a b = 1$ 또는 $\log_a b = -1$

$\qquad \therefore b = a$ 또는 $b = \dfrac{1}{a}$

$a \neq b$이므로 $b = \dfrac{1}{a}$

$\qquad \therefore 16a + b = 16a + \dfrac{1}{a} \geq 2\sqrt{16a \times \dfrac{1}{a}} = 8$

$\left(\text{단, 등호는 } 16a = \dfrac{1}{a}\text{일 때 성립}\right)$

따라서 $16a + b$의 최솟값은 8이다.　　답 ③

28

[전략] $\log_a b = \dfrac{n}{m}$ (m, n은 서로소)이라 하고 a, b의 관계부터 구한 다음

$1 < a < b < a^2 < 100$을 이용한다.

$\log_a b$가 유리수이므로 $\log_a b = \dfrac{n}{m}$ (m, n은 서로소)이라 하면

$$b = a^{\frac{n}{m}}$$

$1 < a < b < a^2 < 100$에 대입하면

$$1 < a < a^{\frac{n}{m}} < a^2 < 100 \quad \cdots ❶$$

$a > 1$, $a^2 < 100$이므로 $1 < a < 10$

또 $b = a^{\frac{n}{m}}$이 정수이므로 $a = p^m$ (p는 1보다 큰 정수) 꼴이다.

(i) $m = 1$일 때 ❶은 $1 < a < a^n < a^2 < 100$

이 식을 만족시키는 정수 n은 없다.

(ii) $m = 2$일 때 $1 < a < 10$이므로

$\qquad a = 2^2$ 또는 $a = 3^2$

❶에서 $n = 3$이므로 $b = 2^3$ 또는 $b = 3^3$

(iii) $m = 3$일 때 $a = 2^3$

❶에서 $n = 4$ 또는 $n = 5$이므로

$\qquad b = 2^4$ 또는 $b = 2^5$

(iv) $m \geq 4$일 때 $1 < a < 10$에서 가능한 a가 없다.

따라서 b값의 합은 $2^3 + 2^4 + 2^5 + 3^3 = 83$　　답 ⑤

29

[전략] $\log x = f(x) + g(x)$이고 $g(x) = 0$이면 $x = 10^{f(x)}$ 꼴이다.

① $\log 2000 = 3 + \log 2$이고

$0 < \log 2 < 1$이므로 정수 부분은 3이다. (거짓)

② $a=1$, $b=1$이면 $\log ab=0$, $\log a=0$, $\log b=0$이므로
$g(ab)=g(a)$이지만 $g(b)=0$이다. (거짓)

③ a, b가 양수일 때 $\log ab=\log a+\log b$이므로
$f(ab)+g(ab)=f(a)+g(a)+f(b)+g(b)$
따라서 $f(ab)=f(a)+f(b)$이면 $g(ab)=g(a)+g(b)$이다.
(참)

④ $\log 2^3$의 정수 부분은 0, 소수 부분은 $\log 2^3$이다.
또 $\log 2$의 정수 부분은 0, 소수 부분은 $\log 2$이다.
따라서 $f(2^3)=0$, $g(2^3)=\log 2^3=3\log 2$
$\{f(2)\}^3=0$, $\{g(2)\}^3=(\log 2)^3$
$\therefore f(a^3)+g(a^3)\ne\{f(a)\}^3+\{g(a)\}^3$ (거짓)

⑤ a, b가 한 자리 자연수이면 $1\le ab\le 81$
따라서 $g(ab)=0$이면 $ab=1$ 또는 $ab=10$이고 가능한 순서
쌍 (a, b)는 $(1, 1)$, $(2, 5)$, $(5, 2)$이므로 3개이다. (참)
따라서 옳은 것은 ③, ⑤이다. 　　　　　　　　　답 ③, ⑤

30

[전략] $\log a$와 $\log b$의 소수 부분이 같으므로
두 수의 차가 정수임을 이용한다.

$\log_2 b-\log_2 a=\log_2\dfrac{b}{a}$는 정수이다.

$10<a<b<50$이므로 $1<\dfrac{b}{a}<5$

$\therefore \log_2 1<\log_2\dfrac{b}{a}<\log_2 5$

$\log_2\dfrac{b}{a}$는 정수이므로 $\log_2\dfrac{b}{a}=1$ 또는 $\log_2\dfrac{b}{a}=2$

(i) $\dfrac{b}{a}=2$, 곧 $b=2a$일 때, $a=11$, 12, $\cdots$, 24

(ii) $\dfrac{b}{a}=2^2$, 곧 $b=4a$일 때, $a=11$, 12

따라서 순서쌍 (a, b)의 개수는 $14+2=16$ 　　　답 ②

Note

소수 부분이 같다. $\Rightarrow$ 두 수의 차가 정수
소수 부분의 합이 1이다. $\Rightarrow$ 두 수의 합이 정수

31

[전략] $\log_2 77$, $\log_5 77$에서 정수 부분을 빼면 소수 부분이다.

$2^6<77<2^7$이므로 $6<\log_2 77<7$

$\therefore a=\log_2 77-6$

$5^2<77<5^3$이므로 $2<\log_5 77<3$

$\therefore b=\log_5 77-2$

이때

$2^{p+a}\times 5^{q+b}=2^{p-6+\log_2 77}\times 5^{q-2+\log_5 77}$
$\qquad=2^{p-6}\times 2^{\log_2 77}\times 5^{q-2}\times 5^{\log_5 77}$
$\qquad=2^{p-6}\times 77\times 5^{q-2}\times 77$
$\qquad=7^2\times 11^2\times 2^{p-6}\times 5^{q-2}$

$250=2\times 5^3$이므로 $2^{p+a}\times 5^{q+b}$이 250의 배수이면
$\qquad p-6\ge 1$, $q-2\ge 3$ 　　$\therefore p\ge 7$, $q\ge 5$
따라서 $p+q$의 최솟값은 $7+5=12$ 　　　　　　答 ②

32

[전략] N은 100 이하의 자연수이므로 $0\le\log N\le 2$이다.
이 부등식과 $\log N^3=3\log N$을 이용하여 m의 범위를 구한다.

N은 100 이하의 자연수이므로 $1\le N\le 100$

$\therefore 0\le\log N\le 2$ 　　　$\cdots$ ❶

$m\le\log N\le m+1$ 　　　$\cdots$ ❷

$m+2\le\log N^3\le m+3$에서

$m+2\le 3\log N\le m+3$

$\therefore \dfrac{m+2}{3}\le\log N\le\dfrac{m+3}{3}$ 　　　$\cdots$ ❸

❶, ❷의 공통부분이 있어야 하므로

$m\le 2$이고 $m+1\ge 0$ 　　$\therefore -1\le m\le 2$

m은 정수이므로 $m=-1$, 0, 1, 2

$m=-1$일 때 ❶, ❷, ❸의 공통부분이 없다.

$m=0$일 때 ❶, ❷, ❸의 공통부분은 $\dfrac{2}{3}\le\log N\le 1$

$m=1$일 때 ❶, ❷, ❸의 공통부분은 $1\le\log N\le\dfrac{4}{3}$

$m=2$일 때 ❶, ❷, ❸의 공통부분이 없다.

따라서 $\dfrac{2}{3}\le\log N\le\dfrac{4}{3}$이면 정수 m이 있다.

이때 $10^{\frac{2}{3}}\le N\le 10^{\frac{4}{3}}$, $10^2\le N^3\le 10^4$

따라서 자연수 N의 최솟값은 5, 최댓값은 21이므로 합은 26이
다. 　　　　　　　　　　　　　　　　　　　　答 26

33

[전략] n이 100 이하의 자연수일 때 가능한 $f(n)$의 값부터 생각한다.

n이 100 이하의 자연수이므로 $f(n)=0$ 또는 1 또는 2이다.

(i) $f(n)=0$일 때 $1\le n<10$ 　　　　　$\cdots$ ❶

또 $f(2n+3)=1$이므로

$10\le 2n+3<100$, $\dfrac{7}{2}\le n<\dfrac{97}{2}$ 　　　$\cdots$ ❷

❶, ❷를 만족시키는 자연수 n은 4, 5, 6, 7, 8, 9이고 6개이다.

(ii) $f(n)=1$일 때 $10\le n<100$ 　　　　$\cdots$ ❸

또 $f(2n+3)=2$이므로

$100\le 2n+3<1000$, $\dfrac{97}{2}\le n<\dfrac{997}{2}$ 　　$\cdots$ ❹

❸, ❹를 만족시키는 자연수 n은 49, 50, $\cdots$, 99이고 51개이다.

(iii) $f(n)=2$일 때 $n=100$이고
$f(2n+3)=f(203)=2$이므로 성립하지 않는다.

(i), (ii), (iii)에서 n의 개수는 57이다. 　　　　　　答 ③

34

[전략] $\log n \geq 0$이므로 $[\log n]$과 $\log n$의 정수 부분이 같다.

$[\log n]$은 $\log n$의 정수 부분이므로

$\log n - [\log n] = \alpha$라 하면 $0 \leq \alpha < 1$

$\qquad \log n^5 = 5\log n = 5[\log n] + 5\alpha$

따라서 $[\log n^5] = 5[\log n] + 2$이면

$\qquad 2 \leq 5\alpha < 3,\ 0.4 \leq \alpha < 0.6$

n은 1000보다 작은 자연수이므로 $0 \leq [\log n] < 3$

(ⅰ) $[\log n] = 0$일 때

$\log n = \alpha$이므로 $0.4 \leq \log n < 0.6$

$\log 2.51 = 0.4$, $\log 3.98 = 0.6$이므로

$\qquad 2.51 \leq n < 3.98$

따라서 자연수 n은 1개

(ⅱ) $[\log n] = 1$일 때

$\log n = 1 + \alpha$이므로 $1 + 0.4 \leq \log n < 1 + 0.6$

$\qquad \log 10 + \log 2.51 \leq \log n < \log 10 + \log 3.98$

$\qquad 25.1 \leq n < 39.8$

따라서 자연수 n은 14개

(ⅲ) $[\log n] = 2$일 때

$\log n = 2 + \alpha$이므로 $2 + 0.4 \leq \log n < 2 + 0.6$

$\qquad \log 10^2 + \log 2.51 \leq \log n < \log 10^2 + \log 3.98$

$\qquad 251 \leq n < 398$

따라서 자연수 n은 147개

(ⅰ), (ⅱ), (ⅲ)에서 자연수 n은 162개이다. **답** 162

35

[전략] 3^n이 10자리 자연수이면 $10^9 \leq 3^n < 10^{10}$이다.

$10^9 \leq 3^n < 10^{10}$이므로 $\log 10^9 \leq \log 3^n < \log 10^{10}$

$\qquad 9 \leq 0.48n < 10,\ 18.75 \leq n < 20.833\cdots$

n은 자연수이므로 $n = 19,\ 20$

따라서 n값의 합은 39이다. **답** ⑤

36

[전략] $\log \dfrac{2^{50}}{3^{80}}$의 값을 $\alpha + n\ (0 \leq \alpha < 1,\ n$은 정수) 꼴로 고치면

주어진 표를 이용하여 $\dfrac{2^{50}}{3^{80}} = A \times 10^n\ (1 \leq A < 10)$ 꼴로

나타낼 수 있다.

$\log \dfrac{2^{50}}{3^{80}} = 50\log 2 - 80\log 3$

$\qquad\qquad = 50 \times 0.3010 - 80 \times 0.4771$

$\qquad\qquad = -23.118 = -24 + 0.882$

표에서 $\log 7.62 = 0.882$이므로

$\qquad \log \dfrac{2^{50}}{3^{80}} = -24 + \log 7.62$

곧, $\dfrac{2^{50}}{3^{80}} = 7.62 \times 10^{-24}$이므로 소수점 아래 24째 자리에서 처음

으로 0이 아닌 숫자 7이 나온다.

$\qquad \therefore m = 7,\ n = 24$ **답** $m = 7,\ n = 24$

Note

$7.62 \times 10^{-1} = 0.762 \Rightarrow$ 소수점 아래 첫째 자리에서 처음으로 0이 아닌 숫자
7이 나온다.

$7.62 \times 10^{-n} \Rightarrow$ 소수점 아래 n째 자리에서 처음으로 0이 아닌 숫자 7이 나온다.

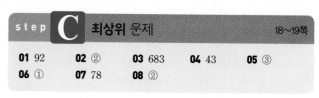

step C 최상위 문제   18~19쪽

| 01 92 | 02 ② | 03 683 | 04 43 | 05 ③ |
| 06 ① | 07 78 | 08 ② | | |

01

[전략] $f(8)$, $f^2(8)$, $f^3(8)$, $\cdots$을 차례로 구해서 규칙을 찾는다.

또 $\{f^{62}(8)\}^{\frac{1}{k}}$이 유리수이므로 k가 음수일 수 있다는 것에 주의한다.

$\qquad f(8) = \sqrt{8} = 2^{\frac{3}{2}}$

$\qquad f^2(8) = 2^{-18}$

$\qquad f^3(8) = 2^{-9}$

$\qquad f^4(8) = 2^{-\frac{9}{2}}$

$\qquad f^5(8) = 2^{3^3 \times 2}$

$\qquad f^6(8) = 2^{3^3}$

$\qquad\qquad \vdots$

곧, $f^{6n}(8) = 2^{3^{3n+1}}$이므로

$\qquad f^{60}(8) = 2^{3^{31}},\ f^{61}(8) = 2^{3^{31} \times \frac{1}{2}},\ f^{62}(8) = 2^{-3^{32} \times 2}$

$\{f^{62}(8)\}^{\frac{1}{k}} = 2^{-\frac{3^{32} \times 2}{k}}$이 유리수이면 k는 $3^{32} \times 2$의 약수이거나

약수에 음의 부호가 붙은 수이다.

따라서 k의 개수는 $2 \times (23 \times 2) = 92$ **답** 92

02

[전략] $\log_n k = \dfrac{q}{p}$라 하면 $k = n^{\frac{q}{p}}$이므로 $n = m^p$ 꼴이다. 이때 가능한 q의

값을 생각한다.

$1 \leq k \leq n$이므로 $0 \leq \log_n k \leq 1$이다.

따라서 $\log_n k$가 유리수라 하면

$\log_n k = \dfrac{q}{p}$ (p는 자연수, q는 0 또는 자연수, $0 \leq q \leq p$)이다.

$\qquad \therefore k = n^{\frac{q}{p}}$

k, n이 자연수이므로 $n = m^p$ ($m \geq 2$인 자연수) 꼴이다.

(ⅰ) $n = 2^p$일 때 가능한 k는 $k = 2^0,\ 2^1,\ 2^2,\ \cdots,\ 2^p$

$f(n) = p + 1$이고, $f(n) \geq 5$이므로 $p \geq 4$

$2^p \leq 100$이므로 $p \leq 6$

따라서 가능한 n은 $2^4,\ 2^5,\ 2^6$

(ⅱ) $n = 3^p$일 때 가능한 k는 $3^0,\ 3^1,\ 3^2,\ \cdots,\ 3^p$

$f(n) \geq 5$에서 $p \geq 4$이고 $3^p \leq 100$이므로 $p \leq 4$

따라서 가능한 n은 3^4

(ⅲ) $n = m^p$ ($m \geq 4$)이면 $m^p \leq 100$에서 $p < 4$

이때 $f(n) = p + 1 < 5$이므로 가능한 n은 없다.

(ⅰ), (ⅱ)에서 n값의 합은 $2^4 + 2^5 + 2^6 + 3^4 = 193$ **답** ②

03

[전략] $[\log N]$은 $\log N$의 정수 부분이다.

$\log N-[\log N]=a$로 놓고 $0\le a<1$임을 이용한다.

$[\log N]=n$, $\log N-[\log N]=a$라 하면 n은 정수이고 $0\le a<1$이다.

$\log N^2=2\log N=2n+2a$이므로

$$[\log N^2]=[2n+2a]=2n+[2a]$$

(가)에 대입하면 $n+3=2n+[2a]$

$0\le 2a<2$이므로 $[2a]=0$ 또는 $[2a]=1$

(i) $[2a]=0$일 때 $0\le a<\dfrac{1}{2}$이고 $n=3$

　(나)에 대입하면

　　$a>2(n+a)-2n$, $a<0$

　따라서 이런 경우는 없다.

(ii) $[2a]=1$일 때 $\dfrac{1}{2}\le a<1$이고 $n=2$

　(나)에 대입하면

　　$a>2(n+a)-(2n+1)$, $a<1$

(i), (ii)에서 $\log N=2+a$, $\dfrac{1}{2}\le a<1$이다.

곧, $\dfrac{5}{2}\le \log N<3$, $10^{\frac{5}{2}}\le N<10^3$

$316^2<10^5<317^2$이므로 $316<10^{\frac{5}{2}}<317$

따라서 자연수 N은 317, 318, $\cdots$, 999이고 683개이다.

답 683

04

[전략] $2^n\le x<2^{n+1}$이면 $n\le \log_2 x<n+10$이고 $[\log_2 x]=n$이다.

　　　$[\log_3 x]$, $[\log_4 x]$도 같은 방법으로 생각한다.

$2^7<200<2^8<300<2^9$이므로

(i) $200\le x<2^8$일 때 $7<\log_2 x<8$이고

　　$[\log_2 x]=7$

　또 $2^8=4^4$이므로 $200\le x<4^4$

　따라서 $3<\log_4 x<4$이고 $[\log_4 x]=3$

　(나)에서 $[\log_3 x]=4$

　　$4\le \log_3 x<5$, $3^4\le x<3^5$

　$200\le x<2^8$과 공통부분은 $200\le x<3^5=243$

(ii) $2^8\le x\le 300$일 때 $8\le \log_2 x<9$이고

　　$[\log_2 x]=8$

　또 $4^4\le x\le 300$이므로 $4\le \log_4 x<5$이고

　　$[\log_4 x]=4$

　(나)에서 $[\log_3 x]=4$

　　$4\le \log_3 x<5$, $3^4\le x<3^5$

　$2^8\le x\le 300$과 공통부분이 없다.

(i), (ii)에서 $200\le x<3^5=243$이므로 자연수 x의 개수는 43이다.

답 43

05

[전략] $\log_a b$가 유리수이면 $\log_a \dfrac{1}{b}=-\log_a b$도 유리수이다.

　　　따라서 $1\le b\le a$인 경우부터 조사한다.

$1<x<a$이고 $\log_a x$가 유리수이면

$\dfrac{1}{a}<\dfrac{1}{x}<1$이고 $\log_a \dfrac{1}{x}=-\log_a x$도 유리수이다.

또 $\log_a 1=0$, $\log_a a=1$, $\log_a \dfrac{1}{a}=-1$이므로 유리수이다.

따라서 $1<b<a$일 때 $\log_a b$가 유리수인 값의 개수를 $g(a)$라 하면 $f(a)=2g(a)+3$이므로 $g(a)\ge 2$인 자연수 a의 개수를 찾아도 된다.

$\log_a b=\dfrac{p}{q}$ (p, q는 $p<q$인 자연수)라 하면 $b=a^{\frac{p}{q}}$

$a=m^k$ (m, k는 자연수)라 하면 $a\le 100$이므로 k의 최댓값은 $m=2$일 때 $k=6$이다.

(i) $k=6$일 때 $q=6$, $p=1, 2, 3, 4, 5$가 가능하므로 $g(a)=5$

　따라서 $a=2^6$

(ii) $k=5$일 때 $q=5$, $p=1, 2, 3, 4$가 가능하므로 $g(a)=4$

　따라서 $a=2^5$

(iii) $k=4$일 때 $q=4$, $p=1, 2, 3$이 가능하므로 $g(a)=3$

　따라서 $a=2^4, 3^4$

(iv) $k=3$일 때 $q=3$, $p=1, 2$가 가능하므로 $g(a)=2$

　따라서 $a=2^3, 3^3, 4^3$

　그런데 $4^3=2^6$이므로 중복이다.

(v) $k=2$일 때 $q=2$, $p=1$이 가능하므로 $g(a)=1$, $f(a)=5$

(vi) $k=1$일 때 $g(a)=0$, $f(a)=3$

(i)~(vi)에서 a의 개수는 $1+1+2+2=6$

답 ③

06

[전략] m, n이 홀수 또는 짝수인 경우로 나누어 $f(m)$, $f(n)$, $f(mn)$을 생각한다.

(i) m, n이 홀수일 때, mn도 홀수이므로

　　$f(m)=\log_3 m$, $f(n)=\log_3 n$

　　$f(mn)=\log_3 mn=\log_3 m+\log_3 n$

　따라서 $f(mn)=f(m)+f(n)$이고

　순서쌍 (m, n)의 개수는 $10\times 10=100$

(ii) m, n이 짝수일 때, mn도 짝수이므로

　　$f(m)=\log_2 m$, $f(n)=\log_2 n$

　　$f(mn)=\log_2 mn=\log_2 m+\log_2 n$

　따라서 $f(mn)=f(m)+f(n)$이고

　순서쌍 (m, n)의 개수는 $10\times 10=100$

(iii) m은 홀수, n은 짝수일 때, mn은 짝수이므로

　　$f(m)=\log_3 m$, $f(n)=\log_2 n$

　　$f(mn)=\log_2 mn=\log_2 m+\log_2 n$

　$f(mn)=f(m)+f(n)$이 성립하려면

　　$\log_2 m+\log_2 n=\log_3 m+\log_2 n$

　　$\log_2 m=\log_3 m$　　$\therefore m=1$　　$\cdots$ ❶

　따라서 순서쌍 (m, n)의 개수는 10이다.

(iv) m은 짝수, n은 홀수일 때

(iii)과 마찬가지로 $n=1$이므로 순서쌍 (m, n)의 개수는 10이다.

(i)~(iv)에서 순서쌍 (m, n)의 개수는

$$100+100+10+10=220$$

답 ①

Note

❶에서 $\log_2 m = \log_3 m$, $\log_2 m = \dfrac{\log_2 m}{\log_2 3}$

$\log_2 m(1-\log_3 2)=0$

$1-\log_3 2 \neq 0$이므로 $\log_2 m=0$ ∴ $m=1$

07

[전략] $\log_2(na-a^2)=\log_2(nb-b^2)=k$로 놓고 식을 정리한다.

$\log_2(na-a^2)=\log_2(nb-b^2)=k$ (k는 자연수)라 하면

$$na-a^2=2^k, \quad nb-b^2=2^k$$

이므로 $f(x)=x^2-nx+2^k$이라 하면 $f(a)=f(b)=0$

곧, $y=f(x)$의 그래프는 x축과 $x=a$, $x=b$에서 만난다.

그래프의 축 $x=\dfrac{n}{2}$에 $x=a$, $x=b$는 대칭이고

$0<b-a\leq\dfrac{n}{2}$이므로 $\dfrac{n}{2}-a\leq\dfrac{n}{4}$이다. 따라서

$$f\left(\frac{n}{2}\right)=2^k-\frac{n^2}{4}<0$$

$$f\left(\frac{n}{4}\right)=2^k-\frac{3}{16}n^2\geq0$$

$$\therefore 2^{k+2}<n^2\leq\frac{2^{k+4}}{3}$$

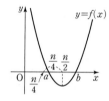

$2^9>20^2$이므로 $n\leq20$이면 $k<7$이다.

(i) $k=1$일 때 $8<n^2\leq\dfrac{32}{3}$

n은 자연수이므로 $n=3$

(ii) $k=2$일 때 $16<n^2\leq\dfrac{64}{3}$

자연수 n은 없다.

(iii) $k=3$일 때 $32<n^2\leq\dfrac{128}{3}$ ∴ $n=6$

(iv) $k=4$일 때 $64<n^2\leq\dfrac{256}{3}$ ∴ $n=9$

(v) $k=5$일 때 $128<n^2\leq\dfrac{512}{3}$ ∴ $n=12$ 또는 $n=13$

(vi) $k=6$일 때 $256<n^2\leq\dfrac{1024}{3}$ ∴ $n=17$ 또는 $n=18$

따라서 n값의 합은

$$3+6+9+12+13+17+18=78$$

답 78

Note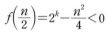

다음과 같이 풀 수도 있다.

1. $na-a^2=2^k$ … ❶ $nb-b^2=2^k$ … ❷

❶-❷를 하면

$$na-a^2-nb+b^2=0, \quad (a-b)(n-a-b)=0$$

$a\neq b$이므로 $n-a-b=0$

$b=n-a$를 $0<b-a\leq\dfrac{n}{2}$에 대입하면

$$0<n-2a\leq\frac{n}{2} \quad \therefore \frac{n}{4}\leq a<\frac{n}{2}$$

❶에서 $f(x)=x^2-nx+2^k$이라 하면 $f(x)=0$이 $\dfrac{n}{4}\leq x<\dfrac{n}{2}$에서 실근을 가진다.

$$f(x)=\left(x-\frac{n}{2}\right)^2+2^k-\frac{n^2}{4}$$

이므로

$$f\left(\frac{n}{2}\right)=2^k-\frac{n^2}{4}<0$$

$$f\left(\frac{n}{4}\right)=2^k-\frac{3}{16}n^2\geq0$$

$$\therefore 2^{k+2}<n^2\leq\frac{2^{k+4}}{3}$$

2. $na-a^2=2^k$, $nb-b^2=2^k$

이므로 a, b는 x에 대한 이차방정식 $nx-x^2=2^k$, 곧 $x^2-nx+2^k=0$의 서로 다른 두 실근이다.

$$D=n^2-4\times2^k>0, \quad n^2>2^{k+2} \quad \cdots ❸$$

근과 계수의 관계에 의하여

$$a+b=n, \quad ab=2^k$$

$0<b-a\leq\dfrac{n}{2}$에서

$$(b-a)^2\leq\frac{n^2}{4}, \quad (a+b)^2-4ab\leq\frac{n^2}{4}$$

$$n^2-4\times2^k\leq\frac{n^2}{4}, \quad \frac{3}{4}n^2\leq2^{k+2}$$

$$\therefore n^2\leq\frac{1}{3}\times2^{k+4} \quad \cdots ❹$$

곧, ❸, ❹에서 $2^{k+2}<n^2\leq\dfrac{1}{3}\times2^{k+4}$

08

[전략] $\log 5^{25}$의 값을 이용하여 5^{25}을 $A\times10^n$ ($1\leq A<10$, n은 정수) 꼴로 나타내는 방법을 생각한다.

$$\log 5^{25}=25\log 5=25\log\frac{10}{2}=25(1-\log 2)$$

$$=25(1-0.3010)=17+0.475$$

이므로 5^{25}을 $A\times10^n$ ($1\leq A<10$, n은 정수) 꼴로 나타내면

$5^{25}=A\times10^{17}$, $\log A=0.475$이다.

그런데 $\log 2<0.475<\log 3$이므로

$$17+\log 2<\log 5^{25}<17+\log 3$$

$$\log(2\times10^{17})<\log 5^{25}<\log(3\times10^{17})$$

$$2\times10^{17}<5^{25}<3\times10^{17}$$

따라서 5^{25}은 18자리의 정수이고, 최고자리의 숫자는 2이다.

$$\therefore m+n=18+2=20$$

답 ②

02. 지수함수와 로그함수

step **A** 기본 문제　21~26쪽

01 ③	**02** $a=\frac{1}{2}$, $b=2$	**03** 3	**04** ④
05 ③	**06** $m=9$, $n=-2$	**07** $m=3$, $n=3$	
08 ②	**09** -3	**10** ⑤	**11** -5	**12** 6
13 $p=-3$, $q=1$	**14** ③	**15** ⑤	**16** 15
17 ⑤	**18** 51	**19** ②	**20** 200	**21** ⑤
22 $-\frac{1}{2}$	**23** ③	**24** $\frac{8}{7}$	**25** ③	**26** 71
27 10	**28** ⑤	**29** 64	**30** 4	**31** ③
32 $\frac{1}{3}$	**33** $7\sqrt{2}$	**34** 4	**35** $\sqrt{2}$	**36** 5
37 37	**38** ②	**39** ③	

01

$8=2^3=4^{\frac{3}{2}}$이므로

$$y=4^{x+\frac{3}{2}}+3$$

따라서 그래프는 $y=4^x$의 그래프를

x축 방향으로 $-\frac{3}{2}$만큼, y축 방향

으로 3만큼 평행이동한 것이다.

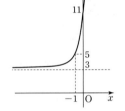

① (참)

② (참)

③ (거짓)

④ $x=-1$을 대입하면 $y=4^{\frac{1}{2}}+3=5$ (참)

⑤ (참)　　　　　　　　　　　　　　　　답 ③

02

$y=a^{2x-1}+b$의 그래프의 점근선이 직선 $y=2$이므로 $b=2$이다.

$$\therefore y=a^{2x-1}+2$$

또 이 그래프를 y축에 대칭이동한 그래프의 식은

$$y=a^{-2x-1}+2$$

이 그래프가 점 $(1, 10)$을 지나므로

$$10=a^{-3}+2,\ a^{-3}=2^3$$

$$\therefore a=2^{-1}=\frac{1}{2}$$　　　　　답 $a=\frac{1}{2}$, $b=2$

Note

$y=a^{2x-1}+b$의 그래프가 점 $(-1, 10)$을 지난다는 것을 이용해도 된다.

03

$y=a\times 3^x$의 그래프를 원점에 대칭이동하면 $-y=a\times 3^{-x}$

곧, $y=-a\times 3^{-x}$의 그래프이다.

또 이 그래프를 x축 방향으로 2만큼, y축 방향으로 3만큼 평행이동하면 $y-3=-a\times 3^{-x+2}$의 그래프이다.

이 그래프가 점 $(1, -6)$을 지나므로

$$-9=-a\times 3$$

$$\therefore a=3$$　　　　　　　　　　답 3

04

$f(40)=\log_3 81=4$이므로

$$(g\circ f)(40)=g(f(40))=g(4)$$

$$=\log_8 4=\frac{\log_2 4}{\log_2 8}=\frac{2}{3}$$　　답 ④

Note

$\log_8 4=\log_{2^3} 2^2=\frac{2}{3}$

05

$y=\log_2 (x+3)$의 그래프가 점 $(a, 6)$을 지나므로

$$6=\log_2 (a+3),\ a+3=2^6$$

$$\therefore a=61$$

점근선이 직선 $x=-3$이므로 $b=-3$

$$\therefore a+b=58$$　　　　　　　답 ③

06

$$y=\log_3 \left(\frac{x}{9}-1\right)=\log_3 \frac{x-9}{9}$$

$$=\log_3 (x-9)-2$$

이므로 $y=\log_3 \left(\frac{x}{9}-1\right)$의 그래프는 $y=\log_3 x$의 그래프를

x축 방향으로 9만큼, y축 방향으로 -2만큼 평행이동한 것이다.

$$\therefore m=9,\ n=-2$$　　답 $m=9$, $n=-2$

07

$y=\log_2 x$의 그래프를 x축 방향으로 m만큼, y축 방향으로 n만큼 평행이동하면 $y=\log_2 (x-m)+n$의 그래프이다.

점근선이 직선 $x=3$이므로 $m=3$

또 그래프가 점 $(5, 4)$를 지나므로

$$4=\log_2 (5-3)+n,\ n=3$$　　답 $m=3$, $n=3$

08

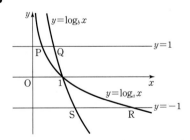

위 그림에서 기울기가 음수이므로 큰 순서는

직선 PR, QR, PS, QS이다.

$$\therefore \gamma<\alpha<\delta<\beta$$　　　　　答 ②

09

$g(x)$는 $f(x)$의 역함수이고

$g(9)=-2$이므로 $f(-2)=9$

$$2^{2+a}+1=9 \qquad \therefore a=1, \ f(x)=2^{-x+1}+1$$
$g(17)=k$라 하면 $f(k)=17$이므로
$$2^{-k+1}+1=17 \qquad \therefore k=-3 \qquad \qquad \boxed{답} -3$$

Note

$y=2^{-x+a}+1$에서
$$y-1=2^{-x+a}, \ -x+a=\log_2 (y-1)$$
x, y를 바꾸면 $-y+a=\log_2 (x-1)$
$$y=-\log_2 (x-1)+a$$
$$\therefore g(x)=-\log_2 (x-1)+a$$

10

ㄱ. $y=\left(\dfrac{1}{3}\right)^x=3^{-x}$이므로 이 함수의 그래프를 y축에 대칭이동

하면 $y=3^x$의 그래프와 겹쳐진다.

ㄴ. $y=2\times3^x=3^{\log_3 2}\times3^x=3^{x+\log_3 2}$이므로 이 함수의 그래프를 x축 방향으로 $\log_3 2$만큼 평행이동하면 $y=3^x$의 그래프와 겹쳐진다.

ㄷ. $y=\log_3 5x=\log_3 x+\log_3 5$이므로 이 함수의 그래프를 y축 방향으로 $-\log_3 5$만큼 평행이동한 후 직선 $y=x$에 대칭이동하면 함수 $y=3^x$의 그래프와 겹쳐진다.

따라서 $y=3^x$의 그래프와 겹쳐지는 것은 ㄱ, ㄴ, ㄷ이다. $\boxed{답}$ ⑤

11

$y=2^{x-2}$에서 $x-2=\log_2 y, \ x=\log_2 y+2$
따라서 $y=f(x)$의 역함수는 $y=\log_2 x+2$이므로
x축 방향으로 -2만큼, y축 방향으로 k만큼 평행이동하면
$$g(x)=\log_2 (x+2)+k+2$$
직선 $y=1$과 만나는 점 A, B의 x좌표를 각각 a, b라 하면
$f(a)=1$에서 $2^{a-2}=1 \qquad \therefore a=2$
$g(b)=1$에서
$$\log_2 (b+2)+k+2=1, \ \log_2 (b+2)=-k-1$$
$$b+2=2^{-k-1} \qquad \therefore b=2^{-k-1}-2$$
$A(2, 1)$, $B(2^{-k-1}-2, 1)$이고, 선분 AB의 중점의 좌표가 $(8, 1)$이므로
$$\frac{2+2^{-k-1}-2}{2}=8, \ 2^{-k-1}=2^4$$
$$\therefore k=-5 \qquad \qquad \boxed{답} -5$$

Note

$A(2, 1)$이고 선분 AB의 중점의 좌표가 $(8, 1)$이므로 $B(14, 1)$이다.
따라서 $g(14)=1$을 풀어도 된다.

12

$f(x)=a(x-4)+1$이므로 $y=f(x)$는 점 P$(4, 1)$을 지나는 직선이다.
a의 값에 관계없이 $a^0=1$이므로 $g(1)=-2$이다.
따라서 $y=g(x)$의 그래프는 점 Q$(1, -2)$를 지난다.
$h(x)=\log_a (x+4)-2$이고 a의 값에 관계없이 $\log_a 1=0$이므로 $h(-3)=-2$이다.

따라서 $y=h(x)$의 그래프는
점 R$(-3, -2)$를 지난다.
삼각형 PQR의 넓이는
$$\frac{1}{2}\times4\times3=6$$

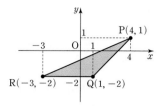

$\boxed{답}$ 6

13

$y=f(x)$와 $y=g(x)$의 그래프는 점 $(4, 1)$을 지난다.
$f(4)=1, \ g(4)=1$이므로
$$1=\log_4 (4+p)+q, \ 1=\log_{\frac{1}{2}} (4+p)+q \quad \cdots ❶$$
밑에 관계없이 $\log_a 1=0$이므로 $4+p=1$
$$\therefore p=-3$$
❶에 대입하면 $q=1$ $\boxed{답}$ $p=-3, \ q=1$

14

$g(x)=x^2-4x+3=(x-2)^2-1$이므로
$0\le x\le3$일 때 $-1\le g(x)\le3$
$f(x)$의 밑이 1보다 작으므로 $g(x)$가 최소일 때 $f(x)$는 최대이다.
곧, $x=2$일 때 $g(x)$의 최솟값이 -1이므로
$f(x)$의 최댓값은 $f(2)=\left(\dfrac{1}{2}\right)^{-1}=2$ $\boxed{답}$ ③

15

$3^x=t$라 하면
$$y=t^2-6t=(t-3)^2-9$$
$-1\le x\le2$이므로 $\dfrac{1}{3}\le t\le9$
따라서 $t=9$일 때 y의 최댓값은 27
$\quad\quad\quad t=3$일 때 y의 최솟값은 -9
$$\therefore M+m=18 \qquad \qquad \boxed{답} ⑤$$

16

x축 방향으로 a만큼, y축 방향으로 5만큼 평행이동하면
$$y=5\times\left(\frac{1}{2}\right)^{x-a}+5$$
이 그래프를 y축에 대칭이동하면
$$y=5\times\left(\frac{1}{2}\right)^{-x-a}+5$$
$$\therefore f(x)=5\times\left(\frac{1}{2}\right)^{-x-a}+5$$
$y=f(x)$의 그래프가 점 $(1, 10)$을 지나므로
$$5\times\left(\frac{1}{2}\right)^{-1-a}+5=10, \ \left(\frac{1}{2}\right)^{-1-a}=1$$
$$-1-a=0 \qquad \therefore a=-1$$
이때 $f(x)=5\times\left(\dfrac{1}{2}\right)^{-x+1}+5$이므로
$-3\le x\le2$에서 $f(x)$의 최댓값은
$$f(2)=5\times\left(\frac{1}{2}\right)^{-1}+5=15 \qquad \qquad \boxed{답} 15$$

17

$\log_9 x^8 = 8\log_{3^2} x = 4\log_3 x$이므로

$\log_3 x = t$라 하면 t는 실수이고

$\quad y = t^2 - 4t + 3 = (t-2)^2 - 1$

따라서 $t=2$일 때 y의 최솟값은 -1이다.

또 $\log_3 x = 2$에서 $x=9$이므로

$\quad a+b = (-1)+9 = 8$ ⑤

18

$0 \le x \le 3$에서 $a \le g(x) \le 4+a$이고,

$f(x)$는 밑이 1보다 작으므로

$g(x) = 4+a$일 때 $(f \circ g)(x)$는 최소이다.

최솟값이 $\dfrac{1}{16} = \left(\dfrac{1}{2}\right)^4$이므로

$\quad \left(\dfrac{1}{2}\right)^{(4+a)-2} = \left(\dfrac{1}{2}\right)^4$, $4+a-2=4$

$\quad \therefore a=2$, $g(x) = (x-1)^2 + 2$

$-1 \le x \le 1$에서 $f(-1)=8$, $f(1)=2$이므로

$\quad 2 \le f(x) \le 8$

따라서 $f(x) = 8$일 때 $(g \circ f)(x)$는 최대이다.

$(g \circ f)(x)$의 최댓값은 $g(8) = 7^2 + 2 = 51$ 답 51

19

$\log_3\left(x + \dfrac{1}{y}\right) + \log_3\left(y + \dfrac{4}{x}\right)$

$= \log_3\left(x + \dfrac{1}{y}\right)\left(y + \dfrac{4}{x}\right)$

$= \log_3\left(xy + \dfrac{4}{xy} + 5\right)$ ··· ❶

$xy > 0$이므로

$\quad xy + \dfrac{4}{xy} \ge 2\sqrt{xy \times \dfrac{4}{xy}} = 4$

$\quad \left(\text{단, 등호는 } xy = \dfrac{4}{xy} \text{일 때 성립}\right)$

따라서 $xy + \dfrac{4}{xy}$의 최솟값은 4이고,

❶의 최솟값은 $\log_3(4+5) = 2$이다. 답 ②

20

$(\log x, \log y)$가 그림의 직선 위의

점이라 생각할 수 있다.

직선의 방정식은 $Y = -X + 3$이므로

$\quad \log y = -\log x + 3$

$\quad \log x + \log y = 3$

$\quad \therefore xy = 10^3$

산술평균과 기하평균의 관계에서

$\quad 2x + 5y \ge 2\sqrt{2x \times 5y}$

$\quad\quad = 2\sqrt{10xy} = 2 \times 10^2$

등호는 $2x = 5y$일 때 성립하므로 최솟값은 200이다. 답 200

21

분모, 분자를 2^x으로 나누면 $y = \dfrac{8}{2^x + 2^{-x} - 1}$

그런데 $2^x > 0$, $2^{-x} > 0$이고

$\quad 2^x + 2^{-x} \ge 2\sqrt{2^x \times 2^{-x}} = 2$

$\quad\quad (\text{단, 등호는 } 2^x = 2^{-x}\text{일 때 성립})$

이므로 분모의 최솟값은 $2 - 1 = 1$이다.

따라서 y의 최댓값은 8이다. 답 ⑤

22

$A_k(k, 2^k)$, $B_k(k, 2^{-k})$이므로 선분 $A_k B_k$를 $1:2$로 내분하는

점의 y좌표는 $\dfrac{2^{-k} + 2 \times 2^k}{1+2} = \dfrac{2^{k+1} + 2^{-k}}{3}$이다.

$2^{k+1} > 0$, $2^{-k} > 0$이므로

$\quad \dfrac{2^{k+1}}{3} + \dfrac{2^{-k}}{3} \ge 2\sqrt{\dfrac{2^{k+1}}{3} \times \dfrac{2^{-k}}{3}} = \dfrac{2\sqrt{2}}{3}$

등호는 $\dfrac{2^{k+1}}{3} = \dfrac{2^{-k}}{3}$, 곧 $k+1 = -k$, $k = -\dfrac{1}{2}$일 때 성립한다.

따라서 $k = -\dfrac{1}{2}$일 때 최소이고, 최솟값은 $\dfrac{2\sqrt{2}}{3}$이다. 답 $-\dfrac{1}{2}$

23

$A(a, 2^a)$, $B(b, 2^b)$이므로 선분 AB의 중점의 좌표는

$\left(\dfrac{a+b}{2}, \dfrac{2^a + 2^b}{2}\right)$이다.

$\dfrac{a+b}{2} = 0$에서 $a+b=0$ $\quad \therefore b = -a$

$\dfrac{2^a + 2^b}{2} = 5$에서 $2^a + 2^{-a} = 10$ ··· ❶

$2^{2a} + 2^{2b} = 2^{2a} + 2^{-2a}$이므로 ❶의 양변을 제곱하면

$\quad 2^{2a} + 2 + 2^{-2a} = 10^2$

$\quad \therefore 2^{2a} + 2^{-2a} = 98$ 답 ③

Note

$a+b=0$이므로 $2^{a+b}=1$, $2^a 2^b = 1$

$2^a + 2^b = 10$의 양변을 제곱하면

$\quad 2^{2a} + 2 \times 2^a 2^b + 2^{2b} = 100$ $\quad \therefore 2^{2a} + 2^{2b} = 98$

24

$P(a, 4^a)$이라 하면 선분 OP를 $1:3$으로 내분하는 점의 좌표는

$\left(\dfrac{a}{1+3}, \dfrac{4^a}{1+3}\right)$에서 $\left(\dfrac{a}{4}, 2^{2a-2}\right)$

이 점이 곡선 $y = 2^x$ 위에 있으므로

$\quad 2^{2a-2} = 2^{\frac{a}{4}}$, $2a-2 = \dfrac{a}{4}$

$\quad \therefore a = \dfrac{8}{7}$ 답 $\dfrac{8}{7}$

25

B, D의 y좌표가 같으므로 $a^a = b$ ··· ❶

A, C의 y좌표가 같으므로

$a^{\frac{b}{4}} = b^b$, $a^b = b^{4b}$ $\quad \therefore a = b^4$ ··· ❷

❷를 ❶에 대입하면

$(b^4)^b = b$, $b^{4b} = b$, $4b^4 = 1$

$$\therefore b^4=\frac{1}{4}, b^2=\frac{1}{2}$$

❷에 대입하면 $a=\frac{1}{4}$

$$\therefore a^2+b^2=\frac{1}{16}+\frac{1}{2}=\frac{9}{16}$$ 답 ③

26

삼각형 AOB의 넓이가 16이고 $\overline{OB}=4$이므로 점 A의 y좌표는 8이다.

따라서 A$(p,8)$이라 하면 A는 곡선 $y=2^x-1$ 위의 점이므로

$$2^p-1=8 \qquad \therefore p=\log_2 9$$

따라서 A$(\log_2 9, 8)$이고 A는 곡선 $y=2^{-x}+\dfrac{a}{9}$ 위의 점이므로

$$8=2^{-\log_2 9}+\frac{a}{9}, \quad 8=9^{-\log_2 2}+\frac{a}{9}$$

$$8=\frac{1}{9}+\frac{a}{9} \qquad \therefore a=71$$ 답 71

27

곡선 $y=4^{x-3}-1$은 곡선 $y=4^x$을 x축 방향으로 3만큼, y축 방향으로 -1만큼 평행이동한 것이므로 오른쪽 그림에서 색칠한 두 부분의 넓이가 같다. 따라서 구하는 넓이는 평행사변형 PRSQ의 넓이와 같다.

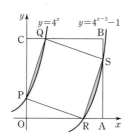

P$(0, 1)$, Q$(1, 4)$, R$(3, 0)$, S$(4, 3)$
이므로

$$\square PRSQ=16-\left(\frac{1}{2}\times 3\times 1\right)\times 4=10$$ 답 10

Note

사각형 PRSQ는 정사각형이고 $\overline{PQ}=\sqrt{10}$이므로
$$\square PRSQ=10$$

28

곡선 $y=f(x)$와 $y=h(x)$는 y축에 대칭이고 R$(2, 2)$이므로 P$(-2, 2)$이다.

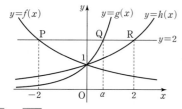

$\overline{PQ}=2\overline{QR}$이므로 점 Q의 x좌표를 α라 하면

$$\alpha+2=2(2-\alpha)$$

$$\therefore \alpha=\frac{2}{3}$$

$g(\alpha)=2$이므로 $b^{\frac{2}{3}}=2$

$$\therefore b=2^{\frac{3}{2}}$$

$$\therefore g(4)=b^4=(2^{\frac{3}{2}})^4=2^6=64$$ 답 ⑤

29

$y=\log_a(x-1)-4$의 그래프는 점 $(2, -4)$를 지나므로 직사각형 ABCD와 만나면 $a>1$이다.
또 $y=\log_a x$의 그래프는 a가 커지면 x축에 가까워지므로 $y=\log_a(x-1)-4$의 그래프가 B를 지날 때 a는 최대이고, D를 지날 때 a는 최소이다.

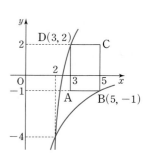

(ⅰ) B$(5, -1)$을 지날 때
$$-1=\log_a 4-4, \quad \log_a 4=3, \quad a^3=4$$
$$\therefore a=2^{\frac{2}{3}}$$

(ⅱ) D$(3, 2)$를 지날 때
$$2=\log_a 2-4, \quad \log_a 2=6, \quad a^6=2$$
$$\therefore a=2^{\frac{1}{6}}$$

(ⅰ), (ⅱ)에서 $M=2^{\frac{2}{3}}, N=2^{\frac{1}{6}}$이므로

$$\frac{M}{N}=2^{\frac{2}{3}-\frac{1}{6}}=2^{\frac{1}{2}} \qquad \therefore \left(\frac{M}{N}\right)^{12}=2^6=64$$ 답 64

30

A의 x좌표를 a라 하면 A$(a, \log_3 a)$, B$(9a, \log_3 9a)$

직선 AB의 기울기가 $\dfrac{1}{2}$이므로

$$\frac{\log_3 9a-\log_3 a}{9a-a}=\frac{1}{2}, \quad \frac{\log_3 9}{8a}=\frac{1}{2}$$

$$\frac{2}{8a}=\frac{1}{2}, \quad a=\frac{1}{2}$$

$$\therefore \overline{CD}=9a-a=8a=4$$ 답 4

31

$\overline{AB}=\overline{AQ}$이므로 $2\overline{AP}=\overline{BQ}$

$\overline{AP}=\log_2 \dfrac{3}{2}+1=\log_2 3$이므로

$$\overline{BQ}=2\log_2 3$$

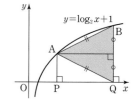

B의 y좌표가 $2\log_2 3$이므로 Q$(a, 0)$이라 하면

$$2\log_2 3=\log_2 a+1, \quad \log_2 a=\log_2 \frac{9}{2}, \quad a=\frac{9}{2}$$

$$\therefore \triangle ABQ=\frac{1}{2}\times\left(\frac{9}{2}-\frac{3}{2}\right)\times 2\log_2 3=3\log_2 3$$ 답 ③

32

$0=\log_4 2x$에서 $2x=1, x=\dfrac{1}{2}$

$$\therefore A\left(\frac{1}{2}, 0\right)$$

B$(b, \log_4 2b)$, C$(c, \log_4 2c)$ $(b<c)$라 하면 삼각형 ABC의 무게중심이 G$\left(\dfrac{11}{6}, \dfrac{2}{3}\right)$이므로

$$\frac{\frac{1}{2}+b+c}{3}=\frac{11}{6}$$ … ❶

$$\frac{0+\log_4 2b+\log_4 2c}{3}=\frac{2}{3} \qquad \cdots ❷$$

❶에서 $b+c=5$ $\qquad \cdots ❸$

❷에서 $\log_4 4bc=2,\ 4bc=4^2$ $\quad \therefore bc=4$ $\qquad \cdots ❹$

❸과 ❹를 연립하여 풀면 $b<c$이므로 $b=1,\ c=4$

$B\left(1,\ \frac{1}{2}\right),\ C\left(4,\ \frac{3}{2}\right)$이므로 직선 BC의 기울기는

$$\frac{\frac{3}{2}-\frac{1}{2}}{4-1}=\frac{1}{3} \qquad\qquad 답\ \frac{1}{3}$$

33

$B(b,\ 0),\ C(c,\ 0)$이라 하고, E의 x좌표를 k라 하자.

D의 y좌표가 A의 y좌표와 같고, $\overline{DG}=1$이므로

$$\log_2 c=\log_2 b+1,\ \log_2 c=\log_2 2b$$

$$\therefore c=2b$$

이때 $C(2b,\ 0)$이고 $\overline{AD}:\overline{DE}=2:3$이므로

$$(2b-b):(k-2b)=2:3,\ 2k-4b=3b$$

$$\therefore k=\frac{7}{2}b$$

직사각형 ABCD, DEFG의 넓이가 같으므로

$$\overline{CD}:\overline{DG}=3:2$$

$\overline{DG}=1$이므로 $\overline{CD}=\frac{3}{2}$

곧, $\overline{AB}=\frac{3}{2}$이므로 $\log_2 b=\frac{3}{2},\ b=2^{\frac{3}{2}}=2\sqrt{2}$

$$\therefore k=\frac{7}{2}b=7\sqrt{2} \qquad\qquad 답\ 7\sqrt{2}$$

다른 풀이

$\overline{AD}:\overline{DE}=2:3$이고, 두 직사각형의 넓이가 같으므로

$$\overline{CD}:\overline{DG}=3:2$$

또 $\overline{DG}=1$이므로 $\overline{CD}=\frac{3}{2}$

$\overline{AB}=\frac{3}{2}$이므로 A의 x좌표를 a라 하면

$$\frac{3}{2}=\log_2 a \quad \therefore a=2^{\frac{3}{2}}=2\sqrt{2}$$

또 $\overline{CG}=\frac{5}{2}$이므로 C의 x좌표를 c라 하면

$$\frac{5}{2}=\log_2 c \quad \therefore c=2^{\frac{5}{2}}=4\sqrt{2}$$

이때 $\overline{AD}=c-a=2\sqrt{2},\ \overline{DE}=\frac{3}{2}\overline{AD}=3\sqrt{2}$

따라서 E의 x좌표는 $c+3\sqrt{2}=7\sqrt{2}$

34

$A(4,\ \log_3 4)$이므로 $P(\log_3 4,\ \log_3 4)$

$$\therefore \overline{OP}=\sqrt{(\log_3 4)^2+(\log_3 4)^2}=\sqrt{2}\log_3 4$$

또 $2^x=3$에서 $x=\log_2 3$이므로

$$B(\log_2 3,\ 3),\ Q(\log_2 3,\ \log_2 3)$$

$$\therefore \overline{OQ}=\sqrt{(\log_2 3)^2+(\log_2 3)^2}=\sqrt{2}\log_2 3$$

$$\therefore \overline{OP}\times\overline{OQ}=(\sqrt{2}\log_3 4)\times(\sqrt{2}\log_2 3)$$

$$=2\sqrt{2}\log_3 2\times\frac{\sqrt{2}}{\log_3 2}=4 \qquad 답\ 4$$

35

$y=a^x$은 $y=\log_a x$의 역함수이므로 점 P, Q는 직선 $y=x$ 위에 있다.

또 두 사각형이 합동이므로 $P(k,\ k)$라 하면 $Q(2k,\ 2k)$이다.

따라서 $a^k=k,\ a^{2k}=2k$이고,

$a^{2k}=(a^k)^2$이므로 $2k=k^2$

$k>0$이므로 $k=2$

$$\therefore a^2=2,\ a=\sqrt{2} \qquad\qquad 답\ \sqrt{2}$$

36

$y=2^{x-2}+1$에서 $y-1=2^{x-2},\ x-2=\log_2 (y-1)$

x와 y를 바꾸면 $y=\log_2 (x-1)+2$

따라서 $f(x)$는 $g(x)$의 역함수이고 $y=f(x)$와 $y=g(x)$의 그래프는 직선 $y=x$에 대칭이다.

$y=g(x)$의 그래프와 직선 $y=2$, $y=3$, y축으로 둘러싸인 부분의 넓이를 S_3이라 하면 $S_2=S_3$이다.

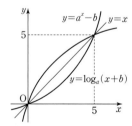

따라서 S_1+2S_2는 직사각형 OB_1BB_2에서 직사각형 OA_1AA_2를 뺀 부분의 넓이이므로

$$S_1+2S_2=9-4=5 \qquad\qquad 답\ 5$$

37

$y=\log_a (x+b)$에서 $x+b=a^y$

x와 y를 바꾸면 $y=a^x-b$

따라서 $y=\log_a (x+b)$는 $y=a^x-b$의 역함수이고, 두 함수의 그래프는 직선 $y=x$에 대칭이다.

교점의 x좌표가 0, 5이므로 오른쪽 그래프에서 교점의 좌표는 $(0,\ 0)$, $(5,\ 5)$이다.

$y=a^x-b$의 그래프가 점 $(0,\ 0)$을 지나므로

$$0=a^0-b \quad \therefore b=1$$

$y=a^x-b$의 그래프가 점 $(5,\ 5)$를 지나므로

$$5=a^5-1 \quad \therefore a^5=6$$

$$\therefore a^{10}+b^{10}=(a^5)^2+b^{10}=36+1=37 \qquad 답\ 37$$

38

$a=15,\ b=60,\ f(60)=45$이므로

$$45=15+45\times2^{60K} \quad \therefore 2^{60K}=\frac{2}{3}$$

120초 후 A의 온도는

$$f(120)=15+45\times2^{120K}=15+45\times\left(\frac{2}{3}\right)^2=35 \qquad 답\ ②$$

39

1 m 떨어진 지점에서

$$80=10\left(12+\log\frac{I}{1^2}\right) \qquad \therefore \log I=-4$$

10 m 떨어진 지점에서

$$a=10\left(12+\log\frac{I}{10^2}\right)=10(12+\log I-2)=60 \qquad \boxed{답} ③$$

step B 실력 문제
27~31쪽

01 ②	**02** ④	**03** ④	**04** ⑤	**05** ⑤
06 ④	**07** 18	**08** ④	**09** ⑤	**10** ①
11 ②	**12** 최댓값 : 243, 최솟값 : 3			**13** ⑤
14 ④	**15** 10	**16** ④	**17** ②	**18** ③
19 1	**20** 81	**21** ④	**22** ②	**23** ①
24 24	**25** 5	**26** 4	**27** ②	
28 $a_3=2,\ a_4=19$		**29** ③	**30** ②	

01

[전략] $(a, b)\in G$이면 $b=6^a$ 또는 $a=\log_6 b$로 고친 다음, 지수나 로그의 성질을 활용한다.

ㄱ. $(a, 2^b)\in G$이면 $2^b=6^a$

$\qquad \therefore b=\log_2 6^a=a\log_2 6$ (참)

ㄴ. $(a, b)\in G$이면 $b=6^a$

이때 $\dfrac{1}{b}=\dfrac{1}{6^a}=6^{-a}$

$\qquad \therefore \left(-a, \dfrac{1}{b}\right)\in G$ (참)

ㄷ. $(a, b)\in G$이고 $(c, d)\in G$이면

$\qquad b=6^a,\ d=6^c$

이때 $bd=6^a\times 6^c=6^{a+c}$이므로

$(a+c, bd)\in G$ (거짓)

따라서 옳은 것은 ㄱ, ㄴ이다. $\qquad \boxed{답} ②$

02

[전략] $y=\log_2 x$의 그래프는 $y=2^x$의 그래프를 직선 $y=x$에 대칭이동한 것이다.

ㄱ. $y=4\times\left(\dfrac{1}{2}\right)^x+3=2^{-(x-2)}+3$

이므로 이 함수의 그래프는 함수 $y=2^x$의 그래프를 y축에 대칭이동한 후 x축 방향으로 2만큼, y축 방향으로 3만큼 평행이동한 것이다.

ㄴ. $y=\log_4(x^2-2x+1)$

$\quad =\dfrac{1}{2}\log_2(x-1)^2$

$\quad =\log_2|x-1|$

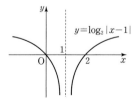

이 그래프는 함수 $y=\log_2|x|$의 그래프를 x축 방향으로 1만큼 평행이동한 것이다.

ㄷ. $y=\log_{\frac{1}{2}}(12-4x)=-\log_2 4(3-x)$

$\qquad =-\log_2\{-(x-3)\}-2$

이 그래프는 $y=-\log_2(-x)$의 그래프를 x축 방향으로 3만큼, y축 방향으로 -2만큼 평행이동한 것이고 $y=-\log_2(-x)$의 그래프는 $y=2^x$의 그래프를 직선 $y=x$에 대칭이동한 다음 원점에 대칭이동한 것이다.

따라서 $y=2^x$의 그래프와 겹쳐지는 것은 ㄱ, ㄷ이다. $\qquad \boxed{답} ④$

Note

$y=\log_2 x$와 $y=\log_2|x|$의 그래프

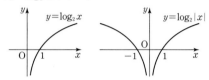

03

[전략] $f(x), g(x)$는 각각 밑이 1보다 큰 지수함수, 로그함수이다.

ㄱ. $g(x_1)<g(x_2)$이면 $x_1<x_2$이고 $x_1<x_2$이면 $f(x_1)<f(x_2)$이므로 $f(x_1)<f(x_2)$이면 $g(f(x_1))<g(f(x_2))$ (참)

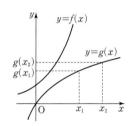

ㄴ. $y=a\times 2^x$의 그래프를 직선 $y=x$에 대칭이동하면

$\qquad x=a\times 2^y,\ \dfrac{x}{a}=2^y \quad \therefore y=\log_2 x-\log_2 a$

이 함수의 그래프를 x축 방향으로 -1만큼, y축 방향으로 $\log_2 a$만큼 평행이동하면 $y=\log_2(x+1)$이다. (참)

ㄷ. $f(1)=2a,\ g(1)=1$이므로

$\qquad a<\dfrac{1}{2}$이면 $f(1)<g(1)$

따라서 두 함수의 그래프는 만난다. (거짓)

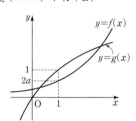

따라서 옳은 것은 ㄱ, ㄴ이다. $\boxed{답} ④$

04

[전략] $y=x$의 그래프를 이용하여 c, d, e를 y축에 나타낸다.

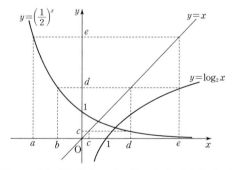

직선 $y=x$를 이용하여 c, d, e를 y축에 나타내면 그림과 같다.

따라서

$$\left(\dfrac{1}{2}\right)^a=e \quad \cdots ❶ \qquad \left(\dfrac{1}{2}\right)^d=c \quad \cdots ❷$$

$$\left(\frac{1}{2}\right)^b=d \quad \cdots ❸ \qquad \log_2 e=d \quad \cdots ❹$$

ㄱ. ❷에서 $\left(\frac{1}{2}\right)^d=c$ (참)

ㄴ. ❶, ❹에서 $\log_2\left(\frac{1}{2}\right)^a=d$, $-a=d$

$\therefore a+d=0$ (참)

ㄷ. ❹에서 $e=2^d$이므로 ❷와 곱하면

$$ce=\left(\frac{1}{2}\right)^d\times 2^d=1 \ (참)$$

따라서 옳은 것은 ㄱ, ㄴ, ㄷ이다.   **답** ⑤

05

[전략] $y=f(\log_2 x-1)$로 놓고 $g(f(x))=x$를 이용하여 정리한다.

$(g\circ f)(x)=x$이므로 $y=f(\log_2 x-1)$에서

$$g(y)=g(f(\log_2 x-1))=\log_2 x-1$$
$$x=2^{g(y)+1}$$

x와 y를 바꾸면 $y=2^{g(x)+1}$ **답** ⑤

06

[전략] $3^x=t$로 놓고, 먼저 $t=(y$에 대한 식)으로 정리한다.

$y=3^x-3^{-x}$에서 $3^x=t$로 놓으면 $t>0$, $3^{-x}=\dfrac{1}{t}$이므로

$$y=t-\frac{1}{t}, \ t^2-yt-1=0$$

$t>0$이므로 $t=\dfrac{y+\sqrt{y^2+4}}{2}$

$$3^x=\frac{y+\sqrt{y^2+4}}{2} \qquad \therefore x=\log_3\left(\frac{y+\sqrt{y^2+4}}{2}\right)$$

x와 y를 바꾸면 $y=\log_3\left(\dfrac{x+\sqrt{x^2+4}}{2}\right)$

$\therefore a=2,\ b=4,\ a+b=6$ **답** ④

07

[전략] $g(a)=b$이면 $f(b)=a$, $(g\circ g)(a)=b$이면 $a=f(f(b))$, $\cdots$

f와 g가 역함수이므로 $(f\circ g)(x)=x$이다.

$(g\circ g\circ g\circ g\circ g)(x)=-3$에서

$$(f\circ(g\circ g\circ g\circ g\circ g))(x)=f(-3)$$
$$\therefore (g\circ g\circ g\circ g)(x)=f(-3)$$

같은 이유로 $(g\circ g\circ g)(x)=(f\circ f)(-3)$

$$\vdots$$

$$\begin{aligned}x&=(f\circ f\circ f\circ f\circ f)(-3)\\&=(f\circ f\circ f\circ f)(f(-3))\\&=(f\circ f\circ f\circ f)(18)\\&=(f\circ f\circ f)(-3)\\&=(f\circ f)(18)=f(-3)=18\end{aligned}$$

    답 18

08

[전략] $g(x)$는 $\dfrac{x+1}{2x}=\dfrac{1}{2}\left(1+\dfrac{1}{x}\right)$임을 이용하여 구한다.

ㄱ. $f\left(\dfrac{1}{15}\right)=\log_{\frac{1}{2}}\dfrac{\frac{1}{15}+1}{\frac{2}{15}}=\log_{\frac{1}{2}}8=\log_{2^{-1}}2^3=-3$ (거짓)

ㄴ. $y=\log_{\frac{1}{2}}\left(\dfrac{x+1}{2x}\right)$이라 하면 $\left(\dfrac{1}{2}\right)^y=\dfrac{x+1}{2x}$

$$2^{-y}=\frac{x+1}{2x}, \ 2^{-y+1}=1+\frac{1}{x}$$

$$\frac{1}{x}=2^{-y+1}-1, \ x=\frac{1}{2^{-y+1}-1}$$

x와 y를 바꾸면 $y=\dfrac{1}{2^{-x+1}-1}=\dfrac{2^x}{2-2^x}$

$\therefore g(x)=\dfrac{2^x}{2-2^x}$ (참)

ㄷ. ㄴ에서 $g(x)=\dfrac{2^x}{2-2^x}$이므로 $g(2-x)=\dfrac{2^{2-x}}{2-2^{2-x}}$

분모, 분자에 2^x을 곱하면

$$g(2-x)=\frac{2^2}{2^{x+1}-2^2}=\frac{2}{2^x-2}$$

$\therefore g(x)+g(2-x)=\dfrac{2^x-2}{2-2^x}=-1$ (참)

따라서 옳은 것은 ㄴ, ㄷ이다.   **답** ④

09

[전략] 주어진 식에 x 대신 $\dfrac{1}{x}$을 대입하면

좌변은 $f\left(\dfrac{1}{x}\right)+2f(x)$임을 이용한다.

$$f(x)+2f\left(\frac{1}{x}\right)=\log_3 x^3 \qquad \cdots ❶$$

ㄱ. ❶에 $x=1$을 대입하면

$$f(1)+2f(1)=\log_3 1, \ 3f(1)=0$$
$$\therefore f(1)=0 \ (참)$$

ㄴ. ❶에 x 대신 $\dfrac{1}{x}$을 대입하면

$$f\left(\frac{1}{x}\right)+2f(x)=\log_3\left(\frac{1}{x}\right)^3 \qquad \cdots ❷$$

❶+❷를 하면

$$3f(x)+3f\left(\frac{1}{x}\right)=3\log_3 x-3\log_3 x=0$$

$\therefore f(x)+f\left(\dfrac{1}{x}\right)=0$ (참)

ㄷ. ㄴ에서 $f\left(\dfrac{1}{x}\right)=-f(x)$를 ❶에 대입하면

$$f(x)-2f(x)=3\log_3 x, \ f(x)=-3\log_3 x$$
$$\therefore f(x^m)=-3\log_3 x^m=-3m\log_3 x=mf(x) \ (참)$$

따라서 옳은 것은 ㄱ, ㄴ, ㄷ이다.   **답** ⑤

10

[전략] $(2^{x-2}+2^{-x})\times 2^2=2^x+2^{-x+2}$이므로

$2^{x-2}+2^{-x}=t$로 놓고 t의 범위부터 구한다.

$2^{x-2}+2^{-x}=t$라 하면 $2^x+2^{-x+2}=4(2^{x-2}+2^{-x})$이므로

$$y=t^2+4t+k=(t+2)^2+k-4 \qquad \cdots ❶$$

그런데
$$t=2^{x-2}+2^{-x}\geq 2\sqrt{2^{x-2}\times 2^{-x}}=1$$
(단, 등호는 $2^{x-2}=2^{-x}$, 곧 $x-2=-x$, $x=1$일 때 성립)
따라서 $t=1$일 때 ❶은 최소이다.
최솟값이 6이므로 $1+4+k=6$　　$\therefore k=1$　　답 ①

11

[전략] $\log_2 x+\log_x 2=t$로 놓고 $f(x)$를 t로 나타낸다.
그리고 t의 범위를 구하여 $f(x)$의 최솟값을 구한다.

$\log_2 x+\log_x 2=t$라 하면
$$t^2=(\log_2 x)^2+(\log_x 2)^2+2$$
이므로
$$f(x)=t^2-2-2t-1=(t-1)^2-4 \quad\cdots ❶$$
또 $x>1$에서 $\log_2 x>0$이므로
$$t\geq 2\sqrt{\log_2 x\times \log_x 2}=2$$
(단, 등호는 $\log_2 x=\log_x 2$일 때 성립)
따라서 $t=2$일 때 최소이고, 최솟값은 ❶에서 $(2-1)^2-4=-3$
답 ②

12

[전략] 지수에 $\log_3 x$가 있으므로 양변에 밑이 3인 로그를 잡는다.
$f(x)=9x^{-2+\log_3 x}$의 양변에 밑이 3인 로그를 잡으면
$$\log_3 f(x)=\log_3 9+\log_3 x^{-2+\log_3 x}$$
$$=2+(-2+\log_3 x)\log_3 x$$
$\log_3 x=t$라 하면
$$\log_3 f(x)=t^2-2t+2=(t-1)^2+1$$
또 $\dfrac{1}{3}\leq x\leq 3$에서 $-1\leq t\leq 1$이므로

$t=-1$일 때 $\log_3 f(x)$의 최댓값은 5이고 $f(x)$의 최댓값은 $3^5=243$이다.
$t=1$일 때 $\log_3 f(x)$의 최솟값은 1이고 $f(x)$의 최솟값은 3이다.
답 최댓값 : 243, 최솟값 : 3

13

[전략] $a>1$일 때와 $0<a<1$일 때로 나누어 생각한다.
$$f(x)=-(x-1)^2+2, \quad g(x)=a^x$$
(i) $a>1$일 때
$-1\leq x\leq 2$에서 $a^{-1}\leq g(x)\leq a^2$이고, $a^{-1}<1<a^2$이므로
$f(g(x))$의 최댓값은 $g(x)=1$일 때 $f(1)=2$이다.
또 $-1\leq x\leq 2$에서 $-2\leq f(x)\leq 2$이고
$g(f(x))=a^{f(x)}$의 밑이 1보다 크므로
$g(f(x))$의 최댓값은 $f(x)=2$일 때 $g(2)=a^2$이다.
최댓값이 같으므로 $2=a^2$
$a>1$이므로 $a=\sqrt{2}$
(ii) $0<a<1$일 때
$-1\leq x\leq 2$에서 $a^2\leq g(x)\leq a^{-1}$이고, $a^2<1<a^{-1}$이므로
$f(g(x))$의 최댓값은 $g(x)=1$일 때 $f(1)=2$이다.

또 $-1\leq x\leq 2$에서 $-2\leq f(x)\leq 2$이고
$g(f(x))=a^{f(x)}$의 밑이 1보다 작으므로
$g(f(x))$의 최댓값은 $f(x)=-2$일 때 $g(-2)=a^{-2}$이다.

최댓값이 같으므로 $2=a^{-2}$, $a^2=\dfrac{1}{2}$

$0<a<1$이므로 $a=\dfrac{\sqrt{2}}{2}$

따라서 a값의 합은 $\sqrt{2}+\dfrac{\sqrt{2}}{2}=\dfrac{3\sqrt{2}}{2}$　　답 ⑤

14

[전략] 조건식에 착안하여 $\log_2 x^2 y=k$로 놓고
k의 최댓값, 최솟값부터 구한다.
이때는 $\log_2 x=X$, $\log_2 y=Y$라 하고 계산하는 것이 편하다.

$\log_2 x=X$, $\log_2 y=Y$라 하면 주어진 식은
$$X^2+Y^2=4X+2Y$$
$$\therefore (X-2)^2+(Y-1)^2=5 \quad\cdots ❶$$
또 $\log_2 x^2 y=2\log_2 x+\log_2 y$이므로
$$2X+Y=k \quad\cdots ❷$$
라 할 때 k의 최댓값, 최솟값을 구하면 $x^2 y$의 최댓값과 최솟값을 구할 수 있다.
직선 ❷와 원 ❶이 만나면 ❶의 중심 $(2, 1)$과 ❷ 사이의 거리가 반지름의 길이보다 작거나 같으므로

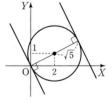

$$\dfrac{|2\times 2+1-k|}{\sqrt{2^2+1^2}}\leq \sqrt{5}$$
$$|k-5|\leq 5$$
$$\therefore 0\leq k\leq 10$$
곧, $0\leq \log_2 x^2 y\leq 10$이므로
$$2^0\leq x^2 y\leq 2^{10}$$
$$\therefore \log_2 mn=\log_2 2^{10}=10$$　　답 ④

15

[전략] $P(a, b)$라 하고 $\overline{PH}$, $\overline{PK}$를 a, b로 나타낸다.
또 P가 선분 AB 위에 있음을 이용하여 a, b의 관계를 구한다.

직선 AB의 방정식은 $y=-x+5$이므로
$P(a, b)$라 하면 $a+b=5$　　$\cdots ❶$
이때 점 H의 x좌표는 $b=\log_2 x-1$에서 $x=2^{b+1}$
$$\therefore \overline{PH}=2^{b+1}-a$$
또 점 K의 y좌표는 $y=2^a-1$
$$\therefore \overline{PK}=2^a-1-b$$
$$\therefore \overline{PH}+\overline{PK}=2^{b+1}-a+2^a-1-b$$
$$=2^a+2^{b+1}-6 \ (\because ❶)$$
$$\geq 2\sqrt{2^a\times 2^{b+1}}-6$$
$$=2\sqrt{2^{a+b+1}}-6$$
$$=2\sqrt{2^6}-6=10$$
(단, 등호는 $a=b+1$일 때 성립)
$a+b=5$이므로 $a=3$, $b=2$일 때 최솟값은 10이다.　　답 10

Note
❶에서 $P(a, 5-a)$라 하고 풀어도 된다.

16

[전략] 직선 $y=x$를 이용하여 y축 위에 표시되는 a_1, a_2, a_3을 x축 위에 나타낸다.

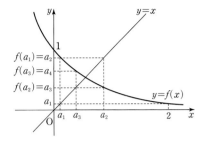

직선 $y=x$를 이용하여 x축에 a_1을 나타낸다.

$a_2=f(a_1)$을 y축에 나타내고 직선 $y=x$를 이용하여 a_2를 x축에 나타낸다.

$a_3=f(a_2)$를 y축에 나타내고 직선 $y=x$를 이용하여 a_3을 x축에 나타낸다.

$a_4=f(a_3)$을 y축에 나타낸다.

$$\therefore a_3 < a_4 < a_2$$

🔲 ④

17

[전략] $g(x)$에서 밑 $\dfrac{a+1}{3}$의 범위를 나누어 생각한다.

$y=f(x)$의 그래프는 원점을 지나고, $y=g(x)$의 그래프는 점 $(0, 1)$을 지난다.

또 a는 자연수이므로 $\dfrac{a+1}{3} \geq \dfrac{2}{3}$이다.

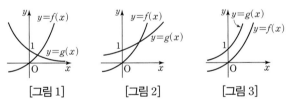

[그림 1]　　　　[그림 2]　　　　[그림 3]

(i) $\dfrac{2}{3} \leq \dfrac{a+1}{3} < 1$일 때

　[그림 1]과 같으므로 한 점에서 만난다.

(ii) $\dfrac{a+1}{3} = 1$일 때

　$g(x)=1$이므로 $y=f(x)$와 $y=g(x)$의 그래프는 한 점에서 만난다.

(iii) $1 < \dfrac{a+1}{3} < 2$일 때

　[그림 2]와 같으므로 한 점에서 만난다.

(iv) $\dfrac{a+1}{3} \geq 2$일 때

　[그림 3]과 같으므로 만나지 않는다.

(i)～(iv)에서 $\dfrac{2}{3} \leq \dfrac{a+1}{3} < 2$

따라서 자연수 a는 1, 2, 3, 4이고 합은 10이다.

🔲 ②

18

[전략] a, b가 1보다 클 때와 작을 때로 나누어 $y=a^x$, $y=b^x$의 그래프를 생각한다.

(i) $1 < b < a$　　(ii) $0 < b < 1 < a$　　(iii) $0 < b < a < 1$

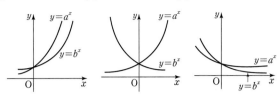

ㄱ. 위 그래프에서 $n > 0$이면 $a^n > b^n$ (참)

ㄴ. $0 < b < a < 1$일 때, $f(n) < g(-n)$일 수 있다. (거짓)

ㄷ. $f(n) = g(-n)$이면 $a^n = b^{-n}$이므로 $a = b^{-1}$

　　$\therefore a^{\frac{1}{n}} = (b^{-1})^{\frac{1}{n}} = b^{-\frac{1}{n}}$ (참)

따라서 옳은 것은 ㄱ, ㄷ이다.

🔲 ③

19

[전략] $y=f(x)$와 $y=g(x)$의 그래프가 직선 $x=a$에 대칭이면

$$f(a+t)=g(a-t)$$

역도 성립한다.

$0 < a < 1$이고 $y=f(x)$와 $y=g(x)$의 그래프는 직선 $x=2$에 대칭이므로

$$f(2-t)=g(2+t)$$
$$a^{b(2-t)-1}=a^{1-b(2+t)}$$
$$b(2-t)-1=1-b(2+t)$$
$$\therefore b=\frac{1}{2}$$

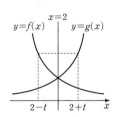

이때 $f(4)=a$, $g(4)=a^{-1}$이므로 $a+a^{-1}=\dfrac{5}{2}$

$$2a^2-5a+2=0, \ (a-2)(2a-1)=0$$

$0 < a < 1$이므로 $a=\dfrac{1}{2}$

$$\therefore a+b=\frac{1}{2}+\frac{1}{2}=1$$

🔲 1

Note

$y=f(x)$와 $y=g(x)$의 그래프가 직선 $x=2$에 대칭이므로 $f(2)=g(2)$이다.

$$a^{2b-1}=a^{1-2b}, \ 2b-1=1-2b \qquad \therefore b=\frac{1}{2}$$

20

[전략] P, Q, R의 좌표를 구한 다음, 피타고라스 정리를 이용한다.

Q의 x좌표를 q라 하면 $3^q=3$, $q=1$

　　$\therefore Q(1, 3)$

R의 x좌표를 r라 하면 $a^r=3$, $r=\log_a 3$

　　$\therefore R(\log_a 3, 3)$

P$(0, 1)$이므로 직각삼각형 PQR에서

$$(1^2+2^2)+\{(\log_a 3)^2+2^2\}=(1-\log_a 3)^2$$
$$\log_a 3=-4, \ a^{-4}=3$$
$$\therefore \left(\frac{1}{a}\right)^{16}=(a^{-4})^4=3^4=81$$

🔲 81

Note

직선 PQ와 PR의 기울기의 곱이 -1임을 이용해도 된다.

21

[전략] A, B, C, D의 좌표를 구하면 어떤 사각형인지 알 수 있다.

A$(0, 3)$이므로 C의 y좌표는 3이다.

$y=2^x$에 대입하면 $3=2^x$, $x=\log_2 3$

$\qquad \therefore$ C$(\log_2 3, 3)$

$y=3\times 2^x$과 $y=4^x$에서

$\qquad 3\times 2^x=4^x$, $2^x(2^x-3)=0$

$2^x>0$이므로 $2^x=3$ $\qquad \therefore x=\log_2 3$

$y=3\times 2^x$에 대입하면 $y=3\times 2^{\log_2 3}=9$

$\qquad \therefore$ B$(\log_2 3, 9)$

D의 y좌표가 9이므로 $y=2^x$에 대입하면

$\qquad 9=2^x$, $x=\log_2 9=2\log_2 3$

$\qquad \therefore$ D$(2\log_2 3, 9)$

$\overline{AC}=\overline{BD}=\log_2 3$이므로 사각형 ACDB는 평행사변형이고 넓이는 $6\log_2 3$이다. **답 ④**

22

[전략] $y=f(x)$의 그래프가 x축, y축과 만나는 점, 점근선을 이용하여 $y=|f(x)|$의 그래프를 그린다.

$$f(0)=\left(\frac{1}{2}\right)^{-5}-64=2^5-64=-32$$

또 $f(x)=0$에서

$\qquad 2^{-x+5}=2^6$, $-x+5=6$, $x=-1$

$y=f(x)$의 그래프의 점근선은
직선 $y=-64$이므로 $y=|f(x)|$
의 그래프는 그림과 같다.

$y=|f(x)|$의 그래프와 직선
$y=k$가 제1사분면에서 만나면
$32<k<64$이므로 자연수 k의
개수는

$\qquad 64-32-1=31$ **답 ②**

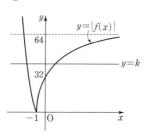

23

[전략] 직선 $y=x$에 대칭이동하면 주어진 사다리꼴과 합동인 도형을 곡선 $y=f(x)$를 이용하여 나타낼 수 있다.

$y=2^x$은 $y=\log_2 x$의 역함수이므로
$y=f(x)$와 $y=\log_2 x$의 그래프는 직
선 $y=x$에 대칭이다.

따라서 오른쪽 그림에서 색칠한 사각형
의 넓이를 구해도 된다.

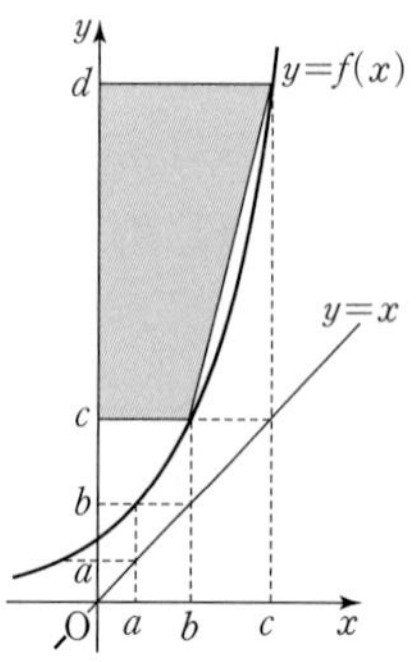

$\qquad b=f(a)$

$\qquad c=f(b)=(f\circ f)(a)$

$\qquad d=f(c)=(f\circ f)(b)$

이므로 사다리꼴의 넓이는

$$\frac{1}{2}(b+c)(d-c)$$

$$=\frac{1}{2}\{f(a)+f(b)\}\{(f\circ f)(b)-(f\circ f)(a)\}$$ **답 ①**

다른풀이

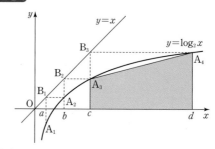

$f(x)$는 $y=\log_2 x$의 역함수이고

$\qquad \log_2 b=a$, $\log_2 c=b$, $\log_2 d=c$

이므로

$\qquad b=f(a)$

$\qquad c=f(b)=(f\circ f)(a)$

$\qquad d=f(c)=(f\circ f)(b)$

위 그림의 사다리꼴의 넓이는

$$\frac{1}{2}(b+c)(d-c)$$

$$=\frac{1}{2}\{f(a)+f(b)\}\{(f\circ f)(b)-(f\circ f)(a)\}$$

24

[전략] $y=3\log_2 x$의 그래프는 $y=\log_2 x$의 그래프를 y축 방향으로 3배한 꼴임을 이용하여 도형의 넓이의 비를 생각한다.

$\overline{AB}:\overline{AC}=1:3$이므로 $\triangle AEC=9\triangle ADB$

$\qquad \therefore \square BDEC=8\triangle ADB=8\times \dfrac{9}{2}=36$

또 D$(a, 0)$이라 하면 F의 y좌표는 $\log_2 a$이다.

B의 y좌표는 $\log_2 a^3=3\log_2 a$이므로 $\overline{DB}=3\overline{DF}$

같은 이유로 $\overline{EC}=3\overline{EG}$

$\qquad \therefore \square BFGC=\dfrac{2}{3}\times \square BDEC=\dfrac{2}{3}\times 36=24$ **답 24**

25

[전략] A_n, B_n, C_n의 좌표를 n으로 나타내고, S_n, T_n을 구한다.

A_n의 x좌표를 a라 하면

$\qquad \log_2 a+1=n$, $a=2^{n-1}$

$\qquad \therefore A_n(2^{n-1}, n)$

B_n의 x좌표를 b라 하면

$\qquad \log_2 b=n$, $b=2^n$

$\qquad \therefore B_n(2^n, n)$

C_n의 x좌표를 c라 하면

$\qquad \log_2(c-4^n)=n$, $c=2^n+4^n$

$\qquad \therefore C_n(2^n+4^n, n)$

이때

$$S_n=\frac{1}{2}\times n\times \overline{A_nB_n}=\frac{1}{2}n(2^n-2^{n-1})$$

$$=\frac{1}{2}n\times 2^{n-1}(2-1)=\frac{1}{2}n\times 2^{n-1}$$

$$T_n = \frac{1}{2} \times n \times \overline{\mathrm{B}_n \mathrm{C}_n} = \frac{1}{2} n (2^n + 4^n - 2^n) = \frac{1}{2} n \times 4^n$$

$T_n = 64 S_n$이므로 $\dfrac{1}{2} n \times 4^n = 64 \times \dfrac{1}{2} n \times 2^{n-1}$

$\quad 4^n = 64 \times 2^{n-1}, \ 2^{2n} = 2^{n+5}$

$\quad 2n = n+5 \qquad \therefore n = 5$　　　　　　답 5

26

[전략] $\mathrm{P}(p, \log_a p), \mathrm{Q}(q, \log_a q)$로 놓고, 선분 PQ가 지름임을 이용한다.

$\mathrm{P}(p, \log_a p), \mathrm{Q}(q, \log_a q) \ (p>q)$라 하자.

선분 PQ의 중점이 원의 중심 $\left(\dfrac{5}{4}, 0\right)$이므로

$$\frac{p+q}{2} = \frac{5}{4}, \ \frac{\log_a p + \log_a q}{2} = 0$$

$$p + q = \frac{5}{2}, \ \log_a pq = 0$$

곧, $p+q = \dfrac{5}{2}, \ pq = 1$이므로

p, q는 이차방정식 $t^2 - \dfrac{5}{2} t + 1 = 0$의 실근이다.

$2t^2 - 5t + 2 = 0$에서 $(2t-1)(t-2) = 0$

$p > q$이므로 $p = 2, \ q = \dfrac{1}{2}$

이때 $\mathrm{P}(2, \log_a 2), \mathrm{Q}\left(\dfrac{1}{2}, -\log_a 2\right)$이고,

원의 지름의 길이가 $\dfrac{\sqrt{13}}{2}$이므로

$$\left(2 - \frac{1}{2}\right)^2 + \{\log_a 2 - (-\log_a 2)\}^2 = \left(\frac{\sqrt{13}}{2}\right)^2$$

$$(\log_a 4)^2 = 1, \ \log_a 4 = \pm 1$$

$a > 1$이므로 $\log_a 4 = 1 \qquad \therefore a = 4$　　　　답 4

27

[전략] 다음 두 가지를 이용한다.

　1. $y = 2^x$과 $y = \log_2 x$의 그래프가 직선 $y = x$에 대칭이다.

　2. △OAC와 △OBD는 닮음이고 닮음비가 $1 : 2$이다.

선분 AC와 BD가 평행하므로 △OAC와 △OBD는 닮음이고, 넓이의 비가 $1 : 4$이므로 $\overline{\mathrm{OA}} = \overline{\mathrm{AB}}$이다.

따라서 A의 x좌표를 a라 하면 A, B가 직선 $y = mx$ 위의 점이므로 $\mathrm{A}(a, am), \mathrm{B}(2a, 2am)$이다.

또 A, B가 곡선 $y = \log_2 x$ 위의 점이므로

$$am = \log_2 a, \ 2am = \log_2 2a$$

두 식에서 $2 \log_2 a = \log_2 2a$

$$\log_2 a^2 = \log_2 2a, \ a^2 = 2a$$

$a > 0$이므로 $a = 2 \qquad \therefore \mathrm{A}(2, 2m)$

$y = 2^x$과 $y = \log_2 x$의 그래프는 직선 $y = x$에 대칭이므로 C와 A는 직선 $y = x$에 대칭이다.

$$\therefore \mathrm{C}(2m, 2)$$

C가 $y = 2^x$ 위의 점이므로 $2 = 2^{2m}$

$$\therefore m = \frac{1}{2}$$

또 $\mathrm{C}(1, 2)$가 직선 $y = nx$ 위의 점이므로 $n = 2$

$$\therefore m + n = \frac{5}{2}$$　　　　　　답 ②

28

[전략] 정사각형의 한 꼭짓점을 (a, b)로 놓고, 각 꼭짓점을 n을 이용하여 나타낸 후 주어진 로그함수의 그래프를 그려 본다.

a_3, a_4에서 정사각형의 한 변의 길이는 3이거나 4이고, 꼭짓점의 좌표가 모두 자연수인 정사각형의 변은 좌표축에 평행하다.

(가)에서 정사각형의 꼭짓점의 좌표를 그림과 같이 놓을 수 있고, (나)에서 P는 곡선 $y = \log_2 x$의 위쪽에, Q는 곡선 $y = \log_{16} x$의 아래쪽에 있어야 한다.

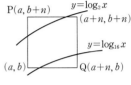

$$\log_2 a < b + n, \ b < \log_{16} (a+n)$$

$$a < 2^{b+n}, \ a+n > 2^{4b}$$

$$\therefore 2^{4b} - n < a < 2^{b+n}$$

(i) $n = 3$일 때 $2^{4b} - 3 < a < 2^{b+3}$

　　$b = 1$이면 $16 - 3 < a < 16 \qquad \therefore a = 14, 15$

　　$b \geq 2$이면 $2^{4b} - 3 > 2^{b+3}$이므로 가능한 a는 없다.

(ii) $n = 4$일 때 $2^{4b} - 4 < a < 2^{b+4}$

　　$b = 1$이면 $16 - 4 < a < 32 \qquad \therefore a = 13, \cdots, 31$

　　$b \geq 2$이면 $2^{4b} - 4 > 2^{b+4}$이므로 가능한 a는 없다.

(i), (ii)에서 $a_3 = 2, \ a_4 = 19$　　　답 $a_3 = 2, \ a_4 = 19$

29

주어진 자료를 $V_2 = V_1 \times \left(\dfrac{H_2}{H_1}\right)^{\frac{2}{2-k}}$에 대입하면

A 지역에서 $8 = 2 \times \left(\dfrac{36}{12}\right)^{\frac{2}{2-k}}$　　$\cdots$ ❶

B 지역에서 $b = a \times \left(\dfrac{90}{10}\right)^{\frac{2}{2-k}}$　　$\cdots$ ❷

❶에서 $3^{\frac{2}{2-k}} = 4$

❷에서 $\dfrac{b}{a} = 9^{\frac{2}{2-k}} = (3^2)^{\frac{2}{2-k}} = \left(3^{\frac{2}{2-k}}\right)^2 = 4^2 = 16$　　　답 ③

30

$K = 30$(만)이고, 인구가 6만 명에서 10만 명이 될 때까지 10년이 걸렸으므로

$$10 = C \log \frac{10(30-6)}{6(30-10)} \qquad \therefore C = \frac{10}{\log 2}$$

인구가 6만 명에서 15만 명이 될 때까지 걸리는 시간 T는

$$T = \frac{10}{\log 2} \times \log \frac{15(30-6)}{6(30-15)}$$

$$= \frac{10}{\log 2} \times 2 \log 2 = 20$$　　　답 ②

01 ⑤	**02** ④	**03** 9	**04** ③	**05** ④
06 21	**07** 15	**08** 142		

01

[전략] $P(a, 2a)$로 놓고, $S_1 : S_3 = 3 : 7$임을 이용하여 a의 값이나 a에 대한 식부터 구한다.

직선 $y = 2x$ 위의 한 점 P를 $(a, 2a)$ $(a > 0)$라 하면 $A(a, 4^a)$, $B(4^a, 2a)$이므로

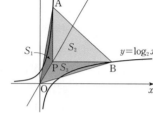

$$S_1 = \frac{1}{2} a(4^a - 2a)$$

$$S_3 = \frac{1}{2} \times 2a(4^a - a)$$

$$S_2 = \frac{1}{2}(4^a - a)(4^a - 2a)$$

$S_1 : S_3 = 3 : 7$이므로

$$6(4^a - a) = 7(4^a - 2a) \qquad \therefore 4^a = 8a$$

이때 $S_1 = 3a^2$, $S_2 = 21a^2$이므로

$S_1 : S_2 = 3 : k$에서 $k = 21$ **답** ⑤

02

[전략] $y = \log_2 |5x|$와 $y = \log_2(x+m)$에서 y를 소거하면 교점의 x좌표를 구할 수 있다.

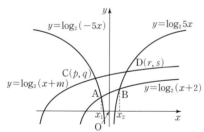

ㄱ. $y = \log_2 |5x|$와 $y = \log_2(x+m)$에서

$\log_2 |5x| = \log_2(x+m)$

$|5x| = x+m$, $\pm 5x = x + m$

$$\therefore x = -\frac{m}{6} \text{ 또는 } x = \frac{m}{4}$$

$m > 2$이므로 $p = -\dfrac{m}{6} < -\dfrac{1}{3}$, $r = \dfrac{m}{4} > \dfrac{1}{2}$ (참)

ㄴ. $m = 2$일 때 $x = -\dfrac{1}{3}$ 또는 $x = \dfrac{1}{2}$이므로

$$A\left(-\frac{1}{3}, \log_2 \frac{5}{3}\right), B\left(\frac{1}{2}, \log_2 \frac{5}{2}\right)$$

따라서 직선 AB의 기울기를 l_1이라 하면

$$l_1 = \frac{\log_2 \frac{5}{2} - \log_2 \frac{5}{3}}{\frac{1}{2} - \left(-\frac{1}{3}\right)} = \frac{6}{5} \log_2 \frac{3}{2}$$

또 $C\left(-\dfrac{m}{6}, \log_2 \dfrac{5}{6}m\right)$, $D\left(\dfrac{m}{4}, \log_2 \dfrac{5}{4}m\right)$이므로

직선 CD의 기울기를 l_2라 하면

$$l_2 = \frac{\log_2 \frac{5}{4}m - \log_2 \frac{5}{6}m}{\frac{m}{4} - \left(-\frac{m}{6}\right)} = \frac{12}{5m} \log_2 \frac{3}{2}$$

따라서 $l_1 \neq l_2$이다. (거짓)

ㄷ. $\log_2 \dfrac{5}{6}m = \log_2 \dfrac{5}{2}$

$$\therefore m = 3$$

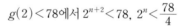

이때 $D\left(\dfrac{3}{4}, \log_2 \dfrac{15}{4}\right)$이므로

B, D의 y좌표의 차는

$$\log_2 \frac{15}{4} - \log_2 \frac{5}{2} = \log_2 \frac{3}{2}$$

B, A의 y좌표의 차는

$$\log_2 \frac{5}{2} - \log_2 \frac{5}{3} = \log_2 \frac{3}{2}$$

$\overline{BC}$는 x축에 평행하므로 삼각형 CAB의 넓이와 삼각형 CBD의 넓이는 같다. (참)

따라서 옳은 것은 ㄱ, ㄷ이다.   **답** ④

03

[전략] $y = f(x)$, $y = g(x)$의 그래프를 그린 다음, 필요한 조건을 찾는다.

$9^x - 3 = 0$에서 $x = \dfrac{1}{2}$

$f(0) = 2$, $f(2) = 78$이므로 $y = f(x)$의 그래프는 오른쪽 그림에서 파란 곡선이다.

따라서 $g(0) > 2$, $g(2) < 78$이면 조건을 만족시킨다.

$g(0) > 2$에서 $2^n > 2$

$g(2) < 78$에서 $2^{n+2} < 78$, $2^n < \dfrac{78}{4}$

따라서 $2 < 2^n < \dfrac{78}{4}$에서 자연수 n은 2, 3, 4이므로 합은 9이다.

    답 9

04

[전략] $a^x = t$로 놓으면 $f(x) - g(x)$는 t에 대한 이차함수이다.

$f(x) - g(x) = a^{2x} - a^{x+1} + 2$에서 $a^x = t$라 하면

$$f(x) - g(x) = t^2 - at + 2 \ (t > 0)$$

ㄱ. $a = 2\sqrt{2}$일 때

$$f(x) - g(x) = (t - \sqrt{2})^2 \geq 0$$

이때 $t = \sqrt{2}$이면 $(2\sqrt{2})^x = \sqrt{2}$ $\therefore x = \dfrac{1}{3}$

$f(x) - g(x) \geq 0$이고 $f(x) - g(x) = 0$의 해가 $x = \dfrac{1}{3}$이므로

$y = h(x)$의 그래프는 x축과 한 점에서 만난다. (참)

ㄴ. $a = 4$일 때

$$f(x) - g(x) = (t - 2)^2 - 2$$

이므로 $y = h(t)$의 그래프는 그림과 같다.

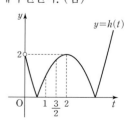

$x_1 < x_2 < \dfrac{1}{2}$에서 $4^{\frac{1}{2}} = 2$이므로

예를 들어 $t=4^{x_1}=1$, $t=4^{x_2}=\dfrac{3}{2}$인 x_1, x_2를 잡으면

$h(x_1)<h(x_2)$이다. (거짓)

ㄷ. $t^2-at+2=1$에서 $t^2-at+1=0$

$\quad D=a^2-4=0$

$\quad a>1$이므로 $a=2$

따라서 $a=2$이면 $f(x)-g(x)=(t-1)^2\geq0$

이때 $t=2^x=1$에서 $x=0$

따라서 $x=0$일 때만 $f(x)-g(x)=1$이므로

$h(x)=1$의 해는 $x=0$뿐이다. (참)

따라서 옳은 것은 ㄱ, ㄷ이다.　　　　　　　　　　답 ③

05

[전략] $\dfrac{2^a-1}{a}$은 점 P와 점 $(0,1)$을 잇는 직선의 기울기이고, $\dfrac{2^a}{a}$은 점 P와 원점 O를 잇는 직선의 기울기이다.

ㄱ. $a<0$, $b>0$이므로 $b(2^a-1)>a(2^b-1)$이면

$\qquad\dfrac{2^a-1}{a}<\dfrac{2^b-1}{b}$　　⋯ ❶

$\quad\dfrac{2^a-1}{a}$은 두 점 $\mathrm{P}(a, 2^a)$,

A$(0,1)$을 지나는 직선의 기울기

이고 $\dfrac{2^b-1}{b}$은 두 점 $\mathrm{Q}(b, 2^b)$,

A$(0,1)$을 지나는 직선의 기울기

이므로 오른쪽 그림에서 ❶이 성

립한다. (참)

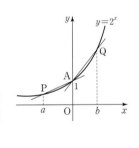

ㄴ. $\dfrac{2^a}{a}$은 두 점 $\mathrm{P}(a, 2^a)$, $\mathrm{O}(0,0)$을 지나는 직선의 기울기이

고, $\dfrac{2^b}{b}$은 두 점 $\mathrm{Q}(b, 2^b)$, $\mathrm{O}(0,0)$을 지나는 직선의 기울기

이다.

$\quad$따라서 $\dfrac{2^{a+b}}{ab}=\dfrac{2^a}{a}\times\dfrac{2^b}{b}=-1$이

면 $\overline{\mathrm{OP}}\perp\overline{\mathrm{OQ}}$이다.

이때 점 P가 오른쪽 그림과 같이

점 $(0,1)$에 충분히 가까우면

$\overline{\mathrm{OP}}\perp\overline{\mathrm{OQ}}$를 만족시키는 양수 b가

존재하지 않는다. (거짓)

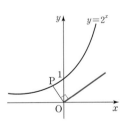

ㄷ. 모든 양수 b에 대하여 오른쪽 그림

과 같이 $\overline{\mathrm{OP}}\perp\overline{\mathrm{OQ}}$를 만족시키는

음수 a는 항상 존재한다. (참)

따라서 옳은 것은 ㄱ, ㄷ이다.

答 ④

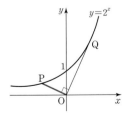

06

[전략] $y=\log_2(x+1)$의 역함수의 그래프를 평행이동하면 $y=2^x+3$과 겹쳐짐을 이용한다.

$y=\log_2(x+1)$에서 $x=2^y-1$이므로 $y=2^x-1$은

$y=\log_2(x+1)$의 역함수이다.

따라서 [그림 1]에서 색칠한 부분은 A_n과 같다.

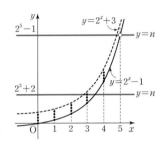

[그림 1]　　　　　[그림 2]

곧, $f(n)-g(n)$은 [그림 2]에서 색칠한 부분 S(실선 부분 포함,

점선 부분 제외)에 포함되고 좌표가 정수인 점의 개수이다.

그런데 곡선 $y=2^x+3$은 곡선 $y=2^x-1$을 y축 방향으로 4만큼

평행이동한 곡선이므로

$x=0$일 때, S에 속하고 y좌표가 정수인 점은 4개

$x=1$일 때, S에 속하고 y좌표가 정수인 점은 4개

$x=2$일 때, S에 속하고 y좌표가 정수인 점은 4개

$\qquad\qquad\vdots$

따라서

$16\leq f(n)-g(n)\leq20$이면

오른쪽 그림에서

$\qquad 2^3+2\leq n<2^5-1$

n은 자연수이므로 개수는 21

이다.　　　　　　　答 21

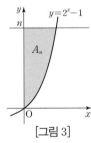

다른 풀이

$y=\log_2(x+1)$에서 $x=2^y-1$이므로

$y=2^x-1$은 $y=\log_2(x+1)$의 역함수

이다.

따라서 A_n은 [그림 3]에서 색칠한 도형과

같다.

이때 곡선 $y=2^x+3$은 곡선 $y=2^x-1$을

y축 방향으로 4만큼 평행이동한 것이므로

[그림 4]에서 B_n 부분과 파란색 부분의

도형은 A_n과 같다. 곧, $f(n)=g(n+4)$

$16\leq f(n)-g(n)\leq20$에서

$16\leq g(n+4)-g(n)\leq20$이고

y좌표가 $n+1$, $n+2$, $n+3$, $n+4$이고

x좌표가 정수인 점의 개수가 16 이상 20

이하이다.

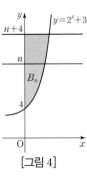

[그림 3]

[그림 4]

$x=3$일 때, $2^x+3=11$이므로 좌표가 정

수인 점은 4개

따라서 $n=11$이면 y좌표가 $n+1$, $n+2$,

$n+3$, $n+4$이고 x좌표가 정수인 점의 개

수는 4×4 이상이다.

$x=4$일 때, $2^x+3=19$이므로 좌표가 정

수인 점은 5개

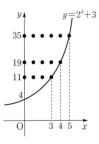

$x=5$일 때, $2^x+3=35$이므로 좌표가 정수인 점은 6개

따라서 $n+4=35$이면 y좌표가 $n+1$, $n+2$, $n+3$, $n+4$이고 x좌표가 정수인 점의 개수는 $5\times3+6=21$이다.

그러므로 $n+1\ge11$이고 $n+4<35$에서 $10\le n<31$이므로 개수는 21이다.

07

[전략] 두 곡선과 직선 $y=1$의 교점은 $(0, 1)$, $(4, 1)$이다. 따라서 곡선의 그래프를 그리고, 두 곡선의 교점의 x좌표의 범위를 나누어 생각한다.

곡선 $y=4^x$과 직선 $y=1$의 교점은 $(0, 1)$,
곡선 $y=a^{-x+4}$과 직선 $y=1$의 교점은 $(4, 1)$이다.
$y=4^x$, $y=a^{-x+4}$의 교점의 x좌표를 k라 하고 $f(x)=a^{-x+4}$이라 하자.

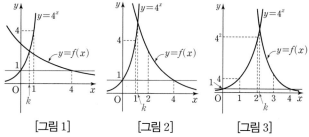

[그림 1]　[그림 2]　[그림 3]

(ⅰ) $0<k<1$일 때 [그림 1]

　x가 1, 2, 3일 때 가능한 정수 y는 3개 이하이므로

　x가 0, 1, 2, 3, 4일 때 정수 y의 개수는

　　　$1+3+3+3+1=11$

　이하이다. 따라서 가능한 a는 없다.

(ⅱ) $1\le k<2$일 때 [그림 2]

　$f(1)\ge4$, $f(2)<4^2$이므로

　　$a^3\ge4$, $a^2<4^2$　　　… ❶

　x가 0, 1, 2, 3, 4일 때 정수 y의 개수는

　　$1+4+a^2+a+1=a^2+a+6$

　따라서 $20\le a^2+a+6\le40$에서

　　$14\le a(a+1)\le34$　　　… ❷

　❶, ❷를 만족시키는 자연수 a는 없다.

(ⅲ) $2\le k<3$일 때 [그림 3]

　$f(2)\ge4^2$, $f(3)<4^3$이므로

　　$a^2\ge4^2$, $a<4^3$　　　… ❸

　x가 0, 1, 2, 3, 4일 때 정수 y의 개수는

　　$1+4+16+a+1=a+22$

　$20\le a+22\le40$에서

　　$-2\le a\le18$　　　… ❹

　❸, ❹를 만족시키는 자연수 a는 4, 5, 6, …, 18이다.

(ⅳ) $3\le k<4$일 때

　$f(3)\ge4^3$이므로 $a>4^3$　　… ❺

　x가 0, 1, 2, 3, 4일 때 정수 y의 개수는

　　$1+4+4^2+4^3+1>40$

　따라서 조건을 만족시키지 않는다.

(ⅰ)~(ⅳ)에서 a의 개수는 15이다.　　🔲15

08

[전략] $y=\log_2 x$와 $y=\log_3 x$의 그래프를 그리고 $b=1, 2, 3, \cdots$으로 나누어 조건을 만족시키는 a의 값을 생각한다.

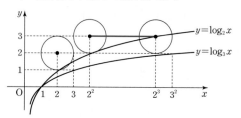

(ⅰ) $b=1$일 때 위 그림에서 가능한 경우가 없다.

(ⅱ) $b=2$일 때 위 그림에서 $a=2$이다.

(ⅲ) $b=3$일 때 위 그림에서 $a=2^2$, 2^2+1, $\cdots$, 2^3-1이다.

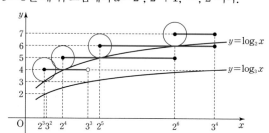

(ⅳ) $b=4$일 때 $a=2^3$, $\cdots$, 3^3-1이다.

(ⅴ) $b=5$일 때 $a=2^4$, $\cdots$, 2^6-1이다.

(ⅵ) $b=6$일 때 $a=2^5$, $\cdots$, 81이다.

(ⅶ) $b=7$일 때 $a=2^6$, $\cdots$, 81이다.

(ⅷ) $b\ge8$인 경우는 없다.

(ⅰ)~(ⅷ)에서 $1+5+19+49+50+18=142$(개)　🔲142

03. 지수함수와 로그함수의 활용

01 30	**02** ⑤	**03** ③	**04** 25	**05** 25
06 ③	**07** ⑤	**08** ⑤	**09** ⑤	**10** ③
11 ①	**12** 2	**13** ⑤	**14** 4	**15** ①
16 9	**17** ②	**18** ③	**19** 3	**20** 16
21 504	**22** $a=-17$, $b=72$	**23** 25		**24** ①
25 ②	**26** -3	**27** $\dfrac{1}{16} \le a \le 16$		**28** ③
29 ⑤	**30** ⑤	**31** ⑤	**32** ①	

01

$$\left(\frac{1}{3}\right)^{x^2-3x}=\left(\frac{1}{3}\right)^{3x-3}, \ x^2-3x=3x-3$$

$$\therefore x^2-6x+3=0$$

근과 계수의 관계에 의하여 $\alpha+\beta=6$, $\alpha\beta=3$이므로

$$\alpha^2+\beta^2=(\alpha+\beta)^2-2\alpha\beta=30$$ 답 30

02

(i) $x=1$이면 성립한다.

(ii) $x\neq 1$일 때 $x^2=2x+8$, $(x-4)(x+2)=0$

    $x>0$이므로 $x=4$

따라서 방정식의 해의 합은 5이다.   답 ⑤

03

$2^x=3^{2x-1}$의 양변에 상용로그를 잡으면

$$\log 2^x=\log 3^{2x-1}, \ x\log 2=(2x-1)\log 3$$

$$x(\log 2-2\log 3)=-\log 3$$

$$\therefore x=\frac{\log 3}{2\log 3-\log 2}$$ 답 ③

04

$2^x=t$라 하면 $4^{x+1}=4t^2$, $2^{x+2}=4t$이므로

주어진 방정식은

$$4t^2-12t-40=0, \ (t-5)(t+2)=0$$

$t>0$이므로 $t=5$

$2^x=5$이므로 $2^a=5$

$$\therefore 4^a=(2^a)^2=5^2=25$$ 답 25

05

$5^x=t$라 하면 $25^x=t^2$, $5^{x+1}=5t$이므로

주어진 방정식은

$$t^2-35t+k=0 \quad \cdots ❶$$

주어진 방정식의 두 근을 α, β라 하면

❶의 두 근은 5^α, 5^β이므로 근과 계수의 관계에서

$$5^\alpha\times 5^\beta=k, \ 5^{\alpha+\beta}=k$$

$\alpha+\beta=2$이므로 $k=5^2=25$ 답 25

06

$2^x=t$라 하면 주어진 방정식은

$$t^2-8t+a=0 \quad \cdots ❶$$

$t>0$이므로 ❶이 서로 다른 두 양의 실근을 갖는다.

(i) ❶의 판별식을 D라 하면

$$\frac{D}{4}=16-a>0$$에서 $a<16$

(ii) (두 근의 합)$=8>0$

(iii) (두 근의 곱)$=a>0$

(i), (ii), (iii)에서 $0<a<16$이므로 정수 a의 개수는 15이다.

    답 ③

07

$$\log_{2^{-2}}(x-1)-1=\log_{2^{-1}}(x-4)$$

$$-\frac{1}{2}\log_2(x-1)-1=-\log_2(x-4)$$

$$\log_2(x-1)+2=2\log_2(x-4)$$

$$\log_2 4(x-1)=\log_2(x-4)^2$$

$$4(x-1)=(x-4)^2, \ x^2-12x+20=0$$

$$\therefore x=2 \ 또는 \ x=10$$

진수 조건에서 $x-1>0$이고 $x-4>0$이므로 $x>4$

$$\therefore x=10$$ 답 ⑤

08

$$(2-\log_3 x)(\log_3 x-1)+6=0$$

$\log_3 x=t$라 하면

$$(2-t)(t-1)+6=0, \ t^2-3t-4=0$$

$$\therefore t=-1 \ 또는 \ t=4$$

$\log_3 x=-1$일 때 $x=\dfrac{1}{3}$

$\log_3 x=4$일 때 $x=3^4$

따라서 두 근의 곱은 $3^3=27$ 답 ⑤

09

$x^{\log_2 x}=8x^2$의 양변에 밑이 2인 로그를 잡으면

$$\log_2 x^{\log_2 x}=\log_2 8x^2$$

$$(\log_2 x)^2=2\log_2 x+3$$

$\log_2 x=t$라 하면

$$t^2-2t-3=0 \quad \therefore t=-1 \ 또는 \ t=3$$

$\log_2 x=-1$일 때 $x=\dfrac{1}{2}$

$\log_2 x=3$일 때 $x=2^3$

따라서 두 근의 곱은 $2^2=4$ 답 ⑤

10

$2^x=X$, $3^{y-1}=Y$라 하면

$$X-Y=5, \ 2X-3Y=-17$$

연립하여 풀면 $X=32$, $Y=27$

$2^x=32$, $3^{y-1}=27$이므로 $x=5$, $y=4$
$$\therefore ab=20$$
답 ③

11

$3^x=3^{2y}$에서 $x=2y$ ··· ❶
$(\log_2 8x)(\log_2 4y)=-1$에 ❶을 대입하면
$$(\log_2 16y)(\log_2 4y)=-1$$
$$(4+\log_2 y)(2+\log_2 y)=-1$$
$$(\log_2 y)^2+6\log_2 y+9=0$$
$$(\log_2 y+3)^2=0,\ \log_2 y=-3$$
$y=2^{-3}=\dfrac{1}{8}$이므로 $x=\dfrac{1}{4}$
$$\therefore \frac{1}{ab}=32$$
답 ①

12

$\dfrac{3a}{\log_a b}=\dfrac{b}{2\log_b a}=\dfrac{3a+b}{3}=k$라 하면
$$3a=k\log_a b \quad ···❶$$
$$b=2k\log_b a \quad ···❷$$
$$3a+b=3k \quad ···❸$$
❶, ❷를 ❸에 대입하면
$$k\log_a b+2k\log_b a=3k,\ \log_a b+2\log_b a=3$$
$\log_a b=t$라 하면
$$t+\frac{2}{t}=3,\ t^2-3t+2=0$$
$1<a<b$에서 $t>1$이므로 $t=2$
$$\therefore \log_a b=2$$
답 2

13

$y=2^x-2$에서 $y=0$이면 $x=1$이다.
따라서 $y=|2^x-2|$의 그래프는 그림과 같다.
이 그래프가 직선 $y=k$와 만나는 점의 x 좌표가 α, β이므로 $\alpha\beta<0$이면 $1<k<2$

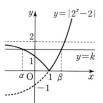

답 ⑤

14

A, B의 x좌표가 a이므로 $A(a, 3^a)$, $B\left(a, \left(\dfrac{1}{3}\right)^a\right)$
선분 AB의 중점의 y좌표가 $\sqrt{5}$이므로
$$\frac{3^a+3^{-a}}{2}=\sqrt{5},\ 3^a+3^{-a}=2\sqrt{5}$$
$\overline{AB}=3^a-3^{-a}$이므로
$$\overline{AB}^2=(3^a-3^{-a})^2=(3^a+3^{-a})^2-4\times 3^a\times 3^{-a}$$
$$=20-4=16$$
$$\therefore \overline{AB}=4$$
답 4

다른 풀이
$3^a+3^{-a}=2\sqrt{5}$에서 $3^{2a}-2\sqrt{5}\times 3^a+1=0$

$3^a=t$라 하면 $t^2-2\sqrt{5}t+1=0$
$$\therefore t=\sqrt{5}\pm 2$$
$a>0$에서 $3^a>1$이므로 $t=\sqrt{5}+2$
$$3^a=\sqrt{5}+2,\ 3^{-a}=\frac{1}{\sqrt{5}+2}=\sqrt{5}-2$$
$$\therefore \overline{AB}=(\sqrt{5}+2)-(\sqrt{5}-2)=4$$

15

$A(k, 2^k)$이고 $y=2^x$과 $y=\left(\dfrac{1}{2}\right)^x$의 그래프가 y축에 대칭이므로
$B(-k, 2^k)$
또 $C\left(k, \left(\dfrac{1}{2}\right)^k\right)$, $D(0, 1)$이므로
$$\triangle ABD=\frac{1}{2}\times 2k(2^k-1)$$
$$\triangle ADC=\frac{1}{2}k\left\{2^k-\left(\frac{1}{2}\right)^k\right\}$$
$\triangle ABD : \triangle ADC=3 : 2$이므로
$$2\times\frac{1}{2}\times 2k(2^k-1)=3\times\frac{1}{2}k\left\{2^k-\left(\frac{1}{2}\right)^k\right\}$$
$k\ne 0$이므로 $4\times(2^k-1)=3\times(2^k-2^{-k})$
$$2^k+3\times 2^{-k}-4=0$$
$2^k=t$라 하면 $t^2-4t+3=0$
$k>0$에서 $t>1$이므로 $t=3$
곧, $2^k=3$이므로 $k=\log_2 3$
답 ①

16

$2^{-x}+6=k$에서 $x=-\log_2(k-6)$
$$\therefore A(-\log_2(k-6), k)$$
$2^x=k$에서 $x=\log_2 k$
$$\therefore B(\log_2 k, k)$$
선분 AB를 $1 : 2$로 내분하는 점이 y축 위에 있으므로
$$\frac{\log_2 k-2\log_2(k-6)}{1+2}=0$$
$$\log_2 k=2\log_2(k-6)$$
$$k=(k-6)^2,\ k^2-13k+36=0$$
진수 조건에서 $k>6$이므로 $k=9$
답 9

17

$3^{-x-3}\le 3^{-3x+6}$이므로
$$-x-3\le -3x+6,\ x\le\frac{9}{2}$$
따라서 자연수 x는 1, 2, 3, 4이고 합은 10이다.
답 ②

18

$3^x=t$라 하면 $3t+\dfrac{3}{t}\le 10$

$t>0$이므로 양변에 t를 곱하면 $3t^2+3\le10t$

$\qquad(3t-1)(t-3)\le0,\ \dfrac{1}{3}\le t\le3$

$\qquad\dfrac{1}{3}\le3^x\le3,\ 3^{-1}\le3^x\le3^1$

$\qquad\therefore\ -1\le x\le1$

따라서 정수 x는 $-1,\ 0,\ 1$의 3개이다.   답 ③

19

$x^2-(a+b)x+ab<0$에서

$\qquad(x-a)(x-b)<0,\ a<x<b$

$\qquad\therefore\ A=\{x\,|\,a<x<b\}$

$2^{2x+2}-9\times2^x+2<0$에서 $2^x=t$라 하면

$\qquad4t^2-9t+2<0,\ \dfrac{1}{4}<t<2$

$\qquad2^{-2}<2^x<2^1,\ -2<x<1$

$\qquad\therefore\ B=\{x\,|\,-2<x<1\}$

$A\subset B$이므로 $-2\le a$이고 $b\le1$

따라서 $b-a$의 최댓값은 $1-(-2)=3$ 답 3

20

(i) 진수 조건에서

$\qquad x^2>0,\ 5x-8>0$이므로 $x>\dfrac{8}{5}$ … ❶

(ii) $1+\log_{\frac{1}{2}}x^2>\log_{\frac{1}{2}}(5x-8)$에서

$\qquad\log_{\frac{1}{2}}\dfrac{1}{2}x^2>\log_{\frac{1}{2}}(5x-8)$

밑이 1보다 작으므로

$\qquad\dfrac{1}{2}x^2<5x-8,\ x^2-10x+16<0$

$\qquad\therefore\ 2<x<8$ … ❷

❶, ❷에서 $2<x<8$

$\qquad\therefore\ \alpha\beta=2\times8=16$ 답 16

21

$0<\log_4\{\log_3(\log_2 x)\}\le\dfrac{1}{2}$에서

$\qquad4^0<\log_3(\log_2 x)\le4^{\frac{1}{2}},\ 1<\log_3(\log_2 x)\le2$

$\qquad3^1<\log_2 x\le3^2,\ 3<\log_2 x\le9$

$\qquad\therefore\ 2^3<x\le2^9$

따라서 정수 x의 개수는 $2^9-2^3=512-8=504$ 답 504

22

(i) 진수 조건에서

$\qquad f(x)>0,\ g(x)>0$이므로 $x>8$ … ❶

(ii) $\log_2 f(x)>\log_2 g(x)$에서

밑이 1보다 크므로 $f(x)>g(x)$

$\qquad\therefore\ 2<x<9$ … ❷

❶, ❷에서 $8<x<9$

따라서 이차부등식은

$\qquad(x-8)(x-9)<0,\ x^2-17x+72<0$

$\qquad\therefore\ a=-17,\ b=72$ 답 $a=-17,\ b=72$

23

(i) 진수 조건에서

$\qquad x^2+x-6>0$이므로 $x<-3$ 또는 $x>2$ … ❶

$\qquad$또 $2-x>0$이므로 $x<2$ … ❷

(ii) $\log_3(x^2+x-6)<\log_3(2-x)$에서

$\qquad x^2+x-6<2-x,\ x^2+2x-8<0$

$\qquad\therefore\ -4<x<2$ … ❸

❶, ❷, ❸에서 $-4<x<-3$

$\qquad\therefore\ \alpha^2+\beta^2=16+9=25$ 답 25

24

(i) $\left(\dfrac{1}{9}\right)^{3x+8}<3^{-x^2}$에서 $3^{-6x-16}<3^{-x^2}$

$\qquad-6x-16<-x^2,\ x^2-6x-16<0$

$\qquad\therefore\ -2<x<8$

(ii) $\log_2|x-1|\le2$에서

$\qquad|x-1|\le4,\ -3\le x\le5$

$\qquad|x-1|\ne0$이므로

$\qquad-3\le x<1$ 또는 $1<x\le5$

(i), (ii)에서 $-2<x<1$ 또는 $1<x\le5$이므로

정수 x는 $-1,\ 0,\ 2,\ 3,\ 4,\ 5$의 6개이다.   답 ①

25

방정식 $x^2-2(3^a+1)x+10(3^a+1)=0$의 판별식을 D라 하면

$\qquad\dfrac{D}{4}=(3^a+1)^2-10(3^a+1)\le0$

$\qquad(3^a+1)(3^a+1-10)\le0,\ -1\le3^a\le9$

$3^a>0$이므로 $0<3^a\le9$에서 $a\le2$

따라서 a의 최댓값은 2이다.   답 ②

26

$3^x=t$라 하면

$\qquad t^2+3t-k-3>0$

따라서 이 부등식이 $t>0$에서 성립하면 된다.

$f(t)=t^2+3t-k-3$이라 하면

축이 $t=-\dfrac{3}{2}$이므로

$f(0)\ge0$이면 부등식이 성립한다.

$\qquad-k-3\ge0$ $\therefore\ k\le-3$

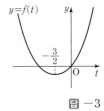

따라서 정수 k의 최댓값은 -3이다.   답 -3

27

$\left(\log_2\dfrac{x}{a}\right)\left(\log_2\dfrac{x^2}{a}\right)+2\ge0$에서 $\log_2 x=t$라 하면

$\qquad(t-\log_2 a)(2t-\log_2 a)+2\ge0$

$\qquad2t^2-3(\log_2 a)t+(\log_2 a)^2+2\ge0$

x가 양의 실수이면 t는 실수이므로 이 부등식이 모든 실수 t에 대하여 성립한다.

방정식 $2t^2-3(\log_2 a)t+(\log_2 a)^2+2=0$의 판별식을 D라 하면

$$D=9(\log_2 a)^2-8\{(\log_2 a)^2+2\}\le 0$$
$$(\log_2 a)^2-16\le 0, \quad -4\le \log_2 a\le 4$$
$$\therefore \frac{1}{16}\le a\le 16$$

답 $\frac{1}{16}\le a\le 16$

28

$a<b<1$이므로 $\log_a a>\log_a b>\log_a 1$

$\therefore 0<\log_a b<1$ ⋯ ❶

$b<1, a+1>1$이므로 $\log_b (a+1)<0$ ⋯ ❷

$1<a+1<b+1$이므로

$\log_{a+1}(b+1)>1$ ⋯ ❸

❶, ❷, ❸에서

$\log_b(a+1)<\log_a b<\log_{a+1}(b+1)$

$\therefore B<A<C$

답 ③

29

$$g(x)=\log_{\frac{1}{2}} x=-\log_2 x$$

ㄱ. $g(x)=-f(x)$이므로 $|g(x)|=|f(x)|$

$\therefore f(|g(x)|)=f(|f(x)|)$ (참)

ㄴ. $1<a<b$일 때 $0<\log_2 a<\log_2 b$이고

$|g(a)|=|-\log_2 a|=\log_2 a$

$|g(b)|=|-\log_2 b|=\log_2 b$

이므로

$|g(a)|<|g(b)|$

$f(x)=\log_2 x$는 밑이 1보다 크므로

$f(|g(a)|)<f(|g(b)|)$ (참)

ㄷ. $1<a<b$일 때 $0<f(a)<f(b)$

$g(x)=\log_{\frac{1}{2}} x$는 밑이 1보다 작으므로

$g(f(a))>g(f(b))$ (참)

따라서 옳은 것은 ㄱ, ㄴ, ㄷ이다.

답 ⑤

30

ㄱ.

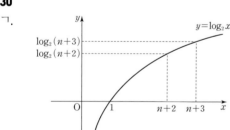

위의 그림에서 $\log_2(n+3)>\log_2(n+2)$ (참)

ㄴ.

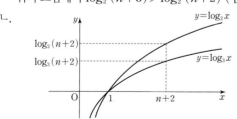

위의 그림에서 $\log_2(n+2)>\log_3(n+2)$ (참)

ㄷ.

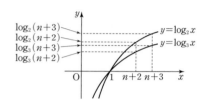

$y=\log_2(x+2), y=\log_3(x+3)$의 그래프는 점 $(0, 1)$을 지나고 위의 그림과 같다.

$\therefore \log_2(n+2)>\log_3(n+3)$ (참)

따라서 옳은 것은 ㄱ, ㄴ, ㄷ이다.

답 ⑤

다른풀이

그림에서 옳은 것은

ㄱ, ㄴ, ㄷ이다.

31

1일 후 갑의 체중은 $75\times(1-0.003)$

2일 후 갑의 체중은 $75\times(1-0.003)^2$

⋮

n일 후 갑의 체중은 $75\times(1-0.003)^n$

또 n일 후 을의 체중은 $80\times(1-0.005)^n$

n일 후 을의 체중이 갑의 체중 이하가 된다고 하면

$$75\times 0.997^n\ge 80\times 0.995^n$$

양변에 상용로그를 잡으면

$$\log(75\times 0.997^n)\ge \log(80\times 0.995^n)$$
$$\log 75+n\log 0.997\ge \log 80+n\log 0.995$$
$$n(\log 0.997-\log 0.995)\ge \log 80-\log 75$$
$$n(-1+0.999+1-0.998)\ge 5\log 2-\log 3-1$$
$$0.001\times n\ge 0.028, \quad n\ge 28$$

따라서 28일 후부터이다.

답 ⑤

32

현재 가격이 A이고 매월 $a\,\%$씩 가격이 하락한다고 하면

1개월 후 가격은 $A\left(1-\dfrac{a}{100}\right)$

2개월 후 가격은 $A\left(1-\dfrac{a}{100}\right)^2$

⋮

n개월 후 가격은 $A\left(1-\dfrac{a}{100}\right)^n$

5개월 후 20 % 하락하였으므로

$$A\left(1-\frac{a}{100}\right)^5=A\times 0.8 \quad \therefore 1-\frac{a}{100}=0.8^{\frac{1}{5}}$$

따라서 현재 가격이 100만 원인 카메라의 n개월 후 가격은

$$100\left(1-\frac{a}{100}\right)^n=100\times 0.8^{\frac{n}{5}}\text{(만 원)}$$

가격이 50만 원 이하이면

$$100\times 0.8^{\frac{n}{5}}\le 50, \quad 0.8^{\frac{n}{5}}\le \frac{1}{2}$$

양변에 상용로그를 잡으면

$$\frac{n}{5}\log 0.8 \le \log \frac{1}{2}, \ n(3\log 2-1)\le -5\log 2$$

$$\therefore n\ge \frac{5\log 2}{1-3\log 2}=15.5\times\times\times$$

따라서 최소한 16개월이 지나야 한다.   답 ①

Note

일정한 비율로 가격이 내리므로 처음 가격을 A라 할 때, 1개월 후 가격은 Ar, 2개월 후 가격은 Ar^2, $\cdots$, n개월 후 가격은 Ar^n이다.
5개월 후 가격이 $0.8A$이므로

$$Ar^5=0.8A, \ r=0.8^{\frac{1}{5}}$$

이를 이용하여 풀어도 된다.

---

step B 실력 문제   39~42쪽

01 ⑤   **02** (1) $x=10$ 또는 $x=100$ (2) $x=1$ 또는 $x=\dfrac{1}{45}$

03 ③   **04** ④   **05** ①

06 (1) $x=3, y=\dfrac{1}{2}$ (2) $x=\dfrac{1}{2}, y=27$ 또는 $x=8, y=\dfrac{1}{3}$

07 ②   **08** $\begin{cases} x=2 \\ y=5 \end{cases}$ 또는 $\begin{cases} x=5 \\ y=2 \end{cases}$ 또는 $\begin{cases} x=3 \\ y=3 \end{cases}$ **09** ②

10 ②   **11** ③   **12** 63

13 (1) $0<x<\dfrac{1}{2}$ 또는 $x>8$ (2) $2<x\le 5$ **14** ④

15 $a=5, b=4$ **16** ②   **17** 16   **18** ④

19 ④   **20** ⑤   **21** 5   **22** ③   **23** ④

24 ③

01

[전략] $g(6)=k$라 하면 $f(k)=6$이다.

$g(6)=k$라 하면 $f(k)=6$이므로

$$2^k-16\times 2^{-k}=6$$

$2^k=t$라 하면 $t-\dfrac{16}{t}=6$

$$t^2-6t-16=0, \ (t+2)(t-8)=0$$

$t>0$이므로 $t=8$
따라서 $2^k=8$에서 $k=3$

$$\therefore g(6)=3 \qquad\qquad 답 ⑤$$

02

[전략] (1) $2^{\log x}=x^{\log 2}$임을 이용한다.
   (2) 밑과 지수에 모두 미지수가 있으므로 양변에 로그를 잡는다.

(1) $2^{\log x}=x^{\log 2}$이므로 $2^{\log x}=t$라 하면

$$t^2-(t+5t)+8=0, \ (t-2)(t-4)=0$$

따라서 $2^{\log x}=2$ 또는 $2^{\log x}=4$이므로

$$\log x=1 \ \text{또는} \ \log x=2$$

$$\therefore x=10 \ \text{또는} \ x=100$$

(2) 양변에 밑이 5인 로그를 잡으면

$$\log_5 15^{\log_5 x}+\log_5 x^{\log_5 3x}=\log_5 1$$

$$\log_5 x\times\log_5 15+\log_5 3x\times\log_5 x=0$$

$\log_5 x=t$라 하면

$$t\log_5 15+(t+\log_5 3)t=0$$

$$t(t+\log_5 45)=0$$

$$\therefore t=0 \ \text{또는} \ t=-\log_5 45$$

$\log_5 x=0$일 때 $x=1$

$\log_5 x=-\log_5 45$일 때 $x=\dfrac{1}{45}$

답 (1) $x=10$ 또는 $x=100$ (2) $x=1$ 또는 $x=\dfrac{1}{45}$

03

[전략] $10=2\times 5$이므로 양변을 5^{2x}으로 나누고 정리하거나,
   $2^x=X, 5^x=Y$로 놓고 푼다.

$10^x=5^x\times 2^x$이므로 주어진 식의 양변을 5^{2x}으로 나누면

$$\frac{2^x}{5^x}+\frac{2^{2x+1}}{5^{2x}}=1, \ \left(\frac{2}{5}\right)^x+2\times\left(\frac{2}{5}\right)^{2x}=1$$

$\left(\dfrac{2}{5}\right)^x=t$라 하면

$$t+2t^2=1, \ (2t-1)(t+1)=0$$

$t>0$이므로 $t=\dfrac{1}{2}$

곧, $\left(\dfrac{2}{5}\right)^x=\dfrac{1}{2}$이므로

$$x=\log_{\frac{2}{5}}\frac{1}{2}=\log_{\frac{5}{2}}2 \qquad\qquad 답 ③$$

다른 풀이

$10^x+2^{2x+1}=25^x$을 정리하면

$$2^x\times 5^x+2\times(2^x)^2=(5^x)^2$$

$2^x=X, 5^x=Y$라 하면

$$XY+2X^2=Y^2, \ (Y-2X)(Y+X)=0$$

$X>0, Y>0$이므로 $Y=2X$
곧, $5^x=2\times 2^x$이므로

$$\left(\frac{5}{2}\right)^x=2 \qquad \therefore x=\log_{\frac{5}{2}}2$$

04

[전략] 주어진 방정식이 $a^3+b^3=(a+b)^3$ 꼴임을 이용한다.

$\log_2 x-1=a, \log_3 x-1=b$라 하면

$$a^3+b^3=(a+b)^3$$

$$a^3+b^3=a^3+b^3+3ab(a+b)$$

$$ab(a+b)=0$$

$$\therefore (\log_2 x-1)(\log_3 x-1)(\log_2 x+\log_3 x-2)=0$$

(ⅰ) $\log_2 x=1$일 때 $x=2$

(ⅱ) $\log_3 x=1$일 때 $x=3$

(ⅲ) $\log_2 x+\log_3 x=2$일 때

$$\log_2 x+\frac{\log_2 x}{\log_2 3}=2, \ (\log_2 3+1)\log_2 x=2\log_2 3$$

$$\log_2 x^{\log_9 6} = \log_2 3^2, \ x^{\log_9 6} = 9$$
$$\therefore x = 9^{\frac{1}{\log_9 6}} = 9^{\log_6 2}$$

(i), (ii), (iii)에서 실근의 개수는 3이다.　　　　　　답 ④

05

[전략] 방정식 $f(x)=0$의 해가 α일 때,
　　　$3^x=t$로 치환한 방정식에서의 해는 3^α이다.

$3^{2x}-k \times 3^{x+1}+3k+15=0$의 두 실근을 α, 2α라 하자.

$3^x=t$라 하면 주어진 방정식은
$$t^2-3kt+3k+15=0$$
이 방정식의 두 실근은 3^α, $3^{2\alpha}$이므로
$$\begin{cases} 3^\alpha+3^{2\alpha}=3k & \cdots ❶ \\ 3^\alpha \times 3^{2\alpha}=3k+15 & \cdots ❷ \end{cases}$$
❷−❶을 하면
$$3^{3\alpha}-3^{2\alpha}-3^\alpha=15$$
$3^\alpha=s$라 하면 $s^3-s^2-s-15=0$
$$(s-3)(s^2+2s+5)=0$$
$s>0$이므로 $s=3$, $3^\alpha=3$
❶에 대입하면 $3k=3+3^2=12$
$$\therefore k=4$$　　　　　　답 ①

06

[전략] (1) 한 식을 정리하여 x, y에 대한 일차식을 찾는다.
　　　(2) x는 밑이 2인 로그, y는 밑이 3인 로그로 정리한다.

(1) $\begin{cases} 2^x-2 \times 4^{-y}=7 & \cdots ❶ \\ \log_2(x-2)-\log_2 y=1 & \cdots ❷ \end{cases}$

❷에서 $\log_2 \dfrac{x-2}{y}=1$, $\dfrac{x-2}{y}=2$
$$\therefore 2y=x-2 \quad \cdots ❸$$
❸을 ❶에 대입하면 $4^{-y}=2^{-2y}$이므로
$$2^x-2 \times 2^{-x+2}=7$$
$2^x=t$라 하면 $t-\dfrac{8}{t}=7$, $t^2-7t-8=0$
$t>0$이므로 $t=8$
곧, $2^x=8$이므로 $x=3$
❸에 대입하면 $y=\dfrac{1}{2}$

(2) $(\log_3 x)(\log_4 y) = \dfrac{\log_2 x}{\log_2 3} \times \dfrac{\log_3 y}{\log_3 4}$
$$= \dfrac{\log_2 x}{\log_2 3} \times \dfrac{\log_3 y}{\log_3 2^2}$$
$$= \dfrac{\log_2 x \times \log_3 y}{2}$$

이므로 주어진 방정식은
$$\log_2 x + \log_3 y = 2, \ \log_2 x \times \log_3 y = -3$$
따라서 $\log_2 x$와 $\log_3 y$는 방정식 $t^2-2t-3=0$의 해이다.
이 방정식의 해가 $t=-1$ 또는 $t=3$이므로
$$\log_2 x = -1, \ \log_3 y = 3 \text{일 때 } x=\frac{1}{2}, \ y=27$$

$\log_2 x = 3$, $\log_3 y = -1$일 때 $x=8$, $y=\dfrac{1}{3}$

답 (1) $x=3$, $y=\dfrac{1}{2}$　(2) $x=\dfrac{1}{2}$, $y=27$ 또는 $x=8$, $y=\dfrac{1}{3}$

07

[전략] $\log_{25}(a-b)=\log_9 a=\log_{15} b=k$로 놓고 정리한 다음 $\dfrac{b}{a}$를 구한다.

$\log_{25}(a-b)=\log_9 a=\log_{15} b=k$라 하면
$$a-b=25^k=5^{2k} \quad \cdots ❶$$
$$a=9^k=3^{2k}, \ b=15^k \quad \cdots ❷$$
❷를 ❶에 대입하면 $3^{2k}-15^k=5^{2k}$　$\cdots ❸$
$\dfrac{b}{a}=\left(\dfrac{5}{3}\right)^k$이므로 ❸의 양변을 3^{2k}으로 나누면
$$1-\left(\frac{5}{3}\right)^k = \left\{\left(\frac{5}{3}\right)^k\right\}^2$$
$\left(\dfrac{5}{3}\right)^k=t$라 하면 $t^2+t-1=0$
$t>0$이므로 $t=\dfrac{\sqrt{5}-1}{2}$　　　　　답 ②

08

[전략] x, y가 양의 정수이므로 ( ) × ( ) = (정수) 꼴로 고친다.

$$\log_2 x^2 y^2 = \log_{2^{\frac{1}{2}}}(x+y+3)$$
$$\log_2 x^2 y^2 = 2\log_2(x+y+3)$$
$$x^2 y^2 = (x+y+3)^2$$
x, y는 양의 정수이므로 $xy=x+y+3$
$$(x-1)(y-1)=4$$
$$\therefore \begin{cases} x=2 \\ y=5 \end{cases} \text{또는} \begin{cases} x=5 \\ y=2 \end{cases} \text{또는} \begin{cases} x=3 \\ y=3 \end{cases}$$

답 $\begin{cases} x=2 \\ y=5 \end{cases}$ 또는 $\begin{cases} x=5 \\ y=2 \end{cases}$ 또는 $\begin{cases} x=3 \\ y=3 \end{cases}$

09

[전략] $\log_3 x=t$라 하면 $t^2-|3t|-t=k$
　　　좌변을 $f(t)$로 놓고 $y=f(t)$의 그래프와 직선 $y=k$의 교점을 생각한다.

$\log_3 x=t$라 하면 $t^2-|3t|-t=k$
$t^2-3|t|-t=f(t)$로 놓으면
$$f(t)=\begin{cases} t^2-4t & (t \geq 0) \\ t^2+2t & (t<0) \end{cases}$$

$y=f(t)$의 그래프가 직선
$y=k$와 네 점에서 만나려면
$$-1<k<0$$
교점의 t좌표를 α, β, γ, δ
$(\alpha<\beta<\gamma<\delta)$라 하면
$$\alpha+\beta=-2, \ \gamma+\delta=4$$
$$\therefore \alpha+\beta+\gamma+\delta=2$$
이때 주어진 방정식의 네 실근은 3^α, 3^β, 3^γ, 3^δ이므로 네 실근의 곱은
$$3^\alpha \times 3^\beta \times 3^\gamma \times 3^\delta = 3^{\alpha+\beta+\gamma+\delta}=3^2=9$$　　　답 ②

10

[전략] 주어진 방정식의 두 근을 α, β라 하면
$2^x=t$로 치환한 방정식의 두 근은 $2^\alpha, 2^\beta$이다.

주어진 방정식의 두 근을 α, β $(\alpha<0, \beta>0)$라 하자.

$2^x=t$라 하면 주어진 방정식은

$$t^2+2kt+k^2-9=0$$

이 방정식의 두 근은 $2^\alpha, 2^\beta$이고 $0<2^\alpha<1, 2^\beta>1$이다.

$f(t)=t^2+2kt+k^2-9$라 하면

(i) $f(0)>0$이므로 $k^2-9>0$

$\quad \therefore k<-3$ 또는 $k>3$

(ii) $f(1)<0$이므로

$\quad k^2+2k-8<0$

$\quad \therefore -4<k<2$

(i), (ii)에서 $-4<k<-3$

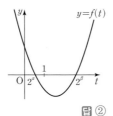

답 ②

11

[전략] $2^x-2^{-x}=t$로 놓고 $y=2^x$과 $y=-2^{-x}$의 그래프를 이용하여 t의 범위를 구한다.

$2^x-2^{-x}=t$라 하면

$$t^2=2^{2x}-2+2^{-2x}, \ 4^x+4^{-x}=t^2+2$$

따라서 주어진 방정식은 $t^2+at+9=0$ ⋯ ❶

$y=2^x$과 $y=-2^{-x}$의 그래프를 이용하여 $y=2^x-2^{-x}$의 그래프를 그리면 그림과 같으므로 t는 실수 전체의 값을 갖는다.

따라서 ❶이 실근을 가지면

$$D=a^2-36\geq0$$

이므로 양수 a의 최솟값은 6이다.

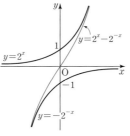

답 ③

12

[전략] $2^x=t$라 할 때, 주어진 부등식은 이차부등식이므로 인수분해할 수 있는 꼴인지부터 확인한다.

$2^x=t$라 하면

$$2t^2-(2n+1)t+n\leq0, \ (2t-1)(t-n)\leq0$$

곧, $\dfrac{1}{2}\leq t\leq n$이므로 $2^{-1}\leq2^x\leq n$

이때 정수 x가 7개이므로 $-1, 0, 1, \cdots, 5$는 해이고 6은 해가 아니다.

따라서 $2^5\leq n<2^6$이고 자연수 n의 최댓값은 63이다. 답 63

13

[전략] 지수, 로그 모두 밑의 범위가 1보다 작을 때와 클 때로 나누어 푼다.

(1) (i) $0<x+\dfrac{1}{2}<1$일 때 ⋯ ❶

$\quad x^2+2x<8(x+2), \ x^2-6x-16<0$

$\quad \therefore -2<x<8$

❶과 공통부분은 $0<x<\dfrac{1}{2}$

(ii) $x+\dfrac{1}{2}>1$일 때 ⋯ ❷

$\quad x^2+2x>8(x+2), \ x^2-6x-16>0$

$\quad \therefore x<-2$ 또는 $x>8$

❷와 공통부분은 $x>8$

(iii) $x+\dfrac{1}{2}=1$일 때 (좌변)$=1$, (우변)$=1$이므로 성립하지 않는다.

(i), (ii), (iii)에서 $0<x<\dfrac{1}{2}$ 또는 $x>8$

(2) 진수 조건에서 $2x^2-5x+2>0, 5x+2>0$

밑 조건에서 $x>0, x\neq1$

$\quad \therefore 0<x<\dfrac{1}{2}$ 또는 $x>2$

(i) $0<x<\dfrac{1}{2}$일 때 ⋯ ❶

$\quad 2x^2-5x+2\geq5x+2, \ 2x^2-10x\geq0$

$\quad \therefore x\leq0$ 또는 $x\geq5$

❶과 공통부분은 없다.

(ii) $x>2$일 때 ⋯ ❷

$\quad 2x^2-5x+2\leq5x+2, \ 2x^2-10x\leq0$

$\quad \therefore 0\leq x\leq5$

❷와 공통부분은 $2<x\leq5$

(i), (ii)에서 $2<x\leq5$

답 (1) $0<x<\dfrac{1}{2}$ 또는 $x>8$ (2) $2<x\leq5$

14

[전략] $f(x), g(x)$에 대한 부등식을 만들고 그래프에서 해를 찾는다.

$\left(\dfrac{1}{2}\right)^{f(x)g(x)}\geq\left(\dfrac{1}{8}\right)^{g(x)}$에서 $\left(\dfrac{1}{2}\right)^{f(x)g(x)}\geq\left(\dfrac{1}{2}\right)^{3g(x)}$이므로

$$f(x)g(x)\leq3g(x), \ g(x)\{f(x)-3\}\leq0$$

(i) $g(x)\leq0, f(x)-3\geq0$일 때

$\quad g(x)\leq0$에서 $x\leq3$

$\quad f(x)\geq3$에서 $x\leq1$ 또는 $x\geq5$

$\quad \therefore x\leq1$

(ii) $g(x)\geq0, f(x)-3\leq0$일 때

$\quad g(x)\geq0$에서 $x\geq3$

$\quad f(x)\leq3$에서 $1\leq x\leq5$

$\quad \therefore 3\leq x\leq5$

따라서 자연수 x값의 합은

$$1+3+4+5=13$$

답 ④

15

[전략] $(\log_2 x)^2-a\log_2 x+b\leq0$의 해가 $\alpha\leq x\leq\beta$일 때 $\log_2 x=t$로 치환하면 해는 $\log_2 \alpha\leq t\leq\log_2 \beta$로 바뀐다.

$2^{2x}-2^{x+1}-8<0$에서 $(2^x)^2-2\times2^x-8<0$

$$(2^x-4)(2^x+2)<0$$

$2^x+2>0$이므로 $2^x-4<0, 2^x<2$

$\quad \therefore A=\{x \,|\, x<2\}$

$A \cap B = \varnothing$, $A \cup B = \{x \mid x \leq 16\}$이므로
$B = \{x \mid 2 \leq x \leq 16\}$이다.
$$(\log_2 x)^2 - a \log_2 x + b \leq 0 \qquad \cdots \text{❶}$$
에서 $\log_2 x = t$라 하면
$$t^2 - at + b \leq 0 \qquad \cdots \text{❷}$$
❶의 해가 $2 \leq x \leq 16$이므로 ❷의 해는
$\log_2 2 \leq t \leq \log_2 16$, 곧 $1 \leq t \leq 4$이다.
따라서 $(t-1)(t-4) \leq 0$이 $t^2 - at + b \leq 0$과 같아야 하므로
$$a = 5, \ b = 4$$
답 $a = 5, \ b = 4$

16

[전략] $a \neq 0$일 때 양변에 밑이 2인 로그를 잡고 이차부등식의 성질을 생각한다.

(i) $a = 0$일 때 $x^{\log_2 x} \geq 0$은 항상 성립한다.

(ii) $a \neq 0$일 때

$x^{\log_2 x} \geq a^2 x^2$의 양변에 밑이 2인 로그를 잡으면
$$(\log_2 x)^2 \geq 2 \log_2 x + \log_2 a^2$$
$\log_2 x = t$라 하면 $t^2 - 2t - \log_2 a^2 \geq 0$

x가 양수이면 t는 실수이므로 이 부등식이 모든 실수 t에 대하여 성립한다.

방정식 $t^2 - 2t - \log_2 a^2 = 0$의 판별식을 D라 하면
$$\frac{D}{4} = 1 + \log_2 a^2 \leq 0$$
$$\log_2 a^2 \leq -1, \ a^2 \leq \frac{1}{2}$$
$$\therefore -\frac{\sqrt{2}}{2} \leq a \leq \frac{\sqrt{2}}{2} \ (\text{단}, \ a \neq 0)$$

(i), (ii)에서 a의 최댓값은 $\dfrac{\sqrt{2}}{2}$이다.
답 ②

17

[전략] $\log_2 x = t$라 하면 t에 대한 방정식은 실근을 가진다.

$\left(\log_2 \dfrac{x}{a}\right)\left(\log_2 \dfrac{b}{x}\right) = 1$에서
$$(\log_2 x - \log_2 a)(\log_2 b - \log_2 x) = 1$$
$\log_2 x = t$라 하면
$$(t - \log_2 a)(\log_2 b - t) = 1$$
$$t^2 - (\log_2 a + \log_2 b)t + \log_2 a \times \log_2 b + 1 = 0$$
이때 주어진 등식을 만족시키는 양수 x가 있으면 이 방정식의 해가 있으므로 판별식을 D라 하면
$$D = (\log_2 a + \log_2 b)^2 - 4(\log_2 a \times \log_2 b + 1) \geq 0$$
$$(\log_2 a - \log_2 b)^2 - 2^2 \geq 0$$
$$\left(\log_2 \frac{a}{b} - 2\right)\left(\log_2 \frac{a}{b} + 2\right) \geq 0$$
$$\log_2 \frac{a}{b} \geq 2 \ \text{또는} \ \log_2 \frac{a}{b} \leq -2$$
$$\therefore \frac{a}{b} \geq 4 \ \text{또는} \ \frac{a}{b} \leq \frac{1}{4}$$

(i) $\dfrac{a}{b} \geq 4$일 때

$b = 1$이면 $a = 4, 5, \cdots, 9$
$b = 2$이면 $a = 8, 9$
$b \geq 3$이면 가능한 a는 없다.

(ii) $\dfrac{a}{b} \leq \dfrac{1}{4}$일 때

$a = 1$이면 $b = 4, 5, \cdots, 9$
$a = 2$이면 $b = 8, 9$
$a \geq 3$이면 가능한 b는 없다.

(i), (ii)에서 순서쌍 (a, b)의 개수는 16이다.
답 16

18

[전략] $\left| \log_3 \dfrac{m}{15} \right| \leq -\log_3 \dfrac{n}{3}$을 푼다.

이때는 $\log_3 \dfrac{n}{3} \leq 0$에 주의한다.

$\left| \log_3 \dfrac{m}{15} \right| \leq -\log_3 \dfrac{n}{3}$에서

$\log_3 \dfrac{n}{3} \leq 0$이고, $\log_3 \dfrac{n}{3} \leq \log_3 \dfrac{m}{15} \leq -\log_3 \dfrac{n}{3}$

(i) $\log_3 \dfrac{n}{3} \leq 0$에서 $0 < \dfrac{n}{3} \leq 1$이므로

자연수 n은 1, 2, 3이다.

(ii) $\log_3 \dfrac{n}{3} \leq \log_3 \dfrac{m}{15} \leq -\log_3 \dfrac{n}{3}$에서

$$\frac{n}{3} \leq \frac{m}{15} \leq \frac{3}{n}, \ 5n \leq m \leq \frac{45}{n}$$

$n = 1$일 때 $5 \leq m \leq 45$이므로 자연수 m은 41개
$n = 2$일 때 $10 \leq m \leq \dfrac{45}{2}$이므로 자연수 m은 13개
$n = 3$일 때 $15 \leq m \leq 15$이므로 자연수 m은 1개

따라서 순서쌍 (m, n)의 개수는 55이다.
답 ④

Note

$\log_3 \dfrac{m}{15} > 0$, $\log_3 \dfrac{m}{15} < 0$, $\log_3 \dfrac{m}{15} = 0$일 때로 나누어 풀어도 된다.

19

[전략] $y = 2^x$과 $y = \log_2 x$의 그래프는 직선 $y = x$에 대칭이다.

따라서 평행이동한 그래프도 적당히 대칭을 이용할 수 있다.

$y = 2^x$과 $y = \log_2 x$의 그래프를 각각 평행이동한 그래프의 식은 $y = 2^{x-k}$, $y = \log_2 x + k$이다. 그리고 두 함수는 역함수 관계에 있으므로 그래프는 직선 $y = x$에 대칭이다.

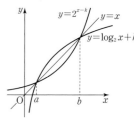

교점을 (a, a), (b, b) $(a < b)$라 하면 두 점 사이의 거리가 $2\sqrt{2}$이므로
$$\sqrt{(b-a)^2 + (b-a)^2} = 2\sqrt{2}, \ \sqrt{2}(b-a) = 2\sqrt{2}$$
$$\therefore b = a + 2$$

따라서 교점은 (a, a), $(a+2, a+2)$이다.

두 점이 곡선 $y = 2^{x-k}$ 위에 있으므로
$$a = 2^{a-k} \qquad \cdots \text{❶}$$
$$a + 2 = 2^{a+2-k} \qquad \cdots \text{❷}$$
❷에서 $a + 2 = 2^2 \times 2^{a-k}$이므로 ❶을 대입하면
$$a + 2 = 4 \times a \qquad \therefore a = \frac{2}{3}$$

❶에 대입하면 $\frac{2}{3}=2^{\frac{2}{3}-k}$, $\frac{2}{3}-k=\log_2\frac{2}{3}$

$$\therefore k=\frac{2}{3}-\log_2\frac{2}{3}$$

$$=\frac{2}{3}-(1-\log_2 3)$$

$$=-\frac{1}{3}+\log_2 3 \qquad \text{달 ④}$$

Note

점 (a, a), $(a+2, a+2)$가 $y=\log_2 x+k$ 위의 점이므로
$$a=\log_2 a+k, a+2=\log_2(a+2)+k$$
이 식을 연립하여 풀어도 된다.

20

[전략] 방정식 $2^x=-\left(\frac{1}{2}\right)^x+k$의 해는 교점의 x좌표이다.

$y=2^x$, $y=-\left(\frac{1}{2}\right)^x+k$에서

$$2^x=-\left(\frac{1}{2}\right)^x+k$$

$$2^{2x}-k\times 2^x+1=0$$

이 방정식의 두 근을
α, β $(\alpha<\beta)$라 하면 교점은
A$(\alpha, 2^\alpha)$, B$(\beta, 2^\beta)$이다.

선분 AB의 중점이 $\left(0, \frac{5}{4}\right)$이므로

$$\frac{\alpha+\beta}{2}=0 \qquad \cdots ❶$$

$$\frac{2^\alpha+2^\beta}{2}=\frac{5}{4} \qquad \cdots ❷$$

❶에서 $\beta=-\alpha$

❷에 대입하면 $2^\alpha+2^{-\alpha}=\frac{5}{2}$

$2^\alpha=t$라 하면 $t+\frac{1}{t}=\frac{5}{2}$

$$2t^2-5t+2=0, (2t-1)(t-2)=0$$

$\alpha<0$이므로 $t<1$

$$\therefore t=\frac{1}{2}$$

$2^\alpha=\frac{1}{2}$에서 $\alpha=-1$이므로 교점은 $\left(-1, \frac{1}{2}\right)$, $(1, 2)$이다.

점 $(1, 2)$가 곡선 $y=-\left(\frac{1}{2}\right)^x+k$ 위의 점이므로

$$2=-\frac{1}{2}+k \qquad \therefore k=\frac{5}{2} \qquad \text{달 ⑤}$$

Note

B$\left(\beta, -\left(\frac{1}{2}\right)^\beta+k\right)$로 생각하면

선분 AB의 중점의 y좌표가 $\frac{5}{4}$이므로

$$\frac{2^\alpha-\left(\frac{1}{2}\right)^\beta+k}{2}=\frac{5}{4}$$

$\beta=-\alpha$이므로

$$\frac{k}{2}=\frac{5}{4} \qquad \therefore k=\frac{5}{2}$$

21

[전략] 길이의 비를 이용하여 좌표를 나타낸다.

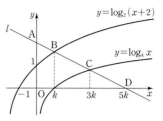

$\overline{AB}:\overline{BC}:\overline{CD}=1:2:2$이
므로 B, C, D의 x좌표를 각
각 k, $3k$, $5k$라 할 수 있다.
B와 C의 y좌표의 비가 $2:1$
이므로

$$\frac{1}{2}\log_2(k+2)=\log_4 3k$$

$$\frac{1}{2}\log_2(k+2)=\frac{1}{2}\log_2 3k$$

$$k+2=3k \qquad \therefore k=1$$

따라서 D의 x좌표는 $5k=5$ 달 5

다른 풀이

A$(0, b)$, D$(a, 0)$이라 하면

$\overline{AB}:\overline{BD}=1:4$이므로 B$\left(\frac{a}{5}, \frac{4b}{5}\right)$

$\overline{AC}:\overline{CD}=3:2$이므로 C$\left(\frac{3a}{5}, \frac{2b}{5}\right)$

B는 곡선 $y=\log_2(x+2)$ 위의 점이므로

$$\frac{4b}{5}=\log_2\left(\frac{a}{5}+2\right), \frac{4b}{5}=\log_2\left(\frac{a+10}{5}\right) \qquad \cdots ❶$$

C는 곡선 $y=\log_4 x$ 위의 점이므로

$$\frac{2b}{5}=\log_4\frac{3a}{5}, \frac{4b}{5}=\log_2\frac{3a}{5} \qquad \cdots ❷$$

❶, ❷를 연립하여 풀면 $a=5$

따라서 점 D의 x좌표는 5이다.

22

[전략] $y=2^x$의 그래프를 그리고, 넓이, 평균, 기울기를 이용하여 각 수의 대소를 비교한다.

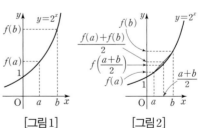

[그림1] [그림2] [그림3]

ㄱ. [그림1]에서 사각형의 넓이를 생각하면

$$af(a)<bf(b)$$

$$\therefore \frac{f(a)}{f(b)}<\frac{b}{a} \text{ (참)}$$

ㄴ. $\frac{a+b}{2}$는 a, b의 평균이고

$\frac{f(a)+f(b)}{2}$는 $f(a)+f(b)$의 평균이므로 [그림2]에서

$$f\left(\frac{a+b}{2}\right)<\frac{f(a)+f(b)}{2} \text{ (거짓)}$$

ㄷ. 두 점 $(0, 1)$, $(a, f(a))$를 잇는 직선의 기울기는

$$\frac{f(a)-1}{a}$$

두 점 $(0, 1)$, $(b, f(b))$를 잇는 직선의 기울기는

$$\frac{f(b)-1}{b}$$

이므로 [그림 3]에서

$$\frac{f(a)-1}{a} < \frac{f(b)-1}{b} \text{ (참)}$$

따라서 옳은 것은 ㄱ, ㄷ이다.　　　답 ③

23

[전략] $y=f(x)$의 그래프와 직선 $y=x$를 이용하여 두 점을 잡고, 직선의 기울기를 이용한다.

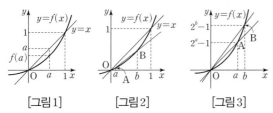

[그림 1]　　　[그림 2]　　　[그림 3]

ㄱ. [그림 1]에서 $0<a<1$이면 $f(a)<a$이다. (참)

(Note) $a>1$이면 $f(a)>a$이다.

ㄴ. 직선 AB의 기울기는

$$\frac{f(b)-f(a)}{b-a} = \frac{2^b-1-(2^a-1)}{b-a} = \frac{2^b-2^a}{b-a}$$

[그림 2]와 같이 $0<a<b<1$이면 직선 AB의 기울기가 1보다 작으므로

$$\frac{2^b-2^a}{b-a}<1 \quad \therefore 2^b-2^a<b-a \text{ (거짓)}$$

ㄷ. [그림 3]에서 $\dfrac{2^a-1}{a}$은 직선 OA의 기울기이고

$\dfrac{2^b-1}{b}$은 직선 OB의 기울기이므로

$$\frac{2^a-1}{a} < \frac{2^b-1}{b}$$

$$\therefore b(2^a-1) < a(2^b-1) \text{ (참)}$$

따라서 옳은 것은 ㄱ, ㄷ이다.　　　답 ④

24

[전략] 두 함수가 x의 값이 증가할 때, y의 값이 감소하므로 $0<(밑)<1$임을 이용하여 그래프를 그린다.

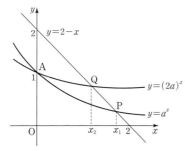

ㄱ. $0<a<1$이고 $0<2a<1$이므로 $0<a<\dfrac{1}{2}$ (참)

ㄴ. 위 그래프에서 $x_2<x_1$이다. (거짓)

ㄷ. $\dfrac{x_2y_1-x_1y_2}{x_2-x_1}>1$이라 하면 ㄴ에서 $x_2-x_1<0$이므로

$$x_2y_1-x_1y_2 < x_2-x_1, \quad x_2(y_1-1)<x_1(y_2-1)$$

$$\therefore \frac{y_1-1}{x_1} < \frac{y_2-1}{x_2} \quad \cdots ❶$$

따라서 ❶이 성립함을 보여도 된다.

점 $A(0, 1)$이라 하면

$\dfrac{y_1-1}{x_1}$은 직선 AP의 기울기이고 $\dfrac{y_2-1}{x_2}$은 직선 AQ의 기울기이므로 ❶이 성립한다. (참)

따라서 옳은 것은 ㄱ, ㄷ이다.　　　답 ③

step **C** 최상위 문제　　　43~44쪽

01 ②	02 ⑤	03 30	04 $\dfrac{1}{4}$	05 ②
06 ③	07 ④	08 ⑤		

01

[전략] $y=|\log x|$와 $y=ax+b$의 그래프가 세 점에서 만나므로 교점의 x좌표를 $k, 2k, 3k$라 하자.

그림과 같이 $y=|\log x|$의 그래프와 직선 $y=ax+b$의 그래프가 세 점에서 만난다. 세 실근의 비가 $1:2:3$이므로 교점의 x좌표를 각각 k, $2k$, $3k$ $(k>0)$라 하면

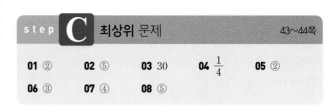

$$-\log k = ak+b \quad \cdots ❶$$
$$\log 2k = 2ak+b \quad \cdots ❷$$
$$\log 3k = 3ak+b \quad \cdots ❸$$

❷−❶을 하면 $\log 2k^2 = ak$

❸−❷를 하면 $\log \dfrac{3}{2} = ak$

두 식을 연립하면 $\log 2k^2 = \log \dfrac{3}{2}$, $k^2 = \dfrac{3}{4}$

$k>0$이므로 $k=\dfrac{\sqrt{3}}{2}$이고 세 실근의 합은 $6k=3\sqrt{3}$　　답 ②

02

[전략] $y=a^{x-m}$과 $y=\log_a x+m$의 그래프를 생각한다.

$f(x)=a^{x-m}$, $g(x)=\log_a x+m$이라 하면 $g(x)$는 $f(x)$의 역함수이다.

그림에서 $y=f(x)$와 $y=g(x)$
의 그래프의 교점은 직선 $y=x$
위의 점이다.

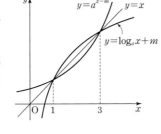

$f(x)<g(x)$의 해가 $1<x<3$
이므로 교점의 x좌표는 1, 3이
고 교점은 $(1, 1)$, $(3, 3)$이다.
$f(1)=1$이므로 $1=a^{1-m}$,
$1-m=0$ $\therefore m=1$
$f(3)=3$이므로 $3=a^{3-m}$, $a^2=3$
$a>1$이므로 $a=\sqrt{3}$
$\qquad \therefore a+m=\sqrt{3}+1$ 　　　답 ⑤

03

[전략] $y=f(x)$와 $y=f(f(x))$의 그래프를 이용하여
$\qquad 0\leq x<20$에서 부등식의 정수해부터 구한다.

$0\leq x<20$에서 $y=f(x)$의
그래프는 검은 실선,
$y=f(f(x))$의 그래프는 파
란 실선이다.
이때 교점의 x좌표는
$2x=-4x+40$에서
$\qquad x=\dfrac{20}{3}$
$-2x+40=4x-40$에서
$\qquad x=\dfrac{40}{3}$
그런데 $\log_{\frac{1}{2}}f(x)<\log_{\frac{1}{2}}f(f(x))$에서
$f(x)>f(f(x))$이므로
$0\leq x<20$에서 해는 $\dfrac{20}{3}<x<\dfrac{40}{3}$
진수 조건에서 $f(x)>0, f(f(x))>0$이므로
$\qquad x\neq 0, x\neq 10$
따라서 정수 x는 6개이다.
$20\leq x<40$, $40\leq x<60$, $\cdots$에서
위와 같은 모양의 그래프가 반복되므로 정수 x의 개수는
$6\times 5=30$ 　　　답 30

Note

$f(x)=\begin{cases}2x & (0\leq x<10) \\ -2x+40 & (10\leq x<20)\end{cases}$ 이므로

$f(f(x))=\begin{cases}2f(x) & (0\leq f(x)<10) \\ -2f(x)+40 & (10\leq f(x)<20)\end{cases}$

$=\begin{cases}2(2x) & (0\leq 2x<10) \\ 2(-2x+40) & (0\leq -2x+40<10) \\ -2(2x)+40 & (10\leq 2x<20) \\ -2(-2x+40)+40 & (10\leq -2x+40<20)\end{cases}$

$=\begin{cases}4x & (0\leq x<5) \\ -4x+40 & (5\leq x<10) \\ 4x-40 & (10<x\leq 15) \\ -4x+80 & (15\leq x\leq 20)\end{cases}$

04

[전략] $\triangle AP_1P$와 $\triangle AQ_1Q$가 닮은 도형임을 이용한다.

$2^x-1=0$에서 $x=0$이므로
$y=|2^x-1|$의 그래프는 그
림과 같다.
점 P, Q의 좌표를
$P(a, 1-2^a)$, $Q(b, 2^b-1)$
이라 하자.
$\triangle AP_1P$와 $\triangle AQ_1Q$는 닮음
이고 넓이의 비가 $1:4$이므로 닮음비는 $1:2$이다.
$\overline{AQ_1}=2\overline{AP_1}$이므로
$\qquad b+3=2(a+3)$ 　　⋯ ❶
$\overline{QQ_1}=2\overline{PP_1}$이므로
$\qquad 2^b-1=2(1-2^a)$ 　　⋯ ❷
❶에서 $b=2a+3$을 ❷에 대입하면
$\qquad 2^{2a+3}-1=2(1-2^a)$
$2^a=t$라 하면
$\qquad 8t^2-1=2(1-t)$, $(2t-1)(4t+3)=0$
$t>0$이므로 $t=\dfrac{1}{2}$
곧, $2^a=\dfrac{1}{2}$에서 $a=-1$이므로 $P\left(-1, \dfrac{1}{2}\right)$
P가 직선 $y=m(x+3)$ 위의 점이므로
$\qquad \dfrac{1}{2}=2m$ 　　$\therefore m=\dfrac{1}{4}$ 　　　답 $\dfrac{1}{4}$

05

[전략] $k>0$이면 Q가 P의 위쪽에 있고, $k<0$이면 P가 Q의 위쪽에 있다.

그림에서 $Q(k, a^{2k})$,
$P(k, a^k)$, $R(k, k)$이다.
$k=2$이면 $R(2, 2)$이고, 이
점이 곡선 $y=a^{2x}$ 위에 있으
므로
$\qquad 2=a^4$
$\qquad \therefore a=\sqrt[4]{2} \ (\because a>1)$
따라서 두 곡선은
$y=2^{\frac{x}{2}}$, $y=2^{\frac{x}{4}}$이다.

ㄱ. $k=4$이면 $2^{\frac{4}{2}}=4$이므로 $Q(4, 4)$이다.
　또 $R(4, 4)$이므로 Q와 R는 일치한다. (참)

ㄴ. $k<0$이면 $\overline{PQ}<1$이므로 $\overline{PQ}=12$이면 $k>0$이고
　$\overline{PQ}=2^{\frac{k}{2}}-2^{\frac{k}{4}}=12$
　$2^{\frac{k}{4}}=t$라 하면 $t^2-t-12=0$
　$t>0$이므로 $t=4$, $2^{\frac{k}{4}}=4$
　$\qquad \therefore k=8$
　$Q(8, 16)$, $R(8, 8)$이므로 $\overline{QR}=8$ (참)

ㄷ. $\overline{PQ}=\left|2^{\frac{k}{2}}-2^{\frac{k}{4}}\right|$에서 $2^{\frac{k}{4}}=t$라 하면
　$t>0$이고 $\overline{PQ}=|t^2-t|$

$f(t)=\overline{PQ}$라 하면

$$f(t)=\left|\left(t-\frac{1}{2}\right)^2-\frac{1}{4}\right|$$

이므로 $y=f(t)$의 그래프는
그림과 같이 직선 $y=\frac{1}{8}$과
$t>0$에서 서로 다른 세 점에
서 만난다.

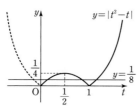

따라서 $\overline{PQ}=\frac{1}{8}$을 만족시키는 양의 실수 t는 3개이므로 실
수 k의 값도 3개이다. (거짓)

따라서 옳은 것은 ㄱ, ㄴ이다.　　　　　　　　　　답 ②

06

[전략] ㄴ. 점 (b, d), (c, b)가 곡선 $y=\log_a x$ 위의 점임을 이용하여 b와 d,
　　　 c와 b의 관계를 구한다.
　　 ㄷ. a^c을 x축에 나타내고 부등식의 양변이 의미하는 바를 조사한다.

ㄱ. 점 $\left(\frac{1}{2}, \frac{1}{2}\right)$이 곡선 $y=\log_a x$ 위의 점이므로

$$\frac{1}{2}=\log_a \frac{1}{2}, \; a^{\frac{1}{2}}=\frac{1}{2}$$

$$\therefore a=\left(\frac{1}{2}\right)^2=\frac{1}{4} \;(참)$$

ㄴ. 점 (b, d), (c, b)가 곡선 $y=\log_a x$ 위의 점이므로

　　$\log_a b=d$, $\log_a c=b$

　　곧, $a^d=b$, $a^b=c$

　　두 식을 곱하면 $a^{b+d}=bc$ (참)

ㄷ. $c=\log_a a^c$이므로 (a^c, c)는
　　곡선 $y=\log_a x$ 위의 점이다.
　　따라서 c를 y축에 나타내고, a^c
　　을 x축에 나타내면 그림과 같
　　다.

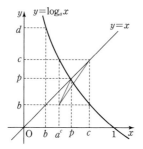

　　$\dfrac{p-b}{p-a^c}$는 점 (a^c, b), (p, p)를
　　지나는 직선의 기울기이고
　　$\dfrac{c-b}{c-a^c}$는 점 (a^c, b), (c, c)를 지나는 직선의 기울기이다.

$$\therefore \frac{p-b}{p-a^c} > \frac{c-b}{c-a^c} \;(거짓)$$

따라서 옳은 것은 ㄱ, ㄴ이다.　　　　　　　　　답 ③

07

[전략] $y=|\log_2 x|$의 그래프를 그려 본다.

ㄱ. 직선 $y=-x+2$와
　　$y=|\log_2 x|$의 그래프에서

$$\left|\log_2 \frac{1}{4}\right|=2$$이므로

$$a_2 > \frac{1}{4} \;(거짓)$$

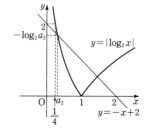

ㄴ. 오른쪽 그림에서
　　$a_n > a_{n+1} > 0$이고 $a_n > 0$
　　이므로

$$0 < \frac{a_{n+1}}{a_n} < 1 \;(참)$$

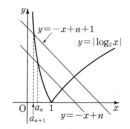

ㄷ. $1 < b_n < n$이므로 $\dfrac{b_n}{n} < 1$

　　$y=-x+n$에서 $y=\log_2 n$이면
　　$x=n-\log_2 n$
　　오른쪽 그림에서
　　$n-\log_2 n < b_n$

$$1-\frac{\log_2 n}{n} < \frac{b_n}{n}$$

$$\therefore 1-\frac{\log_2 n}{n} < \frac{b_n}{n} < 1 \;(참)$$

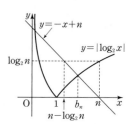

따라서 옳은 것은 ㄴ, ㄷ이다.　　　　　　　　답 ④

08

[전략] $y=\log_{\frac{1}{2}} x$와 $y=\log_2(-x)$의 그래프는 원점에 대칭임을 이용하여
　　　 $y=\log_2(-x)$와 $y=\log_3(-x)$의 그래프를 비교한다.

$y=\log_{\frac{1}{2}} x=-\log_2 x$와
$y=\log_2(-x)$의 그래프,
직선 $y=x-2$와 $y=x+2$는
원점에 대칭이다.
따라서 $y=\log_2(-x)$의 그래
프와 직선 $y=x+2$의 교점은
$(-x_1, -y_1)$이다.

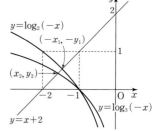

ㄱ. $x_1 > 1$, $y_2 < 1$이므로 $x_1 > y_2$ (참)

ㄴ. 두 점 $(-x_1, -y_1)$, (x_2, y_2)를 지나는 직선의 기울기가 1이
　　므로

$$\frac{y_2+y_1}{x_2+x_1}=1 \qquad \therefore x_1+x_2=y_1+y_2 \;(참)$$

ㄷ. $y_1=x_1-2$, $y_2=x_2+2$이므로

$$x_2 y_2 - x_1 y_1 = x_2(x_2+2) - x_1(x_1-2)$$
$$= (x_2-x_1+2)(x_2+x_1)$$

　　에서 $-2 < x_2 < -x_1 < -1$이므로

$$x_2-x_1+2 < 0, \; x_2+x_1 < 0$$

$$\therefore x_2 y_2 - x_1 y_1 > 0, \; x_2 y_2 > x_1 y_1 \;(참)$$

따라서 옳은 것은 ㄱ, ㄴ, ㄷ이다.　　　　　　답 ⑤

Note

ㄷ. 그림에서 $-x_1 y_1$, $-x_2 y_2$는
　　두 직사각형의 넓이이고
　　$-2 < x_2 < -x_1 < -1$이므로
　　　$-x_1 y_1 > -x_2 y_2$
　　　$\therefore x_1 y_1 < x_2 y_2$

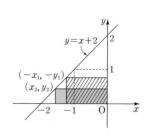

II. 삼각함수

04. 삼각함수의 정의

01 ②	**02** ①	**03** ④	**04** $\frac{8}{9}\pi$	**05** 96π
06 ②	**07** ⑤	**08** ⑤	**09** ④	**10** ①
11 $\frac{5}{4}\pi$	**12** ⑤	**13** ①	**14** ④	**15** ②
16 ②	**17** 2	**18** ①	**19** ③	**20** $\frac{8}{3}$
21 ①	**22** ①	**23** 1	**24** ②	**25** ④
26 ③	**27** ④	**28** -1	**29** ⑤	**30** ③
31 ③	**32** $\frac{9}{2}$			

01

반지름의 길이를 r라 하자.

넓이가 $\frac{4}{3}\pi$이므로 $\frac{1}{2}r^2 \times \frac{3}{2}\pi = \frac{4}{3}\pi$

$\therefore r = \frac{4}{3}$

따라서 호의 길이는 $\frac{4}{3} \times \frac{3}{2}\pi = 2\pi$ **답** ②

02

중심각의 크기를 θ라 하자.

부채꼴의 둘레의 길이는 $5\theta + 2 \times 5$

원의 둘레의 길이는 $2\pi \times 5 = 10\pi$이므로

$5\theta + 10 = 10\pi$ $\therefore \theta = 2\pi - 2$ **답** ①

03

넓이가 20인 부채꼴의 반지름의 길이를 r, 호의 길이를 l이라 하자.

$\frac{1}{2}rl = 20$에서 $l = \frac{40}{r}$

부채꼴의 둘레의 길이는

$2r + l = 2r + \frac{40}{r} \geq 2\sqrt{2r \times \frac{40}{r}} = 8\sqrt{5}$

（단, 등호는 $r = 2\sqrt{5}$일 때 성립）

따라서 최솟값은 $8\sqrt{5}$이다.   **답** ④

04

내접원의 반지름의 길이를 r라 하자.
그림에서

$\sin 30° = \frac{r}{4-r}$ $\therefore r = \frac{4}{3}$

따라서 색칠한 부분의 넓이는

（부채꼴의 넓이）－（원의 넓이）

$= \frac{1}{2} \times 4^2 \times \frac{\pi}{3} - \left(\frac{4}{3}\right)^2\pi = \frac{8}{9}\pi$ **답** $\frac{8}{9}\pi$

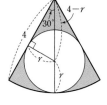

05

그림에서 밑면의 반지름의 길이를 r라 하자.
밑면의 둘레의 길이가 부채꼴의 호의 길이
이므로

$2\pi r = 10 \times \frac{6}{5}\pi$ $\therefore r = 6$

이때 $\overline{OH} = \sqrt{10^2 - 6^2} = 8$이므로 부피는

$\frac{1}{3} \times \pi \times 6^2 \times 8 = 96\pi$ **답** 96π

06

$1125° = 360° \times 3 + 45°$이므로

$45°$를 호도법으로 나타내면 $\frac{\pi}{4}$ **답** ②

07

⑤ $\frac{7}{6}\pi = \pi + \frac{\pi}{6} \Rightarrow$ 제3사분면의 각이다.   **답** ⑤

08

각 θ가 제4사분면의 각이므로

$360° \times n + 270° < \theta < 360° \times n + 360°$ （n은 정수）

$\therefore 120° \times n + 90° < \frac{\theta}{3} < 120° \times n + 120°$

(i) $n = 3k$ （k는 정수）일 때

$360° \times k + 90° < \frac{\theta}{3} < 360° \times k + 120°$

따라서 $\frac{\theta}{3}$는 제2사분면의 각이다.

(ii) $n = 3k + 1$ （k는 정수）일 때

$360° \times k + 210° < \frac{\theta}{3} < 360° \times k + 240°$

따라서 $\frac{\theta}{3}$는 제3사분면의 각이다.

(iii) $n = 3k + 2$ （k는 정수）일 때

$360° \times k + 330° < \frac{\theta}{3} < 360° \times k + 360°$

따라서 $\frac{\theta}{3}$는 제4사분면의 각이다.

(i), (ii), (iii)에서 $\frac{\theta}{3}$는 제2사분면 또는 제3사분면 또는 제4사분면의 각이다.   **답** ⑤

09

$\dfrac{\sqrt{\sin\theta}}{\sqrt{\cos\theta}}=-\sqrt{\dfrac{\sin\theta}{\cos\theta}}$ 이므로 $\sin\theta>0$, $\cos\theta<0$이다.

θ는 제2사분면의 각이므로

$$2n\pi+\frac{\pi}{2}<\theta<2n\pi+\pi \ (n \text{은 정수})$$

$$\therefore \frac{2n}{3}\pi+\frac{\pi}{6}<\frac{\theta}{3}<\frac{2n}{3}\pi+\frac{\pi}{3}$$

(i) $n=3k$ (k는 정수)일 때

$$2k\pi+\frac{\pi}{6}<\frac{\theta}{3}<2k\pi+\frac{\pi}{3}$$

따라서 $\dfrac{\theta}{3}$는 제1사분면의 각이다.

(ii) $n=3k+1$ (k는 정수)일 때

$$2k\pi+\frac{5}{6}\pi<\frac{\theta}{3}<2k\pi+\pi$$

따라서 $\dfrac{\theta}{3}$는 제2사분면의 각이다.

(iii) $n=3k+2$ (k는 정수)일 때

$$2k\pi+\frac{3}{2}\pi<\frac{\theta}{3}<2k\pi+\frac{5}{3}\pi$$

따라서 $\dfrac{\theta}{3}$는 제4사분면의 각이다.

(i), (ii), (iii)에서 $\dfrac{\theta}{3}$는 제1사분면 또는 제2사분면 또는 제4사분면의 각이다.

답 ④

10

$\dfrac{1}{2}\theta$와 3θ의 동경이 일치하므로

$$3\theta-\frac{1}{2}\theta=2n\pi \ (n\text{은 정수})$$

$$\frac{5}{2}\theta=2n\pi, \ \theta=\frac{4}{5}n\pi$$

$0<\theta<\pi$이므로

$n=1$이고 $\theta=\dfrac{4}{5}\pi$

답 ①

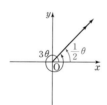

11

θ와 7θ의 동경이 x축에 대칭이므로

$$\theta+7\theta=2n\pi \ (n\text{은 정수})$$

$$8\theta=2n\pi, \ \theta=\frac{n}{4}\pi$$

$\pi<\theta<\dfrac{3}{2}\pi$이므로

$$n=5, \ \theta=\frac{5}{4}\pi$$

답 $\dfrac{5}{4}\pi$

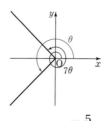

12

$\overline{\mathrm{OP}}=5$이므로

$$\sin\theta+\cos\theta+\tan\theta$$
$$=\frac{-4}{5}+\frac{3}{5}+\frac{-4}{3}$$
$$=-\frac{23}{15}$$

답 ⑤

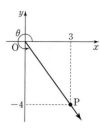

13

$\dfrac{\pi}{2}<\theta<\pi$이므로

오른쪽 그림과 같이 생각한다.

$\overline{\mathrm{OH}}=5$이므로

$$\tan\theta=-\frac{12}{5}$$

답 ①

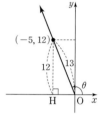

다른 풀이

$\sin^2\theta+\cos^2\theta=1$이므로

$$\left(\frac{12}{13}\right)^2+\cos^2\theta=1, \ \cos^2\theta=\left(\frac{5}{13}\right)^2$$

$\cos\theta<0$이므로 $\cos\theta=-\dfrac{5}{13}$

$$\tan\theta=\frac{\sin\theta}{\cos\theta}=-\frac{12}{5}$$

14

그림과 같이 θ의 동경이 제1사분면 또는 제3사분면에 있다.

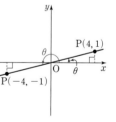

(i) 제1사분면에 있을 때

$\overline{\mathrm{OP}}=\sqrt{17}$이므로

$$\sin\theta=\frac{1}{\sqrt{17}}, \ \cos\theta=\frac{4}{\sqrt{17}}$$

(ii) 제3사분면에 있을 때

$$\sin\theta=-\frac{1}{\sqrt{17}}, \ \cos\theta=-\frac{4}{\sqrt{17}}$$

(i), (ii)에서 $\sin\theta\cos\theta=\dfrac{4}{17}$

답 ④

다른 풀이

$\tan\theta=\dfrac{1}{4}$이므로 $\dfrac{\sin\theta}{\cos\theta}=\dfrac{1}{4}$, $\cos\theta=4\sin\theta$

$\sin^2\theta+\cos^2\theta=1$에 대입하면

$$\sin^2\theta+16\sin^2\theta=1, \ \sin^2\theta=\frac{1}{17}$$

$$\therefore \sin\theta=\frac{1}{\sqrt{17}}, \ \cos\theta=\frac{4}{\sqrt{17}}$$

$$\text{또는 } \sin\theta=-\frac{1}{\sqrt{17}}, \ \cos\theta=-\frac{4}{\sqrt{17}}$$

$$\therefore \sin\theta\cos\theta=\frac{4}{17}$$

15

$$\sqrt{2+3\tan\frac{5}{6}\pi} \times \sqrt{1-\cos\frac{5}{6}\pi}$$

$$=\sqrt{2-3\times\frac{\sqrt{3}}{3}} \times \sqrt{1+\frac{\sqrt{3}}{2}}$$

$$=\sqrt{\frac{(2-\sqrt{3})(2+\sqrt{3})}{2}}=\frac{\sqrt{2}}{2}$$ 　답 ②

16

$$\sin\left(-\frac{\pi}{3}\right)=-\sin\frac{\pi}{3}=-\frac{\sqrt{3}}{2}$$

$$\cos\frac{13}{6}\pi=\cos\frac{\pi}{6}=\frac{\sqrt{3}}{2}$$

$$\tan\left(-\frac{13}{4}\pi\right)=\tan\left(-4\pi+\frac{3}{4}\pi\right)=\tan\frac{3}{4}\pi=-1$$

이므로

$$\sin\left(-\frac{\pi}{3}\right)+\cos\frac{13}{6}\pi+\tan\left(-\frac{13}{4}\pi\right)$$

$$=-\frac{\sqrt{3}}{2}+\frac{\sqrt{3}}{2}-1=-1$$ 　답 ②

17

θ가 제1사분면의 각이므로

$$\sqrt{\cos^2\theta}=\cos\theta$$
$$\sqrt{1-\cos^2\theta}=\sqrt{\sin^2\theta}=\sin\theta$$

또

$$1+\tan^2\theta=1+\frac{\sin^2\theta}{\cos^2\theta}=\frac{\cos^2\theta+\sin^2\theta}{\cos^2\theta}=\frac{1}{\cos^2\theta}$$

$$1+\frac{1}{\tan^2\theta}=1+\frac{\cos^2\theta}{\sin^2\theta}=\frac{\sin^2\theta+\cos^2\theta}{\sin^2\theta}=\frac{1}{\sin^2\theta}$$

이므로

$$\sqrt{1+\tan^2\theta}=\frac{1}{\cos\theta},\ \sqrt{1+\frac{1}{\tan^2\theta}}=\frac{1}{\sin\theta}$$

$$\therefore \sqrt{\cos^2\theta}\sqrt{1+\tan^2\theta}+\sqrt{1-\cos^2\theta}\sqrt{1+\frac{1}{\tan^2\theta}}$$

$$=\cos\theta\times\frac{1}{\cos\theta}+\sin\theta\times\frac{1}{\sin\theta}$$

$$=2$$ 　답 2

18

$\sin\theta>0$, $\cos\theta<0$, $\tan\theta<0$이므로

$$\sin\theta-\cos\theta>0,\ \cos\theta+\tan\theta<0$$

$$\therefore -|\sin\theta|+|\tan\theta|+\sqrt{(\sin\theta-\cos\theta)^2}$$
$$-\sqrt{(\cos\theta+\tan\theta)^2}$$

$$=-\sin\theta-\tan\theta+(\sin\theta-\cos\theta)+(\cos\theta+\tan\theta)$$

$$=0$$ 　답 ①

19

$$\cos^2 A=1-\sin^2 A=1-\left(\frac{1}{2}\right)^2=\frac{3}{4}$$

$$\sin^2 B=1-\cos^2 B=1-\left(\frac{1}{3}\right)^2=\frac{8}{9}$$

이므로

$$\cos^2 A+\sin^2 B=\frac{3}{4}+\frac{8}{9}=\frac{59}{36}$$ 　답 ③

20

$\sin\theta-\cos\theta=-\frac{1}{2}$의 양변을 제곱하면

$$\sin^2\theta+\cos^2\theta-2\sin\theta\cos\theta=\frac{1}{4}$$

$$1-2\sin\theta\cos\theta=\frac{1}{4}\qquad\therefore \sin\theta\cos\theta=\frac{3}{8}$$

이때

$$\tan\theta+\frac{1}{\tan\theta}=\frac{\sin\theta}{\cos\theta}+\frac{\cos\theta}{\sin\theta}$$

$$=\frac{\sin^2\theta+\cos^2\theta}{\sin\theta\cos\theta}=\frac{1}{\frac{3}{8}}=\frac{8}{3}$$ 　답 $\frac{8}{3}$

21

$\sin x+\cos x=\frac{1}{2}$의 양변을 제곱하면

$$\sin^2 x+\cos^2 x+2\sin x\cos x=\frac{1}{4}$$

$$1+2\sin x\cos x=\frac{1}{4}\qquad\therefore \sin x\cos x=-\frac{3}{8}$$

$$\therefore \sin^3 x+\cos^3 x$$

$$=(\sin x+\cos x)^3-3\sin x\cos x(\sin x+\cos x)$$

$$=\left(\frac{1}{2}\right)^3-3\times\left(-\frac{3}{8}\right)\times\frac{1}{2}$$

$$=\frac{11}{16}$$ 　답 ①

22

근과 계수의 관계에서

$$\sin\theta+\cos\theta=-\frac{1}{5},\ \sin\theta\cos\theta=-\frac{a}{5}$$

$\sin\theta+\cos\theta=-\frac{1}{5}$의 양변을 제곱하면

$$\sin^2\theta+\cos^2\theta+2\sin\theta\cos\theta=\frac{1}{25}$$

$$1+2\times\left(-\frac{a}{5}\right)=\frac{1}{25}\qquad\therefore a=\frac{12}{5}$$ 　답 ①

23

$$\sin(2\pi-\theta)=-\sin\theta,\ \cos(2\pi-\theta)=\cos\theta,$$
$$\cos(-\theta)=\cos\theta$$

이므로

$$\sin^2(2\pi-\theta)+\cos^2(2\pi-\theta)+\tan\theta\cos(-\theta)$$
$$+\sin(2\pi-\theta)$$

$$=\sin^2\theta+\cos^2\theta+\tan\theta\cos\theta-\sin\theta$$

$$=1+\frac{\sin\theta}{\cos\theta}\times\cos\theta-\sin\theta$$

$$=1$$ 　답 1

24

$$\sin (\pi-\theta)=\sin \theta, \ \tan (2\pi-\theta)=-\tan \theta,$$
$$\cos \left(\frac{3}{2}\pi+\theta\right)=\sin \theta, \ \sin \left(\frac{3}{2}\pi-\theta\right)=-\cos \theta$$
$$\sin \left(\frac{\pi}{2}+\theta\right)=\cos \theta, \ \cos (-\theta)=\cos \theta$$

이므로

$$\frac{\sin (\pi-\theta)\tan^2 (2\pi-\theta)}{\cos \left(\frac{3}{2}\pi+\theta\right)}+\frac{\sin \left(\frac{3}{2}\pi-\theta\right)}{\sin \left(\frac{\pi}{2}+\theta\right)\cos^2 (-\theta)}$$

$$=\frac{\sin \theta \tan^2 \theta}{\sin \theta}+\frac{-\cos \theta}{\cos \theta \cos^2 \theta}$$

$$=\tan^2 \theta-\frac{1}{\cos^2 \theta}=\frac{\sin^2 \theta}{\cos^2 \theta}-\frac{1}{\cos^2 \theta}$$

$$=\frac{\sin^2 \theta-1}{\cos^2 \theta}=\frac{-\cos^2 \theta}{\cos^2 \theta}=-1 \qquad \boxed{\text{답}} \ ②$$

25

$$\frac{\cos \left(\frac{\pi}{2}-\theta\right)}{1+\cos (\pi-\theta)}-\frac{\cos \left(\frac{\pi}{2}+\theta\right)}{1+\cos (2\pi-\theta)}$$

$$=\frac{\sin \theta}{1-\cos \theta}-\frac{-\sin \theta}{1+\cos \theta}$$

$$=\frac{\sin \theta(1+\cos \theta)+\sin \theta(1-\cos \theta)}{(1-\cos \theta)(1+\cos \theta)}$$

$$=\frac{2\sin \theta}{1-\cos^2 \theta}=\frac{2}{\sin \theta}=4 \qquad \boxed{\text{답}} \ ④$$

26

$$\left(1+\frac{1}{\cos \theta}\right)\left(\cos \theta+\frac{1}{\tan \theta}\right)(\sin \theta-\tan \theta)\left(1-\frac{1}{\sin \theta}\right)$$

$$=\left(1+\frac{1}{\cos \theta}\right)\left(\cos \theta+\frac{\cos \theta}{\sin \theta}\right)\left(\sin \theta-\frac{\sin \theta}{\cos \theta}\right)\left(1-\frac{1}{\sin \theta}\right)$$

$$=\frac{\cos \theta+1}{\cos \theta}\times \frac{\cos \theta(\sin \theta+1)}{\sin \theta}$$

$$\quad \times \frac{\sin \theta(\cos \theta-1)}{\cos \theta}\times \frac{\sin \theta-1}{\sin \theta}$$

$$=\frac{(\cos^2 \theta-1)(\sin^2 \theta-1)}{\sin \theta \cos \theta}$$

$$=\frac{(-\sin^2 \theta)(-\cos^2 \theta)}{\sin \theta \cos \theta}=\sin \theta \cos \theta$$

또 $\sin \theta+\cos \theta=\frac{1}{2}$의 양변을 제곱하면

$$\sin^2 \theta+\cos^2 \theta+2\sin \theta \cos \theta=\frac{1}{4}$$

$$1+2\sin \theta \cos \theta=\frac{1}{4}$$

$$\therefore \sin \theta \cos \theta=-\frac{3}{8} \qquad \boxed{\text{답}} \ ③$$

27

$\sin^2 18°+\cos^2 18°=1$이므로 $a^2+\cos^2 18°=1$

$\cos 18°>0$이므로 $\cos 18°=\sqrt{1-a^2}$

$$\therefore \tan 198°=\tan (180°+18°)=\tan 18°$$

$$=\frac{\sin 18°}{\cos 18°}=\frac{a}{\sqrt{1-a^2}} \qquad \boxed{\text{답}} \ ④$$

28

$\cos (180°-x°)=-\cos x°$이므로

$$\cos (180°-x°)+\cos x°=0$$

따라서

$$(\cos 1°+\cos 179°)+(\cos 2°+\cos 178°)+\cdots$$

$$+(\cos 89°+\cos 91°)+\cos 90°+\cos 180°$$

$$=-1 \qquad \boxed{\text{답}} \ -1$$

29

$$\sin^2 x°+\sin^2 (90°-x°)=\sin^2 x°+\cos^2 x°=1$$

이므로

$$(\sin^2 3°+\sin^2 87°)+(\sin^2 6°+\sin^2 84°)+\cdots$$

$$+(\sin^2 42°+\sin^2 48°)+\sin^2 45°+\sin^2 90°$$

$$=1\times 14+\left(\frac{1}{\sqrt{2}}\right)^2+1=\frac{31}{2} \qquad \boxed{\text{답}} \ ⑤$$

30

$$8\theta=\pi,$$

$$\sin \theta+\sin (\pi+\theta)=\sin \theta-\sin \theta=0$$

이므로

$$(\sin \theta+\sin 9\theta)+(\sin 2\theta+\sin 10\theta)+\cdots$$

$$+(\sin 7\theta+\sin 15\theta)+\sin 8\theta+\sin 16\theta$$

$$=\sin \pi+\sin 2\pi=0 \qquad \boxed{\text{답}} \ ③$$

31

$$\log_{10}(\tan x°)+\log_{10}(\tan (90°-x°))$$

$$=\log_{10}\left(\tan x°\times \frac{1}{\tan x°}\right)$$

$$=\log_{10} 1=0$$

이므로

$$\{\log_{10}(\tan 1°)+\log_{10}(\tan 89°)\}$$

$$+\{\log_{10}(\tan 2°)+\log_{10}(\tan 88°)\}+\cdots$$

$$+\{\log_{10}(\tan 44°)+\log_{10}(\tan 46°)\}+\log_{10}(\tan 45°)$$

$$=\log_{10} 1=0 \qquad \boxed{\text{답}} \ ③$$

32

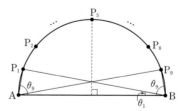

$\triangle ABP_1 \equiv \triangle BAP_9$, $\angle AP_1B=90°$이므로

$$\theta_9=90°-\theta_1$$

$$\therefore \cos^2 \theta_1+\cos^2 \theta_9=\cos^2 \theta_1+\cos^2 (90°-\theta_1)$$

$$=\cos^2 \theta_1+\sin^2 \theta_1=1$$

같은 방법으로
$$\cos^2\theta_2+\cos^2\theta_8=\cos^2\theta_3+\cos^2\theta_7$$
$$=\cos^2\theta_4+\cos^2\theta_6=1$$

또 $\cos^2\theta_5=\cos^2 45°=\dfrac{1}{2}$

$\therefore (\cos^2\theta_1+\cos^2\theta_9)+\cdots+(\cos^2\theta_4+\cos^2\theta_6)+\cos^2\theta_5$
$$=4+\dfrac{1}{2}=\dfrac{9}{2}$$ **답** $\dfrac{9}{2}$

Note

원주각의 크기는 호의 길이에 정비례하므로
$$\theta_1=\dfrac{\pi}{20},\ \theta_n=n\theta_1$$
따라서 $\theta_1+\theta_9=\theta_2+\theta_8=\cdots=\dfrac{\pi}{2}$라 해도 된다.

---

step B 실력 문제 51~54쪽

01 3	**02** ④	**03** ⑤	**04** $18\pi+18\sqrt{3}$
05 2	**06** ⑤	**07** $2+\sqrt{3}$	**08** ④	**09** ⑤
10 ④	**11** $1-\sqrt{2}$	**12** ①	**13** ③	**14** ①
15 ③	**16** $\left(\dfrac{7\sqrt{3}}{2},\dfrac{7}{2}\right)$		**17** $-\dfrac{\sqrt{3}}{2}$	**18** ④
19 ④	**20** ②	**21** -2	**22** $\dfrac{2\sqrt{2}+1}{3}$	**23** ③
24 ①			

01

[전략] 호도법에서 중심각의 크기는 호의 길이를 반지름의 길이로 나눈 값이다.

반지름의 길이를 r라 하면 $\overset{\frown}{AC}=\overline{AB}=2r$이므로
$$\angle AOC=\dfrac{2r}{r}=2$$
부채꼴의 넓이가 9이므로
$$\dfrac{1}{2}r^2\times 2=9 \qquad \therefore r=3$$ **답** 3

02

[전략] 반지름의 길이와 중심각의 크기를 이용하여 둘레의 길이와 넓이를 나타낸다.

$\overline{OA'}=r$라 하면 $\overline{OA}=2r$

따라서 중심각의 크기를 θ라 하면 둘레의 길이가 48이므로
$$2r+2r\theta+r\theta=48,\ 2r+3r\theta=48 \quad \cdots \mathbf{①}$$
또 도형 $AA'B'B$의 넓이 S는
$$S=\dfrac{1}{2}\times 4r^2\theta-\dfrac{1}{2}r^2\theta=\dfrac{3}{2}r^2\theta$$
$\mathbf{①}$에서 $3r\theta=48-2r$이므로
$$S=\dfrac{1}{2}r(48-2r)=-(r-12)^2+12^2$$
따라서 $r=12$일 때 넓이의 최댓값은 12^2이다.

이때 $\mathbf{①}$은 $24+36\theta=48,\ \theta=\dfrac{2}{3}$

$$\therefore ab=12^2\times\dfrac{2}{3}=96$$ **답** ④

03

[전략] 각의 크기가 일정하면 원 또는 원주각을 생각한다.

점 P는 그림과 같이 선분 AB가 현이고, 현 AB에 대한 원주각의 크기가 $60°$인 원 위를 움직인다. (단, 점 A, B는 제외)

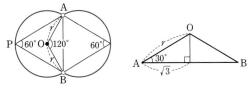

한 원의 중심을 O, 반지름의 길이를 r라 하면
$$r\cos 30°=\sqrt{3},\ r=2$$
따라서 P가 그리는 도형의 길이는
$$2\times\left(2\times\dfrac{4}{3}\pi\right)=\dfrac{16}{3}\pi$$ **답** ⑤

절대등급 Note

원주각의 성질

(1) 원에서 한 호에 대한 원주각의 크기는 이 호에 대한 중심각의 크기의 $\dfrac{1}{2}$이다.

(2) 한 원에서 길이가 같은 호에 대한 원주각의 크기는 같다. 역으로 크기가 같은 원주각에 대한 호의 길이는 같다.

04

[전략] 중심과 벨트가 접하는 점까지 연결하는 반지름을 그리고 필요한 호와 선분의 길이를 구한다.

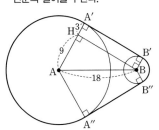

그림에서 $\overline{HA}=9$, $\overline{AB}=18$이므로 직각삼각형 ABH에서
$$\angle HAB=\dfrac{\pi}{3},\ \angle ABH=\dfrac{\pi}{6},\ \overline{BH}=9\sqrt{3}$$
따라서 벨트의 길이는
$$\overset{\frown}{A'A''}+\overset{\frown}{B'B''}+\overline{A'B'}+\overline{A''B''}$$
$$=12\left(2\pi-\dfrac{2}{3}\pi\right)+3\left(2\pi-\pi-\dfrac{2}{6}\pi\right)+9\sqrt{3}+9\sqrt{3}$$
$$=18\pi+18\sqrt{3}$$ **답** $18\pi+18\sqrt{3}$

05

[전략] 사각형 PAOB 또는 삼각형 PBO의 넓이부터 구한다.

원의 반지름의 길이를 r라 하면
$\overline{PB}=r\tan\theta$이므로
$$\triangle PBO=\dfrac{1}{2}\times r\times r\tan\theta$$

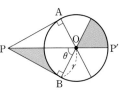

그림에서 색칠한 두 부분의 넓이가

같으므로

$$\frac{1}{2}r^2 \tan\theta - \frac{1}{2}r^2\theta = \frac{1}{2}r^2\theta$$

$$\tan\theta = 2\theta \qquad \therefore \frac{\tan\theta}{\theta} = 2$$

답 2

06

[전략] 바뀐 부채꼴의 넓이를 θ와 r로 나타내면 넓이를 비교할 수 있다.

부채꼴 OAB의 넓이 S는 $S = \frac{1}{2}r^2\theta$

θ는 $40\,\%$ 늘이고, r는 $10\,\%$ 줄일 때 생기는 부채꼴의 넓이 S'은

$$S' = \frac{1}{2}\left(\frac{9}{10}r\right)^2\left(\frac{14}{10}\theta\right) = \frac{1134}{1000} \times \frac{1}{2}r^2\theta = 1.134S$$

따라서 넓이는 $13.4\,\%$ 늘어난다.

답 ⑤

07

[전략] 그림에서 $75°$를 포함한 직각삼각형을 찾은 다음, 적당히 한 변의 길이를 1 또는 a로 놓고 필요한 길이를 구한다.

$\angle CAD = 60°$, $\angle CAB = 30° - 15° = 15°$이므로 $\angle BAD = 75°$

곧, 삼각형 ABC에서 $\overline{AC} = \overline{BC}$

$\overline{AD} = 1$이라 하면

$\overline{BC} = \overline{AC} = 2$, $\overline{CD} = \sqrt{3}$

$$\therefore \tan 75° = \frac{\overline{BD}}{\overline{AD}} = 2 + \sqrt{3}$$

답 $2+\sqrt{3}$

Note

$\tan 15° = \dfrac{1}{2+\sqrt{3}} = 2 - \sqrt{3}$

또 $\overline{AB}^2 = 1^2 + (2+\sqrt{3})^2 = 8 + 4\sqrt{3}$

$\qquad\qquad = 8 + 2\sqrt{12} = (\sqrt{6} + \sqrt{2})^2$

곧, $\overline{AB} = \sqrt{6} + \sqrt{2}$이므로

$\sin 15° = \cos 75° = \dfrac{1}{\sqrt{6}+\sqrt{2}} = \dfrac{\sqrt{6}-\sqrt{2}}{4}$

$\sin 75° = \cos 15° = \dfrac{2+\sqrt{3}}{\sqrt{6}+\sqrt{2}} = \dfrac{\sqrt{6}+\sqrt{2}}{4}$

08

[전략] $AB > 0$이면 $\begin{cases} A > 0 \\ B > 0 \end{cases}$ 또는 $\begin{cases} A < 0 \\ B < 0 \end{cases}$

$\qquad AB < 0$이면 $\begin{cases} A > 0 \\ B < 0 \end{cases}$ 또는 $\begin{cases} A < 0 \\ B > 0 \end{cases}$

$\sin(-\theta)\cos(-\theta) > 0$에서

$\quad -\sin\theta\cos\theta > 0$, $\sin\theta\cos\theta < 0$

$\quad \therefore (\sin\theta > 0,\ \cos\theta < 0)$ 또는 $(\sin\theta < 0,\ \cos\theta > 0)$

따라서 θ는 제2사분면 또는 제4사분면에 속한다.

답 ④

09

[전략] 동경이 반대 방향으로 일직선임을 이용하여 θ와 9θ의 관계를 구한다.

동경이 반대 방향으로 일직선이므로

$\quad 9\theta - \theta = 2n\pi + \pi$ (n은 정수) $\quad \cdots$ ❶

$4\pi < 8\theta < 8\pi$이므로

$\quad 4\pi < 2n\pi + \pi < 8\pi \qquad \therefore n = 2$ 또는 $n = 3$

❶에 대입하면 $8\theta = 5\pi,\ 7\pi$

(ⅰ) $\theta = \dfrac{5}{8}\pi$일 때 $\cos\left(\theta + \dfrac{\pi}{8}\right) = \cos\dfrac{3}{4}\pi = -\dfrac{\sqrt{2}}{2}$

(ⅱ) $\theta = \dfrac{7}{8}\pi$일 때 $\cos\left(\theta + \dfrac{\pi}{8}\right) = \cos\pi = -1$

(ⅰ), (ⅱ)에서 $\cos\left(\theta + \dfrac{\pi}{8}\right)$값의 곱은 $\dfrac{\sqrt{2}}{2}$

답 ⑤

10

[전략] 우선 좌변을 통분하고 정리한다.

$$\frac{\cos\theta}{1+\sin\theta} + \frac{1+\sin\theta}{\cos\theta}$$

$$= \frac{\cos^2\theta + (1+\sin\theta)^2}{(1+\sin\theta)\cos\theta}$$

$$= \frac{(\cos^2\theta + \sin^2\theta) + 1 + 2\sin\theta}{(1+\sin\theta)\cos\theta}$$

$$= \frac{2(1+\sin\theta)}{(1+\sin\theta)\cos\theta} = \frac{2}{\cos\theta}$$

이므로

$$\frac{2}{\cos\theta} = 4 \qquad \therefore \cos\theta = \frac{1}{2}$$

θ가 제1사분면의 각이므로

$$\sin\theta = \sqrt{1-\cos^2\theta} = \sqrt{1-\frac{1}{4}} = \frac{\sqrt{3}}{2}$$

$$\therefore \sin\theta + \cos\theta = \frac{\sqrt{3}+1}{2}$$

답 ④

11

[전략] $(\sin\theta + \cos\theta)^2 = 1 + 2\sin\theta\cos\theta$

$\qquad$ 이므로 양변을 제곱하면 $\sin\theta\cos\theta$의 값을 구할 수 있다.

주어진 식의 양변을 제곱하면

$\quad 1 + 2\sin\theta\cos\theta = (\sin\theta\cos\theta)^2$

$\sin\theta\cos\theta = t$라 하면

$\quad t^2 - 2t - 1 = 0 \qquad \therefore t = 1 \pm \sqrt{2}$

$-1 \le \sin\theta \le 1$, $-1 \le \cos\theta \le 1$이므로

$\quad \sin\theta\cos\theta = 1 - \sqrt{2}$

답 $1-\sqrt{2}$

12

[전략] $\sin\theta\cos\theta$의 값을 먼저 구하고,

$\qquad (\sin\theta - \cos\theta)^2 = (\sin\theta + \cos\theta)^2 - 4\sin\theta\cos\theta$임을 이용한다.

$\sin\theta + \cos\theta = \dfrac{1}{3}$의 양변을 제곱하면

$$\sin^2\theta + \cos^2\theta + 2\sin\theta\cos\theta = \frac{1}{9}$$

$$1 + 2\sin\theta\cos\theta = \frac{1}{9} \qquad \therefore \sin\theta\cos\theta = -\frac{4}{9}$$

이때

$$(\sin\theta - \cos\theta)^2 = \sin^2\theta + \cos^2\theta - 2\sin\theta\cos\theta$$

$$= 1 + \frac{8}{9} = \frac{17}{9}$$

$\sin\theta > 0$, $\cos\theta < 0$이므로

$$\sin\theta - \cos\theta = \frac{\sqrt{17}}{3}$$

$$\therefore \sin^2\theta - \cos^2\theta = (\sin\theta + \cos\theta)(\sin\theta - \cos\theta)$$
$$= \frac{1}{3} \times \frac{\sqrt{17}}{3} = \frac{\sqrt{17}}{9} \qquad \qquad \text{답 ①}$$

13

[전략] 주어진 등식을 정리한 다음
$$\cos^3\theta - \sin^3\theta$$
$$= (\cos\theta - \sin\theta)(\sin^2\theta + \sin\theta\cos\theta + \cos^2\theta)$$
$$\cos^3\theta - \sin^3\theta$$
$$= (\cos\theta - \sin\theta)^3 + 3\cos\theta\sin\theta(\cos\theta - \sin\theta)$$
중 하나를 이용한다.

$\dfrac{1}{\sin\theta} - \dfrac{1}{\cos\theta} = \sqrt{2}$ 에서

$$\frac{\cos\theta - \sin\theta}{\sin\theta\cos\theta} = \sqrt{2}$$
$$\cos\theta - \sin\theta = \sqrt{2}\sin\theta\cos\theta$$

양변을 제곱하면
$$1 - 2\sin\theta\cos\theta = 2\sin^2\theta\cos^2\theta \qquad \cdots \text{❶}$$

$\sin\theta\cos\theta = t$ 라 하면
$$2t^2 + 2t - 1 = 0, \quad t = \frac{-1 \pm \sqrt{3}}{2}$$

$-1 \le \sin\theta \le 1$, $-1 \le \cos\theta \le 1$ 이므로
$$t = \frac{-1 + \sqrt{3}}{2}$$

$$\therefore \cos^3\theta - \sin^3\theta$$
$$= (\cos\theta - \sin\theta)(\cos^2\theta + \sin\theta\cos\theta + \sin^2\theta)$$
$$= (\cos\theta - \sin\theta)(1 + \sin\theta\cos\theta)$$
$$= \sqrt{2}\sin\theta\cos\theta(\sin\theta\cos\theta + 1) \qquad \cdots \text{❷}$$
$$= \sqrt{2} \times \frac{-1+\sqrt{3}}{2} \times \frac{1+\sqrt{3}}{2} = \frac{\sqrt{2}}{2} \qquad \text{답 ③}$$

Note
❶에서 $2\sin\theta\cos\theta(\sin\theta\cos\theta + 1) = 1$
이므로 ❷에 바로 대입하여 풀 수도 있다.

14

[전략] 동경 OP가 나타내는 각의 크기를 θ라 하고 θ_1, θ_2, θ_3을 구한다.

동경 OP가 나타내는 각의 크기
를 θ라 하면 그림에서
$$\theta_1 = \frac{\pi}{2} + \theta, \quad \theta_2 = \pi + \theta,$$
$$\theta_3 = -\theta$$
$$\sin\theta = \frac{4}{5}, \quad \cos\theta = \frac{3}{5},$$

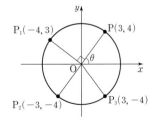

$\tan\theta = \dfrac{4}{3}$ 이므로
$$\cos\theta_1 + \sin\theta_2 + \tan\theta_3$$
$$= \cos\left(\frac{\pi}{2} + \theta\right) + \sin(\pi + \theta) + \tan(-\theta)$$
$$= -\sin\theta - \sin\theta - \tan\theta$$
$$= -\frac{44}{15} \qquad \qquad \text{답 ①}$$

$P_1(-4, 3)$, $P_2(-3, -4)$, $P_3(3, -4)$이므로 그림에서
$$\cos\theta_1 = -\frac{4}{5}, \sin\theta_2 = -\frac{4}{5}, \tan\theta_3 = -\frac{4}{3}$$
로 바로 구할 수도 있다.

15

[전략] A의 좌표를 이용하여 θ로 나타낸다.

A의 좌표는 $(\cos\theta, \sin\theta)$이고 $\cos(\pi - \theta) = -\cos\theta$
$A(\cos\theta, \sin\theta)$를 원점에 대칭이동하면 $C(-\cos\theta, -\sin\theta)$
이므로 $-\cos\theta$는 C의 x좌표와 같다. $\qquad \text{답 ③}$

16

[전략] 굴러간 원의 중심을 지나는 동경이 나타내는 각의 크기를 구한다.

원 C가 반원과 접하는 점을
A, 한 바퀴 구른 원 C'이 접하
는 점을 B라 하자.
원 C의 둘레의 길이가 2π이므
로 $\overparen{AB} = 2\pi$
반원의 반지름의 길이를 r라
하면

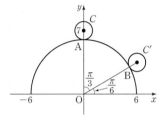

$$\angle AOB = \frac{\overparen{AB}}{r} = \frac{2\pi}{6} = \frac{\pi}{3}$$

동경 OB가 나타내는 각의 크기가 $\dfrac{\pi}{6}$이므로 한 바퀴 굴러간 원
C'의 중심의 좌표는
$$\left(7\cos\frac{\pi}{6}, 7\sin\frac{\pi}{6}\right) = \left(\frac{7\sqrt{3}}{2}, \frac{7}{2}\right) \qquad \text{답 } \left(\frac{7\sqrt{3}}{2}, \frac{7}{2}\right)$$

17

[전략] $\sin^2\theta + \cos^2\theta = 1$을 이용할 수 있는 꼴로 정리한다.

$\dfrac{\cos\theta - \sin\theta}{\cos\theta + \sin\theta} = 2 + \sqrt{3}$ 에서
$$\cos\theta - \sin\theta = (2 + \sqrt{3})(\cos\theta + \sin\theta)$$
$$(3 + \sqrt{3})\sin\theta = (-1 - \sqrt{3})\cos\theta$$
$$\therefore \sin\theta = \frac{-1 - \sqrt{3}}{3 + \sqrt{3}}\cos\theta = -\frac{\sqrt{3}}{3}\cos\theta$$

$\sin^2\theta + \cos^2\theta = 1$이므로
$$\frac{1}{3}\cos^2\theta + \cos^2\theta = 1, \quad \cos^2\theta = \frac{3}{4}$$

$\dfrac{\pi}{2} \le \theta \le \dfrac{3}{2}\pi$이므로 $\cos\theta = -\dfrac{\sqrt{3}}{2}$ $\qquad \text{답 } -\dfrac{\sqrt{3}}{2}$

18

[전략] $160° = 90° + 70°$임을 이용한다.

$70° = x$라 하면 $160° = 90° + x$이다.
$\sin(90° + x) = \cos x$이므로
$$\text{(주어진 식)}$$
$$= \tan^2 x + (1 - \tan^4 x)\cos^2 x$$
$$= \tan^2 x + (1 + \tan^2 x)(1 - \tan^2 x)\cos^2 x$$

$$=\frac{\sin^2 x}{\cos^2 x}+\left(1+\frac{\sin^2 x}{\cos^2 x}\right)\left(1-\frac{\sin^2 x}{\cos^2 x}\right)\cos^2 x$$

$$=\frac{\sin^2 x}{\cos^2 x}+(\cos^2 x+\sin^2 x)\left(1-\frac{\sin^2 x}{\cos^2 x}\right)$$

$$=\frac{\sin^2 x}{\cos^2 x}+1-\frac{\sin^2 x}{\cos^2 x}=1$$ 답 ④

다른풀이

$70°=x$로 치환하지 않고 풀어도 된다.

(주어진 식)

$$=\tan^2 70°+(1-\tan^4 70°)\sin^2 (90°+70°)$$

$$=\tan^2 70°+(1+\tan^2 70°)(1-\tan^2 70°)\cos^2 70°$$

$$=\tan^2 70°+\left(1+\frac{\sin^2 70°}{\cos^2 70°}\right)(1-\tan^2 70°)\cos^2 70°$$

$$=\tan^2 70°+(\cos^2 70°+\sin^2 70°)(1-\tan^2 70°)$$

$$=\tan^2 70°+1-\tan^2 70°=1$$

19

[전략] $2\sin\theta-1=\cos\theta$와 $\sin^2\theta+\cos^2\theta=1$에서 $\sin\theta$와 $\cos\theta$부터 구한다.

$$2\sin\theta-1=\cos\theta \qquad \cdots \text{❶}$$

를 $\sin^2\theta+\cos^2\theta=1$에 대입하면

$$\sin^2\theta+(2\sin\theta-1)^2=1$$

$$5\sin^2\theta-4\sin\theta=0, \ \sin\theta(5\sin\theta-4)=0$$

$\sin\theta>0$이므로 $\sin\theta=\dfrac{4}{5}$

❶에 대입하면 $\cos\theta=\dfrac{3}{5}$

$$\therefore \tan\theta=\frac{\sin\theta}{\cos\theta}=\frac{4}{3}$$ 답 ④

20

[전략] θ는 오른쪽 그림과 같으므로 $\tan\theta$는 직선의 기울기이다.

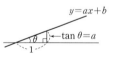

$x-3y-3=0$에서 $y=\dfrac{1}{3}x-1$이므로

$$\tan\theta=\frac{1}{3}$$

$$\therefore \cos(\pi+\theta)+\sin\left(\frac{\pi}{2}-\theta\right)+\tan(-\theta)$$

$$=-\cos\theta+\cos\theta-\tan\theta$$

$$=-\tan\theta=-\frac{1}{3}$$ 답 ②

21

[전략] $\tan\theta$의 값이 주어진 경우

$\sin^2\theta+\cos^2\theta=1$에서 $\dfrac{\sin^2\theta}{\cos^2\theta}+1=\dfrac{1}{\cos^2\theta}$

임을 이용하면 편하다.

(주어진 식)$=\dfrac{\sin^2\theta}{a-\cos\theta}+\dfrac{\sin^2\theta}{a+\cos\theta}$

$$=\frac{\sin^2\theta(a+\cos\theta)+\sin^2\theta(a-\cos\theta)}{(a-\cos\theta)(a+\cos\theta)}$$

$$=\frac{2a\sin^2\theta}{a^2-\cos^2\theta}$$

그런데 $\sin^2\theta+\cos^2\theta=1$에서

$$\frac{\sin^2\theta}{\cos^2\theta}+1=\frac{1}{\cos^2\theta}, \ \tan^2\theta+1=\frac{1}{\cos^2\theta}$$

$\tan\theta=\sqrt{\dfrac{1-a}{a}}$를 대입하면

$$\frac{1-a}{a}+1=\frac{1}{\cos^2\theta}, \ \frac{1}{a}=\frac{1}{\cos^2\theta}$$

$$\therefore \cos^2\theta=a$$

이때 $\sin^2\theta=1-a$이므로

(주어진 식)$=\dfrac{2a(1-a)}{a^2-a}=-2$ 답 -2

Note 명쾌

$\tan\theta=\dfrac{\sqrt{1-a}}{\sqrt{a}}$이고

그림에서 $\overline{OP}=1$이므로

$\sin\theta=\sqrt{1-a}, \ \cos\theta=\sqrt{a}$

또는

$\sin\theta=-\sqrt{1-a}, \ \cos\theta=-\sqrt{a}$

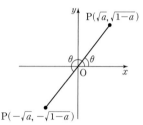

22

[전략] $A+B+C=\pi$임을 이용하여 식을 정리한다.

$\cos\dfrac{C}{2}=\dfrac{1}{3}>0$이므로 $\dfrac{C}{2}<90°$이다.

$$\therefore \sin\frac{C}{2}=\sqrt{1-\left(\frac{1}{3}\right)^2}=\frac{2\sqrt{2}}{3}$$

$A+B+C=\pi$이므로

$$\sin\frac{A+B+\pi}{2}+\cos\frac{A+B-\pi}{2}$$

$$=\sin\frac{2\pi-C}{2}+\cos\frac{\pi-C-\pi}{2}$$

$$=\sin\left(\pi-\frac{C}{2}\right)+\cos\left(-\frac{C}{2}\right)$$

$$=\sin\frac{C}{2}+\cos\frac{C}{2}=\frac{2\sqrt{2}+1}{3}$$ 답 $\dfrac{2\sqrt{2}+1}{3}$

23

[전략] $\sin(\pi+\theta)=-\sin\theta, \ \cos(\pi+\theta)=-\cos\theta$

임을 이용하면 식을 간단히 할 수 있다.

$\theta=\dfrac{\pi}{50}$일 때 $50\theta=\pi$이고

$\sin(\pi+\theta)=-\sin\theta, \ \cos(\pi+\theta)=-\cos\theta$이므로

$$\sin 51\theta+\sin 52\theta+\cdots+\sin 100\theta$$

$$=-\sin\theta-\sin 2\theta-\cdots-\sin 50\theta,$$

$$\cos 51\theta+\cos 52\theta+\cdots+\cos 100\theta$$

$$=-\cos\theta-\cos 2\theta-\cdots-\cos 50\theta$$

$$\therefore f\left(\frac{\pi}{50}\right)+g\left(\frac{\pi}{50}\right)=0$$ 답 ③

24

[전략] $\sin^2\theta+\cos^2\theta=1$과 $\tan\theta=\dfrac{\sin\theta}{\cos\theta}$에서 $\dfrac{1}{\sin\theta}$과 $\dfrac{1}{\tan\theta}$의 관계를 구한다.

$\sin^2\theta+\cos^2\theta=1$에서

$1+\dfrac{\cos^2\theta}{\sin^2\theta}=\dfrac{1}{\sin^2\theta}$, $1+\dfrac{1}{\tan^2\theta}=\dfrac{1}{\sin^2\theta}$

곧, $\dfrac{1}{\tan^2\theta}-\dfrac{1}{\sin^2\theta}=-1$이므로

$\left(\dfrac{1}{\tan^2 1°}-\dfrac{1}{\sin^2 1°}\right)+\left(\dfrac{1}{\tan^2 5°}-\dfrac{1}{\sin^2 5°}\right)+\cdots$

$+\left(\dfrac{1}{\tan^2 85°}-\dfrac{1}{\sin^2 85°}\right)+\left(\dfrac{1}{\tan^2 89°}-\dfrac{1}{\sin^2 89°}\right)$

$=-23$ 　　　답 ①

Note

$\dfrac{1}{\tan^2\theta}-\dfrac{1}{\sin^2\theta}$을 간단히 한다고 생각해도 된다.

step C 최상위 문제 　　　55쪽

01 ④　　　**02** ①　　　**03** ④　　　**04** ③

01

[전략] 호의 길이는 중심각의 크기에 정비례하므로 중심각의 크기의 비도
3 : 5이다.

그림과 같이 원점을 O, 원의 중심을
A, 직선과 원이 제1사분면에서 만
나는 점을 B라 하자.
중심각의 크기는 호의 길이에 정비
례하므로

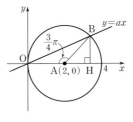

$\angle\mathrm{OAB}=2\pi\times\dfrac{3}{8}=\dfrac{3}{4}\pi$

B에서 x축에 내린 수선의 발을 H라 하면

$\overline{\mathrm{AB}}=2$, $\angle\mathrm{BAH}=\dfrac{\pi}{4}$이므로

$\overline{\mathrm{AH}}=2\cos\dfrac{\pi}{4}=\sqrt{2}$, $\overline{\mathrm{BH}}=2\sin\dfrac{\pi}{4}=\sqrt{2}$

$\therefore \mathrm{B}(2+\sqrt{2},\ \sqrt{2})$

직선 $y=ax$가 B를 지나므로 $\sqrt{2}=a(2+\sqrt{2})$

$\therefore a=\dfrac{\sqrt{2}}{2+\sqrt{2}}=\sqrt{2}-1$ 　　　답 ④

02

[전략] $70°=2\times35°$임을 이용하여 $70°$를 포함한 직각삼각형을 만든다.

변 AB 위에 $\angle\mathrm{ACD}=35°$인
점 D를 잡으면

$\angle\mathrm{CDB}=70°$

또 $\overline{\mathrm{AD}}=x$라 하면

$\overline{\mathrm{DB}}=1-x$, $\overline{\mathrm{CD}}=x$

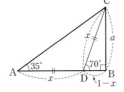

이므로 직각삼각형 BCD에서

$a^2+(1-x)^2=x^2$

$x=\dfrac{1+a^2}{2}$, $1-x=\dfrac{1-a^2}{2}$

$\therefore \tan 70°=\dfrac{a}{1-x}=\dfrac{2a}{1-a^2}$ 　　　답 ①

03

[전략] 동경 $\mathrm{OP_1}$이 나타내는 각의 크기가 $\dfrac{\pi}{2}$이다.

따라서 $n\pi+(-1)^n\times\dfrac{n}{2}\pi$는 $n=4k, 4k+1, 4k+2, 4k+3$일 때로
나누어 생각한다.

동경 $\mathrm{OP_1}$이 나타내는 각의 크기는 $\pi-\dfrac{\pi}{2}=\dfrac{\pi}{2}$이다.

$n\pi+(-1)^n\times\dfrac{n}{2}\pi=\theta_n$이라 하자.

(i) $n=4k$ (k는 정수)일 때
$\theta_n=4k\pi+2k\pi$

(ii) $n=4k+1$ (k는 정수)일 때
$\theta_n=(4k+1)\pi-\left(2k+\dfrac{1}{2}\right)\pi=2k\pi+\dfrac{\pi}{2}$

(iii) $n=4k+2$ (k는 정수)일 때
$\theta_n=(4k+2)\pi+(2k+1)\pi=2(3k+1)\pi+\pi$

(iv) $n=4k+3$ (k는 정수)일 때
$\theta_n=(4k+3)\pi-\left(2k+\dfrac{3}{2}\right)\pi=2k\pi+\dfrac{3}{2}\pi$

따라서 $n=4k+1$일 때 동경 $\mathrm{OP_1}$과 $\mathrm{OP_n}$이 일치한다.
$1<n\leq100$이므로 $1<4k+1\leq100$
k는 정수이므로 $k=1, 2, \cdots, 24$이고 24개이다. 　　　답 ④

04

[전략] 삼각형의 한 외각의 크기는 이웃하지 않는 두 내각의 크기의 합과 같
음을 이용한다.

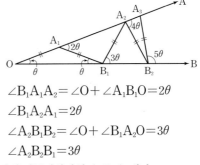

$\angle\mathrm{B_1A_1A_2}=\angle\mathrm{O}+\angle\mathrm{A_1B_1O}=2\theta$

$\angle\mathrm{B_1A_2A_1}=2\theta$

$\angle\mathrm{A_2B_1B_2}=\angle\mathrm{O}+\angle\mathrm{B_1A_2O}=3\theta$

$\angle\mathrm{A_2B_2B_1}=3\theta$

네 번째 이등변삼각형 $\mathrm{A_2B_2A_3}$에서

$\angle\mathrm{B_2A_3A_2}=4\theta$, $\angle\mathrm{A_3B_2B}=5\theta$이므로

$4\theta<\dfrac{\pi}{2}$이고 $5\theta\geq\dfrac{\pi}{2}$이면 다섯 번째 이등변삼각형은 만들 수 없다.

$\therefore \dfrac{\pi}{10}\leq\theta<\dfrac{\pi}{8}$ 　　　답 ③

05. 삼각함수의 그래프

01 ④	02 ①	03 ③	04 ②	05 3π
06 ④	07 3	08 ④	09 $a=2, b=2$	
10 ③	11 $x=0, x=\dfrac{\pi}{2}, x=\pi$	12 ②, ③	13 ①	
14 ⑤	15 ④	16 ⑤	17 ③	18 ①
19 $x=\dfrac{2}{3}\pi$ 또는 $x=\dfrac{5}{6}\pi$	20 ③	21 ④	22 ①	
23 ③	24 $x=0$ 또는 $x=\dfrac{\pi}{2}$ 또는 $x=\pi$ 또는 $x=\dfrac{3}{2}\pi$			
25 $\dfrac{3}{4}$	26 ⑤	27 ④	28 $\dfrac{5}{4}\pi \le x \le \dfrac{7}{4}\pi$	
29 ①	30 $\dfrac{2}{3}\pi < x < \pi$	31 $-\dfrac{\pi}{2} < \theta < \dfrac{\pi}{2}$		
32 ②				

01

$f(x)=\sin x+1$이라 하자.

①, ② $-1\le\sin x\le1$이므로 $0\le f(x)\le2$

또 $f\left(\dfrac{\pi}{2}\right)=2$, $f\left(-\dfrac{\pi}{2}\right)=0$이므로 최댓값은 2, 최솟값은 0이다. (참)

③ $y=\sin x$와 주기가 같으므로 주기는 2π이다. (참)

④ $f(-x)=\sin(-x)+1=-\sin x+1$

곧, $f(-x)\ne f(x)$이므로 그래프는 y축에 대칭이 아니다. (거짓)

⑤ (참)   답 ④

02

$a>0$이고 최댓값이 4, 최솟값이 -2이므로

$a+c=4$, $-a+c=-2$

연립하여 풀면 $a=3$, $c=1$

$b>0$이고 주기가 π이므로 $\dfrac{2\pi}{b}=\pi$, $b=2$

$\therefore abc=6$ 답 ①

03

$a>0$이고 최댓값이 3, 최솟값이 -1이므로

$a+c=3$, $-a+c=-1$

연립하여 풀면 $a=2$, $c=1$

$(0, 0)$을 지나므로 $2\sin b\pi+1=0$, $\sin b\pi=-\dfrac{1}{2}$

$-\dfrac{\pi}{2}<b\pi<\dfrac{\pi}{2}$이므로 $b\pi=-\dfrac{\pi}{6}$ $\therefore b=-\dfrac{1}{6}$

$\therefore abc=-\dfrac{1}{3}$ 답 ③

04

주기가 8이고 $a>0$이므로 $\dfrac{2\pi}{a}=8$

$\therefore a=\dfrac{\pi}{4}$

$f(3)=1$이므로 $\sin\left(\dfrac{\pi}{4}\times3+b\right)=1$

$-\dfrac{\pi}{2}<b<0$이므로 $\dfrac{\pi}{4}<\dfrac{3}{4}\pi+b<\dfrac{3}{4}\pi$

$\therefore \dfrac{3}{4}\pi+b=\dfrac{\pi}{2}$, $b=-\dfrac{\pi}{4}$

$\therefore f(0)=\sin\left(-\dfrac{\pi}{4}\right)=-\dfrac{\sqrt{2}}{2}$ 답 ②

05

A, B는 직선 $x=\dfrac{\pi}{4}$에 대칭이므로

$\dfrac{\alpha+\beta}{2}=\dfrac{\pi}{4}$

$\therefore \alpha+\beta=\dfrac{\pi}{2}$

C, D는 직선 $x=\dfrac{3}{4}\pi$에 대칭이므로

$\dfrac{\gamma+\delta}{2}=\dfrac{3}{4}\pi$ $\therefore \gamma+\delta=\dfrac{3}{2}\pi$

B, C는 점 $\left(\dfrac{\pi}{2}, 0\right)$에 대칭이므로

$\dfrac{\beta+\gamma}{2}=\dfrac{\pi}{2}$ $\therefore \beta+\gamma=\pi$

$\therefore \alpha+2\beta+2\gamma+\delta=(\alpha+\beta)+(\beta+\gamma)+(\gamma+\delta)$

$=\dfrac{\pi}{2}+\pi+\dfrac{3}{2}\pi=3\pi$ 답 3π

06

ㄱ. $-1\le\cos\left(3x-\dfrac{\pi}{3}\right)\le1$이므로 $-1\le f(x)\le3$이다. (참)

ㄴ. $f(x)$의 주기는 $\dfrac{2\pi}{3}$이므로 $f\left(x+\dfrac{2\pi}{3}\right)=f(x)$이다. (거짓)

ㄷ. $f(x)=2\cos\left(3x-\dfrac{\pi}{3}\right)+1=2\cos3\left(x-\dfrac{\pi}{9}\right)+1$의 그래프는 $y=2\cos3x$의 그래프를 x축 방향으로 $\dfrac{\pi}{9}$만큼, y축 방향으로 1만큼 평행이동한 것이다.

그런데 $y=2\cos3x+1$의 그래프는 직선 $x=0$에 대칭이므로 $y=f(x)$의 그래프는 직선 $x=\dfrac{\pi}{9}$에 대칭이다. (참)

따라서 옳은 것은 ㄱ, ㄷ이다.   답 ④

07

$a>0$이고 최댓값이 4, 최솟값이 0이므로

$a+c=4$, $-a+c=0$

연립하여 풀면 $a=2$, $c=2$

$b>0$이고 주기가 4π이므로 $\dfrac{2\pi}{b}=4\pi$, $b=\dfrac{1}{2}$

$f(x)=2\cos\dfrac{1}{2}x+2$이므로

$f\left(\dfrac{2}{3}\pi\right)=2\cos\dfrac{\pi}{3}+2=3$ 답 3

08

$f^{-1}\left(-\dfrac{1}{2}\right)=a$라 하면

$$f(a)=-\dfrac{1}{2},\ \cos a=-\dfrac{1}{2}$$

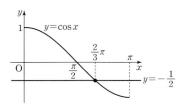

위 그림에서 $a=\dfrac{2}{3}\pi$이므로

$$f^{-1}\left(-\dfrac{1}{2}\right)=\dfrac{2}{3}\pi$$

답 ④

09

$y=a\sin x$의 최댓값이 2, 최솟값이 -2이므로 $a=2$

$y=\dfrac{1}{2}\cos bx$의 주기가 $y=a\sin x$ 주기의 반이므로

주기가 π이다.

$$\therefore \dfrac{2\pi}{b}=\pi,\ b=2$$

답 $a=2,\ b=2$

10

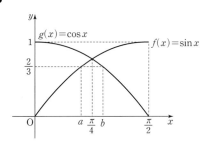

$f(a)=g(b)=\dfrac{2}{3}$에서 $\sin a=\cos b$

$y=f(x)$와 $y=g(x)$의 그래프는 직선 $x=\dfrac{\pi}{4}$에 대칭이므로

$$a+b=\dfrac{\pi}{2}$$

답 ③

11

$y=\tan\left(2x+\dfrac{\pi}{2}\right)=\tan 2\left(x+\dfrac{\pi}{4}\right)$이므로 $y=\tan 2x$의 그래프를 x축 방향으로 $-\dfrac{\pi}{4}$만큼 평행이동한 그래프이다.

$y=\tan 2x$ 그래프의 점근선은 직선

$$x=\pm\dfrac{\pi}{4},\ x=\pi\pm\dfrac{\pi}{4},\ \cdots$$

이므로 $y=\tan\left(2x+\dfrac{\pi}{2}\right)$ 그래프의 점근선은 위의 직선을 x축 방향으로 $-\dfrac{\pi}{4}$만큼 평행이동한 직선이다.

$0\le x\le \pi$이므로 점근선의 방정식은 $x=0,\ x=\dfrac{\pi}{2},\ x=\pi$이다.

답 $x=0,\ x=\dfrac{\pi}{2},\ x=\pi$

12

① 주기가 2π이므로 성립하지 않는다.

② 주기가 $\dfrac{\pi}{2}$이므로

$$f(x+\pi)=f\left(x+\dfrac{\pi}{2}+\dfrac{\pi}{2}\right)=f\left(x+\dfrac{\pi}{2}\right)=f(x)$$

③ 주기가 π이므로 $f(x)=f(x+\pi)$

④ 주기가 $\dfrac{2\pi}{5}$이므로 성립하지 않는다.

⑤ 주기가 $\dfrac{2\pi}{\frac{1}{2}}=4\pi$이므로 성립하지 않는다.

따라서 정의역의 모든 실수 x에 대하여 $f(x)=f(x+\pi)$를 만족시키는 함수는 ②, ③이다.

답 ②, ③

13

$\sin x=t$라 하면 $-1\le t\le 1$이고 $y=|2t+1|-1$의 그래프가 그림과 같으므로

최댓값은 2, 최솟값은 -1

따라서 최댓값과 최솟값의 합은 1이다.

다른 풀이

$-1\le \sin x\le 1$이므로

$$-1\le 2\sin x+1\le 3$$
$$0\le |2\sin x+1|\le 3$$
$$\therefore -1\le |2\sin x+1|-1\le 2$$

답 ①

14

$$y=-2(1-\sin^2 x)+3\sin x+1$$
$$=2\sin^2 x+3\sin x-1$$

에서 $\sin x=t$라 하면

$$y=2t^2+3t-1=2\left(t+\dfrac{3}{4}\right)^2-\dfrac{17}{8}$$

$-1\le t\le 1$이므로

$t=-\dfrac{3}{4}$일 때 최솟값은 $-\dfrac{17}{8}$,

$t=1$일 때 최댓값은 $2+3-1=4$

$$\therefore M-m=\dfrac{49}{8}$$

답 ⑤

15

$\sin\left(x+\dfrac{\pi}{2}\right)=\cos x,\ \cos(x+\pi)=-\cos x$이므로

$$f(x)=\cos^2 x-3\sin^2 x-4\cos x+5$$

$\cos x=t$라 하면

$$y=t^2-3(1-t^2)-4t+5=4t^2-4t+2$$
$$=4\left(t-\dfrac{1}{2}\right)^2+1$$

$0\le x\le \pi$일 때 $-1\le t\le 1$이므로

최솟값은 $t=\dfrac{1}{2}$일 때 1

최댓값은 $t=-1$일 때 10

따라서 최댓값과 최솟값의 합은 11이다. 　　　　답 ④

16

$\cos x=t$라 하면 $-1\leq t\leq 1$이고

$$y=\frac{-t+a}{t+3}=-1+\frac{3+a}{t+3}$$

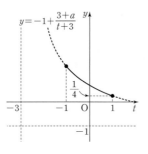

$a>-3$이므로 그래프는 그림과 같다.

$t=1$일 때 최소이고, 최솟값이 $\frac{1}{4}$이므로

$$\frac{-1+a}{4}=\frac{1}{4}\qquad \therefore a=2$$ 　　　　답 ⑤

17

$\sin x=t$라 하면

$$y=\frac{16t^2+9}{2t}=8t+\frac{9}{2t}$$

$0<x<\pi$에서 $t>0$이므로 산술평균과 기하평균의 관계를 이용하면

$$y\geq 2\sqrt{8t\times\frac{9}{2t}}=12$$

등호는 $8t=\frac{9}{2t}$, $16t^2=9$, $t=\frac{3}{4}$일 때 성립한다.

$\frac{\sqrt{2}}{2}<\frac{3}{4}<\frac{\sqrt{3}}{2}$이므로

$\frac{\pi}{4}<a<\frac{\pi}{3}$ 또는 $\frac{2}{3}\pi<a<\frac{3}{4}\pi$

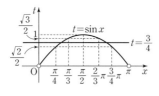

답 ③

18

$x=\frac{\pi}{6}$가 해이므로

$$a\sin\frac{5}{6}\pi+b\cos\frac{\pi}{6}=1,\ \frac{a}{2}+\frac{\sqrt{3}}{2}b=1 \quad \cdots ❶$$

$x=\frac{\pi}{3}$가 해이므로

$$a\sin\frac{5}{3}\pi+b\cos\frac{\pi}{3}=1,\ -\frac{\sqrt{3}}{2}a+\frac{b}{2}=1 \quad \cdots ❷$$

❶, ❷를 연립하여 풀면

$$a=\frac{1-\sqrt{3}}{2},\ b=\frac{1+\sqrt{3}}{2}$$

$$\therefore a+b=1$$ 　　　　답 ③

19

$2\sin 2x+\sqrt{3}=0$에서 $\sin 2x=-\frac{\sqrt{3}}{2}$

$0\leq 2x<2\pi$이므로 $2x=\frac{4}{3}\pi$ 또는 $\frac{5}{3}\pi$

$$\therefore x=\frac{2}{3}\pi \text{ 또는 } x=\frac{5}{6}\pi$$ 　　답 $x=\frac{2}{3}\pi$ 또는 $x=\frac{5}{6}\pi$

20

$2\sin\left(\frac{1}{2}x+\frac{\pi}{6}\right)-1=0$에서 $\sin\left(\frac{1}{2}x+\frac{\pi}{6}\right)=\frac{1}{2}$

$\frac{\pi}{6}\leq\frac{1}{2}x+\frac{\pi}{6}\leq\frac{7}{6}\pi$이므로

$$\frac{1}{2}x+\frac{\pi}{6}=\frac{\pi}{6} \text{ 또는 } \frac{5}{6}\pi$$

$$\therefore x=0 \text{ 또는 } x=\frac{4}{3}\pi$$

따라서 근의 합은 $\frac{4}{3}\pi$이다. 　　　　답 ③

21

$\sqrt{3}\tan x-1=0$에서

$$\tan x=\frac{1}{\sqrt{3}}$$

$-\pi\leq x\leq\pi$이므로

$x=\frac{\pi}{6}$ 또는

$x=-\pi+\frac{\pi}{6}$

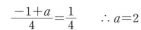

따라서 근의 합은 $-\frac{2}{3}\pi$이다. 　　　　답 ④

22

$(\sin x+\cos x)^2=\sqrt{3}\sin x+1$에서

$$1+2\sin x\cos x=\sqrt{3}\sin x+1$$

$$\sin x(2\cos x-\sqrt{3})=0$$

$$\therefore \sin x=0 \text{ 또는 } \cos x=\frac{\sqrt{3}}{2}$$

$0\leq x\leq\pi$이므로

$\sin x=0$일 때, $x=0$ 또는 $x=\pi$

$\cos x=\frac{\sqrt{3}}{2}$일 때, $x=\frac{\pi}{6}$

따라서 근의 합은 $\frac{7}{6}\pi$이다. 　　　　답 ①

23

$\cos^2\theta=\sin\theta(1+\sin\theta)$에서

$$\cos^2\theta=\sin\theta+\sin^2\theta$$

$$1-\sin^2\theta=\sin\theta+\sin^2\theta,\ 2\sin^2\theta+\sin\theta-1=0$$

$$(\sin\theta+1)(2\sin\theta-1)=0$$

$$\therefore \sin\theta=-1 \text{ 또는 } \sin\theta=\frac{1}{2}$$

$0<\theta<2\pi$이므로

$\sin\theta=-1$일 때, $\theta=\frac{3}{2}\pi$

$\sin\theta=\frac{1}{2}$일 때, $\theta=\frac{\pi}{6}$ 또는 $\theta=\frac{5}{6}\pi$

따라서 θ의 개수는 3이다. 　　　　답 ③

24

$-\pi \leq \pi \cos x \leq \pi$이므로

$\sin(\pi \cos x)=0$에서

$\quad \pi \cos x=-\pi,\ 0,\ \pi$

$\quad \therefore \cos x=-1,\ 0,\ 1$

$0 \leq x < 2\pi$이므로 $x=0$ 또는 $x=\dfrac{\pi}{2}$ 또는 $x=\pi$ 또는 $x=\dfrac{3}{2}\pi$

$\quad$📖 $x=0$ 또는 $x=\dfrac{\pi}{2}$ 또는 $x=\pi$ 또는 $x=\dfrac{3}{2}\pi$

25

$y=\cos x+\dfrac{1}{4}$의 그래프는 $y=\cos x$의 그래프를 y축 방향으로

$\dfrac{1}{4}$만큼 평행이동한 그래프이다.

따라서 $-\dfrac{3}{4} \leq \cos x+\dfrac{1}{4} \leq \dfrac{5}{4}$이고 $y=\left|\cos x+\dfrac{1}{4}\right|$의 그래프

는 그림과 같다.

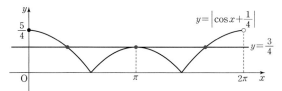

$y=\left|\cos x+\dfrac{1}{4}\right|$의 그래프와 직선 $y=k$가 서로 다른 세 점에서

만나면 $k=\dfrac{3}{4}$이다. $\qquad$ 📖 $\dfrac{3}{4}$

26

$f(x)=\sin \pi x$라 할 때, $y=f(x)$의 그래프와 직선 $y=\dfrac{3}{10}x$가

만나는 점의 개수를 구하면 된다.

$-1 \leq f(x) \leq 1$이므로

$-1 \leq \dfrac{3}{10}x \leq 1$, 곧 $-\dfrac{10}{3} \leq x \leq \dfrac{10}{3}$

에서만 생각하면 된다.

$\sin \pi x$의 주기는 2이므로 $y=f(x)$의 그래프는 다음과 같다.

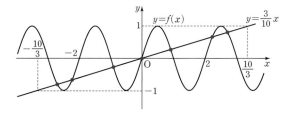

따라서 직선 $y=\dfrac{3}{10}x$와 교점은 7개이므로

$\sin \pi x=\dfrac{3}{10}x$의 근도 7개이다. $\qquad$ 📖 ⑤

27

$\sin x=t$라 하면 $-1 \leq t \leq 1$이므로 이차방정식 $t^2-t=1-k$가

$-1 \leq t \leq 1$에서 실근을 가진다.

따라서 $t^2-t-1=-k$에서 $f(t)=t^2-t-1$이라 하면

$y=f(t)$의 그래프와 직선 $y=-k$가 만난다.

$f(t)=\left(t-\dfrac{1}{2}\right)^2-\dfrac{5}{4}$

이므로 $y=f(t)$의 그래프는 그림과

같다.

$y=f(t)$의 그래프와 직선 $y=-k$가

만나면

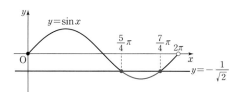

$\quad -\dfrac{5}{4} \leq -k \leq 1$

$\quad \therefore -1 \leq k \leq \dfrac{5}{4}$

따라서 k의 최댓값은 $\dfrac{5}{4}$, 최솟값은 -1이므로 합은 $\dfrac{1}{4}$이다.

$\qquad$ 📖 ④

28

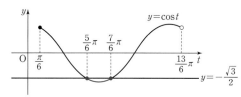

위 그래프에서 $\dfrac{5}{4}\pi \leq x \leq \dfrac{7}{4}\pi$ $\qquad$ 📖 $\dfrac{5}{4}\pi \leq x \leq \dfrac{7}{4}\pi$

29

$x+\dfrac{\pi}{6}=t$라 하면 $2\cos\left(x+\dfrac{\pi}{6}\right) \leq -\sqrt{3}$에서

$\quad \cos t \leq -\dfrac{\sqrt{3}}{2}$

$\dfrac{\pi}{6} \leq t < \dfrac{13}{6}\pi$이므로 $y=\cos t$의 그래프는 다음과 같다.

$\cos t \leq -\dfrac{\sqrt{3}}{2}$에서

$\quad \dfrac{5}{6}\pi \leq t \leq \dfrac{7}{6}\pi,\ \dfrac{2}{3}\pi \leq x \leq \pi$

$\quad \therefore b-a=\pi-\dfrac{2}{3}\pi=\dfrac{\pi}{3}$ $\qquad$ 📖 ①

30

$\cos x=t$라 하면

$\quad 2(1-t^2)-3t>3,\ 2t^2+3t+1<0$

$\quad (t+1)(2t+1)<0$

$\quad \therefore -1<t<-\dfrac{1}{2}$

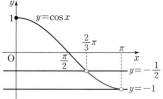

$-1<\cos x<-\dfrac{1}{2}$이므로 위 그림에서

$$\dfrac{2}{3}\pi<x<\pi$$

답 $\dfrac{2}{3}\pi<x<\pi$

31

모든 x에 대하여 이차부등식이 항상 성립하므로

$$\dfrac{D}{4}=\cos^2\theta-2\cos\theta<0$$

$$\cos\theta(\cos\theta-2)<0$$

$-1\le\cos\theta\le1$이므로 $0<\cos\theta\le1$

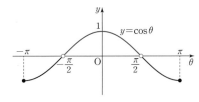

$$\therefore -\dfrac{\pi}{2}<\theta<\dfrac{\pi}{2}$$

답 $-\dfrac{\pi}{2}<\theta<\dfrac{\pi}{2}$

32

$\cos x=t$라 하면 $-1\le t\le1$이고

$$t^2-4t-a+6\ge0$$

따라서 $-1\le t\le1$에서 이 부등식이 성립한다.

$$f(t)=t^2-4t-a+6$$

이라 하면

$$f(t)=(t-2)^2-a+2$$

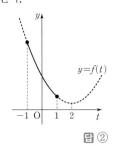

$y=f(t)$의 그래프가 오른쪽과 같으면 되므로

$$f(1)\ge0,\ -a+3\ge0$$

$$\therefore a\le3$$

답 ②

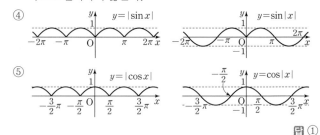

step B 실력 문제

61~65쪽

01 ①	**02** ③	**03** ④	**04** ⑤	**05** ③
06 ③	**07** ①	**08** 10	**09** ①	**10** ④
11 ④	**12** ⑤	**13** ③	**14** $k=-\dfrac{3}{2},\ x=\dfrac{3}{2}\pi$	
15 최댓값 : $2+\sqrt3$, 최솟값 : 0		**16** ②	**17** ④	
18 $x=-\dfrac{\pi}{2}$ 또는 $x=\dfrac{\pi}{2}$ 또는 $x=-\dfrac{\pi}{6}$ 또는 $x=\dfrac{5}{6}\pi$				
19 ⑤	**20** ⑤	**21** 8	**22** ⑤	**23** ④
24 $k<-8$ 또는 $k>8$		**25** ②	**26** ①	
27 $-\pi<x<-\dfrac{\pi}{6}$ 또는 $\dfrac{2}{3}\pi<x<\pi$		**28** 12	**29** ⑤	
30 $\dfrac{\pi}{3}\le\theta\le\dfrac{2}{3}\pi$ 또는 $\dfrac{4}{3}\pi\le\theta\le\dfrac{5}{3}\pi$				

01

[전략] $\sin(-x)=-\sin x$, $\cos(-x)=\cos x$, $\tan(-x)=-\tan x$ 를 이용한다.

① $-\sin(-x)=\sin x$이므로 일치한다.

② $\cos(-x)=\cos x$이므로 두 그래프는 x축에 대칭이다.

③ $y=\tan|x|$는

$x\ge0$일 때 $y=\tan x$

$x<0$일 때 $y=\tan(-x)=-\tan x$

이므로 일치하지 않는다.

답 ①

02

[전략] $\cos(x+\pi)=-\cos x$를 이용한다.

$\cos(x+\pi)=-\cos x$이므로 $\cos(x+p)=-\cos x$를 만족시키는 최소의 양수 p는 π이다.

따라서

$$f\left(x+\dfrac{\pi}{3}\right)=\cos k\left(x+\dfrac{\pi}{3}\right)=\cos\left(kx+\dfrac{k}{3}\pi\right)$$

가 $-f(x)=-\cos kx$와 같아지는 양수 k의 최솟값은

$\dfrac{k}{3}\pi=\pi$에서 $k=3$

답 ③

03

[전략] $f(2000)=f(1998)=f(1996)=\cdots$임을 이용한다.

$$f\left(2000-\dfrac{\pi}{6}\right)=f\left(1998-\dfrac{\pi}{6}\right)=f\left(1996-\dfrac{\pi}{6}\right)=\cdots$$
$$=f\left(2-\dfrac{\pi}{6}\right)$$

$\dfrac{\pi}{6}=\dfrac{3.14\cdots}{6}$이므로 $1\le2-\dfrac{\pi}{6}<2$

$$\therefore f\left(2-\dfrac{\pi}{6}\right)=\sin\left\{2-\left(2-\dfrac{\pi}{6}\right)\right\}$$
$$=\sin\dfrac{\pi}{6}=\dfrac{1}{2}$$

답 ④

04

[전략] ㄱ. $f(-x)$와 $f(x)$를 비교한다.

ㄴ. $f(x+p)=f(x)$를 만족시키는 p를 찾는다.

ㄷ. $-1\le\sin x\le1$임을 이용한다.

ㄱ. $f(-x)=\cos(\sin(-x))=\cos(-\sin x)$
$$=\cos(\sin x)=f(x)$$

이므로 그래프는 y축에 대칭이다. (참)

ㄴ. $f(x+\pi)=\cos(\sin(x+\pi))=\cos(-\sin x)$
$\qquad\quad =\cos(\sin x)=f(x)$
이므로 주기함수이다. (참)

ㄷ. $-1\le\sin x\le 1$이고 $\sin x=t$라 하면
$\qquad -1\le t\le 1$일 때 $y=\cos t$의 범위
$\qquad$는 $\cos 1\le y\le 1$이다. (참)

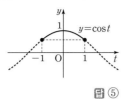

따라서 옳은 것은 ㄱ, ㄴ, ㄷ이다.

$\qquad\qquad\qquad\qquad\qquad\qquad$ 답 ⑤

05

[전략] 최댓값, 최솟값, 주기, 지나는 점을 생각한다.

최댓값이 3, 최솟값이 -1이고 $a>0$이므로
$\qquad a+d=3,\ -a+d=-1$
연립하여 풀면 $a=2,\ d=1$
주기가 $2\times\left(\dfrac{7}{12}\pi-\dfrac{\pi}{4}\right)=\dfrac{2}{3}\pi$이고, $b>0$이므로
$\qquad\dfrac{2\pi}{b}=\dfrac{2}{3}\pi\qquad\therefore b=3$
이때 $y=2\cos(3x+c)+1\qquad\cdots$ ❶
$x=\dfrac{\pi}{4}$일 때 $y=-1$이므로
$\qquad 2\cos\left(\dfrac{3}{4}\pi+c\right)+1=-1,\ \cos\left(\dfrac{3}{4}\pi+c\right)=-1$
$-\pi<c<\pi$이므로 $\dfrac{3}{4}\pi+c=\pi\qquad\therefore c=\dfrac{\pi}{4}$
$\qquad\therefore abcd=\dfrac{3}{2}\pi$
$\qquad\qquad\qquad\qquad\qquad\qquad$ 답 ③

Note

❶에서 $y=2\cos 3\left(x+\dfrac{c}{3}\right)+1$이고, 주어진 그래프는 $y=2\cos 3x+1$의 그래프를 x축 방향으로 $-\left(\dfrac{2}{3}\pi-\dfrac{7}{12}\pi\right)$만큼 평행이동한 꼴임을 이용할 수도 있다.

06

[전략] 그래프에서 교점의 대칭을 이용한다.

$0\le kx\le\dfrac{5}{2}\pi$이므로 주어진 범위에서 $y=f(x)$의 그래프는 다음과 같고, 직선 $y=\dfrac{3}{4}$과 세 점에서 만난다.

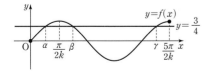

교점의 x좌표를 차례로 $\alpha,\ \beta,\ \gamma$라 하자.

$\alpha,\ \beta$는 직선 $x=\dfrac{\pi}{2k}$에 대칭이므로 $\alpha+\beta=\dfrac{\pi}{k}$

따라서 $S=\alpha+\beta+\gamma=\dfrac{\pi}{k}+\gamma$

$\qquad\therefore f(S)=f\left(\dfrac{\pi}{k}+\gamma\right)=\sin(\pi+k\gamma)$
$\qquad\qquad\quad =-\sin k\gamma=-f(\gamma)=-\dfrac{3}{4}$
$\qquad\qquad\qquad\qquad\qquad\qquad$ 답 ③

07

[전략] 두 점 D, C는 직선 $x=\dfrac{\pi}{2}$에 대칭이므로
$\qquad$ D와 C의 중점의 x좌표는 $\dfrac{\pi}{2}$이다.

변 DC가 x축에 평행하므로 D, C는 직선 $x=\dfrac{\pi}{2}$에 대칭이다.

D의 x좌표가 α이므로 B와 C의 x좌표를 β라 하면
$\qquad\dfrac{\alpha+\beta}{2}=\dfrac{\pi}{2},\ \beta=\pi-\alpha$
$\qquad\therefore\overline{AB}=\pi-2\alpha$
$\overline{AD}=\sin\alpha$이므로 $\sin\alpha=\pi-2\alpha$
$\qquad\qquad\qquad\qquad\qquad\qquad$ 답 ①

08

[전략] 함수의 주기를 찾아 b의 값부터 구한다.

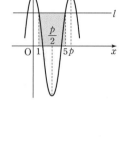

주기를 p라 하면 그래프는 직선 $x=\dfrac{p}{2}$에 대칭이므로
$\qquad p-5=1,\ p=6$
$\qquad\therefore\dfrac{2\pi}{b}=6,\ b=\dfrac{\pi}{3}$
이때 $f(x)=a\cos\dfrac{\pi}{3}x$라 하면
$\qquad f(1)=\dfrac{a}{2}$
사각형의 넓이가 20이므로
$\qquad\dfrac{a}{2}\times 4=20\qquad\therefore a=10$
$\qquad\qquad\qquad\qquad\qquad\qquad$ 답 10

09

[전략] 넓이가 같은 부분을 찾는다.

그림에서 빗금친 두 부분의 넓이가 같으므로 구하는 넓이는 직사각형 OABC의 넓이와 같다.
$\qquad\pi\times\tan a=3\pi$
$\qquad\therefore\tan a=3$

$\dfrac{\sin a}{\cos a}=3$이므로

$\sin a=3\cos a$

$\sin^2 a+\cos^2 a=1$이므로

$\qquad 9\cos^2 a+\cos^2 a=1$

$\qquad\therefore\cos^2 a=\dfrac{1}{10}$
$\qquad\qquad\qquad\qquad\qquad\qquad$ 답 ①

10

[전략] $y=\sin x,\ y=\cos x$의 그래프를 그리고
$\qquad\sin\alpha=\cos\beta$일 때, α와 β의 관계를 조사한다.

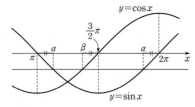

그림에서 $\sin \alpha = \cos \beta$이면

$$\alpha + \beta = \frac{5}{2}\pi \ \text{또는} \ \alpha - \beta = \frac{\pi}{2}$$

ㄱ. $\sin \alpha = \cos \beta$이므로

$\cos^2 \alpha + \cos^2 \beta = \cos^2 \alpha + \sin^2 \alpha = 1$ (참)

ㄴ. [반례] $\alpha = \frac{7}{4}\pi$, $\beta = \frac{5}{4}\pi$이면

$\sin \alpha = \cos \beta$이지만

$\sin(\alpha + \beta) = \sin 3\pi = 0$ (거짓)

ㄷ. (ⅰ) $\alpha + \beta = \frac{5}{2}\pi$이면 $\cos(\alpha + \beta) = \cos \frac{5}{2}\pi = 0$

(ⅱ) $\alpha - \beta = \frac{\pi}{2}$이면 $\cos(\alpha - \beta) = \cos \frac{\pi}{2} = 0$

(ⅰ), (ⅱ)에서 $\cos(\alpha + \beta)\cos(\alpha - \beta) = 0$ (참)

따라서 옳은 것은 ㄱ, ㄷ이다.   답 ④

Note

$\cos \beta = \sin\left(\frac{\pi}{2} - \beta\right)$이므로 $\sin \alpha = \cos \beta$에서

$\sin \alpha = \sin\left(\frac{\pi}{2} - \beta\right)$

따라서 n이 정수일 때,

$\alpha = \frac{\pi}{2} - \beta + 2n\pi$ 또는 $\pi - \alpha = \frac{\pi}{2} - \beta + 2n\pi$,

$\alpha + \beta = 2n\pi + \frac{\pi}{2}$ 또는 $\alpha - \beta = -2n\pi + \frac{\pi}{2}$

이 문제에서는 $\pi < \alpha < 2\pi$, $\pi < \beta < 2\pi$이므로

$\alpha + \beta = 2\pi + \frac{\pi}{2}$ 또는 $\alpha - \beta = \frac{\pi}{2}$이다.

11

[전략] 곡선 위의 점 $(\alpha, \sin \alpha)$, $(\beta, \sin \beta)$를 잡고 직선의 기울기를 생각한다.

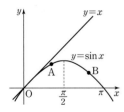

$A(\alpha, \sin \alpha)$, $B(\beta, \sin \beta)$라 하자.

ㄱ. 직선 OA의 기울기가 직선 OB의 기울기보다 크므로

$\dfrac{\sin \alpha}{\alpha} > \dfrac{\sin \beta}{\beta}$ $\therefore \alpha \sin \beta < \beta \sin \alpha$ (참)

ㄴ. 직선 AB의 기울기는 1보다 작으므로

$\dfrac{\sin \beta - \sin \alpha}{\beta - \alpha} < 1$, $\sin \beta - \sin \alpha < \beta - \alpha$

$\therefore \sin \alpha - \alpha > \sin \beta - \beta$ (거짓)

ㄷ. $0 < \sin \alpha < 1$, $0 < 2\alpha < \pi$이므로

$2\alpha \sin \alpha < \pi$ (참)

따라서 옳은 것은 ㄱ, ㄷ이다.   답 ④

12

[전략] $\sin g(x) = x$임을 이용하여 $\cos g(x)$를 구한다.

$g(x)$가 $\sin x$의 역함수이므로 $\sin g(x) = x$

$\sin^2 g(x) + \cos^2 g(x) = 1$이므로

$\cos^2 g(x) = 1 - x^2$ 답 ⑤

13

[전략] $(g \circ f)(x) = g(f(x))$에서 $f(x)$의 범위부터 구한다.

$f(x) = t$라 하면

$g(f(x)) = g(t) = (t+3)^2 - 6$ ⋯ ❶

또 $a > 0$이므로 $-a + 2 \leq t \leq a + 2$

$0 < a < 5$이므로 $-3 < t < 7$

따라서 ❶은 $t = -a + 2$에서 최소이다.

최솟값이 -2이므로

$(5-a)^2 - 6 = -2$, $(5-a)^2 = 4$

$0 < a < 5$이므로 $5 - a = 2$ $\therefore a = 3$

따라서 최댓값은 $t = a + 2 = 5$일 때

$(5+3)^2 - 6 = 58$ 답 ③

14

[전략] $\sin x = t$로 치환하여 이차함수의 그래프를 생각한다.

$\sin x = t$라 하면 $-1 \leq t \leq 1$이고

$y = 1 - t^2 + 2kt - 1 + 4k$

$\quad = -(t-k)^2 + k^2 + 4k$

$f(t) = -(t-k)^2 + k^2 + 4k$라 하면 $y = f(t)$의 그래프는 그림과 같다.

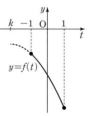 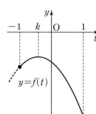 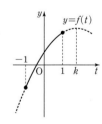

(ⅰ) $k \leq -1$ (ⅱ) $-1 < k < 1$ (ⅲ) $k \geq 1$

(ⅰ) $k \leq -1$일 때

$t = -1$일 때 최대이므로 $f(-1) = -4$

$2k - 1 = -4$, $k = -\dfrac{3}{2}$

이때 $\sin x = -1$, $x = \dfrac{3}{2}\pi$

(ⅱ) $-1 < k < 1$일 때

$t = k$일 때 최대이므로 $f(k) = -4$

$k^2 + 4k = -4$, $(k+2)^2 = 0$

$-1 < k < 1$이므로 가능한 k는 없다.

(ⅲ) $k \geq 1$일 때

$t = 1$일 때 최대이므로 $f(1) = -4$

$6k - 1 = -4$, $k = -\dfrac{1}{2}$

$k \geq 1$에 모순이다.

따라서 $k=-\dfrac{3}{2}$이고 이때 $x=\dfrac{3}{2}\pi$이다.

$$\boxed{\text{답}}\ k=-\frac{3}{2},\ x=\frac{3}{2}\pi$$

15

[전략] $\sin^2 x+\cos^2 x=1$ 또는 $\tan x=\dfrac{\sin x}{\cos x}$를 이용할 수 있는 꼴로 정리한다.

$\cos x\neq 0$이므로 분모, 분자를 $\cos x$로 나누면

$$y=\dfrac{1+\dfrac{\sin x}{\cos x}}{1-\dfrac{\sin x}{\cos x}}=\dfrac{1+\tan x}{1-\tan x}$$

$\tan x=t$라 하면

$$y=\dfrac{1+t}{1-t}=-1-\dfrac{2}{t-1}$$

이고 $-\dfrac{\pi}{4}\le x\le\dfrac{\pi}{6}$이므로

$$-1\le t\le\dfrac{1}{\sqrt{3}}$$

$y=\dfrac{1+t}{1-t}$의 그래프는 그림과 같으므로

최솟값은 $t=-1$일 때 0

최댓값은 $t=\dfrac{1}{\sqrt{3}}$일 때

$$\dfrac{1+\dfrac{1}{\sqrt{3}}}{1-\dfrac{1}{\sqrt{3}}}=\dfrac{\sqrt{3}+1}{\sqrt{3}-1}=2+\sqrt{3}$$

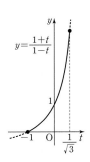

$$\boxed{\text{답}}\ \text{최댓값}:2+\sqrt{3},\ \text{최솟값}:0$$

16

[전략] 분수꼴이므로 유리함수의 그래프를 그리거나 산술평균과 기하평균의 관계를 이용한다.

$$f(x)=\dfrac{9}{4-2\sin x}+2-\sin x-2$$

에서 $4-2\sin x>0$이므로

$$f(x)\ge 2\sqrt{\dfrac{9}{4-2\sin x}(2-\sin x)}-2$$

$$=2\sqrt{\dfrac{9}{2}}-2=3\sqrt{2}-2$$

등호는 $\dfrac{9}{4-2\sin x}=2-\sin x$일 때 성립한다.

곧, $\dfrac{9}{2}=(2-\sin x)^2$, $2-\sin x=\pm\dfrac{3\sqrt{2}}{2}$

$-1\le\sin x\le 1$이므로

$$2-\sin x=\dfrac{3\sqrt{2}}{2},\ \sin x=2-\dfrac{3\sqrt{2}}{2}$$

따라서 $\sin x=2-\dfrac{3\sqrt{2}}{2}$인 x에서 최소이고 최솟값은 $3\sqrt{2}-2$이다.

$$\therefore a=-2,\ b=3,\ a+b=1 \qquad\boxed{\text{답}}\ ②$$

17

[전략] 주어진 식이 $\cos$에 대한 함수이다. 표에서 주기와 최댓값이나 최솟값에 대한 조건을 찾는다.

$f(x)=a\cos b\pi(x-c)+4.5$라 하자.

만조 시각인 4시 30분은 4.5시이고, 17시 00분은 17시이므로 만조와 만조 사이의 시간은 $17-4.5=12.5$

따라서 $f(x)$의 주기가 12.5이므로

$$12.5=\dfrac{2\pi}{b\pi} \qquad\therefore b=\dfrac{4}{25}$$

조차는 $f(x)$의 최댓값과 최솟값의 차이다.

$$(a+4.5)-(-a+4.5)=8 \qquad\therefore a=4$$

이때 $f(x)=4\cos\left(\dfrac{4}{25}\pi(x-c)\right)+4.5$

$f(x)$는 만조 시각인 $x=4.5$일 때 최대이고

이때 $\cos\left(\dfrac{4}{25}\pi(4.5-c)\right)=1$이다.

곧, $\dfrac{4}{25}\pi(4.5-c)=0,\ 2\pi,\ 4\pi,\ \cdots$

$0<c<6$이므로 $c=4.5$

$$\therefore a+100b+10c=65 \qquad\boxed{\text{답}}\ ④$$

Note

$f(x)$는 $x=17$일 때도 최대이고 이때

$$\dfrac{4}{25}\pi(17-c)=2\pi,\ c=4.5$$

18

[전략] $\sin^2 x+\cos^2 x=1$을 이용한다.

$$6(\sin^2 x+\cos^2 x)+\sqrt{3}\sin x\cos x+\cos^2 x=6$$

$$\sqrt{3}\sin x\cos x+\cos^2 x=0$$

$$\cos x(\sqrt{3}\sin x+\cos x)=0$$

(ⅰ) $\cos x=0$일 때 $x=-\dfrac{\pi}{2}$ 또는 $x=\dfrac{\pi}{2}$

(ⅱ) $\sqrt{3}\sin x+\cos x=0$일 때

양변을 $\cos x$로 나누면

$$\sqrt{3}\tan x+1=0,\ \tan x=-\dfrac{\sqrt{3}}{3}$$

$$\therefore x=-\dfrac{\pi}{6}\ \text{또는}\ x=\dfrac{5}{6}\pi$$

따라서 (ⅰ), (ⅱ)에서

$$x=-\dfrac{\pi}{2}\ \text{또는}\ x=\dfrac{\pi}{2}\ \text{또는}\ x=-\dfrac{\pi}{6}\ \text{또는}\ x=\dfrac{5}{6}\pi$$

$$\boxed{\text{답}}\ x=-\dfrac{\pi}{2}\ \text{또는}\ x=\dfrac{\pi}{2}\ \text{또는}\ x=-\dfrac{\pi}{6}\ \text{또는}\ x=\dfrac{5}{6}\pi$$

19

[전략] $\sin^2 x+\cos^2 x=1$과 연립하여 푼다.

$$\cos x=1-\sin x \qquad\cdots\ ❶$$

를 $\sin^2 x+\cos^2 x=1$에 대입하면

$$\sin^2 x+(1-\sin x)^2=1$$

$$\sin x(\sin x-1)=0$$

$$\therefore \sin x=0\ \text{또는}\ \sin x=1$$

$\sin x=0$일 때 ❶에서 $\cos x=1$이므로 $x=0$

$\sin x=1$일 때 ❶에서 $\cos x=0$이므로 $x=\dfrac{\pi}{2}$

따라서 근의 합은 $0+\dfrac{\pi}{2}=\dfrac{\pi}{2}$　　　　　　답 ⑤

Note
$\sin x=0$에서 $x=0$ 또는 $x=\pi$라 하면 안 된다는 것에 주의한다.

20

[전략] $y=\sin x,\ y=\cos x$의 그래프와 직선 $y=\dfrac{4}{\pi}x-2,\ y=\dfrac{4}{\pi}x-1$의 교점을 생각한다.

$\sin x=\dfrac{4}{\pi}x-2$의 해는 곡선 $y=\sin x$와 직선 $y=\dfrac{4}{\pi}x-2$의

교점이고, $\cos x=\dfrac{4}{\pi}x-1$의 해는 곡선 $y=\cos x$와 직선

$y=\dfrac{4}{\pi}x-1$의 교점이므로 $\alpha,\ \beta$는 그림과 같다.

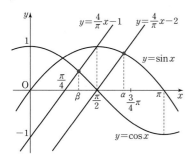

따라서 ①, ②, ④는 참이다.

③ $y=\dfrac{4}{\pi}x-2$는 $x=\dfrac{3}{4}\pi$일 때 1이고,

　$y=\sin x$는 $x=\dfrac{3}{4}\pi$일 때 $\dfrac{\sqrt{2}}{2}<1$이므로

　$\alpha<\dfrac{3}{4}\pi$ (참)

⑤ $\alpha>\dfrac{\pi}{2},\ \beta>\dfrac{\pi}{4}$이므로 $\alpha+\beta>\dfrac{3}{4}\pi$ (거짓)　　답 ⑤

21

[전략] $|\cos 2x|=a$의 근의 개수는 $y=\cos 2x$의 그래프와 직선 $y=\pm a$의 교점의 개수를 생각한다.

$\cos(|\cos 2x|)=\dfrac{\sqrt{3}}{2}$에서

$0\le|\cos 2x|\le1$이므로 $|\cos 2x|=\dfrac{\pi}{6}$

$\therefore \cos 2x=\pm\dfrac{\pi}{6}$

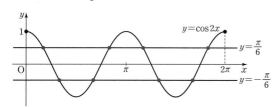

$y=\cos 2x$의 그래프와 직선 $y=\dfrac{\pi}{6}$ 또는 $y=-\dfrac{\pi}{6}$의 교점은

8개이므로 방정식의 근은 8개이다.　　　　　　답 8

Note
$y=|\cos 2x|$의 그래프와 직선 $y=\dfrac{\pi}{6}$의 교점을 생각해도 된다.

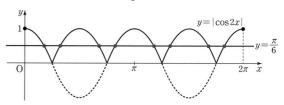

22

[전략] 접하면 판별식이나 꼭짓점의 y좌표를 생각한다.

접하므로

$\dfrac{D}{4}=4\cos^2\theta-\sin^2\theta=0$

$4\cos^2\theta-(1-\cos^2\theta)=0,\ \cos^2\theta=\dfrac{1}{5}$

$\therefore \cos\theta=\pm\dfrac{\sqrt{5}}{5}$

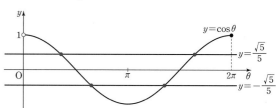

$y=\cos\theta$의 그래프와 직선 $y=\dfrac{\sqrt{5}}{5}$ 또는 $y=-\dfrac{\sqrt{5}}{5}$의 교점은

4개이므로 θ는 4개이다.　　　　　　답 ⑤

23

[전략] $y=\sin x-|\sin x|$의 그래프와 직선 $y=ax-2$의 교점이 3개일 때, 가능한 직선의 기울기를 생각한다.

$f(x)=\sin x-|\sin x|$라 하면

$\sin x\ge0$일 때 $f(x)=0$,

$\sin x<0$일 때 $f(x)=2\sin x$

이므로 $y=f(x)$의 그래프는 그림과 같다.

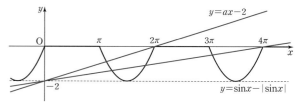

$y=f(x)$의 그래프가 직선 $y=ax-2$와 서로 다른 세 점에서 만나면 직선은 x축과 $2\pi<x<4\pi$에서 만난다.

직선 $y=ax-2$가 점 $(2\pi,\ 0)$을 지날 때 $a=\dfrac{1}{\pi}$

직선 $y=ax-2$가 점 $(4\pi,\ 0)$을 지날 때 $a=\dfrac{1}{2\pi}$

이므로 $\dfrac{1}{2\pi}<a<\dfrac{1}{\pi}$　　　　　　답 ④

Note
$a>0$이고, $y=ax-2$의 y절편이 -2이므로
$y=f(x)$의 그래프와 $y=ax-2$는 $x<0$에서 만나지 않는다.

24

[전략] $0\leq x\leq\pi$이므로 $\cos x=t$라 하면 $-1\leq t\leq1$을 만족시키는 t의 개수가 x의 개수와 같다.

$\cos x=t$라 하면 $|kt^2-kt|=2$

이 방정식의 해가 $-1\leq t\leq1$을 만족시키면 이에 대응하는 x의 값도 1개이다. 따라서 $-1\leq t\leq1$에서 이 방정식의 해가 3개이면 된다.

(i) $k>0$일 때 $|t^2-t|=\dfrac{2}{k}$이므로

$f(t)=|t^2-t|$라 하면

$y=f(t)$의 그래프가 그림과 같다. $f\left(\dfrac{1}{2}\right)=\dfrac{1}{4}$이므로

$-1\leq t\leq1$에서 $y=f(t)$의 그래프가 직선 $y=\dfrac{2}{k}$와 서로 다른 세 점에서 만나면

$0<\dfrac{2}{k}<\dfrac{1}{4}$ $\therefore k>8$

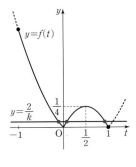

(ii) $k<0$일 때 $|t^2-t|=-\dfrac{2}{k}$이므로

$0<-\dfrac{2}{k}<\dfrac{1}{4}$ $\therefore k<-8$

$k\neq0$이므로 $k<-8$ 또는 $k>8$ 🔲 $k<-8$ 또는 $k>8$

25

[전략] 반지름의 길이가 1이므로 호의 길이가 중심각의 크기이다. 중심각의 크기를 이용하여 P, Q의 y좌표부터 구한다.

P, Q가 t초 동안 호를 따라 움직인 거리는 각각 $\dfrac{2}{3}\pi t$, $\dfrac{4}{3}\pi t$이므로 동경 OP, OQ가 나타내는 각의 크기도 각각 $\dfrac{2}{3}\pi t$, $\dfrac{4}{3}\pi t$이다.

P, Q의 y좌표를 각각 $f(t)$, $g(t)$라 하면

$$f(t)=\sin\dfrac{2}{3}\pi t,\ g(t)=\sin\dfrac{4}{3}\pi t$$

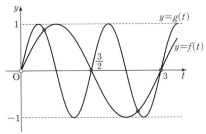

그림에서 출발하고 3초 동안 $f(t)$, $g(t)$의 값이 4회 같으므로 99초가 될 때까지 132회 같다.

따라서 100초가 될 때까지는 133회 같다.   🔲 ②

Note

$f(t)$의 주기는 3, $g(t)$의 주기는 $\dfrac{3}{2}$이므로 3초까지의 그래프가 반복된다.

26

[전략] $\sin^2 x$, $\cos^2 x$, $\sin x\cos x$만 포함한 식은 $\cos^2 x$로 나누어 $\tan x$로 나타낸다.

$\cos x\neq0$이므로 양변을 $\cos^2 x$로 나누면

$\tan^2 x+(\sqrt{3}-1)\tan x-\sqrt{3}\leq0$

$(\tan x+\sqrt{3})(\tan x-1)\leq0$

$\therefore -\sqrt{3}\leq\tan x\leq1$

$-\dfrac{\pi}{2}<x<\dfrac{\pi}{2}$이므로 $-\dfrac{\pi}{3}\leq x\leq\dfrac{\pi}{4}$

$\therefore \alpha=-\dfrac{\pi}{3},\ \beta=\dfrac{\pi}{4},\ \alpha+\beta=-\dfrac{\pi}{12}$ 🔲 ①

27

[전략] $\cos x\geq0$일 때와 $\cos x<0$일 때로 나누어 식을 정리한다. 그리고 $\sin^2 x+\cos^2 x=1$을 이용하거나 $\tan x$를 이용하여 정리한다.

(i) $\cos x\geq0$일 때 $-\dfrac{\pi}{2}\leq x\leq\dfrac{\pi}{2}$

$\cos x>\sqrt{3}\sin x+2\cos x$, $-\cos x>\sqrt{3}\sin x$

$\cos x=0$일 때 $x=\dfrac{\pi}{2}$ 또는 $x=-\dfrac{\pi}{2}$

이 중 부등식을 만족시키는 값은 $x=-\dfrac{\pi}{2}$ ⋯ ❶

$\cos x>0$일 때 양변을 $\cos x$로 나누면

$-1>\sqrt{3}\tan x$, $\tan x<-\dfrac{1}{\sqrt{3}}$

주어진 범위에서 $-\dfrac{\pi}{2}<x<-\dfrac{\pi}{6}$ ⋯ ❷

(ii) $\cos x<0$일 때 $-\pi<x<-\dfrac{\pi}{2}$ 또는 $\dfrac{\pi}{2}<x<\pi$

$-\cos x>\sqrt{3}\sin x+2\cos x$, $-3\cos x>\sqrt{3}\sin x$

양변을 $\cos x$로 나누면

$-3<\sqrt{3}\tan x$, $\tan x>-\sqrt{3}$

주어진 범위에서

$-\pi<x<-\dfrac{\pi}{2}$ 또는 $\dfrac{2}{3}\pi<x<\pi$ ⋯ ❸

❶, ❷, ❸에서 $-\pi<x<-\dfrac{\pi}{6}$ 또는 $\dfrac{2}{3}\pi<x<\pi$

🔲 $-\pi<x<-\dfrac{\pi}{6}$ 또는 $\dfrac{2}{3}\pi<x<\pi$

28

[전략] $y=3\sin\dfrac{\pi}{2}x$와 $y=|x-3|$의 그래프를 그리고 해를 구한다. 해를 구하기 힘들면 $\alpha+\beta+\gamma+\delta$의 값을 바로 구할 수 있는지 확인한다.

$y=3\sin\dfrac{\pi}{2}x$와 $y=|x-3|$의 그래프는 다음과 같다.

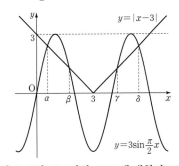

α와 δ, β와 γ는 직선 $x=3$에 대칭이므로

$$\frac{\alpha+\delta}{2}=3, \ \frac{\beta+\gamma}{2}=3$$
$$\therefore \alpha+\beta+\gamma+\delta=12 \qquad \text{답 } 12$$

29

[전략] $\frac{\pi}{2}<x<\frac{3}{2}\pi$이면 $-1\le\cos x<0$이므로

$\cos x\ge0$인 해를 가지면 안 된다.

$\cos x=t$라 하면 방정식은 $t^2-\dfrac{a}{2}t-\dfrac{1}{2}=0$

이 방정식이 $0\le t\le1$인 해를 가지면 $\dfrac{\pi}{2}<x<\dfrac{3}{2}\pi$가 아닌 범위

에서 해를 가진다.

따라서 해가 존재하고 해는 $-1\le t<0$을 만족시킨다.

$f(t)=t^2-\dfrac{a}{2}t-\dfrac{1}{2}$이라 하면

$y=f(t)$의 그래프가 $-1\le t<0$에서는 t축과 적어도 한 점에서 만나고 $0\le t\le1$에서는 t축과 만나지 않는다.

그런데 곡선의 y절편이 $-\dfrac{1}{2}$이고 축이 직선 $t=\dfrac{a}{4}$이므로 $a\le0$인 경우는 없다.

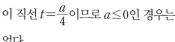

$a>0$이면 $f(-1)\ge0$이고 $f(1)<0$,

$1+\dfrac{a}{2}-\dfrac{1}{2}\ge0$이고 $1-\dfrac{a}{2}-\dfrac{1}{2}<0$

$\therefore a\ge-1$이고 $a>1$

$a>0$이므로 $a>1$ $\qquad$ 답 ⑤

30

[전략] 실근을 가질 조건과

두 실근을 α, β라 할 때, $|\alpha-\beta|\le2\sqrt{2}$일 조건을 찾는다.

실근을 가지므로

$$\frac{D}{4}=(\cos\theta+1)^2-\cos^2\theta\ge0, \ 2\cos\theta+1\ge0$$
$$\cos\theta\ge-\frac{1}{2}$$

$0\le\theta\le2\pi$이므로

$$0\le\theta\le\frac{2}{3}\pi \ \text{또는} \ \frac{4}{3}\pi\le\theta\le2\pi \qquad \cdots \text{❶}$$

두 실근을 α, β라 하면 차가 $2\sqrt{2}$ 이하이므로

$$|\alpha-\beta|\le2\sqrt{2}, \ \alpha^2-2\alpha\beta+\beta^2\le8$$
$$(\alpha+\beta)^2-4\alpha\beta\le8$$

근과 계수의 관계에서

$$\alpha+\beta=-2(\cos\theta+1), \ \alpha\beta=\cos^2\theta$$

이므로

$$4(\cos\theta+1)^2-4\cos^2\theta\le8, \ \cos\theta\le\frac{1}{2}$$
$$\therefore \frac{\pi}{3}\le\theta\le\frac{5}{3}\pi \qquad \cdots \text{❷}$$

❶, ❷의 공통 범위는

$$\frac{\pi}{3}\le\theta\le\frac{2}{3}\pi \ \text{또는} \ \frac{4}{3}\pi\le\theta\le\frac{5}{3}\pi$$

$$\text{답 } \frac{\pi}{3}\le\theta\le\frac{2}{3}\pi \ \text{또는} \ \frac{4}{3}\pi\le\theta\le\frac{5}{3}\pi$$

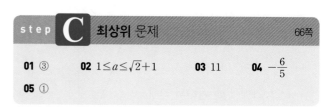
step **C** 최상위 문제 $\qquad$ 66쪽

01 ③ $\qquad$ **02** $1\le a\le\sqrt{2}+1$ $\qquad$ **03** 11 $\qquad$ **04** $-\dfrac{6}{5}$

05 ①

01

[전략] $0\le x\le\pi$에서 정수 x는 0, 1, 2, 3이므로 이 값이 가능한 정수해이다.

$0\le x\le\pi$에서 정수 x는 0, 1, 2, 3이므로 가능한 정수해는 0, 1, 2, 3이다.

(i) $x=0$이 해일 때 $\left[\cos 0+\dfrac{1}{2}\right]=0-k$

$\qquad \left[1+\dfrac{1}{2}\right]=-k \qquad \therefore k=-1$

(ii) $x=1$이 해일 때 $\left[\cos 1+\dfrac{1}{2}\right]=1-k \qquad \cdots \text{❶}$

$\qquad 1<\dfrac{\pi}{3}$이므로 $\cos 1>\cos\dfrac{\pi}{3}=\dfrac{1}{2}$

$\qquad$ 또 $\cos 1\le1$이므로 ❶은

$\qquad 1=1-k \qquad \therefore k=0$

(iii) $x=2$가 해일 때 $\left[\cos 2+\dfrac{1}{2}\right]=2-k \qquad \cdots \text{❷}$

$\qquad \dfrac{\pi}{2}<2<\dfrac{2}{3}\pi$이므로

$\qquad \cos\dfrac{\pi}{2}>\cos 2>\cos\dfrac{2}{3}\pi, \ -\dfrac{1}{2}<\cos 2<0$

$\qquad$ 따라서 ❷는 $0=2-k \qquad \therefore k=2$

(iv) $x=3$이 해일 때 $\left[\cos 3+\dfrac{1}{2}\right]=3-k \qquad \cdots \text{❸}$

$\qquad \dfrac{2}{3}\pi<3<\pi$이므로 $-1<\cos 3<-\dfrac{1}{2}$

$\qquad$ 따라서 ❸은 $-1=3-k \qquad \therefore k=4$

(i)~(iv)에서 k값의 합은 $-1+0+2+4=5$ $\qquad$ 답 ③

Note

$y=\left[\cos x+\dfrac{1}{2}\right]$의 그래프는 그림에서 파란 직선이다.

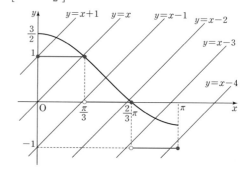

02

[전략] $(\cos\theta, \sin\theta)$는 원 $x^2+y^2=1$ 위의 점이므로
$\cos\theta=x$, $\sin\theta=y$로 놓고 좌표평면에서 생각한다.

$\cos\theta=x$, $\sin\theta=y$라 하면 $x^2+y^2=1$

$0\leq\theta\leq\dfrac{\pi}{4}$이므로 점 (x, y)는

A$(1, 0)$, B$\left(\dfrac{1}{\sqrt{2}}, \dfrac{1}{\sqrt{2}}\right)$이라 할 때

원에서 호 AB 부분이다.
그리고 직선은
$$x+ay=a$$
$$x+a(y-1)=0$$
이므로 a의 값에 관계없이
점 $(0, 1)$을 지나는 직선이다.
$(0, 1)$은 원 $x^2+y^2=1$ 위의
점이므로
직선이 A를 지날 때 a가 최소이고
직선이 B를 지날 때 a가 최대이다.
A$(1, 0)$을 지날 때 $1+0=a$, $a=1$
B$\left(\dfrac{1}{\sqrt{2}}, \dfrac{1}{\sqrt{2}}\right)$을 지날 때 $\dfrac{1}{\sqrt{2}}+\dfrac{a}{\sqrt{2}}=a$,

$(\sqrt{2}-1)a=1$, $a=\dfrac{1}{\sqrt{2}-1}=\sqrt{2}+1$

$\therefore 1\leq a\leq\sqrt{2}+1$ 답 $1\leq a\leq\sqrt{2}+1$

03

[전략] $a^2+b^2=3ab\cos\gamma$에서 $\cos\gamma$의 범위부터 구한다.

$a^2+b^2=3ab\cos\gamma$의 양변을 ab로 나누면
$$3\cos\gamma=\dfrac{a}{b}+\dfrac{b}{a}$$

a, b는 양수이므로 산술평균과 기하평균의 관계에서

$3\cos\gamma\geq 2\sqrt{\dfrac{a}{b}\times\dfrac{b}{a}}=2\left(\text{등호는 }\dfrac{a}{b}=\dfrac{b}{a}\text{일 때 성립}\right)$

$\therefore \dfrac{2}{3}\leq\cos\gamma\leq 1$

또 $\alpha+\beta=\pi-\gamma$이므로
$$\sin(\pi+\alpha+\beta)=\sin(2\pi-\gamma)=-\sin\gamma$$
$\therefore 9\sin^2(\pi+\alpha+\beta)+9\cos\gamma$
$=9\sin^2\gamma+9\cos\gamma=9(1-\cos^2\gamma)+9\cos\gamma$
$=-9(\cos^2\gamma-\cos\gamma)+9$
$=-9\left(\cos\gamma-\dfrac{1}{2}\right)^2+\dfrac{45}{4}$

$\dfrac{2}{3}\leq\cos\gamma\leq 1$이므로 $\cos\gamma=\dfrac{2}{3}$일 때 최대이고 최댓값은 11이다. 답 11

04

[전략] $\cos x=X$, $\sin x=Y$라 하고 $\sin^2 x+\cos^2 x=1$임을 이용한다.

$\cos x=X$, $\sin x=Y$라 하면
$$y=\dfrac{2Y-1}{2X+3}\quad\cdots\text{❶}$$
또 $X^2+Y^2=1$이므로 (X, Y)는 반지름이 1인 원 위의 점이다.

❶에서 $2yX+3y=2Y-1$
$$2yX-2Y+3y+1=0$$
$$y(2X+3)-2Y+1=0$$
이 직선은 y의 값에 관계없이
점 $\left(-\dfrac{3}{2}, \dfrac{1}{2}\right)$을 지나고 직
선과 원의 교점이 있으므로
원점과 이 직선 사이의 거리
가 1 이하이다.
$$\dfrac{|3y+1|}{\sqrt{4y^2+4}}\leq 1$$
$\sqrt{4y^2+4}$를 곱하고 제곱하면
$$9y^2+6y+1\leq 4y^2+4$$
$$5y^2+6y-3\leq 0$$
$5y^2+6y-3=0$의 두 근을 α, β라 하면
부등식의 해는 $\alpha\leq y\leq\beta$
따라서 최댓값은 β, 최솟값은 α이다.

$\therefore M+m=\beta+\alpha=-\dfrac{6}{5}$ 답 $-\dfrac{6}{5}$

05

[전략] 접선의 방정식을 구하고 $(x+2)^2+y^2=9$에서 y를 소거하여 방정식을 구한다.

A$(\cos\theta, \sin\theta)$라 하면 원 $x^2+y^2=1$ 위의 점 A에서의 접선의 방정식은
$$x\cos\theta+y\sin\theta=1$$
곧, $y=\dfrac{1}{\sin\theta}(-x\cos\theta+1)$을 $(x+2)^2+y^2=9$에 대입하여
정리하면
$$(x+2)^2+\dfrac{1}{\sin^2\theta}(x^2\cos^2\theta-2x\cos\theta+1)=9$$
$$(\sin^2\theta)(x+2)^2+(x^2\cos^2\theta-2x\cos\theta+1)=9\sin^2\theta$$
$$x^2+(4\sin^2\theta-2\cos\theta)x-5\sin^2\theta+1=0$$
이 방정식의 두 근이 α, β이므로 $\alpha+\beta=-4\sin^2\theta+2\cos\theta$
$$\therefore f(\theta)=-4\sin^2\theta+2\cos\theta$$
$\cos\theta=t$라 하면
$$f(\theta)=-4(1-t^2)+2t=4t^2+2t-4$$
$$=4\left(t+\dfrac{1}{4}\right)^2-\dfrac{17}{4}$$
$-1<t<1$이므로 $t=-\dfrac{1}{4}$일 때 최솟값은 $-\dfrac{17}{4}$이다.

답 ①

06. 삼각함수의 활용

step **A** 기본 문제   68~71쪽

01 ⑤	**02** ①	**03** 32	**04** ①	**05** ⑤

06 C_1의 반지름의 길이 : $4\sqrt{3}$, C_2의 반지름의 길이 : 12

07 ⑤	**08** $50\sqrt{7}\pi$	**09** 68	**10** ③	**11** ①
12 $\dfrac{2}{7}$	**13** $\dfrac{3\sqrt{3}}{14}$	**14** ⑤	**15** ④	**16** ②
17 ③	**18** $25(\sqrt{3}+1)\,\text{m}$	**19** ②	**20** ①	
21 ④	**22** ②	**23** 5	**24** ④	**25** ③
26 $\dfrac{3+\sqrt{3}}{4}$	**27** ②	**28** $\dfrac{12\sqrt{3}}{5}$	**29** ③	**30** $\dfrac{111\sqrt{3}}{4}$
31 (1) $\dfrac{4\sqrt{14}}{15}$ (2) $14\sqrt{3}+12\sqrt{14}$		**32** ④		

01

원의 반지름의 길이를 R라 하면 사인법칙에서

$$2R=\frac{5}{\sin \dfrac{2}{3}\pi}=\frac{5}{\dfrac{\sqrt{3}}{2}}=\frac{10\sqrt{3}}{3}$$

$$\therefore R=\frac{5\sqrt{3}}{3} \qquad\qquad\qquad \text{달} ⑤$$

02

$$A=180°\times\frac{3}{12}=45°,\ B=180°\times\frac{4}{12}=60°$$

이므로 사인법칙에서

$$\frac{2}{\sin 45°}=\frac{b}{\sin 60°}$$

$$\therefore b=\frac{2\times \sin 60°}{\sin 45°}=\frac{2\times\dfrac{\sqrt{3}}{2}}{\dfrac{\sqrt{2}}{2}}=\sqrt{6} \qquad \text{달} ①$$

03

$\angle BDA=\angle BCA=30°$이므로 삼각형 ABD에서 사인법칙을 이용하면

$$\frac{16\sqrt{2}}{\sin 30°}=\frac{\overline{AD}}{\sin 45°}$$

$$\therefore \overline{AD}=\frac{16\sqrt{2}\times \sin 45°}{\sin 30°}=\frac{16\sqrt{2}\times\dfrac{\sqrt{2}}{2}}{\dfrac{1}{2}}=32 \qquad \text{달} 32$$

04

$A+B+C=\pi$이므로

$$\sin(B+C)=\sin(\pi-A)=\sin A$$

또 사인법칙에서

$$2\times 1=\frac{a}{\sin A} \qquad \therefore \sin A=\frac{a}{2}$$

$4\sin(B+C)\sin A=1$에 대입하면

$$4\times\frac{a^2}{4}=1 \qquad \therefore a=1 \qquad\qquad \text{달} ①$$

05

수선의 길이를 각각 $2h$, $3h$, $4h$라 하자.

삼각형 ABC의 넓이를 이용하면

$$\frac{1}{2}a\times 2h=\frac{1}{2}b\times 3h=\frac{1}{2}c\times 4h$$

$$2a=3b=4c$$

$$\therefore a:b:c=6:4:3$$

사인법칙에서

$$\sin A:\sin B:\sin C=\frac{a}{2R}:\frac{b}{2R}:\frac{c}{2R}$$

$$=6:4:3 \qquad \text{달} ⑤$$

06

원 C_1, C_2의 반지름의 길이를 각각 R_1, R_2라 하자.

현 AB를 한 변으로 하는 두 삼각형에서 사인법칙을 이용하면

원 C_1에서

$$\frac{12}{\sin 60°}=2R_1 \qquad \therefore R_1=4\sqrt{3}$$

원 C_2에서

$$\frac{12}{\sin 30°}=2R_2 \qquad \therefore R_2=12$$

달 C_1의 반지름의 길이 : $4\sqrt{3}$, C_2의 반지름의 길이 : 12

07

$\overline{BC}=x$라 하면 코사인법칙에서

$$7=x^2+1-2x\times\cos 120°$$

$$x^2+x-6=0,\ (x+3)(x-2)=0$$

$x>0$이므로 $x=2$ 달 ⑤

08

두 반원의 반지름의 길이를 각각 r_1, r_2라 하면 수로의 길이는

$$\frac{1}{2}\times 2\pi\times r_1+\frac{1}{2}\times 2\pi\times r_2=\pi(r_1+r_2) \quad \cdots ❶$$

$\overline{AB}=2(r_1+r_2)$이므로 삼각형 APB에서 코사인법칙을 이용하면

$$4(r_1+r_2)^2=100^2+200^2-2\times 100\times 200\times\cos 120°$$

$$=70000$$

$$\therefore r_1+r_2=50\sqrt{7} \qquad\qquad \cdots ❷$$

❷를 ❶에 대입하여 정리하면

$$\pi(r_1+r_2)=50\sqrt{7}\pi \qquad\qquad \text{달} 50\sqrt{7}\pi$$

09

두 대각선의 교점을 O라 하자.

삼각형 ABO에서 코사인법칙을 이용하면

$$\overline{AB}^2=3^2+5^2-2\times 3\times 5\times\cos 60°=19$$

삼각형 AOD에서 코사인법칙을 이용하면

$$\overline{AD}^2=3^2+5^2-2\times 3\times 5\times\cos 120°=49$$

$$\therefore \overline{AB}^2+\overline{AD}^2=68 \qquad\qquad \text{달} 68$$

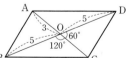

10

삼각형 ABD에서 코사인법칙을 이용하면
$$\overline{BD}^2=(8\sqrt{3})^2+(5\sqrt{3})^2-2\times8\sqrt{3}\times5\sqrt{3}\times\cos60°$$
$$=147$$

내접하는 사각형에서 대각의 합은 $180°$이므로
$$\angle BCD=120°$$이다.

$\overline{BC}=\overline{CD}=x$라 하면 삼각형 BCD에서
$$\overline{BD}^2=x^2+x^2-2x^2\cos120°$$
$$147=3x^2,\ x^2=49$$

$x>0$이므로 $x=7$　　　　　　　　　답 ③

11

$\overline{AN}=\sqrt{3^2+4^2}=5,\ \overline{NM}=\sqrt{1^2+3^2}=\sqrt{10},$
$\overline{AM}=\sqrt{1^2+4^2}=\sqrt{17}$

이므로 삼각형 AMN에서 코사인법칙을 이용하면
$$\cos\theta=\frac{5^2+(\sqrt{17})^2-(\sqrt{10})^2}{2\times5\times\sqrt{17}}=\frac{16}{5\sqrt{17}}=\frac{16\sqrt{17}}{85}$$　　답 ②

12

$\overline{O_1O_2}=7,\ \overline{O_2O_3}=9,\ \overline{O_1O_3}=8$
이므로
$$\cos\theta=\frac{7^2+8^2-9^2}{2\times7\times8}=\frac{2}{7}$$

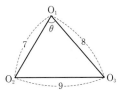

답 $\dfrac{2}{7}$

13

$\overline{AB}=3a$라 하면
$\overline{AD}=\overline{DE}=\overline{EC}=a$
△ABD에서 코사인법칙을 이용하면
$$\overline{BD}^2=9a^2+a^2$$
$$\qquad-2\times3a\times a\times\cos60°$$
$$=7a^2$$
$$\overline{BE}=\overline{BD}=\sqrt{7}a$$
△DBE에서 코사인법칙을 이용하면
$$\cos x=\frac{7a^2+7a^2-a^2}{2\times\sqrt{7}a\times\sqrt{7}a}=\frac{13}{14}$$
$$\therefore\sin x=\sqrt{1-\cos^2x}=\sqrt{1-\left(\frac{13}{14}\right)^2}=\frac{3\sqrt{3}}{14}$$　답 $\dfrac{3\sqrt{3}}{14}$

14

코사인법칙에서
$$\cos B=\frac{2^2+3^2-4^2}{2\times2\times3}=-\frac{1}{4}$$
$$\therefore\sin B=\sqrt{1-\cos^2B}=\sqrt{1-\left(-\frac{1}{4}\right)^2}=\frac{\sqrt{15}}{4}$$

외접원의 반지름의 길이를 R라 하면
$$\frac{4}{\sin B}=2R$$이므로

$$R=\frac{4}{2\times\frac{\sqrt{15}}{4}}=\frac{8\sqrt{15}}{15}$$　　　　　　답 ⑤

15

삼각형 ABC에서 코사인법칙을 이용하면
$$\overline{AC}^2=2^2+1^2-2\times2\times1\times\cos120°=7$$
$$\therefore\overline{AC}=\sqrt{7}$$

원의 반지름의 길이를 R라 하면
$$\frac{\sqrt{7}}{\sin120°}=2R$$
$$\therefore R=\frac{\sqrt{7}}{2\times\frac{\sqrt{3}}{2}}=\frac{\sqrt{21}}{3}$$　　　　答 ④

16

사인법칙에서
$$\sin A=\frac{a}{2R},\ \sin B=\frac{b}{2R},\ \sin C=\frac{c}{2R}$$
이므로
$$\frac{a}{2R}:\frac{b}{2R}:\frac{c}{2R}=3:5:7$$
$$a:b:c=3:5:7$$
따라서 $a=3k,\ b=5k,\ c=7k$라 하면
C의 크기가 최대이다.
$$\cos C=\frac{9k^2+25k^2-49k^2}{2\times3k\times5k}=-\frac{1}{2}$$
$$\therefore C=\frac{2}{3}\pi$$　　　　　　答 ②

17

P에서 선분 AB에 내린 수선의
발을 H, $\overline{PH}=h$라 하자.
$\overline{AH}=h,\ \overline{BH}=\dfrac{h}{\sqrt{3}}$이므로

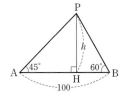

$$100=h+\frac{h}{\sqrt{3}}$$
$$100\sqrt{3}=(\sqrt{3}+1)h$$
$$\therefore h=\frac{100\sqrt{3}}{\sqrt{3}+1}=50(3-\sqrt{3})$$　　答 ③

18

나무의 위치를 P라 하고 P에서
도로에 내린 수선의 발을 H라 하자.
$\overline{PH}=a$라 하면 $\overline{BH}=a$이므로
삼각형 AHP에서 $\overline{AH}=\sqrt{3}a$
$$50+a=\sqrt{3}a,$$
$$(\sqrt{3}-1)a=50$$
$$\therefore a=\frac{50}{\sqrt{3}-1}=25(\sqrt{3}+1)$$　答 $25(\sqrt{3}+1)$ m

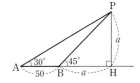

19

주어진 사면체의 전개도는 그림
과 같다. 최단 거리는 선분 AR의
길이이다.

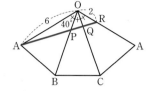

$$\angle AOR = 3 \times 40° = 120°,$$
$$\overline{OR} = 2$$

이므로

$$\overline{AR}^2 = 6^2 + 2^2 - 2 \times 6 \times 2 \times \cos 120° = 52$$
$$\therefore \overline{AR} = 2\sqrt{13}$$

답 ②

20

중근을 가지므로

$$\frac{D}{4} = (\sin A + \sin B)^2 - 2\sin A(\sin A + \sin B) = 0$$

$$\therefore \sin^2 B - \sin^2 A = 0$$

사인법칙에서 $\sin A = \dfrac{a}{2R}$, $\sin B = \dfrac{b}{2R}$ 이므로

$$\frac{b^2}{4R^2} - \frac{a^2}{4R^2} = 0 \qquad \therefore a = b$$

곧, $a = b$인 이등변삼각형이다.

답 ①

21

처음 삼각형의 두 변의 길이를 a, b라 하고 끼인각의 크기를 θ라
하자.

처음 삼각형의 넓이 S는 $S = \dfrac{1}{2}ab\sin\theta$

a가 20 % 늘어나면 $\dfrac{120}{100}a = \dfrac{6}{5}a$

b가 30 % 줄어들면 $\dfrac{70}{100}b = \dfrac{7}{10}b$

이므로 새로운 삼각형의 넓이는

$$\frac{1}{2} \times \frac{6}{5}a \times \frac{7}{10}b \times \sin\theta = \frac{1}{2}ab\sin\theta \times \frac{42}{50} = \frac{84}{100}S$$

따라서 16 % 줄어든다.

답 ④

22

$\cos(B+C) = \dfrac{1}{3}$에서

$$\cos(\pi - A) = \frac{1}{3}, \cos A = -\frac{1}{3}$$

$\sin A > 0$이므로 $\sin A = \sqrt{1-\cos^2 A} = \sqrt{1-\dfrac{1}{9}} = \dfrac{2\sqrt{2}}{3}$

따라서 삼각형 ABC의 넓이는

$$\frac{1}{2} \times 6 \times 8 \times \frac{2\sqrt{2}}{3} = 16\sqrt{2}$$

답 ②

23

삼각형 ABC의 넓이가 18이므로

$$\frac{1}{2}bc\sin A = \frac{1}{2}ca\sin B$$
$$= \frac{1}{2}ab\sin C$$
$$= 18$$

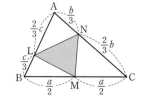

$$\triangle ALN = \frac{1}{2} \times \frac{2}{3}c \times \frac{b}{3} \times \sin A$$
$$= \frac{1}{2}bc\sin A \times \frac{2}{9} = 4$$

$$\triangle BML = \frac{1}{2} \times \frac{a}{2} \times \frac{c}{3} \times \sin B$$
$$= \frac{1}{2}ca\sin B \times \frac{1}{6} = 3$$

$$\triangle CNM = \frac{1}{2} \times \frac{a}{2} \times \frac{2}{3}b \times \sin C$$
$$= \frac{1}{2}ab\sin C \times \frac{1}{3} = 6$$

$$\therefore \triangle LMN = 18 - (4+3+6) = 5$$

답 5

24

직각삼각형에서 $\sin\alpha = \dfrac{4}{5}$

$$\beta = 2\pi - \left(\frac{\pi}{2} + \frac{\pi}{2} + \alpha\right) = \pi - \alpha$$

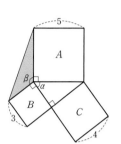

이고

$$\sin\beta = \sin(\pi - \alpha)$$
$$= \sin\alpha = \frac{4}{5}$$

이므로 색칠한 삼각형의 넓이는

$$\frac{1}{2} \times 5 \times 3 \times \frac{4}{5} = 6$$

답 ③

25

$$\overline{BD} = \sqrt{3^2 + 1^2} = \sqrt{10}$$
$$\overline{BG} = \sqrt{3^2 + 2^2} = \sqrt{13}$$
$$\overline{DG} = \sqrt{1^2 + 2^2} = \sqrt{5}$$

이므로

$$\cos(\angle BDG) = \frac{10+5-13}{2 \times \sqrt{10} \times \sqrt{5}} = \frac{1}{\sqrt{50}}$$

$$\therefore \sin(\angle BDG) = \sqrt{1 - \left(\frac{1}{\sqrt{50}}\right)^2} = \frac{7}{\sqrt{50}}$$

$$\therefore \triangle BGD = \frac{1}{2} \times \sqrt{10} \times \sqrt{5} \times \frac{7}{\sqrt{50}} = \frac{7}{2}$$

답 ③

26

$$\angle AOB = 2\pi \times \frac{3}{12} = \frac{\pi}{2}$$

$$\angle BOC = 2\pi \times \frac{4}{12} = \frac{2}{3}\pi$$

$$\angle COA = 2\pi \times \frac{5}{12} = \frac{5}{6}\pi$$

이므로

$$\triangle AOB = \frac{1}{2} \times 1^2 \times \sin\frac{\pi}{2} = \frac{1}{2}$$

$$\triangle BOC = \frac{1}{2} \times 1^2 \times \sin\frac{2}{3}\pi = \frac{\sqrt{3}}{4}$$

$$\triangle COA = \frac{1}{2} \times 1^2 \times \sin\frac{5}{6}\pi = \frac{1}{4}$$

$$\therefore \triangle ABC = \frac{1}{2} + \frac{\sqrt{3}}{4} + \frac{1}{4} = \frac{3+\sqrt{3}}{4}$$

답 $\dfrac{3+\sqrt{3}}{4}$

27

그림과 같이 정팔각형 외접원의 반지름의 길이를 r라 하자.

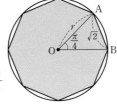

삼각형 AOB에서 $\angle AOB = \dfrac{\pi}{4}$이므로

$$(\sqrt{2})^2 = r^2 + r^2 - 2 \times r \times r \times \cos \frac{\pi}{4}$$
$$2 = (2-\sqrt{2})r^2$$
$$r^2 = 2 + \sqrt{2}$$

따라서 정팔각형의 넓이는

$$8 \times \frac{1}{2} r^2 \sin \frac{\pi}{4} = 4 \times (2+\sqrt{2}) \times \frac{1}{\sqrt{2}}$$
$$= 4(1+\sqrt{2})$$

답 ②

28

$\triangle ABC = \triangle ABD + \triangle ACD$이므로 $\overline{AD} = x$라 하면

$$\frac{1}{2} \times 4 \times 6 \times \sin 60°$$
$$= \frac{1}{2} \times 4x \times \sin 30° + \frac{1}{2} \times 6x \times \sin 30°$$
$$6\sqrt{3} = x + \frac{3}{2}x \qquad \therefore x = \frac{12\sqrt{3}}{5}$$

답 $\dfrac{12\sqrt{3}}{5}$

29

$$\angle B = 180° - 135° = 45°$$

이므로 평행사변형의 넓이는

$$2 \times \triangle ABC$$
$$= 2 \times \frac{1}{2} \times 6 \times 9 \times \sin 45° = 27\sqrt{2}$$

답 ③

30

삼각형 ADC에서

$$\overline{AC}^2 = 6^2 + 9^2 - 2 \times 6 \times 9 \times \cos 120° = 171 \quad \cdots \text{❶}$$

삼각형 ABC에서 $\overline{AB} = \overline{BC} = x$라 하면

$$\overline{AC}^2 = x^2 + x^2 - 2 \times x \times x \times \cos 120° = 3x^2$$

❶과 비교하면 $x^2 = 57$

$$\therefore \square ABCD = \triangle ADC + \triangle ABC$$
$$= \frac{1}{2} \times 6 \times 9 \times \sin 120° + \frac{1}{2} \times x \times x \times \sin 120°$$
$$= \frac{54\sqrt{3}}{4} + \frac{57\sqrt{3}}{4}$$
$$= \frac{111\sqrt{3}}{4}$$

답 $\dfrac{111\sqrt{3}}{4}$

31

(1) 삼각형 ABD에서

$$\overline{BD}^2 = 7^2 + 8^2 - 2 \times 7 \times 8 \times \cos 120° = 169$$

삼각형 BCD에서

$$\cos C = \frac{9^2 + 10^2 - 169}{2 \times 9 \times 10} = \frac{1}{15}$$

$\sin C > 0$이므로

$$\sin C = \sqrt{1 - \cos^2 C} = \sqrt{1 - \left(\frac{1}{15}\right)^2} = \frac{4\sqrt{14}}{15}$$

(2) $\square ABCD = \triangle ABD + \triangle BCD$

$$= \frac{1}{2} \times 7 \times 8 \times \sin 120° + \frac{1}{2} \times 9 \times 10 \times \sin C$$
$$= 14\sqrt{3} + 12\sqrt{14}$$

답 (1) $\dfrac{4\sqrt{14}}{15}$ (2) $14\sqrt{3} + 12\sqrt{14}$

32

등변사다리꼴에서 두 대각선의 길이는 같다.

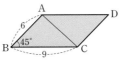

한 대각선의 길이를 a라 하면 넓이가 10이므로

$$10 = \frac{1}{2} \times a^2 \times \sin 30°, \quad a^2 = 40$$
$$\therefore a = 2\sqrt{10}$$

답 ④

step **B** 실력 문제   72~76쪽

01 ②	**02** ⑤	**03** $\sqrt{6}+\sqrt{2}$	**04** ②	**05** ④
06 ④	**07** ③	**08** ②	**09** ④	**10** ②
11 ②				

12 (1) A 또는 B가 90°인 직각삼각형
(2) $b = c$인 이등변삼각형 또는 $A = 120°$인 삼각형

13 ⑤	**14** ②	**15** $\dfrac{30\sqrt{7}}{7}$ km		**16** ②
17 ③	**18** $50\sqrt{2}$ m	**19** 16	**20** $\dfrac{\sqrt{2}-1}{2}$	**21** ⑤
22 $2\sqrt{3}$	**23** ④	**24** $\dfrac{7\sqrt{7}}{96}$	**25** ④	**26** ③
27 ④	**28** $2\sqrt{6}$	**29** $8\sqrt{3}$	**30** ④	**31** ②

01

[전략] 삼각형 ABC에서 각의 크기를 구한 다음 사인법칙을 이용한다.

$$\angle ACB = 30° + 15° = 45°$$
$$\angle BAC = \angle CBD = 30°$$

이므로 삼각형 ABC에서 사인법칙을 이용하면

$$\frac{10}{\sin 30°} = \frac{\overline{AB}}{\sin 45°}$$

$$\therefore \overline{AB} = \frac{10}{\sin 30°} \times \sin 45° = \frac{10}{\frac{1}{2}} \times \frac{\sqrt{2}}{2} = 10\sqrt{2}$$

답 ②

02

[전략] ∠AOB의 크기를 구할 수 있으므로 삼각형 AOB에서 사인법칙을 생각한다.

직선 $y=\sqrt{3}x$와 직선 $y=\frac{\sqrt{3}}{3}x$가 x축과 이루는 각의 크기가 각각 $60°$, $30°$이므로 $\angle AOB=30°$

$\overline{OA}=a$라 하면 삼각형 AOB에서

$$\frac{a}{\sin B}=\frac{1}{\sin 30°}, \ a=2\sin B$$

따라서 $B=90°$일 때 $\sin B$와 a는 최대이다.

a의 최댓값은 $2\sin 90°=2$

답 ⑤

03

[전략] 외접원의 반지름의 길이와 각의 크기를 이용해 삼각형의 변의 길이를 구한다.

사인법칙에서

$$\frac{a}{\sin 45°}=\frac{b}{\sin 60°}=2\times 2$$

이므로

$$a=4\sin 45°=4\times\frac{\sqrt{2}}{2}=2\sqrt{2}$$
$$b=4\sin 60°=4\times\frac{\sqrt{3}}{2}=2\sqrt{3}$$

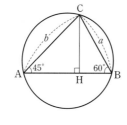

C에서 변 AB에 내린 수선의 발을 H라 하면

$$\begin{aligned}\overline{AB}&=\overline{AH}+\overline{BH}\\&=2\sqrt{3}\cos 45°+2\sqrt{2}\cos 60°\\&=2\sqrt{3}\times\frac{\sqrt{2}}{2}+2\sqrt{2}\times\frac{1}{2}\\&=\sqrt{6}+\sqrt{2}\end{aligned}$$

답 $\sqrt{6}+\sqrt{2}$

Note

$\sin 75°=\dfrac{\sqrt{6}+\sqrt{2}}{4}$임을 알면 $\dfrac{\overline{AB}}{\sin C}=2\times 2$에서 $\overline{AB}$를 구할 수도 있다.

04

[전략] 사인법칙에서 $\sin\theta$가 최대인 경우를 생각한다.

삼각형 OAP에서 사인법칙을 이용하면

$$\frac{5}{\sin\theta}=\frac{10}{\sin A}$$
$$\sin\theta=\frac{1}{2}\sin A$$

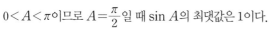

따라서 $\sin A$가 최대일 때 $\sin\theta$가 최대이다.

$0<A<\pi$이므로 $A=\dfrac{\pi}{2}$일 때 $\sin A$의 최댓값은 1이다.

따라서 $\sin\theta$의 최댓값은

$$\frac{1}{2}\times\sin\frac{\pi}{2}=\frac{1}{2}$$

답 ②

다른 풀이

$\overline{PA}=x$라 하면

$$\cos\theta=\frac{100+x^2-25}{2\times 10\times x}=\frac{1}{20}\left(x+\frac{75}{x}\right) \quad\cdots \ ❶$$

산술평균과 기하평균의 관계에서

$$x+\frac{75}{x}\geq 2\sqrt{x\times\frac{75}{x}}=10\sqrt{3}$$

(단, 등호는 $x=5\sqrt{3}$일 때 성립)

❶에서 $\cos\theta\geq\dfrac{\sqrt{3}}{2}$이므로 $0\leq\theta\leq\dfrac{\pi}{6}$

따라서 $0\leq\theta\leq\dfrac{\pi}{6}$에서 $\sin\theta$의 최댓값은

$$\sin\frac{\pi}{6}=\frac{1}{2}$$

05

[전략] $\angle AQP=\angle ARP=90°$이므로 점 A, Q, P, R는 지름이 AP인 원 위의 점이다.

$\angle AQP=\angle ARP=90°$이므로

점 A, Q, P, R는 지름이 AP인 원 위의 점이다.

곧 삼각형 AQR의 외접원의 지름의 길이가 $\overline{AP}=6$이므로

$$\frac{\overline{QR}}{\sin A}=6$$
$$\overline{QR}=6\sin A \quad\cdots ❶$$

삼각형 ABC는 직각삼각형이므로 $\sin A=\dfrac{6}{10}=\dfrac{3}{5}$

❶에 대입하면 $\overline{QR}=\dfrac{18}{5}$

답 ⑤

06

[전략] 삼각형 ADC에서 $\overline{AC}$와 C부터 구한다.

삼각형 ADC에서

$$\overline{AC}^2=1^2+(2\sqrt{2})^2-2\times 1\times 2\sqrt{2}\cos 45°=5$$
$$\therefore \overline{AC}=\sqrt{5}$$

또 $\dfrac{2\sqrt{2}}{\sin C}=\dfrac{\overline{AC}}{\sin 45°}$이므로

$$\sin C=\frac{2\sqrt{2}}{\overline{AC}}\times\sin 45°=\frac{2\sqrt{2}}{\sqrt{5}}\times\frac{1}{\sqrt{2}}=\frac{2}{\sqrt{5}}$$

이때 $\cos C<0$이므로

$$\cos C=-\sqrt{1-\sin^2 C}=-\frac{1}{\sqrt{5}}$$

삼각형 ABC에서

$$\overline{AB}^2=3^2+(\sqrt{5})^2-2\times 3\times\sqrt{5}\times\left(-\frac{1}{\sqrt{5}}\right)=20$$
$$\therefore \overline{AB}=2\sqrt{5}$$

삼각형 ABC의 외접원의 반지름의 길이를 R라 하면

$$\frac{\overline{AB}}{\sin C}=2R, \ \frac{2\sqrt{5}}{\frac{2}{\sqrt{5}}}=2R \quad \therefore R=\frac{5}{2}$$

답 ④

Note

삼각형 ADC에서 $\overline{AD}^2>\overline{AC}^2+\overline{DC}^2$이므로 $C>90°$

따라서 $\cos C<0$이다.

07

[전략] 선분 BD의 길이와 $\cos B$의 값을 구한 다음, 코사인법칙을 쓴다.

선분 AD가 $\angle A$의 이등분선이므로
$$\overline{AB}:\overline{AC}=\overline{BD}:\overline{CD}=5:4$$
$$\therefore \overline{BD}=5,\ \overline{CD}=4$$
삼각형 ABC에서
$$\cos B=\frac{10^2+9^2-8^2}{2\times10\times9}=\frac{13}{20}$$
따라서 삼각형 ABD에서
$$\overline{AD}^2=10^2+5^2-2\times10\times5\times\cos B=60$$
$$\therefore \overline{AD}=2\sqrt{15}$$

답 ③

다른 풀이

$\overline{AD}=x$, $\angle BAD=\angle CAD=\theta$라 하자.

코사인법칙을 이용하면

삼각형 ABD에서
$$\cos\theta=\frac{100+x^2-25}{2\times10\times x}=\frac{x^2+75}{20x}\quad\cdots\ ❶$$
삼각형 ACD에서
$$\cos\theta=\frac{64+x^2-16}{2\times8\times x}=\frac{x^2+48}{16x}\quad\cdots\ ❷$$
❶과 ❷가 같으므로 $\dfrac{x^2+75}{20x}=\dfrac{x^2+48}{16x}$
$$x^2=60\qquad \therefore x=2\sqrt{15}$$

08

[전략] $\angle CAB=\theta$라 하고 $\cos\theta$를 구할 수 있음을 이용한다. 또는 변 BD를 포함하는 직각삼각형을 생각한다.

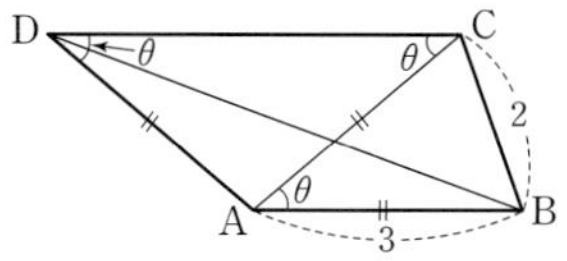

$\angle CAB=\theta$라 하자.

변 AB와 변 CD는 평행하므로
$$\angle ACD=\theta$$
$\overline{AC}=\overline{AD}$이므로 $\angle ADC=\theta$

삼각형 ABC에서
$$\cos\theta=\frac{3^2+3^2-2^2}{2\times3\times3}=\frac{7}{9}$$
$\angle CAD=\pi-2\theta$, $\angle DAB=\pi-\theta$이고
$$\cos(\pi-\theta)=-\cos\theta=-\frac{7}{9}$$
이므로 삼각형 ABD에서
$$\overline{BD}^2=3^2+3^2-2\times3\times3\times\cos(\pi-\theta)=32$$
$$\therefore \overline{BD}=4\sqrt{2}$$

답 ②

다른 풀이

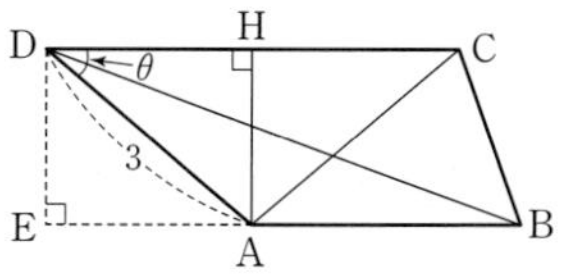

A에서 변 CD에 내린 수선의 발을 H라 하면
$$\overline{DH}=3\times\cos\theta=\frac{7}{3}$$
$$\sin\theta=\sqrt{1-\cos^2\theta}=\frac{4\sqrt{2}}{9}$$
이므로
$$\overline{DE}=\overline{AH}=3\times\sin\theta=\frac{4\sqrt{2}}{3}$$

따라서 직각삼각형 DEB에서
$$\overline{BD}^2=\left(\frac{4\sqrt{2}}{3}\right)^2+\left(\frac{7}{3}+3\right)^2\qquad \therefore \overline{BD}=4\sqrt{2}$$

09

[전략] 삼각형 ABD와 BCD에서 사인법칙을 이용하면 $\sin\alpha$와 $\sin\beta$를 공통변 BD를 이용하여 나타낼 수 있다.

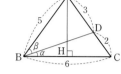

삼각형 ABD에서
$$\frac{3}{\sin\beta}=\frac{\overline{BD}}{\sin A}$$
$$\sin\beta=\frac{3\sin A}{\overline{BD}}\qquad\cdots\ ❶$$
삼각형 BCD에서
$$\frac{2}{\sin\alpha}=\frac{\overline{BD}}{\sin C},\ \sin\alpha=\frac{2\sin C}{\overline{BD}}\qquad\cdots\ ❷$$
삼각형 ABC에서
$$\cos A=\frac{5^2+5^2-6^2}{2\times5\times5}=\frac{7}{25}$$
$$\therefore \sin A=\sqrt{1-\cos^2 A}=\frac{24}{25}$$
또 A에서 변 BC에 내린 수선의 발을 H라 하면
삼각형 ACH에서
$$\overline{HC}=3,\ \overline{AH}=4\qquad \therefore \sin C=\frac{4}{5}$$
❶, ❷에서 $\dfrac{\sin\beta}{\sin\alpha}=\dfrac{3\sin A}{2\sin C}=\dfrac{3\times\dfrac{24}{25}}{2\times\dfrac{4}{5}}=\dfrac{9}{5}$

답 ⑤

10

[전략] $\overline{AD}=\overline{BD}=\overline{CD}$이므로 점 D는 삼각형 ABC의 외심이다.

$\overline{AD}=\overline{BD}=\overline{CD}$이므로 점 D는 삼각형 ABC의 외심이다.
따라서 삼각형 ABC의 외접원의 반지름의 길이 R를 구하면 된다.
삼각형 ABC에서 코사인법칙을 이용하면
$$\overline{AC}^2=10^2+6^2-2\times10\times6\times\cos120°=196$$
$$\therefore \overline{AC}=14$$
사인법칙을 이용하면
$$\frac{14}{\sin120°}=2R,\ \frac{14}{\dfrac{\sqrt{3}}{2}}=2R\qquad \therefore R=\frac{14\sqrt{3}}{3}$$

답 ②

11

[전략] 넓이가 최대인 원은 삼각형의 내접원이다.

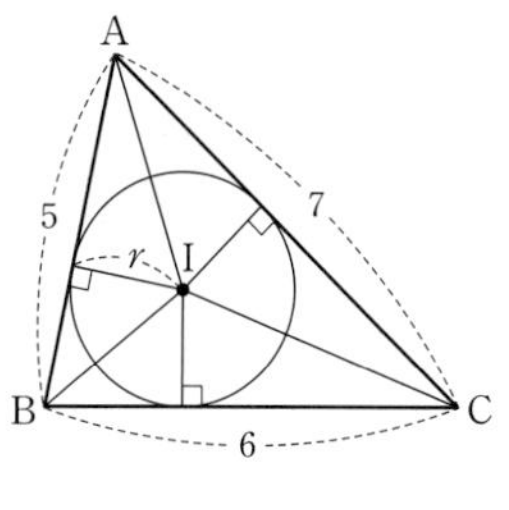

그림과 같이 삼각형의 꼭짓점을 A, B, C라 하자.
$$\cos B=\frac{5^2+6^2-7^2}{2\times5\times6}=\frac{1}{5}$$
이므로
$$\sin B=\sqrt{1-\cos^2 B}=\frac{2\sqrt{6}}{5}$$
넓이가 최대인 원은 삼각형 ABC의 내접원이다.

내접원의 중심을 I, 반지름의 길이를 r라 하면

$$\triangle ABC = \triangle IAB + \triangle IBC + \triangle ICA$$

$$\frac{1}{2} \times 5 \times 6 \times \sin B = \frac{1}{2} \times 5r + \frac{1}{2} \times 6r + \frac{1}{2} \times 7r$$

$$6\sqrt{6} = 9r \qquad \therefore r = \frac{2\sqrt{6}}{3}$$

답 ②

12

[전략] (1) 코사인법칙을 이용하여 각을 변에 대한 식으로 바꾼다.

(2) 코사인의 제곱이므로 사인으로 정리한 다음, 변에 대한 식으로 정리한다.

(1) $a \times \dfrac{b^2+c^2-a^2}{2bc} + b \times \dfrac{c^2+a^2-b^2}{2ca} = c \times \dfrac{a^2+b^2-c^2}{2ab}$

양변에 $2abc$를 곱하면

$$a^2(b^2+c^2-a^2) + b^2(c^2+a^2-b^2) = c^2(a^2+b^2-c^2)$$

$$a^4 + b^4 - 2a^2b^2 - c^4 = 0$$

$$(a^2-b^2)^2 - c^4 = 0$$

$$(a^2-b^2+c^2)(a^2-b^2-c^2) = 0$$

$$\therefore a^2+c^2 = b^2 \text{ 또는 } b^2+c^2 = a^2$$

따라서 A 또는 B가 $90°$인 직각삼각형이다.

(2) $(b-c)(1-\sin^2 A) = b(1-\sin^2 B) - c(1-\sin^2 C)$

$$(b-c)\sin^2 A = b\sin^2 B - c\sin^2 C$$

$$(b-c) \times \frac{a^2}{4R^2} = b \times \frac{b^2}{4R^2} - c \times \frac{c^2}{4R^2}$$

$$(b-c)a^2 = b^3 - c^3$$

$$(b-c)(b^2+bc+c^2-a^2) = 0$$

(i) $b-c=0$일 때 $b=c$인 이등변삼각형

(ii) $b^2+bc+c^2-a^2=0$일 때

$$\cos A = \frac{b^2+c^2-a^2}{2bc} = -\frac{1}{2}$$

따라서 $A=120°$인 삼각형이다.

답 (1) A 또는 B가 $90°$인 직각삼각형
(2) $b=c$인 이등변삼각형 또는 $A=120°$인 삼각형

13

[전략] 조건에 맞게 그림을 그리고, 닮은 삼각형을 찾는다.

선분 OA, OA'은 막대기이고
선분 OB, OB'은 그림자이다.
점 A'에서 선분 OB'에 내린 수선의 발을 H라 하자.

$\angle A'OH = 45°$이므로

$$\overline{OH} = \overline{A'H} = \frac{3\sqrt{2}}{2}$$

$\triangle AOB \backsim \triangle A'HB'$이므로

$$3 : \sqrt{3} = \overline{A'H} : \overline{HB'}$$

$$\therefore \overline{HB'} = \frac{\sqrt{3}}{3}\overline{A'H} = \frac{\sqrt{6}}{2}$$

따라서 그림자의 길이는

$$\overline{OH} + \overline{HB'} = \frac{3\sqrt{2}+\sqrt{6}}{2}$$

답 ⑤

14

[전략] $\overline{PC}=h$로 놓고 $\overline{AC}$와 $\overline{BC}$를 h에 대한 식으로 나타낸다.

$\overline{PC}=h$라 하면

삼각형 PAC에서 $\overline{AC}=\dfrac{h}{\sqrt{3}}$

삼각형 PBC에서 $\overline{BC}=h$

삼각형 BAC에서 $A=120°$이므로

$$h^2 = 5^2 + \frac{h^2}{3} - 2 \times 5 \times \frac{h}{\sqrt{3}} \times \cos 120°$$

$$2h^2 - 5\sqrt{3}h - 75 = 0$$

$$(2h+5\sqrt{3})(h-5\sqrt{3}) = 0$$

$h>0$이므로 $h=5\sqrt{3}$

답 ②

15

[전략] 갑과 을의 위치를 각각 P, Q라 하고, 선분 AP, AQ의 길이를 구한다. 선분 PQ와 변 BC가 평행하다는 것을 이용한다.

평행한 순간 갑과 을의 위치를 각각 P, Q라 하자.

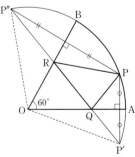

$\overline{AP}=t$라 하면

$$\overline{QC}=2t, \quad \overline{AQ}=30-2t$$

$\overline{PQ}//\overline{BC}$이므로

$$\overline{AP} : \overline{AQ} = \overline{AB} : \overline{AC}$$

$$t : (30-2t) = 20 : 30 \qquad \therefore t = \frac{60}{7}$$

$$\overline{AP} = \frac{60}{7}, \quad \overline{AQ} = 30 - 2 \times \frac{60}{7} = \frac{90}{7}$$

삼각형 APQ에서

$$\overline{PQ}^2 = \left(\frac{60}{7}\right)^2 + \left(\frac{90}{7}\right)^2 - 2 \times \frac{60}{7} \times \frac{90}{7} \times \cos 60° = \frac{6300}{49}$$

$$\therefore \overline{PQ} = \frac{30\sqrt{7}}{7}$$

답 $\dfrac{30\sqrt{7}}{7}$ km

16

[전략] 점 P가 선분 OA, OB와 대칭인 점을 그려 본다.

점 P가 선분 OA, OB와 대칭인 점을 각각 P', P''이라 하자.

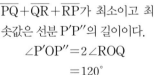

$\overline{QP}=\overline{QP'}, \overline{RP}=\overline{RP''}$이므로
R, Q가 직선 P'P'' 위의 점일 때
$\overline{PQ}+\overline{QR}+\overline{RP}$가 최소이고 최솟값은 선분 P'P''의 길이이다.

$$\angle P'OP'' = 2\angle ROQ$$
$$= 120°$$

이므로 삼각형 OP'P''에서

$$\overline{P'P''}^2 = 10^2 + 10^2 - 2 \times 10 \times 10 \times \cos 120° = 300$$

$$\therefore \overline{P'P''} = 10\sqrt{3}$$

답 ②

17

[전략] 원뿔의 전개도에서 P가 B에서 A'까지 움직이는 최단 거리를 그려 본다.

원뿔 옆면의 전개도에서 부채꼴의
호의 길이는 원뿔 밑면인 원 둘레의
길이이므로 4π이다.

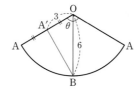

따라서 부채꼴의 중심각의 크기를 θ
라 하면

$$6\theta = 4\pi, \quad \theta = \frac{2}{3}\pi \qquad \therefore \angle \mathrm{AOB} = \frac{\pi}{3}$$

점 P가 움직인 최단 거리는 $\overline{\mathrm{A'B}}$이므로

$$\overline{\mathrm{A'B}}^2 = 3^2 + 6^2 - 2 \times 3 \times 6 \times \cos \frac{\pi}{3} = 27$$

$$\therefore \overline{\mathrm{A'B}} = 3\sqrt{3} \qquad\qquad \text{답 } ③$$

18

[전략] 사인법칙을 이용하여 $\overline{\mathrm{BC}}$의 길이를 구한다.

삼각형 ABC에서 $C = 180° - (75° + 45°) = 60°$

이므로 $\dfrac{100}{\sin 60°} = \dfrac{\overline{\mathrm{BC}}}{\sin 45°}$

$$\therefore \overline{\mathrm{BC}} = \frac{100}{\frac{\sqrt{3}}{2}} \times \frac{\sqrt{2}}{2} = \frac{100\sqrt{6}}{3}$$

$$\therefore \overline{\mathrm{CD}} = \overline{\mathrm{BC}} \sin 60° = \frac{100\sqrt{6}}{3} \times \frac{\sqrt{3}}{2} = 50\sqrt{2}$$

$$\text{답 } 50\sqrt{2} \text{ m}$$

19

[전략] 사각형 ADPE에서 $\angle\mathrm{DPE}$의 크기를 구한다.

삼각형 ABC의 넓이는

$$\frac{1}{2} \times 8 \times 8 \times \sin A = 32\sin A$$

사각형 ADPE에서

$$\angle\mathrm{DPE} = 2\pi - \frac{\pi}{2} - \frac{\pi}{2} - A = \pi - A$$

이므로 삼각형 PED의 넓이는

$$\frac{1}{2}xy\sin(\pi - A) = \frac{1}{2}xy\sin A$$

조건에서 $\triangle\mathrm{ABC} = 4\triangle\mathrm{PDE}$이므로

$$32\sin A = 4 \times \frac{1}{2}xy\sin A$$

$$\therefore xy = 16 \qquad\qquad \text{답 } 16$$

20

[전략] 원주각의 성질을 이용하여 $\angle\mathrm{ABC}$의 크기를 구한다.

$$\angle\mathrm{AOB} = \angle\mathrm{BOC}$$
$$= 360° \times \frac{1}{8} = 45°$$
$$\angle\mathrm{ACB} = \angle\mathrm{BAC}$$
$$= \frac{1}{2}\angle\mathrm{AOB} = 22.5°$$

이므로 삼각형 ABC에서 $\angle\mathrm{ABC} = 135°$

또 $\overline{\mathrm{AH}} = 1 \times \sin 45° = \dfrac{\sqrt{2}}{2}$

이므로 $\overline{\mathrm{AC}} = 2\overline{\mathrm{AH}} = \sqrt{2}$

삼각형 ABC에서 $\overline{\mathrm{AB}} = \overline{\mathrm{BC}} = x$라 하면

$$\cos 135° = \frac{x^2 + x^2 - (\sqrt{2})^2}{2 \times x \times x}, \quad -\frac{\sqrt{2}}{2} = \frac{2x^2 - 2}{2x^2}$$

$$(2+\sqrt{2})x^2 = 2 \qquad \therefore x^2 = 2 - \sqrt{2}$$

$$\therefore \triangle\mathrm{ABC} = \frac{1}{2}x^2\sin 135°$$

$$= \frac{1}{2} \times (2 - \sqrt{2}) \times \frac{\sqrt{2}}{2} = \frac{\sqrt{2} - 1}{2} \qquad \text{답 } \frac{\sqrt{2}-1}{2}$$

21

[전략] 원기둥을 뉘었을 때와 세웠을 때 물의 부피는 같다.

그림에서 원기둥을 수평으로 뉘었을 때 수
면과 밑면이 만나서 이루는 활꼴 부분의 넓
이 S는

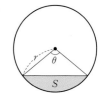

$$S = \frac{1}{2}r^2\theta - \frac{1}{2}r^2\sin\theta$$

한편 원기둥을 세웠을 때 물의 부피 V는

$$V = \pi r^2 h$$

뉘었을 때 원기둥의 물의 부피는

$$S \times 1 = \frac{1}{2}r^2\theta - \frac{1}{2}r^2\sin\theta$$

이므로

$$\frac{1}{2}r^2\theta - \frac{1}{2}r^2\sin\theta = \pi r^2 h$$

$$\therefore h = \frac{1}{2\pi}(\theta - \sin\theta) \qquad\qquad \text{답 } ⑤$$

Note

$h < \dfrac{1}{2}$이므로 $\theta < \pi$이다.

22

[전략] 삼각형 ABC의 세 변의 길이를 알고 있으므로 $\cos A$를 구하고 선분 AD의 길이를 구한다.

삼각형 ABC에서

$$\cos A = \frac{4^2 + 6^2 - (2\sqrt{7})^2}{2 \times 4 \times 6} = \frac{1}{2} \qquad \therefore A = 60°$$

$\overline{\mathrm{AD}} = \overline{\mathrm{CD}}$이고 $A = 60°$이므로 삼각형 CAD는 정삼각형이다.

$$\therefore \overline{\mathrm{CD}} = \overline{\mathrm{AD}} = 4, \ \overline{\mathrm{DB}} = 2, \ \angle\mathrm{CDB} = 120°$$

$$\therefore \triangle\mathrm{DBC} = \frac{1}{2} \times 4 \times 2 \times \sin 120° = 2\sqrt{3} \qquad \text{답 } 2\sqrt{3}$$

23

[전략] $\overline{\mathrm{BP}} = x$, $\overline{\mathrm{BQ}} = y$라 하고 주어진 조건을 x, y로 나타낸다.

$\overline{\mathrm{BP}} = x$, $\overline{\mathrm{BQ}} = y$라 하자.

$\triangle\mathrm{ABC} = 2\triangle\mathrm{PBQ}$이므로

$$\frac{1}{2} \times 10 \times 6 \times \sin B = 2 \times \frac{1}{2}xy\sin B$$

$$\therefore xy = 30$$

삼각형 ABC의 둘레의 길이가 선분 BP와 BQ의 길이의 합의
2배이므로

$$10 + 6 + 8 = 2(x+y) \qquad \therefore x + y = 12$$

삼각형 ABC에서 $\cos B=\dfrac{3}{5}$이므로

$$\begin{aligned}\overline{\text{PQ}}^2&=x^2+y^2-2xy\cos B\\&=x^2+y^2-\dfrac{6}{5}xy\\&=(x+y)^2-\dfrac{16}{5}xy\\&=12^2-\dfrac{16}{5}\times30=48\end{aligned}$$

$\therefore \overline{\text{PQ}}=4\sqrt{3}$　　　　　　　　　　답 ④

24

[전략] 삼각형 ABC의 넓이를 구한 다음, 넓이 관계를 이용하여 선분 PF의 길이를 구한다.

또 $\sin A$를 이용하여 $\sin(\angle EPF)$를 구한다.

$\cos A=\dfrac{6^2+5^2-4^2}{2\times6\times5}=\dfrac{3}{4}$이므로

$\sin A=\sqrt{1-\cos^2 A}=\dfrac{\sqrt{7}}{4}$

따라서 삼각형 ABC의 넓이는

$\dfrac{1}{2}\times6\times5\times\dfrac{\sqrt{7}}{4}=\dfrac{15\sqrt{7}}{4}$

$\overline{\text{PF}}=x$라 하면

$\triangle\text{ABC}=\triangle\text{PAB}+\triangle\text{PBC}+\triangle\text{PCA}$

이므로

$\dfrac{15\sqrt{7}}{4}=\dfrac{1}{2}\left(6x+4\sqrt{7}+\dfrac{5\sqrt{7}}{2}\right)$

$\therefore x=\dfrac{\sqrt{7}}{6}$

사각형 AFPE에서 $\angle\text{FPE}=\pi-A$이므로

삼각형 EFP의 넓이는

$\dfrac{1}{2}\times\dfrac{\sqrt{7}}{6}\times\dfrac{\sqrt{7}}{2}\times\sin(\pi-A)=\dfrac{7}{24}\times\sin A=\dfrac{7\sqrt{7}}{96}$

답 $\dfrac{7\sqrt{7}}{96}$

25

[전략] 코사인법칙을 이용하여 $\overline{\text{AC}}$를 $a,\,c$로 나타내고, 넓이가 9인 조건을 이용하여 최소일 때 $a,\,c$의 관계를 구한다.

넓이가 9이므로

$9=\dfrac{1}{2}ca\sin 30^\circ$　　$\therefore ca=36$ ··· ❶

코사인법칙에서

$b^2=c^2+a^2-2ca\cos30^\circ=c^2+a^2-36\sqrt{3}$

산술평균과 기하평균의 관계에서

$c^2+a^2\geq2\sqrt{c^2a^2}=2ca$

이고 등호는 $c^2=a^2$, 곧 $c=a$일 때 성립한다.

b는 $c=a$일 때 최소이고

이때 ❶에서 $c=a=6$이므로

$\overline{\text{AB}}+\overline{\text{BC}}=c+a=12$　　　　　답 ④

26

[전략] 대각선 AC를 긋고, 선분 AC의 길이와 $\angle\text{ACD}$의 크기를 구한다.

삼각형 ABC에서

$\overline{\text{AC}}^2=2^2+(1+\sqrt{3})^2-2\times2\times(1+\sqrt{3})\cos30^\circ=2$

$\therefore \overline{\text{AC}}=\sqrt{2}$

또 $\angle\text{ACB}=\theta$라 하면

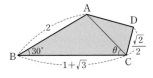

$\dfrac{\sqrt{2}}{\sin30^\circ}=\dfrac{2}{\sin\theta}$

$\sin\theta=\dfrac{1}{\sqrt{2}}$

$0<\theta<105^\circ$이므로 $\theta=45^\circ$　　$\therefore \angle\text{ACD}=60^\circ$

따라서 사각형의 넓이는

$$\begin{aligned}&\triangle\text{ABC}+\triangle\text{ACD}\\&=\dfrac{1}{2}\times2\times(1+\sqrt{3})\times\sin30^\circ+\dfrac{1}{2}\times\sqrt{2}\times\dfrac{\sqrt{2}}{2}\times\sin60^\circ\\&=\dfrac{1+\sqrt{3}}{2}+\dfrac{\sqrt{3}}{4}=\dfrac{2+3\sqrt{3}}{4}\end{aligned}$$

답 ③

27

[전략] $\overline{\text{AB}}\,/\!/\,\overline{\text{DC}}$에서 $\triangle\text{ABE}\backsim\triangle\text{CDE}$를 이용하여 $\overline{\text{AE}},\,\overline{\text{AC}}$를 구한다.

$\triangle\text{ABE}\backsim\triangle\text{CDE}$이므로 $3:5=2:\overline{\text{AE}}$

$\therefore \overline{\text{AE}}=\dfrac{10}{3},\,\overline{\text{AC}}=\dfrac{16}{3}$

$\angle\text{BAE}=\theta$라 하면 $\angle\text{ACD}=\theta$이고 $\sin\theta=\dfrac{3}{8}$이다.

$$\begin{aligned}\therefore \square\text{ABCD}&=\triangle\text{ABC}+\triangle\text{ACD}\\&=\dfrac{1}{2}\times5\times\dfrac{16}{3}\times\sin\theta+\dfrac{1}{2}\times3\times\dfrac{16}{3}\times\sin\theta\\&=8\end{aligned}$$

답 ④

28

[전략] 코사인법칙을 이용하여 삼각형 ABD와 BCD에서 대각선 BD의 길이를 구한다. 이때 $A+C=\pi$를 이용한다.

$\angle\text{BAD}=\theta$라 하면 $\angle\text{BCD}=\pi-\theta$

삼각형 ABD에서

$$\begin{aligned}\overline{\text{BD}}^2&=1^2+4^2-2\times1\times4\cos\theta\\&=17-8\cos\theta\end{aligned}$$

삼각형 BCD에서

$$\overline{\text{BD}}^2=2^2+3^2-2\times2\times3\cos(\pi-\theta)=13+12\cos\theta$$

이므로

$17-8\cos\theta=13+12\cos\theta,\ \cos\theta=\dfrac{1}{5}$

$\therefore \sin\theta=\sqrt{1-\cos^2\theta}=\dfrac{2\sqrt{6}}{5}$

$$\begin{aligned}\therefore \square\text{ABCD}&=\triangle\text{ABD}+\triangle\text{BCD}\\&=\dfrac{1}{2}\times1\times4\times\dfrac{2\sqrt{6}}{5}+\dfrac{1}{2}\times2\times3\times\dfrac{2\sqrt{6}}{5}\\&=2\sqrt{6}\end{aligned}$$

답 $2\sqrt{6}$

29

[전략] 대각선의 교점을 O, $\overline{OA}=x$, $\overline{OB}=y$라 하고, 삼각형 OAB와 ODA
에서 코사인법칙을 이용하여 $2x$, $2y$의 관계를 구한다.

대각선의 교점을 O,
$\overline{OA}=x$,
$\overline{OB}=y$라 하자.

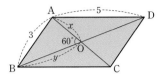

삼각형 OAB에서
$$3^2=x^2+y^2-2xy\cos 60°$$
$$9=x^2+y^2-xy \qquad \cdots \text{❶}$$
삼각형 ODA에서 $\overline{OD}=y$, $\angle AOD=120°$이므로
$$5^2=x^2+y^2-2xy\cos 120°$$
$$25=x^2+y^2+xy \qquad \cdots \text{❷}$$
❷−❶을 하면 $16=2xy$ ∴ $xy=8$
$\overline{AC}=2x$, $\overline{BD}=2y$이므로 평행사변형의 넓이는
$$\frac{1}{2}\times 2x\times 2y\times\sin 60°=2xy\times\frac{\sqrt{3}}{2}=8\sqrt{3}$$

답 $8\sqrt{3}$

30

[전략] 대각선의 길이를 x, y라 하고 사각형 A'B'C'D'의 둘레의 길이가 12
임을 이용하여 x, y의 관계를 구한다.

대각선 AC, BD의 길이를 각각 x,
y라 하자.

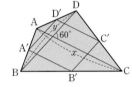

A', D'은 변 AB, AD의 중점이므로
$$\overline{A'D'}=\frac{1}{2}y$$
같은 이유로
$$\overline{C'B'}=\frac{1}{2}y, \ \overline{A'B'}=\overline{C'D'}=\frac{1}{2}x$$
사각형 A'B'C'D'의 둘레의 길이가 12이므로
$$x+y=12$$
사각형 ABCD의 넓이는
$$\frac{1}{2}xy\sin 60°=\frac{\sqrt{3}}{4}xy$$
산술평균과 기하평균의 관계에서 $x+y\geq 2\sqrt{xy}$이므로
$$12\geq 2\sqrt{xy}, xy\leq 36 \text{ (단, 등호는 }x=y\text{일 때 성립)}$$
따라서 넓이의 최댓값은 $\frac{\sqrt{3}}{4}\times 36=9\sqrt{3}$

답 ④

31

[전략] 세 변의 길이가 주어지면 헤론의 공식을 이용하여 삼각형의 넓이를
구한다.

헤론의 공식에서
$$s=\frac{8+2+x+10-x}{2}=10$$
이므로 삼각형의 넓이를 S라 하면
$$S=\sqrt{10\times 2\times(8-x)\times x}=\sqrt{20x(8-x)}$$
곧, $x=4$일 때 넓이의 최댓값은 $8\sqrt{5}$이다.

답 ②

Note

(1) **헤론의 공식**

세 변의 길이가 a, b, c인 삼각형의 넓이를 S라 하면
$$S=\sqrt{s(s-a)(s-b)(s-c)} \ \left(\text{단, }s=\frac{a+b+c}{2}\right)$$

(2) **삼각형의 세 변의 길이 사이의 관계**

$x=4$이면 세 변의 길이가 8, 6, 6이고 $6+6>8$이므로
8, 6, 6을 세 변의 길이로 하는 삼각형을 만들 수 있다.

step **C** 최상위 문제

01 ③	**02** ⑤	**03** ①	**04** $\frac{32}{25}$	**05** ①
06 ④	**07** ③	**08** ①		

01

[전략] 이등변삼각형이므로 내심과 외심은 변 BC의 수직이등분선 위에 있다.

변 BC의 중점을 H라 하면 선분 AH는 변 BC의
수직이등분선이고, 내심 I와 외심 O는 선분 AH
위에 있다.

선분 BI는 $\angle B$의 이등분선이고,
$$\overline{AH}=\sqrt{7^2-1^2}=4\sqrt{3}$$
$$\overline{BA}:\overline{BH}=\overline{AI}:\overline{IH}$$
이므로
$$\overline{AI}=4\sqrt{3}\times\frac{7}{8}=\frac{7\sqrt{3}}{2}$$
삼각형 ABC에서
$$\cos B=\frac{7^2+2^2-7^2}{2\times 7\times 2}=\frac{1}{7}$$
$$\sin B=\sqrt{1-\cos^2 B}=\frac{4\sqrt{3}}{7}$$
따라서 외접원의 반지름의 길이를 R라 하면
$$\frac{7}{\sin B}=2R, R=\frac{49\sqrt{3}}{24}$$
따라서 내심과 외심 사이의 거리는
$$\overline{AI}-\overline{AO}=\frac{35\sqrt{3}}{24}$$

답 ③

02

[전략] 사인법칙을 이용하여 $\sin A$의 값을 구한 다음 코사인법칙을 이용하여 b, c의 관계를 구한다.

$\dfrac{6}{\sin A}=10$이므로 $\sin A=\dfrac{3}{5}$

$\therefore \cos A=\sqrt{1-\sin^2 A}=\dfrac{4}{5}$

코사인법칙에서

$6^2=b^2+c^2-2bc\cos A=b^2+c^2-\dfrac{8}{5}bc$

$\geq 2\sqrt{b^2c^2}-\dfrac{8}{5}bc=\dfrac{2}{5}bc$

$\therefore bc\leq 90$

등호는 $b=c$일 때 성립하므로 bc의 최댓값은 90이다. 답 ⑤

03

[전략] 사각형 AQBP의 넓이를 구한 다음, 삼각형 PAQ, PBQ의 넓이의 합을 이용한다.
  이때 $\angle APQ=\angle BPQ=\angle QAB$를 이용한다.

직각삼각형 APB에서
$\overline{AB}=\sqrt{4^2+2^2}=\sqrt{20}=2\sqrt{5}$

또 직각이등변삼각형 AQB에서
$\overline{AQ}=\dfrac{1}{\sqrt{2}}\times\overline{AB}=\sqrt{10}$

사각형 AQBP의 넓이는
삼각형 PAB, QBA의 넓이의 합이므로

$\dfrac{1}{2}\times 4\times 2+\dfrac{1}{2}\times\sqrt{10}\times\sqrt{10}=9$

또 $\angle APQ=\angle BPQ=\angle QAB=45°$이고
사각형 AQBP의 넓이는 삼각형 PAQ, PBQ의 넓이의 합이므로 $\overline{PQ}=x$라 하면

$9=\dfrac{1}{2}(4x\sin 45°+2x\sin 45°)$

$9=\dfrac{3\sqrt{2}}{2}x$ $\therefore x=3\sqrt{2}$ 답 ①

다른 풀이

직각삼각형 APB에서
$\overline{AB}=\sqrt{4^2+2^2}=\sqrt{20}=2\sqrt{5}$

직각이등변삼각형 AQB에서
$\overline{AQ}=\dfrac{1}{\sqrt{2}}\times\overline{AB}=\sqrt{10}$

$\overline{PQ}=x$라 하면 삼각형 PAQ에서
$x^2=4^2+(\sqrt{10})^2-2\times 4\times\sqrt{10}\times\cos A$
$=26-8\sqrt{10}\cos A$ … ❶

또 삼각형 PBQ에서 $A=\pi-B$이므로
$x^2=2^2+(\sqrt{10})^2-2\times 2\times\sqrt{10}\times\cos B$
$=14+4\sqrt{10}\cos A$ … ❷

❶, ❷에서
$26-8\sqrt{10}\cos A=14+4\sqrt{10}\cos A$

$\cos A=\dfrac{1}{\sqrt{10}}$

---

❶에 대입하면

$x^2=26-8\sqrt{10}\times\dfrac{1}{\sqrt{10}}=18$

$\therefore x=3\sqrt{2}$

04

[전략] 코사인법칙을 이용하여 $\cos A$의 값을 구하고
  $\sin A$의 최댓값을 구한다.

$\overline{AB}=a$, $\overline{DA}=b$라 하면
$\overline{BC}=2a$, $\overline{CD}=2b$

삼각형 ABD에서
$\overline{BD}^2=a^2+b^2-2\times a\times b\times\cos A$
$=a^2+b^2-2ab\cos A$ … ❶

삼각형 BCD에서 $\angle C=\pi-\angle A$이므로
$\overline{BD}^2=4a^2+4b^2-2\times 2a\times 2b\times\cos(\pi-A)$
$=4a^2+4b^2+8ab\cos A$ … ❷

❶, ❷에서
$a^2+b^2-2ab\cos A=4a^2+4b^2+8ab\cos A$

$10ab\cos A=-3a^2-3b^2$, $\cos A=-\dfrac{3}{10}\left(\dfrac{a}{b}+\dfrac{b}{a}\right)$

$\sin^2 A=1-\cos^2 A=1-\dfrac{3^2}{10^2}\left(\dfrac{a}{b}+\dfrac{b}{a}\right)^2$

$\dfrac{a}{b}+\dfrac{b}{a}\geq 2\left(\text{단, 등호는 }\dfrac{a}{b}=\dfrac{b}{a}\text{, 곧 }a=b\text{일 때 성립}\right)$

이므로

$\sin^2 A\leq 1-\dfrac{3^2}{10^2}\times 2^2=\dfrac{16}{25}$

따라서 $a=b$일 때 $\sin A$의 최댓값은 $\dfrac{4}{5}$이다.

$\dfrac{\overline{BD}}{\sin A}=4$이므로 $\sin A$가 최대일 때,

$\overline{BD}=4\sin A=\dfrac{16}{5}$

또 $\cos A<0$이므로 $\cos A=-\sqrt{1-\dfrac{16}{25}}=-\dfrac{3}{5}$이고 ❶에서

$\dfrac{16^2}{5^2}=a^2+a^2-2a^2\cos A$, $a^2=\dfrac{16}{5}$

따라서 삼각형 ABD의 넓이는

$\dfrac{1}{2}a^2\sin A=\dfrac{1}{2}\times\dfrac{16}{5}\times\dfrac{4}{5}=\dfrac{32}{25}$ 답 $\dfrac{32}{25}$

05

[전략] 삼각형 GBC에서 중선 정리를 이용하여 BC의 길이를 구할 수 있다. 그리고 세 변의 길이를 알 수 있으므로 삼각형 GBC의 넓이를 구할 수 있다.

$\overline{GD}=3$이므로 $\overline{BD}=x$라 하면
삼각형 GBC에서 중선 정리를 사용하면

$8^2+4^2=2(3^2+x^2)$, $x^2=31$

$\therefore x=\sqrt{31}$

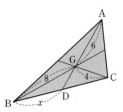

따라서 $\angle BGC = \theta$라 하면
$$\cos\theta = \frac{8^2 + 4^2 - (2\sqrt{31})^2}{2 \times 8 \times 4} = -\frac{11}{16}$$
$$\sin\theta = \sqrt{1 - \cos^2\theta} = \frac{3\sqrt{15}}{16}$$
따라서 삼각형 GBC의 넓이는
$$\frac{1}{2} \times 8 \times 4 \times \sin\theta = 3\sqrt{15}$$
삼각형 ABC의 넓이는 $3 \times 3\sqrt{15} = 9\sqrt{15}$ 　답 ①

Note

중선 정리
$$\overline{AB}^2 + \overline{AC}^2 = 2(\overline{AM}^2 + \overline{BM}^2)$$

06

[전략] 전개도를 그리고 내리막길인 구간부터 구한다.

원뿔 옆면의 전개도에서 내리막길
은 선분 CB 부분이다.
밑면 둘레의 길이가 40π이므로

$$\angle AOB = \frac{40\pi}{60} = \frac{2}{3}\pi$$
삼각형 OAB에서
$$\overline{AB}^2 = 60^2 + 50^2 - 2 \times 60 \times 50 \times \cos\frac{2}{3}\pi = 9100$$
$$\therefore \overline{AB} = 10\sqrt{91}$$
삼각형 OAB의 넓이에서
$$\frac{1}{2} \times 10\sqrt{91} \times h = \frac{1}{2} \times 60 \times 50 \times \sin\frac{2}{3}\pi, \ h = \frac{150\sqrt{3}}{\sqrt{91}}$$
직각삼각형 OCB에서
$$\overline{CB}^2 = 50^2 - \left(\frac{150\sqrt{3}}{\sqrt{91}}\right)^2 = \frac{2500 \times 64}{91}$$
$$\therefore \overline{CB} = \frac{400}{\sqrt{91}}$$　답 ④

07

[전략] 선분 AD, BD, CD의 길이를 건물의 높이로 나타내고
　　　삼각형 ABD와 CBD에서 코사인법칙을 생각한다.

건물의 높이를 x m라 하면
$$\overline{AD} = \frac{x}{\sin 30°} = 2x, \quad \overline{BD} = \frac{x}{\sin 45°} = \sqrt{2}x$$
$$\overline{CD} = \frac{x}{\sin 60°} = \frac{2}{\sqrt{3}}x$$
$\angle ABD = \theta$라 하면 삼각형 ABD에서
$$\cos\theta = \frac{25 + 2x^2 - 4x^2}{2 \times 5 \times \sqrt{2}x} = \frac{25 - 2x^2}{10\sqrt{2}x}$$
또 $\angle CBD = \pi - \theta$이므로 삼각형 CBD에서
$$\cos(\pi - \theta) = \frac{100 + 2x^2 - \frac{4}{3}x^2}{2 \times 10 \times \sqrt{2}x} = \frac{100 + \frac{2}{3}x^2}{20\sqrt{2}x}$$
이때 $\cos(\pi - \theta) = -\cos\theta$이므로
$$\frac{100 + \frac{2}{3}x^2}{20\sqrt{2}x} = -\frac{25 - 2x^2}{10\sqrt{2}x}, \ x^2 = 45$$
$$\therefore x = 3\sqrt{5}$$　답 ③

08

[전략] 원에서 한 현에 대한 원주각의 크기는 모두 같으므로 각 θ가 30°, 15°
　　　인 점 X는 원 위의 점이다. 따라서 현 AB에 대한 원주각이 15°, 30°
　　　인 원을 그린다.

일등석은 그림과 같이 현 AB에
대한 중심각의 크기가 60°인 원
C_1과 30°인 원 C_2 사이의 부분이
다.

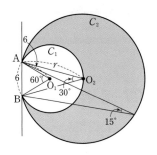

원 C_1의 반지름의 길이는 6이다.
따라서 원 C_2의 반지름의 길이를
r라 하면 $\overline{O_2A} = \overline{O_2B} = r$이므로
삼각형 O_2AB에서
$$6^2 = r^2 + r^2 - 2 \times r \times r \times \cos 30°,$$
$$36 = (2 - \sqrt{3})r^2 \quad \therefore r^2 = 36(2 + \sqrt{3})$$
원 C_1에서 활꼴을 제외한 부분의 넓이를 S_1이라 하면
$$S_1 = \frac{5}{6} \times 6^2\pi + \frac{1}{2} \times 6^2 \times \sin 60°$$
$$= 30\pi + 9\sqrt{3}$$
원 C_2에서 활꼴을 제외한 부분의 넓이를 S_2라 하면
$$S_2 = \frac{11}{12} \times r^2\pi + \frac{1}{2}r^2 \sin 30°$$
$$= 33(2 + \sqrt{3})\pi + 9(2 + \sqrt{3})$$
따라서 구하는 넓이는
$$S_2 - S_1 = 33(2 + \sqrt{3})\pi + 9(2 + \sqrt{3}) - (30\pi + 9\sqrt{3})$$
$$= 3\pi(12 + 11\sqrt{3}) + 18$$　답 ①

III. 수열

07. 등차수열과 등비수열

01 20	**02** 24	**03** ①	**04** ④	**05** ③
06 ②	**07** ⑤	**08** 8	**09** ③	**10** 11
11 ③	**12** ③	**13** ②	**14** 15	**15** ①
16 45	**17** ①	**18** 16	**19** ⑤	**20** ⑤
21 ②	**22** ③	**23** 108	**24** ②	**25** ②
26 ③	**27** ④	**28** ①	**29** ②	**30** ①
31 ①	**32** ②	**33** ④	**34** ④	**35** ②
36 ④	**37** ③	**38** 315	**39** ②	

01

첫째항을 a라 하면 공차도 a이므로
$$a_n = a + (n-1)a = na$$
$a_2 + a_4 = 24$이므로 $2a + 4a = 24$, $a = 4$
$$\therefore a_5 = 5a = 20$$
답 20

02

첫째항을 a, 공차를 d라 하자.
$a_3 + a_5 = 36$에서
$$(a+2d) + (a+4d) = 36, \quad a + 3d = 18 \qquad \cdots \text{❶}$$
$a_2 a_4 = 180$에서
$$(a+d)(a+3d) = 180$$
❶을 대입하면 $a + d = 10$ $\qquad \cdots$ ❷
❶과 ❷를 연립하여 풀면 $a = 6$, $d = 4$
$a_n < 100$에서 $6 + 4(n-1) < 100$, $4n < 98$ $\qquad \therefore n < \dfrac{49}{2}$
따라서 n의 최댓값은 24이다.
답 24

03

첫째항을 a, 공차를 d $(d > 0)$라 하자.
$a_6 + a_8 = 0$에서
$$(a+5d) + (a+7d) = 0, \quad a = -6d \qquad \cdots \text{❶}$$
$|a_6| = |a_7| + 3$에서
$$|a+5d| = |a+6d| + 3$$
❶을 대입하면 $|-d| = 3$, $d = \pm 3$
$d > 0$이므로 $d = 3$
$$\therefore a_2 = a + d = -5d = -15$$
답 ①

04

등차수열 $\{a_n\}$, $\{b_n\}$의 첫째항을 각각 a, b라 하면

$$3a_n + 5b_n = 3\{a - 2(n-1)\} + 5\{b + 3(n-1)\}$$
$$= 3a + 5b + 9(n-1)$$
따라서 등차수열 $\{3a_n + 5b_n\}$의 공차는 9이다.
답 ④

05

$a_n a_{n+1} < 0$에서
$$\{20 - 3(n-1)\}(20 - 3n) < 0$$
$$(3n - 23)(3n - 20) < 0$$
$$\therefore \frac{20}{3} < n < \frac{23}{3}$$
따라서 n은 자연수이므로 $n = 7$
답 ③

06

$a_n = 3d$에서
$$3 + (n-1)d = 3d, \quad (4-n)d = 3$$
n, d가 자연수이므로
$$d = 1, 4 - n = 3 \text{ 또는 } d = 3, 4 - n = 1$$
곧, $d = 1$, $n = 1$ 또는 $d = 3$, $n = 3$
따라서 자연수 d값의 합은 4이다.
답 ②

07

α, β, $\alpha + \beta$가 이 순서대로 등차수열이므로
$$2\beta = \alpha + (\alpha + \beta) \qquad \therefore \beta = 2\alpha$$
$x^2 - 2x + k = 0$의 두 근이 α, 2α이므로
$$\alpha + 2\alpha = 2, \quad \alpha \times 2\alpha = k$$
$$\therefore \alpha = \frac{2}{3}, \ k = 2\alpha^2 = \frac{8}{9}$$
답 ⑤

08

세 근이 등차수열을 이루므로 $a-d$, a, $a+d$라 할 수 있다.
근과 계수의 관계에서
$$(a-d) + a + (a+d) = -3 \qquad \cdots \text{❶}$$
$$(a-d)a + a(a+d) + (a-d)(a+d) = -6 \qquad \cdots \text{❷}$$
$$(a-d)a(a+d) = k \qquad \cdots \text{❸}$$
❶에서 $a = -1$
❷에서 $3a^2 - d^2 = -6$이므로 $d = \pm 3$
❸에서 $k = a(a^2 - d^2) = 8$
답 8

Note

삼차방정식의 근과 계수의 관계
$ax^3 + bx^2 + cx + d = 0$의 세 근을 α, β, γ라 하면
$$\alpha + \beta + \gamma = -\frac{b}{a}, \ \alpha\beta + \beta\gamma + \gamma\alpha = \frac{c}{a}, \ \alpha\beta\gamma = -\frac{d}{a}$$

09

첫째항을 a라 하자.
$|a_4| = |a_8|$에서
(ⅰ) $a_4 = a_8$일 때
$$a + 3 \times 3 = a + 7 \times 3$$
이 식을 만족시키는 a는 없다.

(ii) $a_4=-a_8$일 때

$a+3\times3=-(a+7\times3)$ $\therefore a=-15$

$\{a_n\}$은 첫째항이 -15, 공차가 3인 등차수열이므로

$$a_1+a_2+a_3+\cdots+a_{20}=\frac{20\times\{2\times(-15)+19\times3\}}{2}$$
$$=270 \qquad \text{目 ③}$$

10

첫째항을 a, 공차를 d라 하자.

$a_5=22$에서 $a+4d=22$

$a_{10}=42$에서 $a+9d=42$

연립하여 풀면 $a=6$, $d=4$

$a_k=6+4(k-1)=4k+2$이므로

$a_1+a_2+a_3+\cdots+a_k=286$에서

$$\frac{k(6+4k+2)}{2}=286,\ k^2+2k-143=0$$

$k>0$이므로 $k=11$ $\qquad$ 目 11

11

$3,\ a_1,\ a_2,\ \cdots,\ a_n,\ 15$의 항이 $(n+2)$개이므로

$$\frac{(n+2)(3+15)}{2}=81 \qquad \therefore n=7 \qquad \text{目 ③}$$

12

첫째항을 a라 하면 공차가 2이므로

$a_1+a_2+a_3+\cdots+a_{100}=2002$에서

$$\frac{100\{2a+(100-1)\times2\}}{2}=2002$$
$$\therefore 50(a+99)=1001 \qquad \cdots ❶$$

또 $a_2,\ a_4,\ a_6,\ \cdots$은 첫째항이 $a+2$, 공차가 4인 등차수열이므로

$$a_2+a_4+a_6+\cdots+a_{100}=\frac{50\{2(a+2)+(50-1)\times4\}}{2}$$
$$=50(a+100) \qquad \cdots ❷$$
$$=50(a+99)+50$$
$$=1001+50\ (\because ❶)$$
$$=1051 \qquad \text{目 ③}$$

Note

❶에서 $a=\dfrac{1001}{50}-99$를 ❷에 대입해도 된다.

13

첫째항이 6이므로 공차를 d라 하면 $a_{10}=-12$에서

$6+9d=-12$, $d=-2$

$\therefore a_n=6+(n-1)\times(-2)=-2n+8$

$n\le4$일 때 $a_n\ge0$, $n\ge5$일 때 $a_n<0$이므로

$$|a_1|+|a_2|+|a_3|+\cdots+|a_{20}|$$
$$=(a_1+a_2+a_3+a_4)-(a_5+\cdots+a_{20})$$
$$=\frac{4\times(6+0)}{2}+\frac{16(2+32)}{2}$$
$$=284 \qquad \text{目 ②}$$

14

$\{a_n\}$, $\{b_n\}$은 모두 등차수열이다.

$\{a_n\}$의 첫째항부터 제m항까지의 합은

$$\frac{m(a_1+a_m)}{2}=\frac{m(-9+2m-11)}{2}=\frac{m(2m-20)}{2}$$

$\{b_n\}$의 첫째항부터 제m항까지의 합은

$$\frac{m(b_1+b_m)}{2}=\frac{m\left(\frac{3}{2}+\frac{1}{2}m+1\right)}{2}=\frac{m\left(\frac{1}{2}m+\frac{5}{2}\right)}{2}$$

합이 같으므로

$$\frac{m(2m-20)}{2}=\frac{m\left(\frac{1}{2}m+\frac{5}{2}\right)}{2}$$

$m>0$이므로 $4m-40=m+5$

$\therefore m=15$ $\qquad$ 目 15

15

첫째항을 a, 공차를 d라 하자.

$a_3=26$에서 $a+2d=26$

$a_9=8$에서 $a+8d=8$

연립하여 풀면 $a=32$, $d=-3$

$$\therefore S_n=\frac{n\{64+(n-1)\times(-3)\}}{2}$$
$$=-\frac{3}{2}n^2+\frac{67}{2}n$$
$$=-\frac{3}{2}\left(n-\frac{67}{6}\right)^2+\frac{4489}{24}$$

따라서 $\dfrac{67}{6}$에 가장 가까운 자연수는 11이므로 $n=11$일 때 S_n은 최대이다. $\qquad$ 目 ①

Note

$a>0$, $d<0$이므로 $a_n\ge0$, $a_{n+1}<0$일 때 S_n이 최대이다.

$a_n=-3n+35$이므로 $-3n+35<0$에서

$$n>\frac{35}{3}=11.\times\times\times$$

곧, 수열 $\{a_n\}$은 제12항부터 음수이므로 첫째항부터 제11항까지의 합이 최대이다.

16

첫째항을 a, 공차를 d라 하자.

첫째항부터 제5항까지의 합이 45이므로

$$\frac{5(2a+4d)}{2}=45,\ a+2d=9$$

첫째항부터 제10항까지의 합이 -10이므로

$$\frac{10(2a+9d)}{2}=-10,\ 2a+9d=-2$$

연립하여 풀면 $a=17$, $d=-4$

$$\therefore S_n=\frac{n\{34+(n-1)\times(-4)\}}{2}$$
$$=-2n^2+19n$$
$$=-2\left(n-\frac{19}{4}\right)^2+\frac{361}{8}$$

따라서 $\dfrac{19}{4}$에 가장 가까운 자연수는 5이고, S_n의 최댓값은 $n=5$일 때 45이다.   답 45

다른 풀이

$a_n=17+(n-1)\times(-4)=-4n+21$이므로

$-4n+21<0$에서 $n>\dfrac{21}{4}=5.25$

곧, 수열 $\{a_n\}$은 제6항부터 음수이므로 첫째항부터 제5항까지의 합이 최대이다.

따라서 구하는 최댓값은 $S_5=45$

17

공비를 r라 하자.

$a_1=4a_3$에서 $a_1=4\times a_1 r^2$ … ❶

$a_2+a_3=-12$에서 $a_1 r+a_1 r^2=-12$ … ❷

❶에서 $r^2=\dfrac{1}{4}\ (\because a_1\neq0)$

(i) $r=\dfrac{1}{2}$일 때, ❷에 대입하면

$\dfrac{a_1}{2}+\dfrac{a_1}{4}=-12$

$a_1>0$에 모순이다.

(ii) $r=-\dfrac{1}{2}$일 때, ❷에 대입하면

$-\dfrac{a_1}{2}+\dfrac{a_1}{4}=-12,\ a_1=48$

$\therefore a_5=a_1 r^4=48\times\dfrac{1}{16}=3$ 답 ①

18

첫째항을 a, 공비를 r라 하자.

$\dfrac{ar^2}{ar}-\dfrac{ar^5}{ar^3}=\dfrac{1}{4}$

$r-r^2=\dfrac{1}{4},\ \left(r-\dfrac{1}{2}\right)^2=0$

$\therefore r=\dfrac{1}{2}$

$\therefore \dfrac{a_5}{a_9}=\dfrac{ar^4}{ar^8}=\dfrac{1}{r^4}=16$ 답 16

19

첫째항을 a, 공비를 r라 하자.

$a_7=12$에서 $ar^6=12$ … ❶

$\dfrac{a_6 a_{10}}{a_5}=36$에서 $\dfrac{ar^5\times ar^9}{ar^4}=36,\ ar^{10}=36$ … ❷

❷÷❶을 하면 $r^4=3$

$r^2>0$이므로 $r^2=\sqrt{3}$

❶에 대입하면 $a\times 3\sqrt{3}=12,\ a=\dfrac{4\sqrt{3}}{3}$

$\therefore a_{15}=ar^{14}=\dfrac{4\sqrt{3}}{3}\times(\sqrt{3})^7=108$ 답 ⑤

Note

다음과 같이 하면 a를 구하지 않아도 된다.

$a_{15}=ar^{14}=ar^{10}\times r^4=36\times3=108$

20

$\log_2 a_{n+1}=1+\log_2 a_n$에서

$\log_2 a_{n+1}=\log_2 2a_n,\ a_{n+1}=2a_n$

따라서 수열 $\{a_n\}$은 공비가 2인 등비수열이다.

$a_n=a_1\times2^{n-1}=2^n$이므로

$a_1\times a_2\times a_3\times\cdots a_{10}=2\times2^2\times2^3\times\cdots\times2^{10}$

$\qquad\qquad\qquad\qquad\qquad =2^{1+2+3+\cdots+10}=2^{55}$

$\therefore k=55$ 답 ⑤

21

$\log_2 4,\ \log_2 8,\ \log_2 x$가 이 순서대로 등비수열이므로

$(\log_2 8)^2=\log_2 4\times\log_2 x$

$3^2=2\log_2 x,\ \dfrac{9}{2}=\log_2 x$

$\therefore x=2^{\frac{9}{2}}=16\sqrt{2}$ 답 ②

22

$f(x)=x^2-ax+2a$라 하면

$p=f(1)=a+1,\ q=f(2)=4,\ r=f(3)=9-a$

$q^2=pr$이므로

$4^2=(a+1)(9-a),\ a^2-8a+7=0$

$\therefore a=1$ 또는 $a=7$

따라서 실수 a값의 합은 8이다.   답 ③

23

$a^n,\ 2^4\times3^6,\ b^n$이 이 순서대로 등비수열이므로

$(2^4\times3^6)^2=a^n b^n$

$2^8\times3^{12}=(ab)^n$

이때 ab의 값이 최소이면 자연수 n의 값이 최대이다.

그리고 2와 3이 서로소이므로 n의 최댓값은 8과 12의 최대공약수인 4이다.

이때 $(ab)^n=(2^2\times3^3)^4=108^4$

따라서 ab의 최솟값은 108이다.   답 108

24

$a_2,\ a_k,\ a_8$이 이 순서대로 등차수열이므로 $k=5$

$a_1,\ a_2,\ a_5$가 이 순서대로 등비수열이므로 $a_2^2=a_1\times a_5$

$(a_1+6)^2=a_1(a_1+24),\ a_1=3$

$\therefore k+a_1=8$ 답 ②

25

첫째항을 a, 공차를 d라 하자.

$a_4-a_6=6$에서 $-2d=6$ $\therefore d=-3$

$a_7,\ a_5,\ a_9$가 이 순서대로 등비수열이므로 $a_5^2=a_7 a_9$

$$(a-12)^2=(a-18)(a-24)$$
$$a^2-24a+144=a^2-42a+432,\ 18a=288$$
$$\therefore a=16$$
$$\therefore a_n=16+(n-1)\times(-3)=-3n+19$$

$a_n>0$에서 $-3n+19>0$, $n<\dfrac{19}{3}=6.\times\times\times$

따라서 자연수 n의 최댓값은 6이다.　　　　　답 ②

26

$S_6=21$에서
$$\dfrac{a(2^6-1)}{2-1}=21 \qquad \therefore a=\dfrac{1}{3} \qquad 답 ③$$

27

나머지는 $(-2)^8+(-2)^7+\cdots+(-2)^2+(-2)+1$
첫째항이 1, 공비가 -2인 등비수열의 합이므로
$$(-2)^8+(-2)^7+\cdots+(-2)^2+(-2)+1$$
$$=\dfrac{1\times\{1-(-2)^9\}}{1+2}=171 \qquad 답 ④$$

28

$$a_1+a_2+a_3+\cdots+a_{19}$$
$$=(2^1+2^2+2^3+\cdots+2^{19})+(-1+1-1+\cdots+1-1)$$
$$=\dfrac{2(2^{19}-1)}{2-1}-1=2^{20}-3 \qquad 답 ①$$

29

첫째항이 $\dfrac{2}{3}$, 공비가 $\dfrac{1}{3}$이므로
$$S_n=\dfrac{\dfrac{2}{3}\left(1-\dfrac{1}{3^n}\right)}{1-\dfrac{1}{3}}=1-\dfrac{1}{3^n}$$

$|S_n-1|<0.01$에서 $\dfrac{1}{3^n}<0.01$, $3^n>100$

$3^4=81$, $3^5=243$이므로 n의 최솟값은 5　　　　답 ②

30

첫째항을 a, 공비를 r라 하자.

$S_n=48$이므로 $\dfrac{a(r^n-1)}{r-1}=48 \qquad \cdots ❶$

$S_{2n}=60$이므로
$$\dfrac{a(r^{2n}-1)}{r-1}=60,\ \dfrac{a(r^n-1)(r^n+1)}{r-1}=60$$

❶을 대입하면 $48(r^n+1)=60$, $r^n=\dfrac{1}{4}$
$$\therefore S_{3n}=\dfrac{a(r^{3n}-1)}{r-1}$$
$$=\dfrac{a(r^n-1)(r^{2n}+r^n+1)}{r-1}$$
$$=48\times\left(\dfrac{1}{4^2}+\dfrac{1}{4}+1\right)=63 \qquad 답 ①$$

31

공비를 r라 하자.

$a_2, a_4, \cdots, a_{2k}$는 첫째항이 $a_2=r$, 공비가 r^2인 등비수열,
$a_1, a_3, \cdots, a_{2k-1}$은 첫째항이 $a_1=1$, 공비가 r^2인 등비수열이다.

$a_2+a_4+\cdots+a_{2k}=-170$에서
$$\dfrac{r\{(r^2)^k-1\}}{r^2-1}=-170 \qquad \cdots ❶$$

$a_1+a_3+\cdots+a_{2k-1}=85$에서
$$\dfrac{1\times\{(r^2)^k-1\}}{r^2-1}=85 \qquad \cdots ❷$$

❶, ❷를 비교하면 $r=-2$

❷에 대입하면 $(-2)^{2k}=256$
$$\therefore k=4 \qquad 답 ①$$

다른 풀이

$a_1+a_3+\cdots+a_{2k-1}=85$의 양변에 공비 r를 곱하면
$$a_2+a_4+\cdots+a_{2k}=85r$$
$$\therefore r=-2$$

32

수열 $\{a_n\}$의 첫째항을 a, 공비를 r라 하면

수열 $\left\{\dfrac{1}{a_n}\right\}$은 첫째항이 $\dfrac{1}{a}$, 공비가 $\dfrac{1}{r}$인 등비수열이다.

$a_1+a_2+a_3+\cdots+a_{10}=12$에서
$$\dfrac{a(r^{10}-1)}{r-1}=12 \qquad \cdots ❶$$

$\dfrac{1}{a_1}+\dfrac{1}{a_2}+\dfrac{1}{a_3}+\cdots+\dfrac{1}{a_{10}}=3$에서
$$\dfrac{\dfrac{1}{a}\left(\dfrac{1}{r^{10}}-1\right)}{\dfrac{1}{r}-1}=3,\ \dfrac{1}{ar^9}\times\dfrac{r^{10}-1}{r-1}=3 \qquad \cdots ❷$$

❶÷❷를 하면 $a^2r^9=4$
$$\therefore a_1\times a_2\times a_3\times\cdots\times a_{10}=a\times ar\times ar^2\times\cdots\times ar^9$$
$$=a^{10}r^{45}=(a^2r^9)^5=4^5=2^{10}$$
$$답 ②$$

33

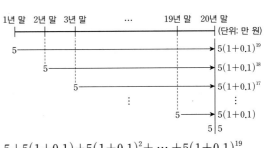

$$5+5(1+0.1)+5(1+0.1)^2+\cdots+5(1+0.1)^{19}$$
$$=\dfrac{5(1.1^{20}-1)}{1.1-1}=\dfrac{5(6.7-1)}{0.1}=285(만 원) \qquad 답 ④$$

34

360만 원의 12개월 동안 원리합계는
$$360\times(1+0.005)^{12}=360\times1.06(만 원) \qquad \cdots ❶$$

또 이달 말부터 매달 x만 원씩 지불할 때 원리합계는

$$x+x(1+0.005)+x(1+0.005)^2+\cdots+x(1+0.005)^{11}$$
$$=\frac{x(1.005^{12}-1)}{1.005-1}=\frac{0.06x}{0.005}=12x \quad \cdots ❷$$

❶, ❷가 같아야 하므로
$$360\times1.06=12x, \ x=31.8$$
따라서 매월 말에 31만 8천 원씩 지불해야 한다.   달 ④

35

$n\geq2$일 때
$$a_n=S_n-S_{n-1}=(n+2^n)-\{(n-1)+2^{n-1}\}$$
$$=2^{n-1}+1$$
$$\therefore a_6=33 \qquad\qquad 달 ②$$

Note

$a_6=S_6-S_5$로 구할 수도 있다.

36

$f(x)=x^2+x-3$이라 하면 $S_n=f(2n)=4n^2+2n-3$
$n\geq2$일 때
$$a_n=S_n-S_{n-1}$$
$$=(4n^2+2n-3)-\{4(n-1)^2+2(n-1)-3\}$$
$$=8n-2$$
또 $a_1=S_1=3$
$$\therefore a_1+a_4=3+30=33 \qquad 달 ④$$

37

$S_n=-27\times6^{n-2}+k$라 하자.
$n\geq2$일 때
$$a_n=S_n-S_{n-1}$$
$$=(-27\times6^{n-2}+k)-(-27\times6^{n-3}+k)$$
$$=-27\times6^{n-3}\times(6-1)$$
$$=-135\times6^{n-3} \quad \cdots ❶$$
따라서 수열 $\{a_n\}$은 둘째항부터 공비가 6인 등비수열이다.
또 $a_1=S_1=-27\times6^{-1}+k=k-\frac{9}{2}$
❶에 $n=1$을 대입하면 $a_1=-\frac{135}{6^2}$
곧, 수열 $\{a_n\}$이 등비수열이므로
$$-\frac{135}{6^2}=k-\frac{9}{2} \qquad \therefore k=\frac{3}{4} \qquad 달 ③$$

Note

$S_n=p(r^n-1)$꼴이면 $\{a_n\}$은 등비수열이다.

38

선분의 x좌표를 왼쪽에서부터 $x_1, x_2, \cdots, x_{14}$라 하자.
선분의 간격이 일정하므로 수열 $\{x_n\}$은 등차수열이다.
또 선분의 길이는
$$a(x_n-1)-x_n=(a-1)x_n-a$$
이므로 선분의 길이도 등차수열을 이룬다.
따라서 선분의 길이의 합은 $\dfrac{14(3+42)}{2}=315$ 달 315

39

각 변의 중점을 연결하여 가운데 삼각형을 제거하면 남은 삼각형의 넓이의 합은 처음 삼각형 넓이의 $\dfrac{3}{4}$이다.

따라서 수열 $\{a_n\}$은 첫째항이 $\dfrac{3}{4}$, 공비가 $\dfrac{3}{4}$인 등비수열이다.

$$\therefore a_1+a_2+a_3+\cdots+a_{10}=\frac{\dfrac{3}{4}\left\{1-\left(\dfrac{3}{4}\right)^{10}\right\}}{1-\dfrac{3}{4}}$$
$$=3\left\{1-\left(\frac{3}{4}\right)^{10}\right\}$$
$$=3-\frac{3^{11}}{2^{20}} \qquad\qquad 달 ②$$

---

step B 실력 문제   86~89쪽

01 183	**02** ④	**03** ②	**04** 14	**05** ⑤
06 13	**07** ②	**08** ②	**09** ⑤	**10** 17
11 $a=\dfrac{1}{2}$, $b=\dfrac{1}{3}$		**12** ④	**13** ③	**14** 3
15 ③	**16** 2, 4	**17** ①	**18** ④	**19** ③
20 ①	**21** ④	**22** 1.6시간	**23** 150	**24** ④

01

[전략] $\{a_n\}$, $\{b_n\}$을 나열하면 공통인 수열을 찾을 수 있다.
       두 등차수열의 공통인 수열은 등차수열이다.

$\{a_n\}$: 3, 5, 7, 9, 11, 13, 15, 17, 19, 21, $\cdots$
$\{b_n\}$: 6, 9, 12, 15, 18, 21, $\cdots$
이므로
$\{c_n\}$: 9, 15, 21, $\cdots$
따라서 수열 $\{c_n\}$은 첫째항이 9이고 공차가 6인 등차수열이므로
$$c_{30}=9+6\times29=183 \qquad 달 183$$

다른 풀이

a_n은 2로 나눈 나머지가 1인 꼴이다.
따라서 $b_n=3n+3$에서 $n=2m-1$일 때와 $n=2m$일 때로 나누어 생각한다. (단, m은 자연수)
$$b_{2m-1}=3(2m-1)+3=6m$$
이므로 수열 $\{a_n\}$의 항이 아니다.

$$b_{2m}=6m+3=2(3m+1)+1$$
이므로 수열 $\{a_n\}$의 항이다.
따라서 $c_n=b_{2n}=6n+3$이므로 $c_{30}=183$

02

[전략] S 중 가장 작은 수 a_1을 찾는다. 그리고 a_1으로부터 a_2, a_3을 구하는 방법을 생각한다.

S 중 가장 작은 수는 $1+3+\cdots+19=100$
이므로 $a_1=100$

$1, 3, \cdots, 19$에서 19 대신 21을 뽑으면 $a_2=a_1+2$

이와 같이 생각하면 수열 $\{a_n\}$은 공차가 2인 등차수열이다.
$$\therefore a_{100}=100+99\times2=298$$
답 ④

(Note)

S 중 가장 큰 수는 $81+83+\cdots+99=900$

03

[전략] $a_n=1+(n-1)d$로 놓고 $a_2, \cdots, a_9$는 정수가 아니고 a_{10}은 정수일 조건을 찾는다.

수열 $\{a_n\}$이 조건을 만족시킨다고 하자.

첫째항이 1이므로 $a_{10}=1+9d$

$0<d<1$이므로 $0<9d<9$

a_{10}이 정수이므로 $9d=1, 2, \cdots, 8$
$$\therefore d=\frac{1}{9}, \frac{2}{9}, \cdots, \frac{8}{9} \qquad \cdots \text{❶}$$

(가)에서 $d, 2d, 3d, \cdots, 8d$가 정수가 아니다.

그런데 d가 $\frac{3}{9}, \frac{6}{9}$이면 $3d, 6d$는 정수이므로

❶에서 $\frac{3}{9}, \frac{6}{9}$을 뺀 d만 가능하다.

따라서 가능한 등차수열은 $8-2=6$(개)이다.
답 ②

04

[전략] 삼차방정식 $ax^3+bx^2+cx+d=0$의 세 근을 α, β, γ라 하면
$$\alpha+\beta+\gamma=-\frac{b}{a},\ \alpha\beta+\beta\gamma+\gamma\alpha=\frac{c}{a},\ \alpha\beta\gamma=-\frac{d}{a}$$

근과 계수의 관계에서
$$a+b+c=\frac{3b}{a} \qquad \cdots \text{❶}$$
$$ab+bc+ca=\frac{11c}{3a} \qquad \cdots \text{❷}$$
$$abc=6 \qquad \cdots \text{❸}$$
a, b, c가 이 순서대로 등차수열이므로 $2b=a+c$ $\cdots$ ❹

❹를 ❶에 대입하면 $3b=\frac{3b}{a}$
$$\therefore a=1 \ \text{또는} \ b=0$$
❸에서 $b\neq0$이므로 $a=1$

❸에 대입하면 $bc=6$

이때 ❶, ❷는 $2b=1+c$, $b+6+c=\frac{11}{3}c$

연립하여 풀면 $b=2$, $c=3$
$$\therefore a^2+b^2+c^2=14$$
답 14

05

[전략] $a^{\frac{1}{x}}=b^{\frac{1}{y}}=c^{\frac{1}{z}}=k$로 놓고 x, y, z를 a, b, c와 k로 나타낸 다음, (가)를 이용한다.

(가)에서 $2y=x+z$ $\cdots$ ❶

(나)에서 $a^{\frac{1}{x}}=b^{\frac{1}{y}}=c^{\frac{1}{z}}=k$ $(k>0)$라 하면
$$\frac{1}{x}=\log_a k,\ \frac{1}{y}=\log_b k,\ \frac{1}{z}=\log_c k$$
$$\therefore x=\log_k a,\ y=\log_k b,\ z=\log_k c$$
❶에 대입하면
$$2\log_k b=\log_k a+\log_k c,\ b^2=ac$$
$b>0$이므로 $b=\sqrt{ac}$
$$\therefore \frac{a+9c}{b}=\frac{a+9c}{\sqrt{ac}}=\frac{\sqrt{a}}{\sqrt{c}}+\frac{9\sqrt{c}}{\sqrt{a}}$$
$$\geq2\sqrt{\frac{\sqrt{a}}{\sqrt{c}}\times\frac{9\sqrt{c}}{\sqrt{a}}}=6$$
따라서 $\frac{\sqrt{a}}{\sqrt{c}}=\frac{9\sqrt{c}}{\sqrt{a}}$, 곧 $a=9c$일 때 최솟값은 6이다. **답 ⑤**

다른 풀이

(가)에서 공차를 d라 하면
$$y=x+d,\ z=x+2d$$
(나)에서 $a^{\frac{1}{x}}=b^{\frac{1}{y}}=c^{\frac{1}{z}}=k$ $(k>0)$라 하면
$$a=k^x,\ b=k^y=k^{x+d},\ c=k^z=k^{x+2d}$$
$$\therefore \frac{a+9c}{b}=\frac{k^x+9k^{x+2d}}{k^{x+d}}=k^{-d}+9k^d$$
$$\geq2\sqrt{k^{-d}\times9k^d}=2\times3=6$$
(단, 등호는 $k^{-d}=9k^d$일 때 성립)

따라서 최솟값은 6이다.

06

[전략] (가), (나)에서 $a_1+a_n=a_2+a_{n-1}=\cdots$을 이용한다.

(가)와 (나)에서
$$a_1+a_2+a_3+a_4=26,\ a_{n-3}+a_{n-2}+a_{n-1}+a_n=134$$이므로
$$a_1+a_2+a_3+a_4+a_{n-3}+a_{n-2}+a_{n-1}+a_n=160$$
$a_1+a_n=a_2+a_{n-1}=a_3+a_{n-2}=a_4+a_{n-3}$이므로
$$4(a_1+a_n)=160 \qquad \therefore a_1+a_n=40$$
(다)에서 $\frac{n(a_1+a_n)}{2}=260$이므로
$$\frac{40n}{2}=260 \qquad \therefore n=13$$
답 13

07

[전략] 공차를 d라 하고 a_m, a_n, a_{m+n}을 a와 d로 나타낸다.

공차를 d라 하자.

$a_m+a_n=a_{m+n}$에서
$$a+(m-1)d+a+(n-1)d=a+(m+n-1)d$$
$$\therefore d=a \qquad \cdots \text{❶}$$

$a_2, a_4, \cdots, a_{20}$은 첫째항이 $2a$, 공차가 $2d$인 등차수열이고
$$a_{20}=2a+(10-1)\times2d=20a \ (\because \text{❶})$$

$$\therefore a_2+a_4+a_6+\cdots+a_{18}+a_{20}=\frac{10(2a+20a)}{2}$$
$$=110a$$

$$\therefore p=110 \qquad \qquad \text{답 ②}$$

08

[전략] d, m, k가 자연수이므로 ( )×( )=(정수) 꼴의 방정식을 구한다.

조건에서 $a_n=30-(n-1)d$이므로

$a_m+a_{m+1}+a_{m+2}+\cdots+a_{m+k}=0$에서

$$\frac{(k+1)\{30-(m-1)d+30-(m+k-1)d\}}{2}=0$$

$$(k+1)\{60-(2m+k-2)d\}=0$$

$k+1>0$이므로 $(2m+k-2)d=60$

m, k가 자연수이므로 $2m+k-2\geq1$, 곧 d는 60의 약수이다.

$60=2^2\times3\times5$이므로 d의 개수는 $3\times2\times2=12$ 답 ②

다른 풀이

연속한 $(k+1)$개 항의 합이 0이라 하자.

공차가 $-d$이므로

(i) $k+1$이 홀수일 때 연속한 $(k+1)$개 항은

$$\cdots, d, 0, -d, \cdots$$

꼴을 포함한다. 곧, 0이 수열의 항이므로

$$30-(n-1)d=0$$

n은 자연수이므로 d는 30의 양의 약수이다.

$$\therefore d=1, 2, 3, 5, 6, 10, 15, 30$$

(ii) $k+1$이 짝수일 때 연속한 $(k+1)$개 항은

$$\cdots, \frac{d}{2}, -\frac{d}{2}, \cdots$$

꼴을 포함한다. 곧, $\frac{d}{2}$가 수열의 항이므로

$$30-(n-1)d=\frac{d}{2}, n=\frac{1}{2}+\frac{30}{d}$$

n은 자연수이므로 $d=4, 12, 20, 60$

(i), (ii)에서 d의 개수는 12이다.

09

[전략] 첫째항을 a, 공비를 r라 하면 $a_4a_7a_{10}=a^3r^{18}=(ar^6)^3$이다. 따라서 ar^6의 값을 구하면 충분하다.

첫째항을 a, 공비를 r라 하면

$$a_4a_7a_{10}=ar^3\times ar^6\times ar^9=a^3r^{18} \qquad \cdots \text{❶}$$

또 $a_5+a_7+a_9=64$에서

$$ar^4+ar^6+ar^8=64, ar^4(1+r^2+r^4)=2^6 \qquad \cdots \text{❷}$$

$\dfrac{1}{a_5}+\dfrac{1}{a_7}+\dfrac{1}{a_9}=\dfrac{1}{4}$에서

$$\frac{1}{ar^4}+\frac{1}{ar^6}+\frac{1}{ar^8}=\frac{1}{4}, \frac{r^4+r^2+1}{ar^8}=2^{-2} \qquad \cdots \text{❸}$$

❷÷❸을 하면 $a^2r^{12}=2^8$

$a>0, r^6>0$이므로 $ar^6=2^4$

❶에 대입하면 $a_4a_7a_{10}=(2^4)^3=2^{12}$ 답 ⑤

10

[전략] $a_{2n}=S_{2n}-S_{2n-1}$이므로 수열 $\{S_{2n-1}\}$에서 S_{2n-1}을, 수열 $\{S_{2n}\}$에서 S_{2n}을 구한다.

$$S_{2n-1}=S_1+(n-1)\times2=2n-2+S_1$$
$$S_{2n}=S_2+(n-1)\times4=4n-4+S_2$$

이므로

$$a_{2n}=S_{2n}-S_{2n-1}=2n-2+S_2-S_1$$

$a_4=1$이므로 $2+S_2-S_1=1$, $S_2-S_1=-1$

$$\therefore a_{20}=18+S_2-S_1=17 \qquad \text{답 17}$$

다른 풀이

a_{20}만 구하기 위해서는 S_{20}과 S_{19}만 알면 된다.

$a_4=S_4-S_3$이고

$$S_4=S_{2\times2}=S_2+(2-1)\times4=S_2+4$$
$$S_3=S_{2\times2-1}=S_1+(2-1)\times2=S_1+2$$

이므로 $S_4-S_3=1$에서

$$(S_2+4)-(S_1+2)=1, S_2-S_1=-1$$

그런데 $a_{20}=S_{20}-S_{19}$이고

$$S_{20}=S_{2\times10}=S_2+(10-1)\times4=S_2+36$$
$$S_{19}=S_{2\times10-1}=S_1+(10-1)\times2=S_1+18$$

$$\therefore a_{20}=(S_2+36)-(S_1+18)$$
$$=(S_2-S_1)+18=17$$

11

[전략] 등차중항과 등비중항의 성질을 이용한다.

(가)에서 $2\log 3b=\log a+\log 2 \qquad \therefore 9b^2=2a$

(나)에서 $(2^{2a})^2=2\times2^{3b}, 2^{4a}=2^{3b+1} \qquad \therefore 4a=3b+1$

a를 소거하면

$$18b^2=3b+1, (3b-1)(6b+1)=0$$

$b>0$이므로 $b=\dfrac{1}{3} \qquad \therefore a=\dfrac{1}{2}$ 답 $a=\dfrac{1}{2}, b=\dfrac{1}{3}$

12

[전략] $[x]=n$ (n은 정수)으로 놓고 $x, x-[x]$의 범위부터 구한 다음, 등비중항의 성질을 이용한다.

$x-[x], [x], x$가 이 순서대로 등비수열이므로

$$[x]^2=x(x-[x]) \qquad \cdots \text{❶}$$

$[x]=n$ (n은 정수)이라 하면 $x>0$이므로 $n\geq0$이고

$$[x]^2=n^2$$

또 $n\leq x<n+1, 0\leq x-[x]<1$

따라서 $0\leq x(x-[x])<n+1$

곧, ❶에서 $0\leq n^2<n+1$

$n=0$이면 ❶에서

$$x=0$$

$x>0$에 모순이다.

따라서 $n>0$이고 가능한 자연수는 $n=1$

❶에 대입하면

$$1=x(x-1), x^2-x-1=0$$

$x>0$이므로 $x=\dfrac{1+\sqrt{5}}{2}$

$\therefore x-[x]=x-1=\dfrac{-1+\sqrt{5}}{2}$　　　　　　답 ④

다른 풀이

$[x]=n$ (n은 정수)이라 하면 $x>0$이므로 $n\geq0$

$x-[x]=a$라 하면 $0\leq a<1$

이때 ❶은 $n^2=(n+a)a$

$n^2-an-a^2=0$

$\therefore n=\dfrac{a\pm\sqrt{a^2+4a^2}}{2}=\dfrac{1}{2}(1\pm\sqrt{5})a$

$n\geq0$이므로 $n=\dfrac{1}{2}(1+\sqrt{5})a$

$0\leq a<1$이고 n은 정수이므로

$n=1$, $a=\dfrac{2}{\sqrt{5}+1}=\dfrac{\sqrt{5}-1}{2}$

13

[전략] $(\log_2 x)^2=t$로 놓고 t의 값부터 구한다.

$(\log_2 x)^2=t$로 놓으면 주어진 방정식은

$t^2-90t+a=0$　　　　　$\cdots$ ❶

❶의 두 근을 p, q라 하면 주어진 방정식이 서로 다른 네 실근을 가지므로

$0<p<q$라 할 수 있다.

$(\log_2 x)^2=p$ 또는 $(\log_2 x)^2=q$

에서 $\log_2 x=\pm\sqrt{p}$ 또는 $\log_2 x=\pm\sqrt{q}$

$\therefore x=2^{\pm\sqrt{p}}$ 또는 $x=2^{\pm\sqrt{q}}$

크기순으로 나열하면 $2^{-\sqrt{q}}$, $2^{-\sqrt{p}}$, $2^{\sqrt{p}}$, $2^{\sqrt{q}}$

이 순서대로 등비수열이므로

$2^{\sqrt{p}}\div2^{-\sqrt{p}}=2^{-\sqrt{q}}\div2^{-\sqrt{p}}$, $2^{2\sqrt{p}}=2^{\sqrt{q}-\sqrt{p}}$

$\sqrt{q}=3\sqrt{p}$　　$\therefore q=9p$

❶의 두 근이 p, $9p$이므로 $p+9p=90$　　$\therefore p=9$

$\therefore \beta+\gamma=2^{-\sqrt{p}}+2^{\sqrt{p}}=2^{-3}+2^3=\dfrac{65}{8}$　　　답 ③

14

[전략] $\overline{EC}=a$로 놓고 $\triangle GEC$, $\triangle AGH$, $\triangle DEF$의 넓이부터 구한다.

$\overline{EC}=a$로 놓으면

$\overline{CG}=\overline{GE}=a$, $\overline{AG}=4-a$

$\triangle GEC=\dfrac{\sqrt{3}}{4}a^2$

$\triangle AGH=\dfrac{1}{2}a(4-a)\sin 60°=\dfrac{\sqrt{3}}{4}a(4-a)$

$\triangle DEF=\dfrac{\sqrt{3}}{4}r^2$

$\triangle GEC$, $\triangle AGH$, $\triangle DEF$의 넓이가 이 순서대로 공비가 r인 등비수열이므로

$\dfrac{\sqrt{3}}{4}a(4-a)=\dfrac{\sqrt{3}}{4}a^2r$　　　$\cdots$ ❶

$\dfrac{\sqrt{3}}{4}r^2=\dfrac{\sqrt{3}}{4}ar(4-a)$　　　$\cdots$ ❷

❶에서 $4-a=ar$, ❷에서 $r=a(4-a)$

$4-a$를 소거하면 $r=a^2r$

$r\neq0$이므로 $a=1$, $r=3$　　　　　답 3

15

[전략] 좌표평면을 이용한다.

　　곧, $B(0, 0)$, $A(0, 6)$, $C(6, 0)$, $P(a, b)$로 놓고 $\overline{PD}$, $\overline{PF}$, $\overline{PE}$를 구한다.

좌표평면에서 $B(0, 0)$, $A(0, 6)$, $C(6, 0)$인 삼각형 ABC를 잡고 점 P의 좌표를 (a, b)라 하자.

직선 AC의 방정식은 $x+y-6=0$이므로

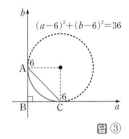

$\overline{PD}=a$, $\overline{PF}=\dfrac{|a+b-6|}{\sqrt{2}}$,

$\overline{PE}=b$

세 선분의 길이가 이 순서대로 등비수열이므로

$\dfrac{(a+b-6)^2}{2}=ab$

$a^2+b^2+36+2ab-12b-12a=2ab$

$(a-6)^2+(b-6)^2=36$

점 P가 나타내는 도형은 중심이 점 $(6, 6)$이고, 반지름의 길이가 6인 원 중에서 삼각형 ABC의 내부의 점이다.

따라서 점 P가 나타내는 도형의 길이는

$2\pi\times6\times\dfrac{1}{4}=3\pi$

답 ③

16

[전략] 모든 n에 대하여 $b_n=a_m$인 m이 존재할 수 있는 d를 찾는다.

b_n이 수열 $\{a_n\}$의 m번째 항이라 하자.

$4\times d^{n-1}=4+(m-1)d$

에서 d가 1보다 큰 자연수이므로 $4\times d^{n-1}$, $(m-1)d$는 d로 나누어떨어진다. 따라서 4도 d로 나누어떨어지므로 d는 4의 약수이다.

역으로 $4\times d^{n-1}=4+(m-1)d$에서 d가 4의 약수이면

$m=4\times d^{n-2}-\dfrac{4}{d}+1$

이고 우변은 자연수이므로 b_n은 수열 $\{a_n\}$의 m번째 항이다.

따라서 가능한 d는 2, 4이다.　　　　답 2, 4

17

[전략] $g(x)=x^{10}-x^9+x^8-x^7+\cdots+x^2-x+2$라 할 때
$g(x)=(x-1)f(x)+g(1)$임을 이용한다.

$g(x)=x^{10}-x^9+x^8-x^7+\cdots+x^2-x+2$라 하자.

$g(1)=2$이므로

$g(x)=(x-1)f(x)+2$　　$\therefore g(3)=2f(3)+2$

따라서 $f(x)$를 $x-3$으로 나눈 나머지는

$$f(3)=\frac{1}{2}g(3)-1$$
$$=\frac{1}{2}(3^{10}-3^9+3^8-\cdots+3^2-3+2)-1$$
$$=\frac{1}{2}\times\frac{(-3)\{1-(-3)^{10}\}}{1-(-3)}+1-1$$
$$=\frac{3}{8}(3^{10}-1)$$ 답 ①

다른풀이

$g(x)=(x-1)f(x)+2$이므로
$$f(x)=x^9+x^7+x^5+x^3+x$$
$$f(3)=3^9+3^7+3^5+3^3+3$$
$$=\frac{3\{(3^2)^5-1\}}{3^2-1}=\frac{3}{8}(3^{10}-1)$$

18

[전략] 공비를 r라 하면 $r^3=2$이다. 첫째항을 a라 하고 $a_4+a_5+a_6=6$에서 a, r에 대한 조건을 찾는다.

첫째항을 a, 공비를 r라 하면 $a_4+a_5+a_6=6$에서
$$ar^3+ar^4+ar^5=6,\ ar^3(1+r+r^2)=6$$
$r^3=2$이므로 $a(1+r+r^2)=3$
$$a_1+a_2+a_3+a_4+\cdots+a_{21}$$
$$=a+ar+ar^2+ar^3+\cdots+ar^{20}$$
$$=a(1+r+r^2)+ar^3(1+r+r^2)+ar^6(1+r+r^2)+\cdots$$
$$\quad+ar^{18}(1+r+r^2)$$
$$=3+2\times3+2^2\times3+\cdots+2^6\times3$$
$$=3(1+2+2^2+\cdots+2^6)$$
$$=3\times\frac{2^7-1}{2-1}=381$$ 답 ④

19

[전략] $a_n=ar^{n-1}$이라 하면 $b_n=\log_3 ar^{n-1}$이다.
이것을 (가), (나)에 대입하여 a, r에 대한 조건을 찾는다.

수열 $\{a_n\}$의 첫째항을 a, 공비를 r라 하면 $a>0$, $r>0$이다.
(가)에서
$$b_1+b_3+b_5+\cdots+b_{15}+b_{17}$$
$$=\log_3 a+\log_3 ar^2+\log_3 ar^4+\cdots+\log_3 ar^{14}+\log_3 ar^{16}$$
$$=\log_3 a^9 r^{72}=9\log_3 ar^8=-27$$
$$\therefore ar^8=\frac{1}{27}\quad\cdots❶$$
(나)에서
$$b_2+b_4+b_6+\cdots+b_{16}+b_{18}$$
$$=\log_3 ar+\log_3 ar^3+\cdots+\log_3 ar^{15}+\log_3 ar^{17}$$
$$=\log_3 a^9 r^{81}=9\log_3 ar^9=-36$$
$$\therefore ar^9=\frac{1}{81}\quad\cdots❷$$
❶, ❷에서 $r=\frac{1}{3}$, $a=3^5$

$$\therefore a_{11}=ar^{10}=3^{-5}=\frac{1}{3^5}$$ 답 ③

20

[전략] 원금이 a, 월이율이 $r\%$일 때 n개월 후 복리로 계산한 원리합계는 $a\left(1+\frac{r}{100}\right)^n$이므로 등비수열의 합을 생각한다.

저금한 금액의 원리합계는
$$100\times1.02+100\times1.02^2+\cdots+100\times1.02^{24}$$
$$=\frac{100\times1.02\times(1.02^{24}-1)}{1.02-1}$$
$$=\frac{100\times1.02\times0.6}{0.02}=3060\ (만\ 원)$$
따라서 자동차의 가격은 2860만 원이다.   답 ①

21

[전략] 매번 적립하는 금액이 변한다는 것에 주의하여 20년 후의 원리합계를 구한다.

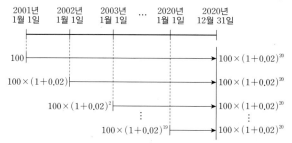

첫해 적립한 100만 원을 20년 동안 연이율 2 %의 복리로 계산하면 $100\times(1+0.02)^{20}$만 원이다.

매년 전년도보다 2 %씩 늘려서 적립하므로 두 번째 해에 적립한 금액은 $100\times(1+0.02)$만 원이고, 이 금액을 19년 동안 연이율 2 %의 복리로 계산하면
$100\times(1+0.02)\times1.02^{19}=100\times1.02^{20}\ (만\ 원)$이다.

따라서 매년 1월 1일에 적립한 금액의 원리합계는 100×1.02^{20}만 원으로 동일하므로 2020년 마지막 날 적립금의 원리합계는
$$20\times100\times1.02^{20}=20\times100\times1.49$$
$$=2980\ (만\ 원)$$ 답 ④

22

[전략] 10 %씩 증가하므로 1.1을 곱하면 된다. 곧, 공비가 1.1인 등비수열에 대한 문제이다.

처음 10 km 구간은 20 km/h의 속력으로 일정하게 달렸으므로 걸린 시간은 $\frac{1}{2}$시간이고, 이때 1 km를 달리는 데 걸린 시간은 $\frac{1}{20}$시간이다.

10 km 이후 1 km씩 달리는 데 걸린 시간은 전 1 km를 달리는 데 걸린 시간에 1.1을 곱하면 되므로

$$\frac{1}{2}+\frac{1}{20}\times1.1+\frac{1}{20}\times1.1^2+\frac{1}{20}\times1.1^3+\cdots+\frac{1}{20}\times1.1^{10}$$

$$=\frac{1}{2}+\frac{1}{20}\left\{\frac{1.1\times(1.1^{10}-1)}{1.1-1}\right\}$$

$$=\frac{1}{2}+1.1=1.6\ (\text{시간})$$

답 1.6시간

23

[전략] 점 P_n이 변 AB를 일정하게 나누는 점이므로 변 P_nQ_n의 길이는 등차수열이다. Q_k가 C의 왼쪽에 있는 경우와 오른쪽에 있는 경우로 나누어 합을 구한다.

꼭짓점 C에서 변 AB에 내린 수선의 발을 H라 하자.
$\overline{AB}=\sqrt{15^2+20^2}=25$이므로

$$\frac{1}{2}\times25\times\overline{CH}$$

$$=\frac{1}{2}\times15\times20$$

$$\therefore\overline{CH}=12$$

이때 $\overline{AH}=\sqrt{15^2-12^2}=9$
P_9, Q_9가 각각 H, C이므로 $\overline{P_9Q_9}=\overline{HC}=12$
$0, \overline{P_1Q_1}, \cdots, \overline{P_9Q_9}$도 등차수열이므로

$$0+\overline{P_1Q_1}+\cdots+\overline{P_9Q_9}=\frac{10\times(0+12)}{2}=60$$

$\overline{P_9Q_9}, \overline{P_{10}Q_{10}}, \cdots, \overline{P_{24}Q_{24}}, 0$도 등차수열이므로

$$\overline{P_9Q_9}+\overline{P_{10}Q_{10}}+\cdots+\overline{P_{24}Q_{24}}+0=\frac{17\times(12+0)}{2}=102$$

$$\therefore\overline{P_1Q_1}+\overline{P_2Q_2}+\overline{P_3Q_3}+\cdots+\overline{P_{24}Q_{24}}$$
$$=60+102-12=150$$

답 150

다른 풀이

다음 그림에서

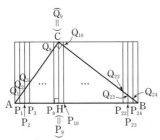

$$(\overline{P_1Q_1}+\cdots+\overline{P_8Q_8})+\overline{P_9Q_9}+(\overline{P_{10}Q_{10}}+\cdots+\overline{P_{24}Q_{24}})$$
$$=\frac{1}{2}\times12\times8+12+\frac{1}{2}\times12\times15=150$$

24

[전략] $B(a_n, b_n)$이 직선 $y=\frac{1}{2}x$ 위의 점임을 이용하여 먼저 b_n, a_{n+1}을 a_n으로 나타내고, 수열 $\{a_n\}$의 일반항부터 구한다.

$b_n=\frac{1}{2}a_n$이므로 정사각형의 한 변의 길이는 $\frac{1}{2}a_n$이고,

$T_n=\frac{1}{4}a_n^2$이다.

이때 $a_{n+1}=a_n+\frac{1}{2}a_n=\frac{3}{2}a_n$

수열 $\{a_n\}$은 첫째항이 1, 공비가 $\frac{3}{2}$인 등비수열이므로 수열 $\{T_n\}$은 첫째항이 $\frac{1}{4}$, 공비가 $\frac{9}{4}$인 등비수열이다.

$$\therefore T_1+T_2+T_3+\cdots+T_{10}=\frac{\frac{1}{4}\left\{\left(\frac{9}{4}\right)^{10}-1\right\}}{\frac{9}{4}-1}$$

$$=\frac{1}{5}\left\{\left(\frac{9}{4}\right)^{10}-1\right\}$$

답 ④

step **C** 최상위 문제
90쪽

01 ②   **02** 61   **03** 27   **04** $p=-3$, $q=-6$

01

[전략] 수열 $\{a_n\}, \{b_n\}$의 첫째항을 a_1, b_1, 공차를 d_1, d_2라 하고 A_n, B_n부터 구한다.
또 $A_1 : B_1 = 9 : 9$임을 이용하여 a_1과 b_1의 관계도 구한다.

$A_1 : B_1 = 9 : 9$이므로 $a_1=b_1$이다.
$\{a_n\}$의 첫째항을 a, 공차를 d_1이라 하고,
$\{b_n\}$의 첫째항을 a, 공차를 d_2라 하면

$$A_n=\frac{n}{2}\{2a+(n-1)d_1\}, \quad B_n=\frac{n}{2}\{2a+(n-1)d_2\}$$

$A_n : B_n = (3n+6) : (7n+2)$이므로

$$\frac{2a+d_1n-d_1}{2a+d_2n-d_2}=\frac{3n+6}{7n+2}$$

모든 n에 대하여 성립하므로

$$d_1 : d_2=3 : 7, \quad (2a-d_1) : (2a-d_2)=6 : 2$$

$d_1 : d_2=3 : 7$에서 $d_2=\frac{7}{3}d_1$이므로

$$(2a-d_1) : \left(2a-\frac{7}{3}d_1\right)=3 : 1 \qquad \therefore a=\frac{3}{2}d_1$$

이때 $a_n=a+(n-1)d_1=\frac{3}{2}d_1+(n-1)d_1$

$$b_n=a+(n-1)d_2=\frac{3}{2}d_1+\frac{7}{3}(n-1)d_1$$

$$\therefore a_7 : b_7=\left(\frac{3}{2}d_1+6d_1\right) : \left(\frac{3}{2}d_1+14d_1\right)=15 : 31$$

답 ②

Note

$\dfrac{d_1n+2a-d_1}{d_2n+2a-d_2}=\dfrac{3n+6}{7n+2}$에서

$d_1=3k$, $2a-d_1=6k$라 하면

$d_2=7k$, $2a-d_2=2k$이므로 $a=\frac{9}{2}k$

곧, $a_7=a+6d_1=\frac{9}{2}k+6\times3k=\frac{45}{2}k$

$b_7=a+6d_2=\frac{9}{2}k+6\times7k=\frac{93}{2}k$

$$\therefore a_7 : b_7=\frac{45}{2}k : \frac{93}{2}k=15 : 31$$

02

[전략] $a_1+a_2+\cdots+a_n=S_n$은 n^2에 대한 이차식이다.
조건을 만족시키는 S_n의 그래프를 생각한다.

수열 $\{a_n\}$의 공차를 d라 하면 $T_n=\left|\dfrac{n\{120+(n-1)d\}}{2}\right|$

$T_{20}=T_{21}$이므로 $\left|\dfrac{20(120+19d)}{2}\right|=\left|\dfrac{21(120+20d)}{2}\right|$

(ⅰ) $\dfrac{20(120+19d)}{2}=\dfrac{21(120+20d)}{2}$일 때 $d=-3$

이때 $T_{19}<T_{20}$이 성립한다.

(ⅱ) $\dfrac{20(120+19d)}{2}=-\dfrac{21(120+20d)}{2}$일 때 $d=-\dfrac{123}{20}$

이때 $T_{19}<T_{20}$이 성립하지 않는다.

(ⅰ), (ⅱ)에서 $T_n=\left|\dfrac{-3n^2+123n}{2}\right|$이다.

$f(x)=\dfrac{-3x^2+123x}{2}$라 하면

$y=f(x)$ 그래프의 축이 직선
$x=\dfrac{41}{2}$이고 방정식 $f(x)=0$의
해가 $x=0$ 또는 $x=41$이므로
$y=|f(x)|$의 그래프는 그림과
같다.

따라서 $T_{21}>T_{22}>T_{23}>\cdots>T_{41}=0,\ T_{41}<T_{42}$
$T_n>T_{n+1}$을 만족시키는 n의 값은
$21,\ 22,\ 23,\ \cdots,\ 40$이고 최솟값과 최댓값의 합은
$$21+40=61$$

답 61

Note

$T_n=|a_1+a_2+a_3+\cdots+a_n|$이므로 $T_n>0$
$T_{19}<T_{20}$이고 $T_{20}=T_{21}$이므로
$a_{20}>0$이고 $a_{21}=0$이다.
$\{a_n\}$은 첫째항이 60인 등차수열이므로
$a_{21}=60+20d=0$에서 $d=-3$
$\therefore a_n=-3n+63$

03

[전략] 수열 $a,\ b,\ c$의 공비를 r라 하고 $b,\ c$를 a와 r로 나타낸다.

수열 $a,\ b,\ c$의 공비를 r라 하면 $b=ar,\ c=ar^2$
따라서 $3^a,\ 9^b,\ 27^c$은 $3^a,\ 9^{ar},\ 27^{ar^2}$이고 이 수열의 공비도 r이므로
$$\dfrac{9^{ar}}{3^a}=\dfrac{27^{ar^2}}{9^{ar}}=r$$
$$\therefore 3^{2ar-a}=3^{3ar^2-2ar}=r \quad \cdots ❶$$

$2ar-a=3ar^2-2ar$에서
$$a(3r^2-4r+1)=0,\ a(3r-1)(r-1)=0$$

$a>0$이고 $r\ne 1$이므로 $r=\dfrac{1}{3}$

❶에 대입하면 $3^{\frac{2}{3}a-a}=\dfrac{1}{3},\ -\dfrac{1}{3}a=-1,\ a=3$

곧, $b=1,\ c=\dfrac{1}{3}$이므로

$$t_A=\dfrac{3^3}{3}=9,\ t_B=\dfrac{9^1}{1}=9,\ t_C=\dfrac{27^{\frac{1}{3}}}{\frac{1}{3}}=9$$

$$\therefore t_A+t_B+t_C=27$$

답 27

04

[전략] 세 근을 $a,\ ar,\ ar^2$으로 놓으면 a의 부호와 r의 범위에 따라 크기가 정해진다.

서로 다른 세 실근이 등비수열을 이루므로 세 실근을
$a,\ ar,\ ar^2\ (a\ne 0,\ r\ne -1,\ r\ne 0,\ r\ne 1)$으로 놓을 수 있다.
세 근의 곱이 -8이므로
$$a\times ar\times ar^2=-8,\ (ar)^3=-8$$
ar가 실수이므로 $ar=-2 \quad \cdots ❶$

(ⅰ) $r>1$이면 $1<r<r^2$이므로 $a,\ ar,\ ar^2$ 또는 $ar^2,\ ar,\ a$의 순서로 등차수열을 이룬다.
$$2ar=a+ar^2,\ a(r^2-2r+1)=0$$
$a\ne 0,\ r\ne 1$이므로 가능하지 않다.

(ⅱ) $0<r<1$이면 $0<r^2<r<1$이므로 $ar^2,\ ar,\ a$ 또는 $a,\ ar,\ ar^2$이므로 (ⅰ)과 같은 이유로 가능하지 않다.

(ⅲ) $-1<r<0$이면 $r<r^2<1$이므로 $ar,\ ar^2,\ a$ 또는 $a,\ ar^2,\ ar$의 순서로 등차수열을 이룬다.
$$2ar^2=a+ar,\ a(r-1)(2r+1)=0$$
$a\ne 0,\ r\ne 1$이므로 $r=-\dfrac{1}{2}$

❶에 대입하면 $a=4$
따라서 세 실근은 $4,\ 1,\ -2$이므로 근과 계수의 관계에서
$$-p=4+(-2)+1$$
$$q=4\times(-2)+(-2)\times 1+1\times 4$$
$$\therefore p=-3,\ q=-6$$

(ⅳ) $r<-1$이면 $r<1<r^2$이므로 $ar,\ a,\ ar^2$ 또는 $ar^2,\ a,\ ar$의 순서로 등차수열을 이룬다.
$$2a=ar^2+ar,\ a(r+2)(r-1)=0$$
$a\ne 0,\ r\ne 1$이므로 $r=-2$

❶에 대입하면 $a=1$
따라서 세 실근은 $4,\ 1,\ -2$이므로 $p,\ q$의 값은 (ⅲ)과 같다.

(ⅰ)~(ⅳ)에서 $p=-3,\ q=-6$

답 $p=-3,\ q=-6$

08. 수열의 합과 수학적 귀납법

92~96쪽

01 ⑤	**02** ①	**03** ②	**04** 14	**05** ①
06 ④	**07** ①	**08** $p=\dfrac{7}{2}$, $q=\dfrac{35}{2}$		**09** ③
10 $\dfrac{100}{201}$	**11** ③	**12** ①	**13** ④	**14** 69
15 ④	**16** ①	**17** ②	**18** ③	**19** $8n$
20 8	**21** ①	**22** $\dfrac{10}{21}$	**23** 15	**24** ②
25 ③	**26** ⑤	**27** ①	**28** ②	**29** ②
30 ④	**31** 29	**32** ③	**33** 풀이 참조	
34 ④				

01

$$\sum_{k=1}^{18} f(k+2) - \sum_{k=3}^{20} f(k-1)$$
$$= \{f(3)+f(4)+f(5)+\cdots+f(20)\}$$
$$\quad - \{f(2)+f(3)+f(4)+\cdots+f(19)\}$$
$$= f(20)-f(2) = 22$$

답 ⑤

02

$$\sum_{k=1}^{12}(a_k+b_k)^2 = \sum_{k=1}^{12}(a_k^2+2a_kb_k+b_k^2)$$
$$= \sum_{k=1}^{12}(a_k^2+b_k^2)+2\sum_{k=1}^{12}a_kb_k$$

에서 $\sum_{k=1}^{12}(a_k+b_k)^2=200$, $\sum_{k=1}^{12}a_kb_k=40$을 대입하면

$$200=\sum_{k=1}^{12}(a_k^2+b_k^2)+80, \ \sum_{k=1}^{12}(a_k^2+b_k^2)=120$$

$$\therefore \sum_{k=1}^{12}(a_k^2+b_k^2-10)=\sum_{k=1}^{12}(a_k^2+b_k^2)-10\times12$$
$$=120-120=0$$

답 ①

03

$$\sum_{k=1}^{10}\frac{k^3}{k^2-k+1}+\sum_{k=2}^{10}\frac{1}{k^2-k+1}$$
$$=\sum_{k=1}^{10}\frac{k^3}{k^2-k+1}+\sum_{k=1}^{10}\frac{1}{k^2-k+1}-1$$
$$=\sum_{k=1}^{10}\left\{\frac{(k+1)(k^2-k+1)}{k^2-k+1}\right\}-1$$
$$=\sum_{k=1}^{10}(k+1)-1$$
$$=\frac{10\times11}{2}+10-1=64$$

답 ②

04

$\sum_{k=1}^{10}(a_k+1)^2=28$에서

$$\sum_{k=1}^{10}(a_k^2+2a_k+1)=28$$
$$\sum_{k=1}^{10}a_k^2+2\sum_{k=1}^{10}a_k+10=28$$
$$\sum_{k=1}^{10}a_k^2+2\sum_{k=1}^{10}a_k=18 \quad \cdots \textbf{❶}$$

또 $\sum_{k=1}^{10}a_k(a_k+1)=16$에서 $\sum_{k=1}^{10}(a_k^2+a_k)=16$

$$\sum_{k=1}^{10}a_k^2+\sum_{k=1}^{10}a_k=16 \quad \cdots \textbf{❷}$$

$2\times\textbf{❷}-\textbf{❶}$을 하면 $\sum_{k=1}^{10}a_k^2=14$

답 14

05

$\sum_{j=1}^{i}\dfrac{j}{i}=\dfrac{1}{i}\sum_{j=1}^{i}j=\dfrac{1}{i}\times\dfrac{i(i+1)}{2}=\dfrac{i+1}{2}$이므로

$$\sum_{i=1}^{10}\left(\sum_{j=1}^{i}\frac{j}{i}\right)=\frac{1}{2}\sum_{i=1}^{10}(i+1)$$
$$=\frac{1}{2}\times\frac{10\times11}{2}+5=\frac{65}{2}$$

답 ①

06

$\alpha+\beta=1$, $\alpha\beta=-3$이므로

$$\sum_{k=1}^{10}(k-\alpha)(k-\beta)=\sum_{k=1}^{10}\{k^2-(\alpha+\beta)k+\alpha\beta\}$$
$$=\sum_{k=1}^{10}(k^2-k-3)$$
$$=\frac{10\times11\times21}{6}-\frac{10\times11}{2}-30$$
$$=300$$

답 ④

07

$\alpha_n+\beta_n=n$, $\alpha_n\beta_n=n+1$이므로

$$\alpha_n^2+\beta_n^2=(\alpha_n+\beta_n)^2-2\alpha_n\beta_n$$
$$=n^2-2(n+1)=n^2-2n-2$$

$$\therefore \sum_{k=1}^{n}(\alpha_k^2+\beta_k^2)$$
$$=\sum_{k=1}^{n}(k^2-2k-2)$$
$$=\frac{n(n+1)(2n+1)}{6}-2\times\frac{n(n+1)}{2}-2n$$
$$=\frac{n}{6}\{(n+1)(2n+1)-6(n+1)-12\}$$
$$=\frac{n}{6}(2n^2-3n-17)$$

답 ①

08

$$\sum_{k=1}^{6}(k-a)^2=\sum_{k=1}^{6}(k^2-2ak+a^2)$$
$$=\frac{6\times7\times13}{6}-2a\times\frac{6\times7}{2}+6a^2$$
$$=6a^2-42a+91$$
$$=6\left(a-\frac{7}{2}\right)^2+\frac{35}{2}$$

따라서 $f(a)$는 $a=\dfrac{7}{2}$에서 최솟값 $\dfrac{35}{2}$를 갖는다.

$$\therefore p=\frac{7}{2}, \ q=\frac{35}{2}$$

답 $p=\dfrac{7}{2}$, $q=\dfrac{35}{2}$

09

$\dfrac{1}{k(k+1)}=\dfrac{1}{k}-\dfrac{1}{k+1}$이므로

$$\sum_{k=1}^{n}\dfrac{16}{k(k+1)}$$
$$=16\sum_{k=1}^{n}\left(\dfrac{1}{k}-\dfrac{1}{k+1}\right)$$
$$=16\left\{\left(\dfrac{1}{1}-\dfrac{1}{2}\right)+\left(\dfrac{1}{2}-\dfrac{1}{3}\right)+\cdots+\left(\dfrac{1}{n}-\dfrac{1}{n+1}\right)\right\}$$
$$=16\left(1-\dfrac{1}{n+1}\right)$$

조건에서

$$16\left(1-\dfrac{1}{n+1}\right)=15,\ \dfrac{n}{n+1}=\dfrac{15}{16}$$
$$\therefore n=15 \qquad\qquad\text{답 ③}$$

10

$n\geq2$일 때

$$a_n=S_n-S_{n-1}=n^2-(n-1)^2=2n-1$$

$a_1=S_1=1$이므로 $a_n=2n-1$ (단, $n\geq1$)

$$\dfrac{1}{a_n a_{n+1}}=\dfrac{1}{(2n-1)(2n+1)}=\dfrac{1}{2}\left(\dfrac{1}{2n-1}-\dfrac{1}{2n+1}\right)$$

이므로

$$\sum_{k=1}^{100}\dfrac{1}{a_k a_{k+1}}$$
$$=\dfrac{1}{2}\sum_{k=1}^{100}\left(\dfrac{1}{2k-1}-\dfrac{1}{2k+1}\right)$$
$$=\dfrac{1}{2}\left\{\left(1-\dfrac{1}{3}\right)+\left(\dfrac{1}{3}-\dfrac{1}{5}\right)+\cdots+\left(\dfrac{1}{199}-\dfrac{1}{201}\right)\right\}$$
$$=\dfrac{1}{2}\left(1-\dfrac{1}{201}\right)=\dfrac{100}{201} \qquad\text{답 }\dfrac{100}{201}$$

11

$\dfrac{1}{\sqrt{k}+\sqrt{k+2}}=\dfrac{\sqrt{k}-\sqrt{k+2}}{k-(k+2)}=\dfrac{\sqrt{k+2}-\sqrt{k}}{2}$이므로

$$\sum_{k=1}^{48}\dfrac{1}{\sqrt{k}+\sqrt{k+2}}$$
$$=\dfrac{1}{2}\sum_{k=1}^{48}\left(\sqrt{k+2}-\sqrt{k}\right)$$
$$=\dfrac{1}{2}\left\{(\sqrt{3}-\sqrt{1})+(\sqrt{4}-\sqrt{2})+(\sqrt{5}-\sqrt{3})\right.$$
$$\left.+\cdots+(\sqrt{49}-\sqrt{47})+(\sqrt{50}-\sqrt{48})\right\}$$
$$=\dfrac{1}{2}\times(-\sqrt{1}-\sqrt{2}+\sqrt{49}+\sqrt{50})$$
$$=3+2\sqrt{2} \qquad\qquad\text{답 ③}$$

12

주어진 수열에서 3의 배수를 함께 생각하면

$$1,\ 2,\ 3,\ 4,\ 5,\ 6,\ \cdots,\ 44,\ 45,\ \cdots$$

이므로 $a_{30}=44$이다.

$$\therefore \sum_{k=1}^{30}a_k=\sum_{k=1}^{45}k-\sum_{k=1}^{15}3k$$
$$=\dfrac{45\times46}{2}-3\times\dfrac{15\times16}{2}=675 \qquad\text{답 ①}$$

다른 풀이

$(1,\ 2),\ (4,\ 5),\ (7,\ 8),\ \cdots$로 생각하면

k번째 항은 $(3k-2,\ 3k-1)$이므로

$$\sum_{k=1}^{30}a_k=\sum_{k=1}^{15}(3k-2+3k-1)=\sum_{k=1}^{15}(6k-3)$$
$$=6\times\dfrac{15\times16}{2}-3\times15=675$$

13

$$x^2-5\times2^{n-1}x+2^{2n}\leq0$$
$$(x-2^{n-1})(x-2^{n+1})\leq0$$
$$\therefore 2^{n-1}\leq x\leq2^{n+1}$$

정수해의 개수는

$$a_n=2^{n+1}-2^{n-1}+1=3\times2^{n-1}+1$$
$$\therefore \sum_{n=1}^{7}a_n=\sum_{n=1}^{7}(3\times2^{n-1}+1)$$
$$=\dfrac{3(2^7-1)}{2-1}+7=388 \qquad\text{답 ④}$$

14

a_1부터 a_{20}까지 중에 0이 a개, 1이 b개, 2가 c개라 하면

$\displaystyle\sum_{k=1}^{20}a_k=21$에서 $b+2c=21$

$\displaystyle\sum_{k=1}^{20}a_k^2=37$에서 $b+2^2c=37$

연립하여 풀면 $b=5,\ c=8$

$$\therefore \sum_{k=1}^{20}a_k^3=b+2^3c=69 \qquad\text{답 69}$$

Note

$a+b+c=20$이므로 $a=7$

15

n이 홀수이면 $f(n)=1$이고

n이 짝수이면 $f(n)=2$이다.

이때 $f(2)+f(3)=f(4)+f(5)=\cdots=3$이므로

$$\sum_{k=2}^{2l+1}f(k)=l\times3=3l$$

따라서 $\displaystyle\sum_{k=2}^{2\times30+1}f(k)=90$이고, $f(62)=2$이므로

$$\sum_{k=2}^{62}f(k)=\sum_{k=2}^{61}f(k)+f(62)=92$$
$$\therefore m=62 \qquad\qquad\text{답 ④}$$

Note

실수 a의 n제곱근 중 실수인 것

n이 2 이상의 정수일 때, 실수 a의 n제곱근 중 실수인 것은 다음과 같다.

	$a>0$	$a=0$	$a<0$
n이 짝수	$\sqrt[n]{a},\ -\sqrt[n]{a}$	0	없다.
n이 홀수	$\sqrt[n]{a}$	0	$\sqrt[n]{a}$

16

$$\left(\dfrac{1}{1}\right),\ \left(\dfrac{1}{2},\ \dfrac{2}{1}\right),\ \left(\dfrac{1}{3},\ \dfrac{2}{2},\ \dfrac{3}{1}\right),\ \left(\dfrac{1}{4},\ \dfrac{2}{3},\ \dfrac{3}{2},\ \dfrac{4}{1}\right),\ \cdots$$

와 같이 나누어 생각하면 $\dfrac{5}{9}$는 제13군 5번째 항이다.

제12군까지 항의 개수는 $\dfrac{12 \times 13}{2} = 78$

따라서 $\dfrac{5}{9}$는 $78 + 5 = 83$번째 항이다. 　　　　답 ①

17

$$(2), (2, 4), (2, 4, 6), (2, 4, 6, 8), \cdots$$

과 같이 나누면 각 군의 수는 첫째항 2, 공차 2인 등차수열이므로
각 군의 n번째 항은 $2 + 2(n-1) = 2n$이다.
제10군의 마지막 항은 20이고 처음으로 20이 나오는 항이다.
따라서 첫째항에서 제p항까지의 합은 제1군의 합부터 제10군까지의 합을 모두 더하면 된다.

제n군의 합은 $\displaystyle\sum_{k=1}^{n} 2k = n(n+1)$이므로

구하는 합은

$$\sum_{m=1}^{10} m(m+1) = \sum_{m=1}^{10} (m^2 + m)$$
$$= \frac{10 \times 11 \times 21}{6} + \frac{10 \times 11}{2} = 440$$

답 ②

18

$A_k(k, 2^k + 4)$, $B_{k+1}(k+1, k+1)$이므로
S_k는 가로의 길이가 1이고
세로의 길이가 $(2^k + 4) - (k+1) = 2^k - k + 3$
인 직사각형의 넓이이다.

$$\therefore S_k = 2^k - k + 3$$
$$\therefore \sum_{k=1}^{8} S_k = \sum_{k=1}^{8} (2^k - k + 3)$$
$$= \frac{2(2^8 - 1)}{2 - 1} - \frac{8 \times 9}{2} + 3 \times 8 = 498$$

답 ③

19

직선 n개의 방정식을 왼쪽부터 $x = a_k$ $(k = 1, 2, 3, \cdots, n)$라 하면
$a_k = 2 + \dfrac{2(k-1)}{n-1}$이므로

$$l_k = a_k^2 - (a_k - 2)^2 = 4a_k - 4 = 4 + \frac{8(k-1)}{n-1}$$
$$\therefore \sum_{k=1}^{n} l_k = \sum_{k=1}^{n} \left\{ 4 + \frac{8(k-1)}{n-1} \right\}$$
$$= 4n + \frac{8}{n-1} \times \frac{n(n-1)}{2} = 8n$$

답 $8n$

20

$\overline{A_n B_n} = \sqrt{2n-1}$, $\overline{A_{n+1} B_{n+1}} = \sqrt{2n+1}$에서
$S_n = \dfrac{\sqrt{2n-1} + \sqrt{2n+1}}{2}$이므로

$$\frac{1}{S_n} = \frac{2}{\sqrt{2n-1} + \sqrt{2n+1}}$$
$$= \frac{2(\sqrt{2n-1} - \sqrt{2n+1})}{-2}$$
$$= \sqrt{2n+1} - \sqrt{2n-1}$$

$$\therefore \sum_{n=1}^{40} \frac{1}{S_n} = \sum_{n=1}^{40} (\sqrt{2n+1} - \sqrt{2n-1})$$
$$= (\sqrt{3} - \sqrt{1}) + (\sqrt{5} - \sqrt{3}) + (\sqrt{7} - \sqrt{5}) + \cdots$$
$$+ (\sqrt{79} - \sqrt{77}) + (\sqrt{81} - \sqrt{79})$$
$$= \sqrt{81} - \sqrt{1} = 8$$

답 8

21

$S_n = 2n^2 - 3n + 1$이므로 $n \geq 2$일 때

$$a_n = S_n - S_{n-1}$$
$$= 2n^2 - 3n + 1 - \{2(n-1)^2 - 3(n-1) + 1\}$$
$$= 4n - 5$$
$$\therefore \sum_{k=1}^{10} a_{2k} = \sum_{k=1}^{10} (8k - 5)$$
$$= 8 \times \frac{10 \times 11}{2} - 5 \times 10 = 390$$

답 ①

Note

수열 $\{a_n\}$은
$$a_1 = S_1 = 0$$
$$a_n = 4n - 5 \ (n \geq 2)$$

22

$S_n = \displaystyle\sum_{k=1}^{n} \dfrac{a_k}{k+1}$라 하면 $S_n = n^2 + n$이므로

$n \geq 2$일 때

$$\frac{a_n}{n+1} = S_n - S_{n-1}$$
$$= n^2 + n - \{(n-1)^2 + (n-1)\} = 2n \quad \cdots ❶$$

$S_1 = 2$이고 ❶에서 $n = 1$을 대입하면 $\dfrac{a_1}{2} = 2$이므로

$n \geq 1$일 때 $\dfrac{a_n}{n+1} = 2n$ 　　$\therefore a_n = 2n(n+1)$

$\dfrac{1}{a_n} = \dfrac{1}{2n(n+1)} = \dfrac{1}{2}\left(\dfrac{1}{n} - \dfrac{1}{n+1}\right)$이므로

$$\sum_{n=1}^{20} \frac{1}{a_n} = \frac{1}{2} \sum_{n=1}^{20} \left(\frac{1}{n} - \frac{1}{n+1} \right)$$
$$= \frac{1}{2} \left\{ \left(1 - \frac{1}{2}\right) + \left(\frac{1}{2} - \frac{1}{3}\right) + \cdots + \left(\frac{1}{20} - \frac{1}{21}\right) \right\}$$
$$= \frac{1}{2} \left(1 - \frac{1}{21}\right) = \frac{10}{21}$$

답 $\dfrac{10}{21}$

23

$$a_5 b_5 = \sum_{k=1}^{5} a_k b_k - \sum_{k=1}^{4} a_k b_k$$
$$= 4 \times 5^3 + 3 \times 5^2 - 5 - (4 \times 4^3 + 3 \times 4^2 - 4) = 270$$

이때 $a_n = 4n - 2$에서 $a_5 = 18$이므로

$$b_5 = \frac{270}{18} = 15$$

답 15

24

$a_1 = 2$이므로

$$a_2 = a_1 - 1 = 1$$
$$a_3 = a_2 + 2 = 1 + 2 = 3$$
$$a_4 = a_3 + 3 = 3 + 3 = 6$$

$a_5=a_4-1=6-1=5$

$a_6=a_5+5=5+5=10$

$a_7=a_6-1=10-1=9$ **답** ②

25

$a_2=a_1-1=0$

$a_3=a_2+2=2$

$a_4=a_3-3=-1$

$a_5=a_4+4=3$

$a_6=a_5-5=-2$

$a_7=a_6+6=4$

$\vdots$

이므로

$a_{2m-1}=m$, $a_{2m}=-m+1$

$\therefore a_{20}+a_{21}=-9+11=2$ **답** ③

26

$a_{n+2}-2a_{n+1}+a_n=0$에서

$a_{n+2}-a_{n+1}=a_{n+1}-a_n$

이므로 $\{a_n\}$은 등차수열이다.

공차를 d라 하면 $a_2=3a_1$에서

$a_1+d=3a_1$ $\therefore d=2a_1$

$a_{10}=76$이므로 $a_1+9d=76$, $19a_1=76$

$\therefore a_1=4$, $d=8$

$\therefore a_5=a_1+4d=36$ **답** ⑤

27

$\log_3 a_{n+1}=\log_3 3a_n$이므로 $a_{n+1}=3a_n$

따라서 $\{a_n\}$은 공비가 3인 등비수열이다.

$a_n=3\times3^{n-1}=3^n$이므로

$a_1\times a_2\times a_3\times\cdots\times a_7=3\times3^2\times3^3\times\cdots\times3^7$

$=3^{1+2+3+\cdots+7}=3^{28}$

$\therefore k=28$ **답** ①

28

$a_n=\left(1-\dfrac{1}{n^2}\right)a_{n-1}$에서

$a_n=\dfrac{n^2-1}{n^2}a_{n-1}$, $a_n=\dfrac{(n-1)(n+1)}{n^2}a_{n-1}$

$a_2=\dfrac{1\times3}{2^2}a_1$

$a_3=\dfrac{2\times4}{3^2}a_2$

$a_4=\dfrac{3\times5}{4^2}a_3$

$\vdots$

$a_n=\dfrac{(n-1)(n+1)}{n^2}a_{n-1}$

변변 곱하여 정리하면 $a_n=\dfrac{n+1}{2n}a_1$

$a_1=1$이므로 $a_k=\dfrac{19}{36}$에서

$\dfrac{k+1}{2k}=\dfrac{19}{36}$ $\therefore k=18$ **답** ②

29

$a_1=2$, $a_{n+1}=a_n+n+1$에서

$a_2=a_1+2$

$a_3=a_2+3$

$a_4=a_3+4$

$a_5=a_4+5$

$\vdots$

$a_n=a_{n-1}+n$

변변 더하여 정리하면

$a_n=a_1+\displaystyle\sum_{k=2}^{n}k$

$=2+\dfrac{n(n+1)}{2}-1$

$=\dfrac{1}{2}n^2+\dfrac{1}{2}n+1$

$a_k=56$이면

$\dfrac{1}{2}k^2+\dfrac{1}{2}k+1=56$, $k^2+k-110=0$

$k>0$이므로 $k=10$ **답** ②

30

(가)에 의해

$a_{60}=a_{53}=a_{46}=\cdots=a_4$

(나)에 의해

$a_2=2a_1-1=3$

$a_3=2a_2-1=5$

$a_4=2a_3-1=9$

$\therefore a_{60}=9$ **답** ④

Note

주기가 7이고 $60=7\times8+4$이므로 $a_{60}=a_4$

31

(나)에서 $x^2-2\sqrt{a_n}x+a_{n+1}-3=0$이 중근을 가지므로

$\dfrac{D}{4}=4a_n-4(a_{n+1}-3)=0$

$\therefore a_{n+1}-a_n=3$

따라서 $\{a_n\}$은 첫째항이 2이고 공차가 3인 등차수열이므로

$a_{10}=2+9\times3=29$ **답** 29

32

(ⅰ) $n=1$일 때

$3^{2\times1+2}+8\times1-9=\boxed{80}$

이므로 16의 배수이다.

(ⅱ) $n=k$일 때 $3^{2k+2}+8k-9$가 16의 배수라 가정하면

$3^{2k+2}+8k-9=16l$ (l은 자연수)

로 놓을 수 있다.

$3^{2(k+1)+2}+8(\boxed{k+1})-9$

$=3^{2k+4}+\boxed{8k-1}$

$=9\times3^{2k+2}+9\times8k-9\times9-8\times8k+80$

$=16\{9l+(\boxed{-4k+5})\}$

이므로 $n=\boxed{k+1}$일 때도 $3^{2n+2}+8n-9$는 16의 배수이다.

(i), (ii)에 의하여 모든 자연수 n에 대하여 $3^{2n+2}+8n-9$는 16의 배수이다.

따라서 $a=80$, $f(k)=k+1$, $g(k)=8k-1$, $h(k)=-4k+5$ 이므로

$a+f(1)+g(2)+h(3)=80+2+15-7=90$ 　답 ③

33

(i) $n=1$일 때

(좌변)$=1\times2=2$, (우변)$=\dfrac{1\times2\times3}{3}=2$

이므로 등식이 성립한다.

(ii) $n=k$일 때 등식이 성립한다고 가정하면

$1\times2+2\times3+3\times4+\cdots+k(k+1)=\dfrac{k(k+1)(k+2)}{3}$

　　　　　　　　　　　　　　　　　　　　$\cdots$ ❶

❶의 양변에 $(k+1)(k+2)$를 더하면

$1\times2+2\times3+3\times4+\cdots+k(k+1)+(k+1)(k+2)$

$=\dfrac{k(k+1)(k+2)}{3}+(k+1)(k+2)$

$=\dfrac{(k+1)(k+2)(k+3)}{3}$

따라서 $n=k+1$일 때도 ❶이 성립한다.

(i), (ii)에 의하여 모든 자연수 n에 대하여 등식

$1\times2+2\times3+3\times4+\cdots+n(n+1)=\dfrac{n(n+1)(n+2)}{3}$

가 성립한다. 　답 풀이 참조

34

(i) $n=3$일 때

(좌변)$=3^4=81$, (우변)$=4^3=64$

이므로 (*)이 성립한다.

(ii) $n=k$ $(k\geq3)$일 때 (*)이 성립한다고 가정하면

$k^{k+1}>(k+1)^k$

이때

$(k+1)^{k+2}=\dfrac{(k+1)^{k+2}}{k^{k+1}}\times\boxed{k^{k+1}}$

$>\dfrac{(k+1)^{k+2}}{k^{k+1}}\times(k+1)^k$

$=\dfrac{(k+1)^{2k+2}}{k^{k+1}}$

$=\left\{\dfrac{(k+1)^2}{k}\right\}^{k+1}$

$=\left(\dfrac{k^2+2k+1}{k}\right)^{k+1}$

$=\left(\boxed{k+2+\dfrac{1}{k}}\right)^{k+1}$

$>(k+2)^{k+1}$

따라서 $n=k+1$일 때도 (*)이 성립한다.

(i), (ii)에 의하여 3 이상의 자연수 n에 대하여 부등식 (*)이 성립한다.

$\therefore$ (가) k^{k+1}, (나) $k+2+\dfrac{1}{k}$ 　답 ④

step **B** 실력 문제 97~103쪽

01 ③	**02** ③	**03** ④	**04** ②	**05** 560
06 ⑤	**07** 120	**08** ②	**09** 24	**10** ①
11 ②	**12** ③	**13** ②	**14** 170	**15** ④
16 ④	**17** 5	**18** 195	**19** ①	**20** 191
21 ④	**22** 12	**23** ④	**24** ⑤	**25** ①
26 ①	**27** ⑤	**28** ④	**29** ①	**30** ④
31 ①	**32** 1643	**33** 330	**34** $\dfrac{6}{7}$	**35** ⑤
36 74	**37** 풀이 참조	**38** ②		

01

[전략] $a_n=\dfrac{n(n-3)}{2}$이다.

$a_n=\dfrac{n(n-3)}{2}$ $(n\geq4)$이므로

$\displaystyle\sum_{k=4}^{10}a_k=\sum_{k=4}^{10}\dfrac{k(k-3)}{2}$

$=\dfrac{1}{2}\left\{\sum_{k=1}^{10}(k^2-3k)-\sum_{k=1}^{3}(k^2-3k)\right\}$

$=\dfrac{1}{2}\left\{\dfrac{10\times11\times21}{6}-3\times\dfrac{10\times11}{2}-(-2-2+0)\right\}$

$=112$ 　답 ③

02

[전략] $1000=2^3\times5^3$이므로 1000의 약수는 $2^k\times5^l$ $(k, l=0, 1, 2, 3)$ 꼴이다.

1000의 양의 약수는

$1, 2, 2^2, 2^3, 5, 5\times2, 5\times2^2, 5\times2^3, 5^2, 5^2\times2, 5^2\times2^2,$

$5^2\times2^3, 5^3, 5^3\times2, 5^3\times2^2, 5^3\times2^3$

이므로

$\displaystyle\sum_{k=1}^{16}\log a_k=\log a_1+\log a_2+\cdots+\log a_{16}$

$=\log(a_1\times a_2\times\cdots\times a_{16})$

$=\log(2^{24}\times5^{24})=24\log10=24$

　答 ③

03

[전략] $-1, 1, 2$의 개수를 a, b, c라 하고 주어진 등식을 a, b, c로 나타낸다.

$-1, 1, 2$의 개수를 각각 a, b, c라 하면

$a+b+c=30$ 　　　　　　　　　　　$\cdots$ ❶

$\displaystyle\sum_{i=1}^{30}(x_i+|x_i|)=50$에서

$$(-a+b+2c)+(a+b+2c)=50$$
$$\therefore b+2c=25 \qquad \cdots ❷$$

$\displaystyle\sum_{i=1}^{30}(x_i-1)(x_i+1)=15$에서

$$\sum_{i=1}^{30}(x_i^2-1)=15, \ a+b+4c-30=15 \qquad \cdots ❸$$

❶, ❷, ❸을 연립하여 풀면 $a=10$, $b=15$, $c=5$

$$\therefore 6\sum_{i=1}^{30}x_i=6(-a+b+2c)=90 \qquad \text{📋 ④}$$

04

[전략] k번째 항을 n과 k에 대한 식으로 나타낸 다음 $\displaystyle\sum_{k=1}^{n-1}a_k$를 계산한다.

$a_k=k^2(n-k)$이므로 주어진 식은

$$\sum_{k=1}^{n-1}k^2(n-k)=n\sum_{k=1}^{n-1}k^2-\sum_{k=1}^{n-1}k^3$$
$$=n\times\frac{n(n-1)(2n-1)}{6}-\frac{n^2(n-1)^2}{4}$$
$$=\frac{n^2(n-1)}{12}\{2(2n-1)-3(n-1)\}$$
$$=\frac{n^2(n-1)(n+1)}{12} \qquad \text{📋 ②}$$

Note

$a_n=0$이므로 $\displaystyle\sum_{k=1}^{n}k^2(n-k)$를 계산해도 된다.

05

[전략] $k(k+1)(k+2)(k+3)+1$부터 간단히 한다.

$$k(k+1)(k+2)(k+3)+1$$
$$=(k^2+3k)(k^2+3k+2)+1$$
$$=(k^2+3k)^2+2(k^2+3k)+1$$
$$=(k^2+3k+1)^2$$

이므로 주어진 식은

$$\sum_{k=1}^{10}(k^2+3k+1)=\sum_{k=1}^{10}k^2+3\sum_{k=1}^{10}k+\sum_{k=1}^{10}1$$
$$=\frac{10\times11\times21}{6}+3\times\frac{10\times11}{2}+10$$
$$=560 \qquad \text{📋 560}$$

06

[전략] 몫을 $Q_n(x)$라 하고 $x^{2n}=(x^2-9)Q_n(x)+a_nx+b_n$에서 b_n부터 구한다.

몫을 $Q_n(x)$라 하면
$$x^{2n}=(x^2-9)Q_n(x)+a_nx+b_n$$
$x=3$을 대입하면 $3^{2n}=3a_n+b_n$
$x=-3$을 대입하면 $3^{2n}=-3a_n+b_n$
연립하여 풀면 $a_n=0$, $b_n=3^{2n}$

$$\therefore \sum_{k=1}^{10}b_k=\sum_{k=1}^{10}3^{2k}=\frac{3^2(3^{2\times10}-1)}{3^2-1}=\frac{9(9^{10}-1)}{8}$$
$$\text{📋 ⑤}$$

07

[전략] $\sqrt{3^{a_n}\times\sqrt[5]{9^n}}=3^5$의 좌변을 지수 꼴로 고친 다음 a_n을 구한다.

$\sqrt{3^{a_n}\times\sqrt[5]{9^n}}=3^5$에서

$$3^{a_n}\times3^{\frac{2n}{5}}=3^{10}, \ a_n+\frac{2n}{5}=10, \ a_n=10-\frac{2n}{5}$$

$$\therefore \sum_{k=1}^{n}a_k=\sum_{k=1}^{n}\left(10-\frac{2k}{5}\right)=10n-\frac{n(n+1)}{5}$$
$$=-\frac{1}{5}(n^2-49n)$$

$f(n)=-\dfrac{1}{5}(n^2-49n)$이라 하면 곡선 $y=f(n)$의 축이 직선 $n=\dfrac{49}{2}$이고 n은 자연수이므로 $n=24$ 또는 $n=25$일 때 최대이다.

따라서 최댓값은

$$f(25)=-\frac{1}{5}(25^2-49\times25)=120 \qquad \text{📋 120}$$

08

[전략] $\log_a b$가 정의되기 위한 조건은 $a>0$, $a\neq1$, $b>0$이다.

x는 정수이고
$x-n>0$, $x-n\neq1$이므로 $x>n+1$ $\qquad \cdots ❶$
$-x^2+n^2x-x+n^2>0$이므로
$$x^2-(n^2-1)x-n^2<0, \ (x+1)(x-n^2)<0$$
n은 자연수이므로 $-1<x<n^2$ $\qquad \cdots ❷$
❶, ❷의 공통부분은 $n\neq1$일 때 $n+1<x<n^2$이므로
$a_1=0$, $a_2=0$이고
$$a_n=n^2-(n+1)-1=n^2-n-2 \ (n\geq3)$$

$$\therefore \sum_{n=1}^{10}a_n=\sum_{n=3}^{10}a_n$$
$$=\sum_{n=1}^{10}(n^2-n-2)-(-2+0)$$
$$=\frac{10\times11\times21}{6}-\frac{10\times11}{2}-20+2=312 \qquad \text{📋 ②}$$

09

[전략] 이차함수 $f(x)=ax^2+bx+c \ (a>0)$는 $x=-\dfrac{b}{2a}$에서 최소이다.

곡선 $y=f(x)$의 축이 직선 $x=\dfrac{25}{n(n+1)}$이므로

$$a_n=\frac{25}{n(n+1)}=25\left(\frac{1}{n}-\frac{1}{n+1}\right)$$

$$\therefore \sum_{k=1}^{24}a_k=\sum_{k=1}^{24}\frac{25}{k(k+1)}$$
$$=25\sum_{k=1}^{24}\left(\frac{1}{k}-\frac{1}{k+1}\right)$$
$$=25\left\{\left(1-\frac{1}{2}\right)+\left(\frac{1}{2}-\frac{1}{3}\right)+\cdots+\left(\frac{1}{24}-\frac{1}{25}\right)\right\}$$
$$=25\left(1-\frac{1}{25}\right)=24 \qquad \text{📋 24}$$

10

[전략] 예를 들어 $|x-a|+|x-b|+|x-c| \ (a<b<c)$는 $x=b$에서 최소이다.

$1=a_1<a_2<\cdots<a_{17}$이므로
$$f(x)=\sum_{n=1}^{17}|x-a_n|은 \ x=a_9에서 최소이다.$$

$a_9=r^8$이므로 $r^8=16$

$r>1$이므로 $r=\sqrt{2}$

$$\therefore m=f(a_9)=\sum_{n=1}^{8}(16-a_n)+\sum_{n=10}^{17}(a_n-16)$$

$$=-\sum_{n=1}^{8}a_n+\sum_{n=10}^{17}a_n=-\frac{r^8-1}{r-1}+\frac{r^9(r^8-1)}{r-1}$$

$$=\frac{(r^8-1)(r^9-1)}{r-1}=\frac{(16-1)(16\sqrt{2}-1)}{\sqrt{2}-1}$$

$$=15(16\sqrt{2}-1)(\sqrt{2}+1)$$

$$\therefore rm=\sqrt{2}\times15(16\sqrt{2}-1)(\sqrt{2}+1)$$

$$=15(30+31\sqrt{2})$$

답 ①

11

[전략] $k=0$일 때 n의 값, $k=1$일 때 n의 값, ⋯을 차례로 구한다.

$k\leq\log_3 n<k+1$에서 $3^k\leq n<3^{k+1}$이므로

$3^0\leq n<3^1$일 때 $f(n)=0$

$3^1\leq n<3^2$일 때 $f(n)=1$

$3^2\leq n<3^3$일 때 $f(n)=2$

⋮

$$\therefore \sum_{m=1}^{100}f(m)=f(1)+f(2)$$
$$+f(3)+f(4)+f(5)+\cdots+f(3^2-1)$$
$$+f(3^2)+\cdots+f(3^3-1)$$
$$+f(3^3)+\cdots+f(3^4-1)$$
$$+f(3^4)+\cdots+f(100)$$
$$=1\times6+2\times18+3\times54+4\times20$$
$$=284$$

답 ②

12

[전략] $x^n=t$라 하면 n이 짝수일 때 실수는 $x=\pm\sqrt[n]{t}$이고, n이 홀수일 때 실수는 $x=\sqrt[n]{t}$이다. 따라서 n이 짝수일 때와 홀수일 때로 나누어 실근을 생각한다.

$x^n=t$라 하면 $t^2-50t+100=0$

이 방정식은 서로 다른 두 양근을 가진다. 이 두 양근을 α, β라 하면 $x^n=\alpha$, $x^n=\beta$이고 $\alpha\beta=100$이다.

(i) n이 홀수이면 실근은 $\alpha^{\frac{1}{n}}$, $\beta^{\frac{1}{n}}$이므로

$$f(n)=(\alpha\beta)^{\frac{1}{n}}=100^{\frac{1}{n}}\qquad\therefore \log f(n)=\frac{2}{n}$$

(ii) n이 짝수이면 실근은 $\pm\alpha^{\frac{1}{n}}$, $\pm\beta^{\frac{1}{n}}$이므로

$$f(n)=(\alpha\beta)^{\frac{2}{n}}=100^{\frac{2}{n}}\qquad\therefore \log f(n)=\frac{4}{n}$$

$$\therefore \sum_{n=1}^{100}\frac{1}{\log f(n)}=\sum_{n=1}^{50}\frac{1}{\log f(2n-1)}+\sum_{n=1}^{50}\frac{1}{\log f(2n)}$$

$$=\sum_{n=1}^{50}\frac{2n-1}{2}+\sum_{n=1}^{50}\frac{n}{2}$$

$$=\left(\frac{50\times51}{2}-\frac{50}{2}\right)+\frac{1}{2}\times\frac{50\times51}{2}$$

$$=\frac{3775}{2}$$

답 ③

13

[전략] 분모를 유리화한 다음 적당히 나열하여 소거되는 규칙을 찾는다.

$$\frac{1}{(n+1)\sqrt{n}+n\sqrt{n+1}}=\frac{(n+1)\sqrt{n}-n\sqrt{n+1}}{(n+1)^2 n-n^2(n+1)}$$

$$=\frac{(n+1)\sqrt{n}-n\sqrt{n+1}}{n(n+1)}$$

$$=\frac{\sqrt{n}}{n}-\frac{\sqrt{n+1}}{n+1}$$

이므로 주어진 식은

$$\sum_{n=1}^{120}\left(\frac{\sqrt{n}}{n}-\frac{\sqrt{n+1}}{n+1}\right)$$

$$=\left(\frac{\sqrt{1}}{1}-\frac{\sqrt{2}}{2}\right)+\left(\frac{\sqrt{2}}{2}-\frac{\sqrt{3}}{3}\right)+\left(\frac{\sqrt{3}}{3}-\frac{\sqrt{4}}{4}\right)+\cdots$$

$$+\left(\frac{\sqrt{120}}{120}-\frac{\sqrt{121}}{121}\right)$$

$$=1-\frac{\sqrt{121}}{121}=\frac{10}{11}$$

답 ②

14

[전략] $\dfrac{1}{2^{-k}+1}=\dfrac{2^k}{1+2^k}$을 이용하여 a_n을 간단히 하는 방법을 생각한다.

$$\frac{1}{2^{-k}+1}+\frac{1}{2^k+1}=\frac{2^k}{1+2^k}+\frac{1}{2^k+1}=1,$$

$$\frac{1}{2^0+1}=\frac{1}{2}$$

이므로 $a_n=3n+\dfrac{1}{2}$

$$\therefore \sum_{n=1}^{10}a_n=\sum_{n=1}^{10}\left(3n+\frac{1}{2}\right)$$

$$=3\times\frac{10\times11}{2}+\frac{1}{2}\times10=170$$

답 170

15

[전략] 분수 꼴의 합은 $\dfrac{1}{AB}=\dfrac{1}{B-A}\left(\dfrac{1}{A}-\dfrac{1}{B}\right)$ 꼴로 변형할 수 있는지부터 조사한다.

$$\frac{4n+2}{n^2(n+1)^2}=\frac{4n+2}{(n+1)^2-n^2}\left\{\frac{1}{n^2}-\frac{1}{(n+1)^2}\right\}$$

$$=2\left\{\frac{1}{n^2}-\frac{1}{(n+1)^2}\right\}$$

이므로

$$\sum_{n=1}^{10}\frac{4n+2}{n^2(n+1)^2}$$

$$=2\sum_{n=1}^{10}\left\{\frac{1}{n^2}-\frac{1}{(n+1)^2}\right\}$$

$$=2\left\{\left(\frac{1}{1^2}-\frac{1}{2^2}\right)+\left(\frac{1}{2^2}-\frac{1}{3^2}\right)+\cdots+\left(\frac{1}{10^2}-\frac{1}{11^2}\right)\right\}$$

$$=2\left(1-\frac{1}{11^2}\right)=\frac{240}{121}$$

$$\therefore p=121, q=240, p+q=361$$

답 ④

16

[전략] 로그를 포함한 식이지만 분수 꼴이므로 $\dfrac{1}{AB}=\dfrac{1}{B-A}\left(\dfrac{1}{A}-\dfrac{1}{B}\right)$을 이용할 수 있는지 확인한다.

$a_{n+2}=a_{n+1}a_n$에서 양변에 밑이 2인 로그를 잡으면

$$\log_2 a_{n+2}=\log_2 a_{n+1}+\log_2 a_n$$

곧, $\log_2 a_{k+2}-\log_2 a_{k+1}=\log_2 a_k$이므로

$$\frac{\log_2 a_k}{(\log_2 a_{k+1})(\log_2 a_{k+2})}=\frac{1}{\log_2 a_{k+1}}-\frac{1}{\log_2 a_{k+2}}$$

$$\therefore \sum_{k=1}^{10}\frac{\log_2 a_k}{(\log_2 a_{k+1})(\log_2 a_{k+2})}$$

$$=\sum_{k=1}^{10}\left(\frac{1}{\log_2 a_{k+1}}-\frac{1}{\log_2 a_{k+2}}\right)$$

$$=\left(\frac{1}{\log_2 a_2}-\frac{1}{\log_2 a_3}\right)+\left(\frac{1}{\log_2 a_3}-\frac{1}{\log_2 a_4}\right)+\cdots$$

$$\qquad+\left(\frac{1}{\log_2 a_{11}}-\frac{1}{\log_2 a_{12}}\right)$$

$$=\frac{1}{\log_2 a_2}-\frac{1}{\log_2 a_{12}} \quad \cdots ❶$$

그런데 $\log_2 a_1=0$, $\log_2 a_2=1$, $\log_2 a_{n+2}=\log_2 a_{n+1}+\log_2 a_n$
이므로 수열 $\{\log_2 a_n\}$은

$$0, 1, 1, 2, 3, 5, 8, 13, 21, 34, 55, 89, \cdots$$

곧, $\log_2 a_{12}=89$이므로 ❶은

$$1-\frac{1}{89}=\frac{88}{89} \qquad\qquad 답 ④$$

Note

$a_1=1$, $a_2=10$이고, $a_{n+2}=a_{n+1}+a_n$을 만족시키는 수열 $\{a_n\}$을 피보나치 수열이라 한다.

17

[전략] $a_m+a_{m+1}+\cdots+a_{15}$를 f로 나타낸다.

$$a_m+a_{m+1}+\cdots+a_{15}=\sum_{k=1}^{15}a_k-\sum_{k=1}^{m-1}a_k$$

$$=f(15)-f(m-1)<0$$

이 성립하므로 $f(15)<f(m-1)$

그림에서

$$4\leq m-1\leq14, \ 5\leq m\leq15$$

따라서 자연수 m의 최솟값은 5

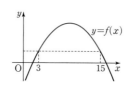

답 5

18

[전략] 원과 곡선이 만나는 한 점을 $P\left(a, \frac{k}{a}\right)$라 하면 나머지 세 점은

직선 $y=x$ 또는 원점에 대칭이므로 좌표를 $a, \frac{k}{a}$로 나타낼 수 있다.

그림에서 P는 곡선 $y=\frac{k}{x}$ 위의
점이고 P, Q는 직선 $y=x$에 대칭
이므로 $P\left(a, \frac{k}{a}\right) (a>0)$라 하면
$Q\left(\frac{k}{a}, a\right)$이다.

또 P', Q'은 각각 Q, P와 원점에
대칭이므로

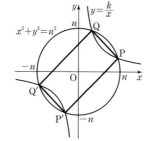

$$P'\left(-\frac{k}{a}, -a\right), Q'\left(-a, -\frac{k}{a}\right)$$

P는 원 위의 점이므로 $a^2+\left(\frac{k}{a}\right)^2=n^2 \quad \cdots ❶$

$$\overline{PQ}=\sqrt{2}\left(a-\frac{k}{a}\right), \overline{PP'}=\sqrt{2}\left(a+\frac{k}{a}\right)$$

조건에서 $\overline{PP'}=2\overline{PQ}$이므로

$$\sqrt{2}\left(a+\frac{k}{a}\right)=2\sqrt{2}\left(a-\frac{k}{a}\right)$$

$$a=\frac{3k}{a}, \ a^2=3k$$

❶에 대입하면 $3k+\frac{k^2}{3k}=n^2$, $\frac{10}{3}k=n^2$ $\therefore k=\frac{3n^2}{10}$

따라서 $f(n)=\frac{3n^2}{10}$이므로

$$\sum_{n=1}^{12}f(n)=\frac{3}{10}\times\frac{12\times13\times25}{6}=195 \qquad 답 195$$

19

[전략] 원과 현의 성질을 이용하여 선분 P_nQ_n의 길이를 구한다.

선분 P_nQ_n의 중점을 M_n이라 하면

$$\overline{OP_n}=4n,$$

$$\overline{OM_n}=\frac{|-16n|}{\sqrt{3^2+4^2}}=\frac{16}{5}n$$

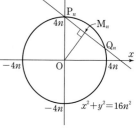

이므로

$$\overline{P_nM_n}=\sqrt{(4n)^2-\left(\frac{16}{5}n\right)^2}$$

$$=\frac{12}{5}n$$

따라서 $\overline{P_nQ_n}=2\overline{P_nM_n}=\frac{24}{5}n$이므로

$$\sum_{n=1}^{9}\overline{P_nQ_n}=\frac{24}{5}\sum_{n=1}^{9}n=\frac{24}{5}\times\frac{9\times10}{2}=216 \qquad 답 ①$$

20

[전략] 선분과 곡선이 만나면 $\frac{n^2}{k}\leq2n\leq\frac{4n^2}{k}$, $\frac{n}{2}\leq k\leq2n$

k가 자연수이므로 n이 짝수일 때와 홀수일 때로 나누어 생각한다.

선분 P_nQ_n과 곡선 $y=\frac{1}{k}x^2$이 만나므로

$$\frac{n^2}{k}\leq2n\leq\frac{4n^2}{k}, \ 곧 \ \frac{n}{2}\leq k\leq2n$$

(ⅰ) $n=2m-1$ (m은 자연수)이면

$m\leq k\leq4m-2$이므로

$$a_n=a_{2m-1}=4m-2-m+1=3m-1$$

(ⅱ) $n=2m$ (m은 자연수)이면

$m\leq k\leq4m$이므로

$$a_n=a_{2m}=4m-m+1=3m+1$$

$$\therefore \sum_{n=1}^{15}a_n=\sum_{m=1}^{8}a_{2m-1}+\sum_{m=1}^{7}a_{2m}$$

$$=\sum_{m=1}^{8}(3m-1)+\sum_{m=1}^{7}(3m+1)$$

$$=3\times\frac{8\times9}{2}-8+3\times\frac{7\times8}{2}+7=191$$

답 191

21

[전략] 2010, 0102, 1020, 0201을 포함한 자연수 주변에서 2, 0, 1, 0이 나열된다.

연속된 네 개의 항이 처음으로 2, 0, 1, 0이 되는 때는 다음과 같이 1020과 1021의 각 자릿수를 나열할 때이다.

$$1, 2, 3, 4, \cdots, 1, 0, 2, 0, 1, 0, 2, 1, \cdots$$

1020이 나오기 전까지 나열된 자릿수의 개수는

한 자리 수의 자릿수 : 9

두 자리 수의 자릿수 : $90 \times 2 = 180$

세 자리 수의 자릿수 : $900 \times 3 = 2700$

네 자리 수의 자릿수 : $20 \times 4 = 80$

$9 + 180 + 2700 + 80 = 2969$이므로 n의 최솟값은

$$2969 + 3 = 2972$$

달 ④

22

[전략] k행의 n번째 수를 k, n으로 나타낸다.

k행은 첫째항이 1, 공차가 $k - 1$인 등차수열이므로

k행의 n번째 수는 $1 + (k-1)(n-1)$

따라서 $1 + (k-1)(n-1) = 85$에서

$$(k-1)(n-1) = 84 \quad \cdots \text{❶}$$

$k - 1$, $n - 1$은 음이 아닌 정수이고

$84 = 2^2 \times 3 \times 7$의 약수가 $3 \times 2 \times 2 = 12$(개)이므로

❶을 만족시키는 (k, n)은 12개이다.

달 12

23

[전략] 첫 번째 시행, 두 번째 시행, 세 번째 시행에서 꼭짓점의 개수가 어떻게 변하는지 조사한다.

각 시행에서 삼각형의 개수는 이전 시행의 3배이므로 n번째 시행에서 남은 삼각형은 3^n개이다.

또 변의 중점이 다음 시행에서 꼭짓점이 되므로 3×3^n개의 꼭짓점이 더 생긴다.

$$\therefore a_{n+1} = a_n + 3^{n+1}$$

$a_1 = 6$이므로

$$a_2 = a_1 + 3^2 = 6 + 3^2$$
$$a_3 = a_2 + 3^3 = 6 + 3^2 + 3^3$$
$$\vdots$$
$$\therefore a_6 = 6 + 3^2 + 3^3 + 3^4 + 3^5 + 3^6$$
$$= 6 + \frac{3^2(3^5 - 1)}{3 - 1} = 1095$$

달 ④

Note

$$a_n = 6 + \sum_{k=1}^{n-1} 3^{k+1} \ (n \geq 2)$$

24

[전략] (나)에서 P_n은 곡선 $y = x^2$ 위의 점이다.

(나)에서 P_n은 곡선 $y = x^2$ 위의 점이다.

(다)에서 P_n을 지나고 기울기가 $3n$인 직선의 방정식은

$$y - a_n^2 = 3n(x - a_n)$$

이 직선과 $y = x^2$에서

$$x^2 = 3n(x - a_n) + a_n^2$$
$$(x - a_n)(x + a_n - 3n) = 0$$

해가 $x = a_n$ 또는 $x = -a_n + 3n$이므로

$$a_{n+1} = -a_n + 3n, \ a_n + a_{n+1} = 3n$$
$$\therefore a_{13} + a_{14} = 3 \times 13 = 39$$

달 ⑤

Note

$(\text{기울기}) = \dfrac{a_{n+1}^2 - a_n^2}{a_{n+1} - a_n} = 3n$이므로 $a_{n+1} + a_n = 3n$

25

[전략] a_2, a_3, a_4, $\cdots$를 구해 규칙을 찾는다.

$a_1 = 2$이므로

$$a_2 = 1 + a_1 = 3, \ a_3 = \frac{1}{a_2} = \frac{1}{3}$$
$$a_4 = 1 + a_2 = 4, \ a_5 = \frac{1}{4}$$
$$a_6 = 1 + a_3 = \frac{4}{3}, \ a_7 = \frac{3}{4}$$
$$a_8 = 1 + a_4 = 5, \ a_9 = \frac{1}{5}$$
$$a_{16} = 1 + a_8 = 6, \ a_{17} = \frac{1}{6} \quad \therefore k = 17$$

달 ③

26

[전략] 규칙이 나올 때까지 a_2, a_3, a_4, $\cdots$를 구한다.

$a_1 = 2$이므로

$$a_2 = \frac{a_1}{2 - 3a_1} = -\frac{1}{2}, \ a_3 = 1 + a_2 = \frac{1}{2}$$
$$a_4 = \frac{a_3}{2 - 3a_3} = 1, \ a_5 = 1 + a_4 = 2$$
$$\vdots$$

$a_n = a_{n+4}$, $a_1 + a_2 + a_3 + a_4 = 3$이므로

$$\sum_{n=1}^{40} a_n = (a_1 + a_2 + a_3 + a_4) + (a_5 + a_6 + a_7 + a_8) + \cdots$$
$$+ (a_{37} + a_{38} + a_{39} + a_{40})$$
$$= 3 \times 10 = 30$$

달 ①

27

[전략] (나)에서 a_n은 주기가 4인 수열이다.

$a_1 + a_2 + a_3 + a_4$, $a_5 + a_6 + a_7 + a_8$과 같이 네 항씩 나누어 합을 생각한다.

$a_1 = 1$, $a_2 = 3$, $a_3 = 5$, $a_4 = 7$이므로

$$a_1 + a_2 + a_3 + a_4 = 1 + 3 + 5 + 7 = 2^4$$
$$a_5 + a_6 + a_7 + a_8 = 2a_1 + 2a_2 + 2a_3 + 2a_4 = 2^5$$
$$a_9 + a_{10} + a_{11} + a_{12} = 2a_5 + 2a_6 + 2a_7 + 2a_8 = 2^6$$
$$\vdots$$
$$a_{4k+1} + a_{4k+2} + a_{4k+3} + a_{4k+4} = 2^{k+4}$$
$$\therefore \sum_{k=1}^{4p} a_k = \sum_{k=0}^{p-1} 2^{k+4} = \frac{2^4(2^p - 1)}{2 - 1} = 2^{p+4} - 2^4$$

$\displaystyle\sum_{k=1}^{4p} a_k = 1008$이므로 $2^{p+4} = 1024$ $\quad \therefore p = 6$

달 ⑤

28

[전략] $\sin x$, $\cos x$는 주기가 2π인 함수이다. 따라서 좌표의 주기를 찾는다.

$\{a_n\}$: $2, 4, 2, 4, \cdots$이므로 a_n은 주기가 2이고

$\cos \dfrac{2n\pi}{3}$, $\sin \dfrac{2n\pi}{3}$ 는 주기가 $\dfrac{2\pi}{\frac{2\pi}{3}}=3$이므로

$a_n\cos \dfrac{2n\pi}{3}$, $a_n\sin \dfrac{2n\pi}{3}$ 는 주기가 6이다.

따라서 $\mathrm{P}_{n+6}=\mathrm{P}_n$이다.

$2020=6\times336+4$이므로 $\mathrm{P}_{2020}=\mathrm{P}_{6\times336+4}=\mathrm{P}_4$ 답 ④

29

[전략] a_2, a_3, a_4, a_5를 직접 구한다.

$$a_2=3a_1=3\times4$$
$$a_3=3(a_1+a_2)=3(4+3\times4)=3\times4(1+3)=3\times4^2$$
$$a_4=3(a_1+a_2+a_3)$$
$$=3(4+3\times4+3\times4^2)=3(1+3+3\times4+3\times4^2)$$
$$=3\left\{1+\dfrac{3(4^3-1)}{4-1}\right\}=3\times4^3$$
$$a_5=3(a_1+a_2+a_3+a_4)$$
$$=3(4+3\times4+3\times4^2+3\times4^3)$$
$$=3(1+3+3\times4+3\times4^2+3\times4^3)$$
$$=3\left\{1+\dfrac{3(4^4-1)}{4-1}\right\}=3\times4^4$$
답 ①

다른 풀이

$a_{n+1}=3S_n$이므로 $a_n=3S_{n-1}$

따라서 $n\geq2$일 때

$$a_{n+1}-a_n=3S_n-3S_{n-1}=3a_n$$
$$a_{n+1}=4a_n$$

$a_1=4$, $a_2=3a_1=3\times4$이므로

수열 $\{a_n\}$은 둘째항부터 공비가 4인 등비수열이다.

$$\therefore a_5=a_2\times4^3=3\times4^4$$

30

[전략] $a_{n+1}=\dfrac{a_n}{2a_n+1}$ 꼴을 $\dfrac{1}{a_{n+1}}=\dfrac{2a_n+1}{a_n}$ 꼴로 고쳐

$\dfrac{1}{a_n}$과 $\dfrac{1}{a_{n+1}}$의 관계부터 구한다.

$a_{n+1}=\dfrac{a_n}{2a_n+1}$에서

$$\dfrac{1}{a_{n+1}}=\dfrac{2a_n+1}{a_n},\ \dfrac{1}{a_{n+1}}=2+\dfrac{1}{a_n}$$

따라서 수열 $\left\{\dfrac{1}{a_n}\right\}$은 첫째항이 $\dfrac{1}{a_1}=1$, 공차가 2인 등차수열이므로

$$\dfrac{1}{a_n}=1+(n-1)\times2,\ a_n=\dfrac{1}{2n-1}$$
$$\therefore a_5=\dfrac{1}{9}$$
답 ④

31

[전략] $S_{n+1}-S_{n-1}=a_{n+1}+a_n$을 이용하여 주어진 관계식을 정리한다.

$S_{n+1}-S_{n-1}=a_{n+1}+a_n$이므로

$(S_{n+1}-S_{n-1})^2=4a_na_{n+1}+4$에서

$$(a_{n+1}+a_n)^2=4a_na_{n+1}+4$$
$$(a_{n+1}-a_n)^2=4$$

$a_{n+1}>a_n$이므로 $a_{n+1}-a_n=2$

따라서 $\{a_n\}$은 첫째항이 1, 공차가 2인 등차수열이므로

$$a_{20}=1+19\times2=39$$
답 ①

32

[전략] (가)에서 a_{2n-1}과 a_{2n}으로 나누어져 있으므로

S_{2n-1}과 S_{2n}으로 나누어 생각한다.

수열 $\{b_n\}$의 첫째항부터 제n항까지의 합을 S_n이라 하자.

$$S_{2n}=\sum_{k=1}^{n}b_{2k-1}+\sum_{k=1}^{n}b_{2k}$$
$$=\sum_{k=1}^{n}\{(-1)^{2k-1}\times a_{2k-1}+2\}+\sum_{k=1}^{n}\{(-1)^{2k}\times a_{2k}+2\}$$
$$=\sum_{k=1}^{n}(-3k+2)+\sum_{k=1}^{n}(3k+2)$$
$$=\sum_{k=1}^{n}4=4n$$
$$S_{2n-1}=S_{2n}-b_{2n}$$
$$=4n-\{(-1)^{2n}\times3n+2\}=n-2$$

$80<S_m<90$에서

(i) m이 짝수일 때, $m=2m'$이라 하면

$$80<S_{2m'}=4m'<90$$
$$40<2m'<45$$
$$\therefore m=42,\ 44$$

(ii) m이 홀수일 때, $m=2m'-1$이라 하면

$$80<S_{2m'-1}=m'-2<90$$
$$82<m'<92,\ 163<2m'-1<183$$
$$\therefore m=165,\ 167,\ 169,\ \cdots,\ 181$$

따라서 m값의 합은

$$42+44+\dfrac{9\times(165+181)}{2}=1643$$
답 1643

33

[전략] $\sum\limits_{k=1}^{n}(n-k+1)a_k$를 $n\sum\limits_{k=1}^{n}a_k-\sum\limits_{k=1}^{n}(k-1)a_k$와 같이 정리한 다음

수열의 합과 일반항의 관계를 이용하여 a_n을 구한다.

조건에서

$$\sum_{k=1}^{n}(n-k+1)a_k=n(n+1)(n+2)$$
$$n\sum_{k=1}^{n}a_k-\sum_{k=1}^{n}(k-1)a_k=n(n+1)(n+2)$$

$S_n=\sum\limits_{k=1}^{n}a_k$, $R_n=\sum\limits_{k=1}^{n}(k-1)a_k$라 하면

$$nS_n-R_n=n(n+1)(n+2) \qquad \cdots ❶$$

$n\geq2$일 때 n 대신 $n-1$을 대입하면

$$(n-1)S_{n-1}-R_{n-1}=(n-1)n(n+1) \qquad \cdots ❷$$

이므로 ❶−❷를 하면

$$n(S_n-S_{n-1})+S_{n-1}-(R_n-R_{n-1})=3n(n+1)$$
$$na_n+S_{n-1}-(n-1)a_n=3n(n+1)$$
$$S_{n-1}+a_n=3n(n+1)$$
$$S_n=3n(n+1)$$
$$\therefore a_n=S_n-S_{n-1}=3n(n+1)-3(n-1)n=6n$$

문제의 주어진 식에 $n=1$을 대입하면 $a_1=6$

따라서 $n \geq 1$일 때 $a_n=6n$

$$\therefore \sum_{k=1}^{10} a_k = \sum_{k=1}^{10} 6k = 6 \times \frac{10 \times 11}{2} = 330$$

답 330

다른 풀이 🔍

$n=10$을 대입하면

$$10a_1+9a_2+\cdots+2a_9+a_{10}=10 \times 11 \times 12 \quad \cdots \ ❸$$

$n=9$를 대입하면

$$9a_1+8a_2+\cdots+a_9=9 \times 10 \times 11 \quad \cdots \ ❹$$

❸−❹를 하면

$$a_1+a_2+\cdots+a_9+a_{10}=10 \times 11 \times 12 - 9 \times 10 \times 11$$
$$=330$$

34

[전략] $b_1, b_2, b_3, \cdots$을 $a_1, a_2, a_3, \cdots$으로 나타내면 규칙을 찾을 수 있다.

$b_1=a_1$

$b_2=b_1+a_2=a_1+a_2$

$b_3=b_2-a_3=a_1+a_2-a_3$

$b_4=b_3+a_4=a_1+a_2-a_3+a_4$

$b_5=b_4+a_5=a_1+a_2-a_3+a_4+a_5$

$b_6=b_5-a_6=a_1+a_2-a_3+a_4+a_5-a_6$

$\vdots$

$b_{10}=a_1+a_2-a_3+a_4+a_5-a_6+a_7+a_8-a_9+a_{10} \quad \cdots \ ❶$

$b_{10}=a_{10}$이고, $\{a_n\}$의 공차를 d라 하면

$a_2-a_3=a_5-a_6=a_8-a_9=-d$이므로 ❶에서

$a_1+a_4+a_7-3d=0$

$a_1+a_1+3d+a_1+6d-3d=0, \ 3a_1+6d=0$

따라서 $a_1=-2d, \ a_n=-2d+(n-1)d=d(n-3)$

$\therefore b_8=a_1+(a_2-a_3)+a_4+(a_5-a_6)+a_7+a_8$
$=a_1-d+a_4-d+a_7+a_8$
$=-2d-d+d-d+4d+5d=6d$

$\therefore b_{10}=b_8-a_9+a_{10}=6d+d=7d$

$$\therefore \frac{b_8}{b_{10}}=\frac{6}{7}$$

답 $\dfrac{6}{7}$

35

[전략] $S_{n+1}-S_n=a_{n+1}$임을 이용하는 과정이다.

$$2S_n=3a_n-4n+3 \quad \cdots \ ❶$$

에서 $n=1$일 때, $2S_1=3a_1-1$이고 $S_1=a_1$이므로

$a_1=1$

$$2S_{n+1}=3a_{n+1}-4(n+1)+3 \quad \cdots \ ❷$$

❷−❶을 하면

$2(S_{n+1}-S_n)=3a_{n+1}-3a_n-4$

$2a_{n+1}=3a_{n+1}-3a_n-4$

$a_{n+1}=3a_n+\boxed{4}$

$\therefore a_{n+1}+2=3(a_n+2)$

따라서 수열 $\{a_n+2\}$는 첫째항이 $a_1+2=3$, 공비가 3인 등비수열이므로

$a_n+2=3 \times 3^{n-1}$

$a_n=3 \times 3^{n-1}-2=\boxed{3^n-2} \ (n \geq 1)$

$\therefore p=4, \ f(n)=3^n-2$

$\therefore p+f(5)=4+(3^5-2)=245$

답 ⑤

Note

$a_{n+1}+k=p(a_n+k)$이면 수열 $\{a_n+k\}$는 첫째항이 a_1+k이고 공비가 p인 등비수열이다.

36

[전략] $n=k+1$일 때 성립하는 식을 미리 써 보면 $n=k$일 때 식을 어떻게 정리해야 하는지 알 수 있다.

$1 \times (2k+1)+2 \times (2k-1)+3 \times (2k-3)+\cdots$
$\quad +k \times 3+(k+1) \times 1$

$=1 \times (2k-1)+2 \times (2k-3)+3 \times (2k-5)+\cdots+k \times 1$
$\quad +2(1+2+3+\cdots+k)+\boxed{k+1}$

$$=\frac{k(k+1)(2k+1)}{6}+2 \times \frac{k(k+1)}{2}+(k+1)$$

$$=\frac{k(k+1)(2k+1)}{6}+\boxed{(k+1)^2}$$

$$=\frac{k(k+1)(2k+1)+6(k+1)^2}{6}$$

$$=\boxed{\frac{(k+1)(k+2)(2k+3)}{6}}$$

따라서 $f(k)=k+1, \ g(k)=(k+1)^2$,

$h(k)=\dfrac{(k+1)(k+2)(2k+3)}{6}$이므로

$$f(2)+g(3)+h(4)=3+16+55=74$$

답 74

37

[전략] $n=k+1$일 때 성립하는 식을 미리 써 보면 $n=k$일 때 식을 어떻게 정리해야 하는지 알 수 있다.

(i) $n=1$일 때

(좌변)$=1$, (우변)$=1$이므로 주어진 등식이 성립한다.

(ii) $n=k$일 때 성립한다고 가정하면

$$\sum_{i=1}^{2k-1} \{i+(k-1)^2\}=(k-1)^3+k^3$$

이므로

$$\sum_{i=1}^{2k+1}(i+k^2)$$

$$=\sum_{i=1}^{2k-1}(i+k^2)+(2k+k^2)+(2k+1+k^2)$$

$$=\sum_{i=1}^{2k-1} \{i+(k-1)^2+(2k-1)\}+(2k^2+4k+1)$$

$$=\sum_{i=1}^{2k-1} \{i+(k-1)^2\}+\sum_{i=1}^{2k-1}(2k-1)+(2k^2+4k+1)$$

$$=(k-1)^3+k^3+\sum_{i=1}^{2k-1}(2k-1)+(2k^2+4k+1)$$

$$=(k-1)^3+k^3+(2k-1)^2+(2k^2+4k+1)$$

$$=k^3+k^3+3k^2+3k+1$$

$$=k^3+(k+1)^3$$

따라서 $n=k+1$일 때도 성립한다.

(i), (ii)에 의하여 n이 자연수일 때 주어진 등식이 성립한다.

답 풀이 참조

38

[전략] $n=k+1$일 때 성립하는 식을 미리 써 보면 $n=k$일 때 식을 어떻게 정리해야 하는지 알 수 있다.

$$\sum_{i=1}^{n}\left(\frac{1}{2i-1}-\frac{1}{2i}\right)<\frac{1}{4}\left(3-\frac{1}{n}\right) \quad \cdots(\ast)$$

(ii) $n=k$ ($k\geq2$인 자연수)일 때 $(\ast)$이 성립한다고 가정하면

$$\sum_{i=1}^{k}\left(\frac{1}{2i-1}-\frac{1}{2i}\right)<\frac{1}{4}\left(3-\frac{1}{k}\right)$$

위 부등식의 양변에

$$\frac{1}{2k+1}-\frac{1}{2(k+1)}=\boxed{\frac{1}{2(2k+1)(k+1)}}$$

을 더하면

$$\sum_{i=1}^{k+1}\left(\frac{1}{2i-1}-\frac{1}{2i}\right)<\frac{1}{4}\left(3-\frac{1}{k}\right)+\boxed{\frac{1}{2(2k+1)(k+1)}}$$

한편 $2(2k+1)>4k$이므로

$$(\text{우변})<\frac{1}{4}\left(3-\frac{1}{k}\right)+\boxed{\frac{1}{4k(k+1)}}$$

$$=\frac{3}{4}-\frac{1}{4(k+1)}=\frac{1}{4}\left(3-\frac{1}{k+1}\right)$$

따라서 $n=k+1$일 때도 $(\ast)$이 성립한다.

(i), (ii)에 의하여 부등식 $(\ast)$은 $n\geq2$인 모든 자연수 n에 대하여 성립한다.

$$\therefore \text{(가)}\ \frac{1}{2(2k+1)(k+1)},\ \text{(나)}\ \frac{1}{4k(k+1)}$$

답 ②

---

step C 최상위 문제   104~105쪽

01 ①	**02** ⑤	**03** 117	**04** 16	**05** 427
06 ③	**07** 31	**08** $Q_{13}(12, 120)$		

01

[전략] 조건에서 b_{2n}, b_{2n-1}로 나누어 a_{2n}, a_{2n-1}을 구한다.

$b_{2n}=4n^2+n-\dfrac{2}{15}$이므로

$$a_{2n}=4n^2+n,\ a_{2n}-b_{2n}=\frac{2}{15}$$

$b_{2n-1}=(2n-1)^2+n-\dfrac{11}{15}$이므로

$$a_{2n-1}=(2n-1)^2+n-1,\ a_{2n-1}-b_{2n-1}=-\frac{4}{15}$$

$$\therefore \sum_{k=1}^{2030}(a_k-b_k)=\sum_{k=1}^{1015}(a_{2k-1}-b_{2k-1})+\sum_{k=1}^{1015}(a_{2k}-b_{2k})$$

$$=\sum_{k=1}^{1015}\left(-\frac{4}{15}\right)+\sum_{k=1}^{1015}\frac{2}{15}$$

$$=\left(-\frac{4}{15}\right)\times1015+\frac{2}{15}\times1015$$

$$=-\frac{406}{3}=-135.\times\times\times$$

$$\therefore \left[\sum_{k=1}^{2030}(a_k-b_k)\right]=-136$$

답 ①

02

[전략] $\dfrac{a_{k+1}+a_k}{a_ka_{k+1}}=\dfrac{1}{a_k}+\dfrac{1}{a_{k+1}}$로 변형하고 처음 몇 항과 마지막 몇 항을 나열하여 소거되는 규칙이 있는지 찾는다.

첫째항을 a, 공차를 d라 하자.

$$\sum_{k=1}^{2n}\left\{(-1)^{k+1}\frac{a_{k+1}+a_k}{a_ka_{k+1}}\right\}$$

$$=\sum_{k=1}^{2n}\left\{(-1)^{k+1}\left(\frac{1}{a_k}+\frac{1}{a_{k+1}}\right)\right\}$$

$$=\left(\frac{1}{a_1}+\frac{1}{a_2}\right)-\left(\frac{1}{a_2}+\frac{1}{a_3}\right)+\left(\frac{1}{a_3}+\frac{1}{a_4}\right)-\left(\frac{1}{a_4}+\frac{1}{a_5}\right)$$

$$+\cdots+\left(\frac{1}{a_{2n-1}}+\frac{1}{a_{2n}}\right)-\left(\frac{1}{a_{2n}}+\frac{1}{a_{2n+1}}\right)$$

$$=\frac{1}{a_1}-\frac{1}{a_{2n+1}}=\frac{1}{a}-\frac{1}{a+2nd}$$

$$=\frac{2dn}{a(a+2dn)}$$

조건에서 $\dfrac{2dn}{a(a+2dn)}=\dfrac{3n}{6n+2}$

$$12dn^2+4dn=3a^2n+6adn^2$$

n에 대한 항등식이므로

$$12d=6ad,\ 4d=3a^2$$

첫 번째 식에서 $6d(2-a)=0$

$d=0$이면 $a=0$이므로 분모가 0이 되어 모순이다.

$a=2$이면 $d=3$이고, 어느 항도 0이 아니다.

$$\therefore a=2,\ d=3,\ a_{16}=2+15\times3=47$$

답 ⑤

03

[전략] 먼저 (가), (나)에서 b_n에 대한 식을 구한다.

(가), (나)에서

$$\sum_{n=1}^{5}(a_n+|b_n|)-\sum_{n=1}^{5}(a_n+b_n)=67-27$$

이므로

$$\sum_{n=1}^{5}(|b_n|-b_n)=40 \quad \cdots ❶$$

등비수열 $\{b_n\}$의 공비를 r라 하자.

r는 음의 정수이므로

$$b_1>0,\ b_2<0,\ b_3>0,\ b_4<0,\ b_5>0$$

❶에서

$$-2(b_2+b_4)=40,\ b_1r+b_1r^3=-20$$

$$\therefore b_1r(1+r^2)=-20 \quad \cdots ❷$$

b_1r는 음의 정수이고, $1+r^2$은 자연수이므로 $1+r^2$은 20의 약수이다.

20의 양의 약수는 1, 2, 4, 5, 10, 20이고

r가 음의 정수이므로 $r=-1$ 또는 $r=-2$ 또는 $r=-3$

❷에 각각 대입하면

$$b_1=10 \text{ 또는 } b_1=2 \text{ 또는 } b_1=\frac{2}{3}$$

이때 b_1은 자연수이므로 $b_1=\dfrac{2}{3}$일 수는 없다.

(i) $b_1=10, r=-1$일 때

$\sum_{n=1}^{5} b_n=10$이므로 (가)에서 $\sum_{n=1}^{5} a_n=17$

$\sum_{n=1}^{5} a_n=5a_3$이므로 $a_3=\dfrac{17}{5}$

수열 $\{a_n\}$은 첫째항이 자연수이고 공차가 음의 정수이므로 a_3은 정수이다.

따라서 $b_1=10, r=-1$인 경우는 없다.

(ii) $b_1=2, r=-2$일 때

$\sum_{n=1}^{5} b_n=\dfrac{2\{1-(-2)^5\}}{1-(-2)}=22$

(가)에서 $\sum_{n=1}^{5} a_n=5$

$\sum_{n=1}^{5} a_n=5a_3$이므로 $a_3=1$

또 $\sum_{n=1}^{5} |b_n|=\dfrac{2(1-2^5)}{1-2}=62$

이므로 (다)에서 $\sum_{n=1}^{5} |a_n|=19$ ··· ❸

수열 $\{a_n\}$의 공차를 d라 하자.

$a_3=1$이므로

$a_1=1-2d$

$a_2=1-d$

$a_4=1+d$

$a_5=1+2d$

$d<0$이므로 $a_1>a_2>a_3=1>0>a_4>a_5$

따라서 ❸에서

$(1-2d)+(1-d)+1-(1+d)-(1+2d)=19$

$d=-3, a_1=1-2d=7$

(i), (ii)에서

$a_1=7, d=-3, b_1=2, r=-2$

이므로

$a_n=7+(n-1)\times(-3)=-3n+10$

$b_n=2\times(-2)^{n-1}$

$\therefore a_7+b_7=-11+128=117$ 目 117

04

[전략] $f(n)=\dfrac{8n}{2n-15}$의 그래프는 점근선의 교점에 대칭임을 이용하여 합이 간단해지는 규칙이 있는지 찾는다.

$\dfrac{8n}{2n-15}=4+\dfrac{60}{2n-15}$에서

$f(x)=4+\dfrac{60}{2x-15}$이라 하면

$y=f(x)$의 그래프는

점 $\left(\dfrac{15}{2}, 4\right)$에 대칭이므로

$f(7)+f(8)=8,$

$f(6)+f(9)=8,$

$f(5)+f(10)=8,$

$f(4)+f(11)=8,$

$f(3)+f(12)=8,$

$f(2)+f(13)=8,$

$f(1)+f(14)=8$

$\therefore \sum_{n=1}^{14} a_n=f(1)+f(2)+f(3)+\cdots+f(14)$

$=7\times8=56$

또 $a_{15}=8$

$a_{16}=4+\dfrac{60}{2\times16-15}=7+\dfrac{9}{17}<8$

$a_{17}=4+\dfrac{60}{2\times17-15}>4$

이므로 $\sum_{n=1}^{16} a_n<73<\sum_{n=1}^{17} a_n$이다.

따라서 m의 최댓값은 16이다. 目 16

05

[전략] 점 (a, b)는 $y=g(x)$의 그래프 위에 있거나 x축과 $y=g(x)$의 그래프 사이에 있는 점이다.

$f(x)=\begin{cases} -x+1 & (0\le x<1) \\ x-1 & (1\le x\le2) \end{cases}$이므로

$g(x)=\begin{cases} 1 & (0\le x<1) \\ 2x-1 & (1\le x\le2) \end{cases}$

또 모든 실수 x에 대하여

$g(x+2)=(x+2)+f(x+2)$

$=x+2+f(x)=g(x)+2$

따라서 제1사분면에서 $y=g(x)$의 그래프는 그림과 같고

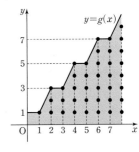

$g(1)=1,$

$g(2n)=g(2n+1)=2n+1$

이다.

이때 순서쌍 (a, b)는 그림에서 색칠한 부분에 있고, x좌표와 y좌표가 모두 자연수인 점이다. 따라서

$a_{2n}=g(2n)+g(2n+1)+g(2n+2)$

$=2n+1+2n+1+2n+3=6n+5,$

$a_{2n-1}=g(2n-1)+g(2n)+g(2n+1)$

$=2n-1+2n+1+2n+1=6n+1$

$\therefore \sum_{n=1}^{15} a_n=\sum_{n=1}^{8} a_{2n-1}+\sum_{n=1}^{7} a_{2n}$

$=\sum_{n=1}^{8} (6n+1)+\sum_{n=1}^{7} (6n+5)$

$=\left(6\times\dfrac{8\times9}{2}+1\times8\right)+\left(6\times\dfrac{7\times8}{2}+5\times7\right)$

$=427$ 目 427

06

[전략] 2에서 9, 10에서 25, 26에서 49, …로 묶어 생각한다.

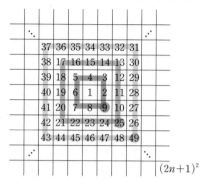

$$(2n+1)^2$$

수를 차례로 적으면 위 그림과 같으므로 2부터

$$(2n+1)^2-(2n-1)^2=8n$$

씩 묶어서 군으로 생각하면 n군의 가장 큰 수는 $(2n+1)^2$이다.

$$(2\times14+1)^2=841$$
$$(2\times15+1)^2=961$$
$$(2\times16+1)^2=1089$$

이므로 1000은 16군의 39번째 수이다.

이때 1000과 이웃한 수 중 가장 작은 수 x는 그림과 같이 15군의 35번째 수이다.

1000	⇐+7		993
x	⇐+5		871
		⇧	⇧
		+29	+31
	841	842	
		961	962
			1089

따라서 $x=841+35=876$이다. 답 ③

07

[전략] (다)에서 a_n과 a_{n+2}의 관계를 구할 수 있다.

따라서 $a_3, a_5, \cdots$는 a_1로, $a_4, a_6, \cdots$은 a_2로 나타낼 수 있다.

$\dfrac{k}{n+3}\le a_n\le\dfrac{k}{n}$에서 $na_n\le k\le(n+3)a_n$

자연수 k의 개수는 $(n+3)a_n-na_n+1=3a_n+1$이므로

$$a_{n+2}=3a_n+1$$
$$\therefore a_3=7, a_5=22$$

또 $a_4=3a_2+1$이므로 $\displaystyle\sum_{k=1}^{5}a_k=44$에서

$$2+a_2+7+(3a_2+1)+22=44, a_2=3$$
$$\therefore a_4=10, a_6=31$$

답 31

08

[전략] $P_1, P_2, P_3, \cdots$과 $Q_1, Q_2, Q_3, \cdots$을 차례로 구한다.

$Q_n(x_n, y_n)$이라 하면 삼각형 $Q_nQ_{n+1}Q_{n+2}$의 무게중심이 $P_n(n, an-a)$이므로

$$x_n+x_{n+1}+x_{n+2}=3n \qquad \cdots ❶$$
$$y_n+y_{n+1}+y_{n+2}=3(an-a) \qquad \cdots ❷$$

이고 P_n, Q_n을 차례로 구하면

$P_n : (1, 0), (2, a), (3, 2a), (4, 3a), (5, 4a), (6, 5a),$
$\quad (7, 6a), (8, 7a), \cdots$

$Q_n : (0, 0), (1, -1), (2, 1), (3, 3a), (4, 3a-1),$
$\quad (5, 3a+1), (6, 6a), (7, 6a-1), (8, 6a+1),$
$\quad (9, 9a), \cdots$

Q_{10}의 좌표가 $(9, 90)$이므로

$$9a=90 \qquad \therefore a=10$$

Q_{13}의 좌표는 $(12, 12a)$에서 $Q_{13}(12, 120)$이다.

답 $Q_{13}(12, 120)$

다른 풀이

❶에서

$$(x_n-n+1)+(x_{n+1}-n)+(x_{n+2}-n-1)=0$$

이므로 $x_n-(n-1)=a_n$이라 하면

$$a_n+a_{n+1}+a_{n+2}=0$$

그런데 $a_1=x_1=0, a_2=x_2-1=0$이므로 $a_3=0$

$$\therefore a_n=0, x_n=n-1, x_{13}=12$$

❷에서

$$\{y_n-a(n-2)\}+\{y_{n+1}-a(n-1)\}+\{y_{n+2}-an\}=0$$

이므로 $y_n-a(n-2)=b_n$이라 하면

$$b_n+b_{n+1}+b_{n+2}=0$$

그런데 $b_1=y_1+a=a, b_2=y_2=-1$이므로

$$b_3=-a+1, b_4=a, b_5=-1, b_6=-a+1, \cdots$$
$$\therefore b_1=b_4=b_7=\cdots=b_{3n-2}=a,$$
$$b_2=b_5=b_8=\cdots=b_{3n-1}=-1,$$
$$b_3=b_6=b_9=\cdots=b_{3n}=-a+1$$
$$\therefore y_{3n-2}-a(3n-4)=a, y_{3n-2}=3an-3a$$
$$y_{3n-1}-a(3n-3)=-1, y_{3n-1}=3an-3a-1$$
$$y_{3n}-a(3n-2)=-a+1, y_{3n}=3an-3a+1$$

조건에서 $y_{10}=90$이므로 $y_{3n-2}=3an-3a$에서

$$12a-3a=90 \qquad \therefore a=10$$

이때 $y_{3n-2}=30n-30$이므로 $y_{13}=120$

$$\therefore Q_{13}(12, 120)$$

절대등급

정답 및 풀이
수학 Ⅰ

달라진
교육과정에도
변함없이
하이탑 !

하이탑
과학 고수들의 필독서

#2015 개정 교육과정
#믿고 보는 과학 개념서
#통합과학
#물리학 #화학 #생명과학 #지구과학
#과학 #잘하고싶다 #중요 #개념 #열공
#포기하지마 #엄지척 #화이팅

01
기초부터 심화까지
자세하고 빈틈 없는 개념 설명

02
풍부한 그림 자료,
수준 높은 문제 수록

03
새 교육과정을 완벽 반영한
깊이 있는 내용

중학교 1~3학년 / 고등학교 통합과학 / 물리학 Ⅰ,Ⅱ / 화학 Ⅰ,Ⅱ / 생명과학 Ⅰ,Ⅱ / 지구과학 Ⅰ,Ⅱ

동아출판

절대등급